新世纪应用型高等教育基础类课程规划教材

高等数学（下册）

Advanced Mathematics

主　编　张晓楠　关　明
副主编　杨德彬　于佳彤
主　审　刘家春

大连理工大学出版社

图书在版编目(CIP)数据

高等数学. 下册 / 张晓楠，关明主编. -- 大连 ：大连理工大学出版社，2021.2(2023.1 重印)
新世纪应用型高等教育基础类课程规划教材
ISBN 978-7-5685-2843-6

Ⅰ. ①高… Ⅱ. ①张… ②关… Ⅲ. ①高等数学－高等学校－教材 Ⅳ. ①O13

中国版本图书馆 CIP 数据核字(2020)第 247218 号

大连理工大学出版社出版
地址:大连市软件园路 80 号 邮政编码:116023
发行:0411-84708842 邮购:0411-84708943 传真:0411-84701466
E-mail:dutp@dutp.cn URL:https://www.dutp.cn

沈阳市永鑫彩印厂印刷 大连理工大学出版社发行

幅面尺寸:185mm×260mm 印张:12.75 字数:310 千字
2021 年 2 月第 1 版 2023 年 1 月第 4 次印刷

责任编辑:孙兴乐 责任校对:王晓彤
封面设计:张 莹

ISBN 978-7-5685-2843-6 定 价:33.80 元

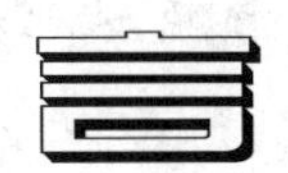

前言

应用型教育是高等教育的重要组成部分,其目的是为国家现代化建设培养高层次应用型人才。随着经济的发展和社会的进步,应用型教育发挥着越来越重要的作用。高等数学不仅是应用型院校的一门重要的基础课和工具课,也是一门解决实际问题和广泛应用的基础学科,对于培养学生的逻辑思维、分析问题和解决问题的能力,以及提高综合素质,都有很大的帮助。

本教材是为了适应应用型人才培养的需要,按照非数学类理工科专业的教学要求和教学特点编写而成的。编者根据多年从事此类院校教学工作的体会和教学实际,在尊重数学的完整性和系统性的前提下,减少了一些定理的证明和推理过程;针对应用型本科的特点,适当降低了难度,增大了例题数量,加大了注释部分内容,并将教学过程中的一些具体方法融入教材,尽可能将抽象的微积分概念以一种简洁的、直观的、便于学生理解的,同时也便于教师讲解的形式给出;为了使读者进一步理解书中的基本概念和基本方法,在每节后配备了题型和题量丰富的课后习题,并在每章后单独给出了对应的综合练习题。本教材内容深浅适度、习题配置合理;以实例引入概念,讲解理论,用理论知识解决实际问题,尽可能再现知识的归纳过程;注意讲清用数学知识解决实际问题的基本思想和方法,注重培养学生的逻辑思维、应用能力和创新思维能力。

本教材分上、下两册,共11章。其中下册包括后5章:向量代数与空间解析几何;多元函数微分学;重积分;曲线积分与曲面积分;无穷级数。书中的部分内容添加了“*”号,作为选学内容。

本教材由哈尔滨华德学院张晓楠、关明任主编;哈尔滨华德学院杨德彬、于佳彤任副主编;哈尔滨华德学院朱佳宏、李吉宇、马弘实、孟悦参与了编写。具体编写分工如下:第7、第10章由张晓楠编写;第8、第9章由杨德彬编写;第11章由关明编写;课后习题答案由于佳彤编写;朱佳宏、李吉宇、马弘实、孟悦参与了各章及参考答案的校对工作。全书由关明统稿并定稿。哈尔滨华德学院刘家春教授审阅了书稿,并提出了改进意见,在此谨致谢忱。

在编写本教材的过程中,编者参考、引用和改编了国内外出版物中的相关资料以及网络资源,在此表示深深的谢意!相关著作权人看到本教材后,请与出版社联系,出版社将按照相关法律的规定支付稿酬。

鉴于我们的经验和水平,书中难免有不足之处,恳请读者批评指正,以便我们进一步修改完善。

编　者

2021 年 2 月

所有意见和建议请发往:dutpbk@163.com

欢迎访问高教数字化服务平台:https://www.dutp.cn/hep/

联系电话:0411-84708462　84708445

第7章 向量代数与空间解析几何

自然界中的很多量既有大小，又有方向，数学上的向量就是这一类量的概括与抽象.本章中我们将先介绍向量的概念及其各种运算，然后再介绍空间解析几何的基础知识，其主要内容包括平面和直线方程、空间曲面和曲线方程以及二次曲面，这些问题的理解和方程的建立都是以向量作为基本工具.本章内容对以后学习多元函数的微积分起到重要的作用.

7.1 向量及其线性运算

一、向量概念

在日常生活和生产实践中常遇到两类量：一类如温度、体积、质量等，这种只有大小没有方向的量称为**数量(标量)**；另一类如力、位移、速度、电场强度等，这种既有大小又有方向的量称为**向量(矢量)**.

向量通常用上方加箭头的字母或黑体字母来表示，比如$\vec{a}$，$\vec{b}$或$\boldsymbol{a}$，$\boldsymbol{b}$等.在数学中用有向线段来表示向量，有向线段的长度表示向量的大小，有向线段的方向表示向量的方向，起点为M_1，终点为M_2的有向线段所表示的向量可记为$\overrightarrow{M_1M_2}$(图 7-1-1).

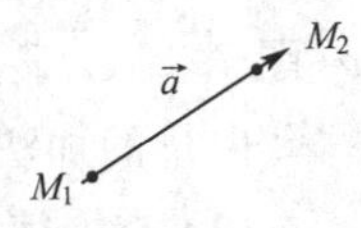

图 7-1-1

在实际问题中，有些向量与其起点有关，而有些向量与其起点无关，我们把与其起点无关的向量称为**自由向量**，以后若不加说明，我们所指的向量均为自由向量.

由于我们讨论的向量是自由向量，因此如果两个向量$\boldsymbol{a}$和$\boldsymbol{b}$的大小相等，且方向相同，则称向量$\boldsymbol{a}$和$\boldsymbol{b}$是**相等的**，记作$\boldsymbol{a}=\boldsymbol{b}$.两个相等的向量经过平移后能完全重合.

向量的大小叫作向量的**模**，向量$\vec{a}$，$\boldsymbol{a}$，$\overrightarrow{M_0M}$的模依次记作$|\vec{a}|$，$|\boldsymbol{a}|$，$|\overrightarrow{M_0M}|$.模等于1的向量称为**单位向量**，记作$\boldsymbol{e}$；模等于零的向量称为**零向量**，记作$\boldsymbol{0}$或$\vec{0}$，零向量的方向可以看作是任意的.

设有两个非零向量$\boldsymbol{a}$和$\boldsymbol{b}$，将向量$\boldsymbol{a}$或$\boldsymbol{b}$平移，使它们的起点重合，它们所在的射线之间不超过π的夹角θ称为向量$\boldsymbol{a}$与$\boldsymbol{b}$的**夹角**，记作$(\widehat{\boldsymbol{a},\boldsymbol{b}})$(图 7-1-2).

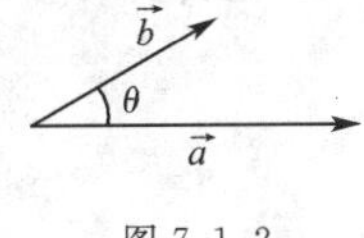

图 7-1-2

规定向量夹角$0\leqslant(\widehat{\boldsymbol{a},\boldsymbol{b}})\leqslant\pi$.特别地，当向量$\boldsymbol{a}$与$\boldsymbol{b}$方向相同时，有$(\widehat{\boldsymbol{a},\boldsymbol{b}})=0$；当向量$\boldsymbol{a}$与$\boldsymbol{b}$方向相反时，有$(\widehat{\boldsymbol{a},\boldsymbol{b}})=\pi$.当$(\widehat{\boldsymbol{a},\boldsymbol{b}})=0$或$(\widehat{\boldsymbol{a},\boldsymbol{b}})=\pi$时，即非零向量$\boldsymbol{a}$与$\boldsymbol{b}$方向相同或相反时，就称这两个向量**平行**，记作$\boldsymbol{a}\parallel\boldsymbol{b}$；当$(\widehat{\boldsymbol{a},\boldsymbol{b}})=\dfrac{\pi}{2}$时，就称这两个向量**垂直**，记作$\boldsymbol{a}\perp\boldsymbol{b}$.

注意:向量的大小和方向是组成向量的不可分割的部分,也是向量与数量的根本区别所在.因此,在讨论向量运算时,必须把它的大小和方向统一来考虑.

由于零向量的方向可以看作是任意的,因此零向量与任何向量都既平行又垂直.反之与非零向量既平行又垂直的向量唯有零向量.

当两个平行向量的起点放在同一点时,它们的终点和起点应在一条直线上,因此平行向量也称是**共线的**;类似地,当两个以上的向量的起点放在同一点,而它们的终点和共同的起点在同一平面上时,则称这些向量是**共面的**.

二、向量的线性运算

向量与向量之间或向量与数之间可以按照某种方式发生联系,并由此产生另一个向量或者数,这种联系抽象成数学形式,就是向量的运算.向量的加法运算、减法运算以及向量与数的乘法运算统称为线性运算.

1.向量的加减法

定义 7.1 设有两个向量 $\boldsymbol{a}$ 和 $\boldsymbol{b}$,任取一点 A,作 $\overrightarrow{AB}=\boldsymbol{a}$,再以 B 为起点,作 $\overrightarrow{BC}=\boldsymbol{b}$,连接 AC,则向量 $\overrightarrow{AC}$ 称为向量 $\boldsymbol{a}$ 与 $\boldsymbol{b}$ 的和,记作 $\boldsymbol{a}+\boldsymbol{b}$.上述做出向量的方法称为向量相加的**三角形法则**(图 7-1-3).

在力学中我们有作用在一个质点上的两个力的合力的平行四边形法则,类似地,我们也可按如下方式定义两向量相加的**平行四边形法则**:当向量 $\boldsymbol{a}$ 和 $\boldsymbol{b}$ 不平行时,做 $\overrightarrow{AB}=\boldsymbol{a}$,$\overrightarrow{AD}=\boldsymbol{b}$,以 AB,AD 为邻边做平行四边形 $ABCD$,则对角线向量 $\overrightarrow{AC}$ 就等于向量 $\boldsymbol{a}$ 与 $\boldsymbol{b}$ 的和 $\boldsymbol{a}+\boldsymbol{b}$(图 7-1-4).显然,这样得出的和向量与按三角形法则得出的和向量是完全一样的.

向量的加法满足下列运算规律:

(1) **交换律**:$\boldsymbol{a}+\boldsymbol{b}=\boldsymbol{b}+\boldsymbol{a}$.

(2) **结合律**:$(\boldsymbol{a}+\boldsymbol{b})+\boldsymbol{c}=\boldsymbol{a}+(\boldsymbol{b}+\boldsymbol{c})$.

由于向量的加法符合交换律和结合律,故 n 个向量 $\boldsymbol{a}_1,\boldsymbol{a}_2,\cdots,\boldsymbol{a}_n(n\geqslant 3)$ 相加可写成 $\boldsymbol{a}_1+\boldsymbol{a}_2+\cdots+\boldsymbol{a}_n$,并按向量相加的三角形法则,可得 n 个向量相加的法则如下:以前一个向量的终点作为后一个向量的始点,相继做向量 $\boldsymbol{a}_1,\boldsymbol{a}_2,\cdots,\boldsymbol{a}_n$,再以第一个向量的起点为起点,最后一个向量的终点为终点做一向量,这个向量即为所求的和 $\boldsymbol{s}=\boldsymbol{a}_1+\boldsymbol{a}_2+\cdots+\boldsymbol{a}_n$(图 7-1-5).

设 $\boldsymbol{a}$ 为一向量,与 $\boldsymbol{a}$ 大小相等而方向相反的向量称为 $\boldsymbol{a}$ 的**负向量**,记作 $-\boldsymbol{a}$.我们规定两个向量 $\boldsymbol{b}$ 与 $\boldsymbol{a}$ 的差 $\boldsymbol{b}-\boldsymbol{a}=\boldsymbol{b}+(-\boldsymbol{a})$,即把向量 $-\boldsymbol{a}$ 加到向量 $\boldsymbol{b}$ 上,便得 $\boldsymbol{b}$ 与 $\boldsymbol{a}$ 的差 $\boldsymbol{b}-\boldsymbol{a}$(图 7-1-6).特别地,当 $\boldsymbol{a}=\boldsymbol{b}$ 时,有 $\boldsymbol{b}-\boldsymbol{b}=\boldsymbol{b}+(-\boldsymbol{b})=0$.

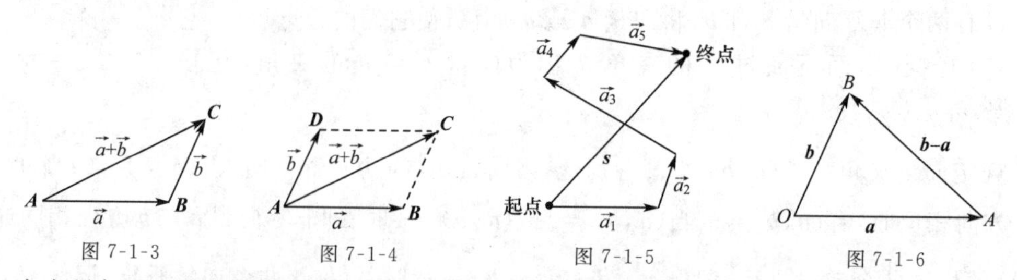

图 7-1-3　图 7-1-4　图 7-1-5　图 7-1-6

由向量加法的平行四边形法则可知,在以 $\boldsymbol{a}$ 与 $\boldsymbol{b}$ 为邻边的平行四边形中,两条对角线向

量分别表示 $\boldsymbol{a}+\boldsymbol{b}$ 和 $\boldsymbol{a}-\boldsymbol{b}$(图 7-1-7),由于三角形两边之和不小于第三边,故可得 $|\boldsymbol{a}+\boldsymbol{b}|\leqslant|\boldsymbol{a}|+|\boldsymbol{b}|$ 及 $|\boldsymbol{a}-\boldsymbol{b}|\leqslant|\boldsymbol{a}|+|\boldsymbol{b}|$,其中等号仅在 $\boldsymbol{a}$ 与 $\boldsymbol{b}$ 共线时成立.

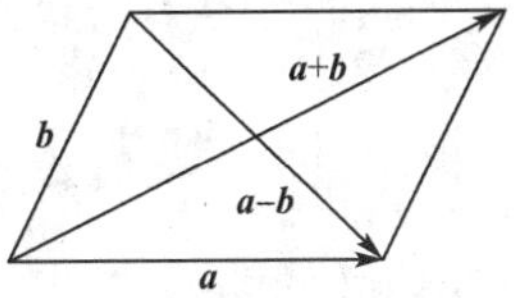

图 7-1-7

2.向量与数的乘法

定义 7.2　对任意实数 λ 及向量 $\boldsymbol{a}$,规定 $\boldsymbol{a}$ 与 λ 的乘积记作 $\lambda\boldsymbol{a}$,它的模 $|\lambda\boldsymbol{a}|=|\lambda||\boldsymbol{a}|$,它的方向当 $\lambda>0$ 时,与 $\boldsymbol{a}$ 方向相同;当 $\lambda<0$ 时,与 $\boldsymbol{a}$ 方向相反;当 $\lambda=0$ 时,由于 $|\lambda\boldsymbol{a}|=0$,即 $\lambda\boldsymbol{a}$ 是零向量,这时它的方向是任意的.

特别地,当 $\lambda=\pm1$ 时,有 $1\boldsymbol{a}=\boldsymbol{a}$,$(-1)\boldsymbol{a}=-\boldsymbol{a}$.

向量与数的乘积简称为向量的**数乘**,它满足下列运算规律:

(1) **结合律**:$\lambda(\mu\boldsymbol{a})=\mu(\lambda\boldsymbol{a})=(\lambda\mu)\boldsymbol{a}$.

(2) **分配律**:$(\lambda+\mu)\boldsymbol{a}=\lambda\boldsymbol{a}+\mu\boldsymbol{a}$,$\lambda(\boldsymbol{a}+\boldsymbol{b})=\lambda\boldsymbol{a}+\lambda\boldsymbol{b}$.

对于非零向量 $\boldsymbol{a}$,记 $\boldsymbol{a}^\circ$ 是和 $\boldsymbol{a}$ 同方向的单位向量,由于 $|\boldsymbol{a}|>0$,故按照向量与数的乘积的规定可知,$|\boldsymbol{a}|\boldsymbol{a}^\circ$ 与 $\boldsymbol{a}^\circ$ 方向相同,从而 $|\boldsymbol{a}|\boldsymbol{a}^\circ$ 与 $\boldsymbol{a}$ 方向相同,且 $||\boldsymbol{a}|\boldsymbol{a}^\circ|=|\boldsymbol{a}||\boldsymbol{a}^\circ|=|\boldsymbol{a}|\cdot1=|\boldsymbol{a}|$,即 $|\boldsymbol{a}|\boldsymbol{a}^\circ$ 与 $\boldsymbol{a}$ 的模也是相同的,因此 $\boldsymbol{a}=|\boldsymbol{a}|\boldsymbol{a}^\circ$.这表明**任何一个向量均可以表示为它的模与同向的单位向量的乘积**.上式可写成

$$\boldsymbol{a}^\circ=\frac{1}{|\boldsymbol{a}|}\boldsymbol{a}=\frac{\boldsymbol{a}}{|\boldsymbol{a}|}.$$

注意:上式表明一个非零向量除以它的模的结果是一个与原向量同方向的单位向量,这一过程又称为将向量单位化.

由于向量 $\lambda\boldsymbol{a}$ 与 $\boldsymbol{a}$ 平行,因此我们常用向量与数的乘积来说明两个向量的平行关系.即有

定理 7.1　设 $\boldsymbol{a}$ 为非零向量,则向量 $\boldsymbol{b}$ 平行于 $\boldsymbol{a}$ 的充要条件是:存在唯一的实数 λ,使 $\boldsymbol{b}=\lambda\boldsymbol{a}$.

我们知道,确定一条数轴,需要给定一个点、一个方向及单位长度.由于一个单位向量既确定了方向,又确定了单位长度,因此,只要给定一个点及一个单位向量就能确定一条数轴.

设点 O 及单位向量 $\boldsymbol{i}$ 确定了数轴(图 7-1-8),则对于数轴上任意一点 P 对应一个向量 $\overrightarrow{OP}$,由于 $\overrightarrow{OP}\,/\!/\,\boldsymbol{i}$,故必存在唯一的实数 x,使得 $\overrightarrow{OP}=x\boldsymbol{i}$,其中 x 称为数轴上有向线段 $\overrightarrow{OP}$ 的值,这样,向量 $\overrightarrow{OP}$ 就与实数 x 一一对应,从而点 $P\leftrightarrow$ 向量 $\overrightarrow{OP}\leftrightarrow$ 实数 x,即数轴上的点 P 与实数 x 一一对应,我们定义实数 x 为数轴上点 P 的坐标.

图 7-1-8

习题 7-1

1.填空.

(1) 把空间中一切单位向量归结到共同的始点,则终点构成________;

(2) 把平面上一切单位向量归结到共同的始点,则终点构成________.

2.设 A,B,C 为三角形的三个顶点,求 $\overrightarrow{AB}+\overrightarrow{BC}+\overrightarrow{CA}$.

3.设 $\boldsymbol{u}=\boldsymbol{a}-\boldsymbol{b}+2\boldsymbol{c}$,$\boldsymbol{v}=-\boldsymbol{a}+3\boldsymbol{b}-\boldsymbol{c}$,试用 $\boldsymbol{a},\boldsymbol{b},\boldsymbol{c}$ 表示向量 $2\boldsymbol{u}-3\boldsymbol{v}$.

4.用向量的方法证明:三角形两边中点的连线平行于第三边,且长度等于第三边长度的一半.

7.2 空间直角坐标系与向量坐标

一、空间直角坐标系与点的坐标

在空间取一个定点 O,做三条以 O 点为原点的互相垂直的数轴,依次称为 x **轴(横轴)**,y **轴(纵轴)** 和 z **轴(竖轴)**.这三条数轴具有相同的长度单位.

它们的正方向符合右手法则,即以右手握住 z 轴,当右手的四个手指从 x 轴的正方向转过 $\frac{\pi}{2}$ 角度后指向 y 轴的正向时,竖起的大拇指的指向就是 z 轴的正向,这样三条坐标轴就组成了**空间直角坐标系**,称为**直角坐标系** $Oxyz$(图 7-2-1).在空间直角坐标系中,分别用 $\boldsymbol{i}$,$\boldsymbol{j}$,$\boldsymbol{k}$ 表示与 x 轴、y 轴、z 轴正向同方向的单位向量,并把它们称为 $Oxyz$ 坐标系下的**标准单位向量**.

三条坐标轴中每两条可以确定一个平面,称为**坐标面**,由 x 轴和 y 轴确定的坐标面称为 xOy **面**,类似地,有 yOz **面**与 zOx **面**,这三个坐标面把空间划分成八个部分,每一部分叫作一个**卦限**.八个卦限分别用罗马字母 Ⅰ,Ⅱ,…,Ⅷ 表示,第一、二、三、四卦限均在 xOy 面的上方,按逆时针方向排定,其中由 x 轴,y 轴与 z 轴正半轴确定的那个卦限是第一卦限.第五、六、七、八卦限均在 xOy 面的下方,也按逆时针方向排定,它们依次在第一至第四卦限的下方(图 7-2-2).

设 M 是空间的一点(图 7-2-3),过 M 做三个平面分别垂直于 x 轴、y 轴和 z 轴并交 x 轴、y 轴、z 轴于 P,Q,R 三点.三点分别称为点 M 在 x 轴、y 轴和 z 轴上的**投影**.设这三个投影在 x 轴、y 轴和 z 轴上的坐标依次为 x,y 和 z,则空间一点 M 就唯一地确定了一个有序数组 x,y,z.反过来,对给定的有序数组 x,y,z,可以在 x 轴上取坐标为 x 的点 P,在 y 轴上取坐标为 y 的点 Q,在 z 轴上取坐标为 z 的点 R,过点 P,Q,R 分别做垂直于 x 轴、y 轴和 z 轴的三个平面,这三个平面的交点 M 就是由有序数组 x,y,z 确定的唯一的点 M.这样,空间的点与有序数组 (x,y,z) 之间就建立了一一对应的关系.这组数 (x,y,z) 称为点 M 的**坐标**,依次称 x,y 和 z 为点 M 的横坐标、纵坐标和竖坐标,并把点 M 记作 $M(x,y,z)$.

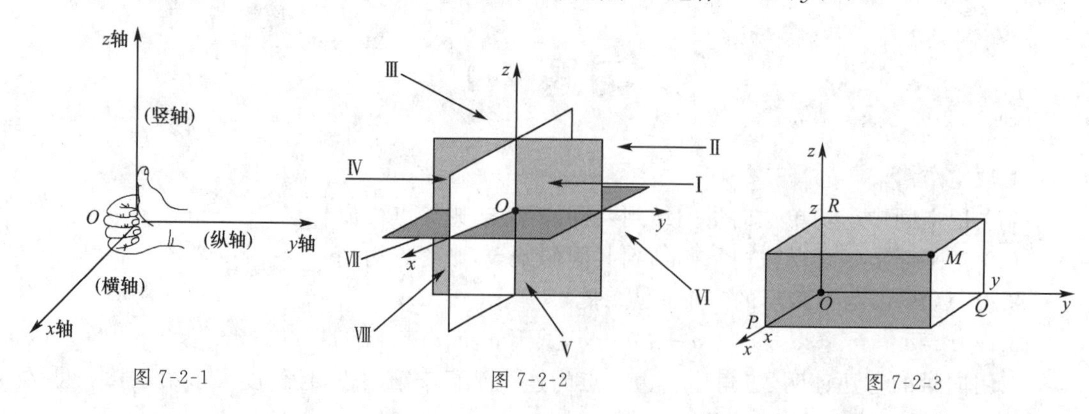

图 7-2-1　　图 7-2-2　　图 7-2-3

二、向量的坐标及向量线性运算的坐标表示

任给向量$\boldsymbol{a}$,总可通过平移使其起点位于原点O,从而有对应点M,使$\overrightarrow{OM}=\boldsymbol{a}$,以$OM$为对角线做长方体$RHMK-OPNQ$,则有

$$\boldsymbol{a}=\overrightarrow{OM}=\overrightarrow{OP}+\overrightarrow{PN}+\overrightarrow{NM}=\overrightarrow{OP}+\overrightarrow{OQ}+\overrightarrow{OR}$$

若点P,Q,R在x轴、y轴和z轴上的坐标分别为a_x,a_y,a_z,则由上式知$\overrightarrow{OP}=a_x\boldsymbol{i}$,$\overrightarrow{OQ}=a_y\boldsymbol{j}$,$\overrightarrow{OR}=a_z\boldsymbol{k}$,于是得

$$\boldsymbol{a}=\overrightarrow{OM}=a_x\boldsymbol{i}+a_y\boldsymbol{j}+a_z\boldsymbol{k} \tag{7.1}$$

显然,给定向量$\boldsymbol{a}$,就确定了点M及$\overrightarrow{OP}$,$\overrightarrow{OQ}$,$\overrightarrow{OR}$三个向量,从而就确定了a_x,a_y,a_z三个有序数;反之,给定三个有序数a_x,a_y,a_z,就确定了向量$\boldsymbol{a}=a_x\boldsymbol{i}+a_y\boldsymbol{j}+a_z\boldsymbol{k}$.于是向量$\boldsymbol{a}$与有序数组$a_x,a_y,a_z$之间就有了一一对应关系:

$$\boldsymbol{a}=\overrightarrow{OM}=a_x\boldsymbol{i}+a_y\boldsymbol{j}+a_z\boldsymbol{k}$$

因此,我们把有序数组a_x,a_y,a_z称为向量$\boldsymbol{a}$在直角坐标系$Oxyz$中的**坐标**,记作(a_x,a_y,a_z).即

$$\boldsymbol{a}=(a_x,a_y,a_z). \tag{7.2}$$

这里式(7.1)称为**向量$\boldsymbol{a}$的标准分解式**,而$a_x\boldsymbol{i},a_y\boldsymbol{j},a_z\boldsymbol{k}$称为向量$\boldsymbol{a}$沿三个坐标轴的**分向量**,式(7.2)称为向量$\boldsymbol{a}$的**坐标表示式**.

空间任何一点$P(x,y,z)$,都对应一个向量$\boldsymbol{r}=\overrightarrow{OP}$,称为点$P$关于原点$O$的**向径**.由向量坐标的规定可知向径$\boldsymbol{r}=(x,y,z)$,即一个点与该点的向径有相同的坐标.这里的记号$(x,y,z)$既表示点$P$,又表示向量$\overrightarrow{OP}$.

向量$\boldsymbol{a}=(a_x,a_y,a_z)$的模为

$$|\boldsymbol{a}|=|\overrightarrow{OM}|=\sqrt{|\overrightarrow{OP}|^2+|\overrightarrow{OQ}|^2+|\overrightarrow{OR}|^2}=\sqrt{a_x^2+a_y^2+a_z^2}$$

有了向量的坐标表示法,向量之间的线性运算就方便多了.

设$\boldsymbol{a}=(a_x,a_y,a_z)$,$\boldsymbol{b}=(b_x,b_y,b_z)$,即$\boldsymbol{a}=a_x\boldsymbol{i}+a_y\boldsymbol{j}+a_z\boldsymbol{k}$,$\boldsymbol{b}=b_x\boldsymbol{i}+b_y\boldsymbol{j}+b_z\boldsymbol{k}$,则根据向量的加法与数乘的运算律,有

$$\boldsymbol{a}+\boldsymbol{b}=(a_x+b_x)\boldsymbol{i}+(a_y+b_y)\boldsymbol{j}+(a_z+b_z)\boldsymbol{k},$$
$$\boldsymbol{a}-\boldsymbol{b}=(a_x-b_x)\boldsymbol{i}+(a_y-b_y)\boldsymbol{j}+(a_z-b_z)\boldsymbol{k},$$
$$\lambda\boldsymbol{a}=(\lambda a_x)\boldsymbol{i}+(\lambda a_y)\boldsymbol{j}+(\lambda a_z)\boldsymbol{k}.$$

从而得

$$\boldsymbol{a}+\boldsymbol{b}=(a_x+b_x,a_y+b_y,a_z+b_z),$$
$$\boldsymbol{a}-\boldsymbol{b}=(a_x-b_x,a_y-b_y,a_z-b_z),$$
$$\lambda\boldsymbol{a}=(\lambda a_x,\lambda a_y,\lambda a_z).$$

由此可见,对向量做加、减及数乘等线性运算,只需对向量的各个坐标分别做相应的数量运算就可以了.

上节定理指出,当向量$\boldsymbol{a}\neq\boldsymbol{0}$时,向量$\boldsymbol{b}$平行于$\boldsymbol{a}$等价于$\boldsymbol{b}=\lambda\boldsymbol{a}$($\lambda$为某一常数),按坐标表示即为$(a_x,a_y,a_z)=\lambda(b_x,b_y,b_z)$.

于是有$b_x=\lambda a_x,b_y=\lambda a_y,b_z=\lambda a_z$.

这就是说向量 $\boldsymbol{b}$ 与 $\boldsymbol{a}$ 对应的坐标成比例：$\dfrac{b_x}{a_x}=\dfrac{b_y}{a_y}=\dfrac{b_z}{a_z}$.

注意：当 a_x,a_y,a_z 中有一个为零，例如 $a_x=0,a_y、a_z\neq 0$，这时应理解为$\begin{cases}b_x=0\\ \dfrac{b_y}{a_y}=\dfrac{b_z}{a_z}\end{cases}$；

当 a_x,a_y,a_z 中有两个为零，例如 $a_x=0,a_y=0,a_z\neq 0$，这时应理解为$\begin{cases}b_x=0\\ b_y=0\end{cases}$.

对起点为 $M_1(x_1,y_1,z_1)$、终点为 $M_2(x_2,y_2,z_2)$ 的向量$\overrightarrow{M_1M_2}$，它的坐标表示式可通过以下方法获得

$$\begin{aligned}\overrightarrow{M_1M_2}&=\overrightarrow{OM_2}-\overrightarrow{OM_1}=(x_2,y_2,z_2)-(x_1,y_1,z_1)\\&=(x_2-x_1,y_2-y_1,z_2-z_1).\end{aligned}$$

【例 7-1】 已知向量$\overrightarrow{AB},\overrightarrow{AD}$为邻边的平行四边形 $ABCD$ 的两条对角线向量为$\overrightarrow{AC}=(1,2,3)$，$\overrightarrow{DB}=(5,6,7)$，试求向量$\overrightarrow{AB},\overrightarrow{AD}$.

解 根据题意，$\overrightarrow{AB}+\overrightarrow{AD}=\overrightarrow{AC},\overrightarrow{AB}-\overrightarrow{AD}=\overrightarrow{DB}$，可解得

$\overrightarrow{AB}=\dfrac{1}{2}(\overrightarrow{AC}+\overrightarrow{DB})$，$\overrightarrow{AD}=\dfrac{1}{2}(\overrightarrow{AC}-\overrightarrow{DB})$，从而

$$\overrightarrow{AB}=\frac{1}{2}[(1,2,3)+(5,6,7)]=(3,4,5)$$

$$\overrightarrow{AD}=\frac{1}{2}[(1,2,3)-(5,6,7)]=(-2,-2,-2).$$

【例 7-2】 已知两点 $A(x_1,y_1,z_1)$ 和 $B(x_2,y_2,z_2)$ 以及实数 $\lambda(\lambda\neq -1)$，试在有向线段$\overrightarrow{AB}$上求一点$M(x,y,z)$，使$\overrightarrow{AM}=\lambda\overrightarrow{MB}$.

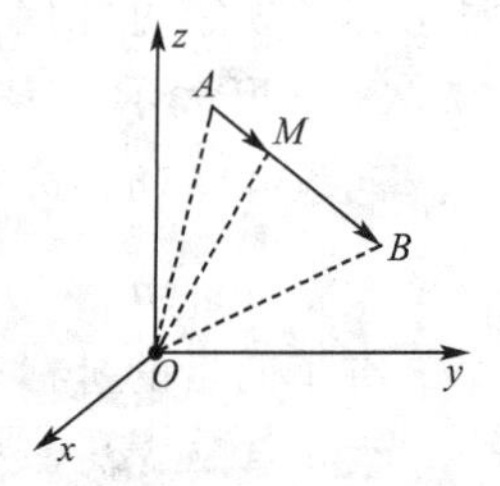

图 7-2-4

解 如图 7-2-4 所示，由于$\overrightarrow{AM}=\overrightarrow{OM}-\overrightarrow{OA},\overrightarrow{MB}=\overrightarrow{OB}-\overrightarrow{OM}$

因此

$$\overrightarrow{OM}-\overrightarrow{OA}=\lambda(\overrightarrow{OB}-\overrightarrow{OM}),$$

从而

$$\begin{aligned}\overrightarrow{OM}&=\frac{1}{1+\lambda}(\overrightarrow{OA}+\lambda\overrightarrow{OB})\\&=\frac{1}{1+\lambda}[(x_1,y_1,z_1)+\lambda(x_2,y_2,z_2)],\end{aligned}$$

于是，所求的点 $M\left(\dfrac{x_1+\lambda x_2}{1+\lambda},\dfrac{y_1+\lambda y_2}{1+\lambda},\dfrac{z_1+\lambda z_2}{1+\lambda}\right)$.

例题中的点 M 称为有向线段$\overrightarrow{AB}$的定比分点.特别地，当 $\lambda=1$ 时，得线段$\overrightarrow{AB}$的中点$M\left(\dfrac{x_1+x_2}{2},\dfrac{y_1+y_2}{2},\dfrac{z_1+z_2}{2}\right)$.

三、方向角、方向余弦与投影

非零向量 $\boldsymbol{a}$ 与 x 轴、y 轴、z 轴的正向所成的夹角 α,β,γ 称为向量 $\boldsymbol{a}$ 的**方向角**($0\leqslant\alpha、\beta、\gamma\leqslant\pi$)，方向角的余弦 $\cos\alpha,\cos\beta,\cos\gamma$ 称为向量 $\boldsymbol{a}$ 的**方向余弦**.方向角完全确定了向量 $\boldsymbol{a}$

的方向(图 7-2-5).

设向量 $\boldsymbol{a}=\overrightarrow{OM}=(a_x,a_y,a_z)$,可以看出,

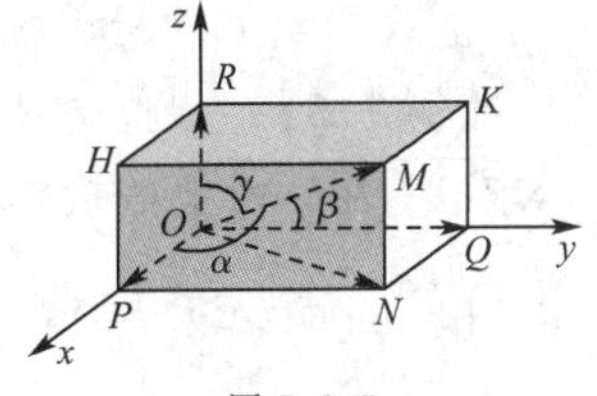

图 7-2-5

$$\cos\alpha=\frac{a_x}{|\boldsymbol{a}|},\cos\beta=\frac{a_y}{|\boldsymbol{a}|},\cos\gamma=\frac{a_z}{|\boldsymbol{a}|} \qquad (7.3)$$

其中 $|\boldsymbol{a}|=\sqrt{a_x^2+a_y^2+a_z^2}$

从而可得向量的单位向量

$$\boldsymbol{a}^{\circ}=\frac{\boldsymbol{a}}{|\boldsymbol{a}|}=\frac{1}{|\boldsymbol{a}|}(a_x,a_y,a_z)=\left(\frac{a_x}{|\boldsymbol{a}|},\frac{a_y}{|\boldsymbol{a}|},\frac{a_z}{|\boldsymbol{a}|}\right)=(\cos\alpha,\cos\beta,\cos\gamma) \qquad (7.4)$$

并由此可得

$$\cos^2\alpha+\cos^2\beta+\cos^2\gamma=1 \qquad (7.5)$$

也可得

$$\sin^2\alpha+\sin^2\beta+\sin^2\gamma=2 \qquad (7.6)$$

【例 7-3】 已知两点 $A(4,0,5)$ 和 $B(7,1,3)$,求与向量 $\overrightarrow{AB}$ 平行的单位向量 $\boldsymbol{c}$.

解 $\overrightarrow{AB}=(7-4,1-0,3-5)=(3,1,-2)$,故

$$|\overrightarrow{AB}|=\sqrt{3^2+1^2+(-2)^2}=\sqrt{14},$$

于是和 $\overrightarrow{AB}$ 平行的单位向量

$$\boldsymbol{c}=\pm\frac{\overrightarrow{AB}}{|\overrightarrow{AB}|}=\pm\frac{1}{\sqrt{14}}(3,1,-2)=\left(\pm\frac{3}{\sqrt{14}},\pm\frac{1}{\sqrt{14}},\mp\frac{2}{\sqrt{14}}\right).$$

【例 7-4】 已知两点 $M_1(2,2,\sqrt{2})$ 和 $M_2(1,3,0)$,计算向量 $\overrightarrow{M_1M_2}$ 的模、方向余弦和方向角.

解 $\overrightarrow{M_1M_2}=(1-2,3-2,0-\sqrt{2})=(-1,1,-\sqrt{2})$,

$|\overrightarrow{M_1M_2}|=\sqrt{(-1)^2+1^2+(-\sqrt{2})^2}=\sqrt{4}=2$,

$\overrightarrow{M_1M_2}^{\circ}=\dfrac{\overrightarrow{M_1M_2}}{|\overrightarrow{M_1M_2}|}=\left(-\dfrac{1}{2},\dfrac{1}{2},-\dfrac{\sqrt{2}}{2}\right)$,

$\cos\alpha=-\dfrac{1}{2},\cos\beta=\dfrac{1}{2},\cos\gamma=-\dfrac{\sqrt{2}}{2}$,

$\alpha=\dfrac{2\pi}{3},\beta=\dfrac{\pi}{3},\gamma=\dfrac{3\pi}{4}$.

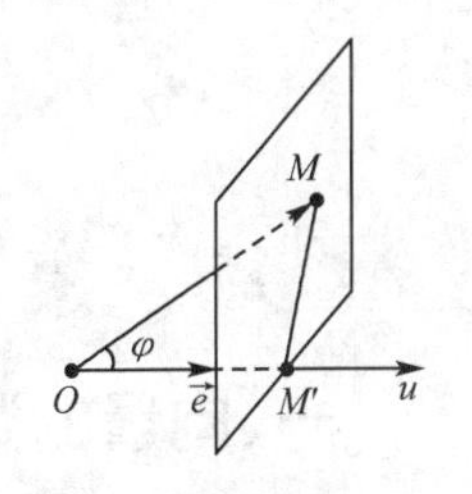

图 7-2-6

设向量 $\boldsymbol{a}=\overrightarrow{OM},\boldsymbol{b}=\overrightarrow{OM'}$,且 $\boldsymbol{b}\neq\boldsymbol{0},(\widehat{\boldsymbol{a},\boldsymbol{b}})=\varphi$,过点 M 做垂直于 $\boldsymbol{b}$ 所在直线的平面并交该直线于点 M',点 M' 称为点 M 在该直线上的投影,有向线段 $\overrightarrow{OM'}$ 称为向量 $\boldsymbol{a}$ 在向量 $\boldsymbol{b}$ 上的**投影向量**,易见,$\overrightarrow{OM'}=(|\boldsymbol{a}|\cos\varphi)\boldsymbol{e}_b$,其中 $|\boldsymbol{a}|\cos\varphi$ 称为向量 $\boldsymbol{a}$ 在向量 $\boldsymbol{b}$ 上的**投影**,并把它记作 $\mathrm{Prj}_b\boldsymbol{a}$,即有 $\mathrm{Prj}_b\boldsymbol{a}=|\boldsymbol{a}|\cos\varphi$(图 7-2-6).

显然,当 $0\leqslant\varphi<\dfrac{\pi}{2}$ 时,$\mathrm{Prj}_b a$ 等于 $\boldsymbol{a}$ 在向量 $\boldsymbol{b}$ 上的投影向量 $\overrightarrow{OM'}$ 的长度;当 $\dfrac{\pi}{2}<\varphi\leqslant\pi$ 时,$\mathrm{Prj}_b\boldsymbol{a}$ 等于该投影向量 $\overrightarrow{OM'}$ 的长度的相反数;当 $\varphi=\dfrac{\pi}{2}$ 时,$\mathrm{Prj}_b\boldsymbol{a}=0$.

按上述定义可知,向量 $\boldsymbol{a}$ 在直角坐标系 $Oxyz$ 中的坐标 a_x,a_y,a_z 就是它在三条坐标轴

上的投影，即 $a_x=\mathrm{Prj}_x\boldsymbol{a}$，$a_y=\mathrm{Prj}_y\boldsymbol{a}$，$a_z=\mathrm{Prj}_z\boldsymbol{a}$.

上式给出了向量坐标的几何意义.

【例 7-5】 设立方体的一条对角线为 OM，一条棱为 OA，且 $|\overrightarrow{OA}|=a$，求 $\overrightarrow{OA}$ 在 $\overrightarrow{OM}$ 上的投影 $\mathrm{Prj}_{\overrightarrow{OM}}\overrightarrow{OA}$.

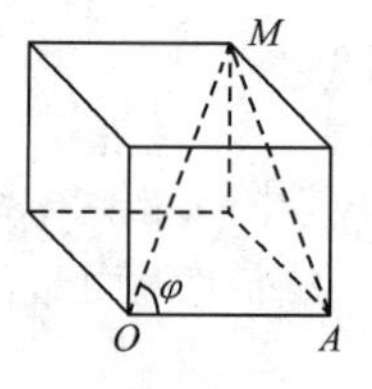

图 7-2-7

解 (图 7-2-7) 记 $\angle MOA=\varphi$，则 $\cos\varphi=\dfrac{|\overrightarrow{OA}|}{|\overrightarrow{OM}|}=\dfrac{1}{\sqrt{3}}$，

从而 $\mathrm{Prj}_{\overrightarrow{OM}}\overrightarrow{OA}=|\overrightarrow{OA}|\cos\varphi=\dfrac{a}{\sqrt{3}}$.

习题 7-2

1.在空间直角坐标系中，指出下列各点所在的卦限.

$A.(2,-2,3)$； $B.(3,3,-4)$； $C.(2,-3,-4)$；$D.(-4,-3,2)$.

2.指出下列各点所在的坐标面或坐标轴。

$A.(2,2,0)$； $B.(0,3,4)$； $C.(2,0,0)$； $D.(0,-3,0)$.

3.点 $p(-3,2,-1)$ 关于平面 xOy 的对称点是________；关于平面 yOz 的对称点是________；关于平面 zOx 的对称点是________；关于 x 轴的对称点是________；关于 y 轴的对称点是________；关于 z 轴的对称点是________；关于原点的对称点________.

4.求点 $(4,-2,3)$ 到各坐标轴的距离.

5.已知三点 $A(1,-1,3)$，$B(-2,0,5)$，$C(4-2,1)$，问这三点是否在一条直线上？

6.已知点 $A(-1,2,-4)$ 和点 $B(6,-2,x)$，且 $|\overrightarrow{AB}|=9$，求 x 的值.

7.求平行于向量 $\boldsymbol{a}=(6,7,-6)$ 的单位向量.

8.设向量 $\boldsymbol{a}$ 的方向余弦分别满足：(1) $\cos\alpha=0$；(2) $\cos\beta=1$.问这些向量与坐标轴或坐标平面的关系如何？

9.已知两点 $M_1(0,1,2)$ 和 $M_2(3,0,2)$，计算向量 $\overrightarrow{M_1M_2}$ 的模、方向余弦和方向角.

10.一向量的终点为点 $B(2,-1,7)$，它在 x 轴，y 轴，z 轴上的投影依次为 $4,-4$ 和 7，求该向量的起点 A 的坐标.

7.3 向量的数量积和向量积

一、向量的数量积

设一物体在力 F 的作用下沿直线从点 M_0 移动到点 M，如果用 s 表示位移 $\overrightarrow{M_0M}$，那么由物理学知道，力 F 所做的功为 $W=|F||s|\cos\theta$，其中 θ 为 F 与 s 的夹角(图 7-3-1).

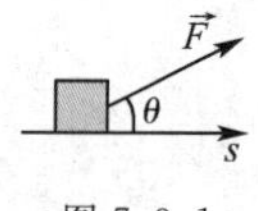

图 7-3-1

由此实际背景,我们来定义向量的一种运算.

定义 7.3 设向量 $\boldsymbol{a}$ 和 $\boldsymbol{b}$,$\theta=(\boldsymbol{a},\hat{}\,\boldsymbol{b})$,称数量 $|\boldsymbol{a}||\boldsymbol{b}|\cos\theta$ 为向量 $\boldsymbol{a}$ 和 $\boldsymbol{b}$ 的**数量积(或称内积、点积)**,记作 $\boldsymbol{a}\cdot\boldsymbol{b}$,即有

$$\boldsymbol{a}\cdot\boldsymbol{b}=|\boldsymbol{a}||\boldsymbol{b}|\cos\theta. \tag{7.7}$$

按数量积的定义,上面所说的力 F 所做的功就可以表达为 $W=F\cdot s$.

由数量积定义 7.3 可以推得:

(1) 对任何向量 $\boldsymbol{a}$,有 $\boldsymbol{a}\cdot\boldsymbol{0}=\boldsymbol{0}\cdot\boldsymbol{a}=0$

这是因为零向量的模 $|\boldsymbol{0}|=0$,方向任意.

(2)$\boldsymbol{a}\cdot\boldsymbol{a}=|\boldsymbol{a}|^2$

这是因为夹角 $\theta=0$,所以 $\boldsymbol{a}\cdot\boldsymbol{a}=|\boldsymbol{a}||\boldsymbol{a}|\cos 0=|\boldsymbol{a}|^2$.

(3)$\boldsymbol{a}\perp\boldsymbol{b}$ 的充分必要条件为 $\boldsymbol{a}\cdot\boldsymbol{b}=0$

这是因为当 $\boldsymbol{a}$ 与 $\boldsymbol{b}$ 中有一个为零向量时结论显然成立;当 $\boldsymbol{a}$ 与 $\boldsymbol{b}$ 均为非零向量,即 $|\boldsymbol{a}|\neq 0$,$|\boldsymbol{b}|\neq 0$ 时,如果 $\boldsymbol{a}\cdot\boldsymbol{b}=0$,则由式(7.7) 推得 $\cos\theta=0$,从而 $\theta=\dfrac{\pi}{2}$,即 $\boldsymbol{a}\perp\boldsymbol{b}$;反之,如果 $\boldsymbol{a}\perp\boldsymbol{b}$,即 $\theta=\dfrac{\pi}{2}$,则有 $\cos\theta=0$,于是 $\boldsymbol{a}\cdot\boldsymbol{b}=|\boldsymbol{a}||\boldsymbol{b}|\cos\dfrac{\pi}{2}=0$.

数量积有下列运算规律:

(1) 交换律:$\boldsymbol{a}\cdot\boldsymbol{b}=\boldsymbol{b}\cdot\boldsymbol{a}$;

(2) 分配律:$(\boldsymbol{a}+\boldsymbol{b})\cdot\boldsymbol{c}=\boldsymbol{a}\cdot\boldsymbol{c}+\boldsymbol{b}\cdot\boldsymbol{c}$;

(3) 数乘结合律:$(\lambda\boldsymbol{a})\cdot(\mu\boldsymbol{b})=\lambda\mu(\boldsymbol{a}\cdot\boldsymbol{b})$.

上面各式均可按数量积的定义证明,这里从略.

下面我们来推导数量积的坐标表达式.

设 $\boldsymbol{a}=(a_x,a_y,a_z)$,$\boldsymbol{b}=(b_x,b_y,b_z)$,即 $\boldsymbol{a}=a_x\boldsymbol{i}+a_y\boldsymbol{j}+a_z\boldsymbol{k}$,$\boldsymbol{b}=b_x\boldsymbol{i}+b_y\boldsymbol{j}+b_z\boldsymbol{k}$,由于 $\boldsymbol{i}$,$\boldsymbol{j}$,$\boldsymbol{k}$ 是两两垂直的单位向量,因此 $\boldsymbol{i}\cdot\boldsymbol{i}=\boldsymbol{j}\cdot\boldsymbol{j}=\boldsymbol{k}\cdot\boldsymbol{k}=1$,$\boldsymbol{i}\cdot\boldsymbol{j}=\boldsymbol{j}\cdot\boldsymbol{k}=\boldsymbol{k}\cdot\boldsymbol{i}=0$,按数量积的运算规律可得

$$\begin{aligned}\boldsymbol{a}\cdot\boldsymbol{b}&=(a_x\boldsymbol{i}+a_y\boldsymbol{j}+a_z\boldsymbol{k})\cdot(b_x\boldsymbol{i}+b_y\boldsymbol{j}+b_z\boldsymbol{k})\\&=a_xb_x\boldsymbol{i}\cdot\boldsymbol{i}+a_xb_y\boldsymbol{i}\cdot\boldsymbol{j}+a_xb_z\boldsymbol{i}\cdot\boldsymbol{k}+a_yb_x\boldsymbol{j}\cdot\boldsymbol{i}+a_yb_y\boldsymbol{j}\cdot\boldsymbol{j}+a_yb_z\boldsymbol{j}\cdot\boldsymbol{k}+\\&\quad a_zb_x\boldsymbol{k}\cdot\boldsymbol{i}+a_zb_y\boldsymbol{k}\cdot\boldsymbol{j}+a_zb_z\boldsymbol{k}\cdot\boldsymbol{k}\\&=a_xb_x+a_yb_y+a_zb_z.\end{aligned}$$

从而得数量积的坐标表达式

$$\boldsymbol{a}\cdot\boldsymbol{b}=a_xb_x+a_yb_y+a_zb_z \tag{7.8}$$

由这个表达式可知:当 $\boldsymbol{a}$,$\boldsymbol{b}$ 为非零向量时,$\boldsymbol{a}$,$\boldsymbol{b}$ 的夹角 θ 满足公式

$$\cos\theta=\frac{\boldsymbol{a}\cdot\boldsymbol{b}}{|\boldsymbol{a}||\boldsymbol{b}|}=\frac{a_xb_x+a_yb_y+a_zb_z}{\sqrt{a_x^2+a_y^2+a_z^2}\sqrt{b_x^2+b_y^2+b_z^2}} \tag{7.9}$$

前面说过,两个向量 $\boldsymbol{a}$,$\boldsymbol{b}$ 垂直的充分必要条件是 $\boldsymbol{a}\cdot\boldsymbol{b}=0$,用向量 $\boldsymbol{a}$,$\boldsymbol{b}$ 的坐标表示出来,即 $a_xb_x+a_yb_y+a_zb_z=0$.

【例 7-6】 在 ΔABC 中,记 $\angle BAC=\theta$,$|\overrightarrow{CB}|=|\boldsymbol{a}|=a$,$|\overrightarrow{CA}|=|\boldsymbol{b}|=b$,$|\overrightarrow{AB}|=|\boldsymbol{c}|=c$,证明:$c^2=a^2+b^2-2ab\cos\theta$.

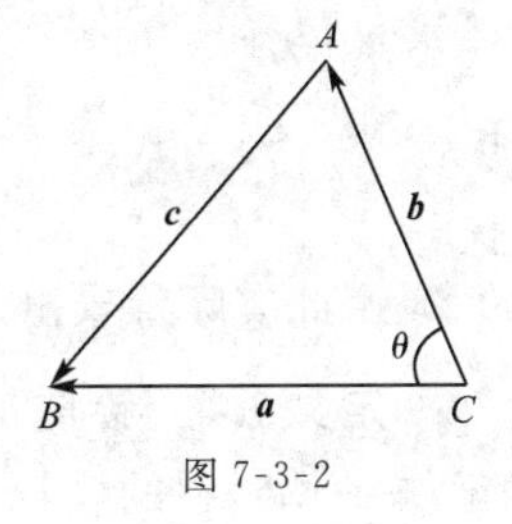

图 7-3-2

证明 (图 7-3-2) 由于 $\boldsymbol{c}=\boldsymbol{a}-\boldsymbol{b}$,故

$$|\boldsymbol{c}|^2=\boldsymbol{c}\cdot\boldsymbol{c}=(\boldsymbol{a}-\boldsymbol{b})\cdot(\boldsymbol{a}-\boldsymbol{b})=\boldsymbol{a}\cdot\boldsymbol{a}+\boldsymbol{b}\cdot\boldsymbol{b}-2\boldsymbol{a}\cdot\boldsymbol{b}$$
$$=|\boldsymbol{a}|^2+|\boldsymbol{b}|^2-2|\boldsymbol{a}||\boldsymbol{b}|\cos(\widehat{\boldsymbol{a},\boldsymbol{b}})$$

从而得 $c^2=a^2+b^2-2ab\cos\theta$.

【例 7-7】 已知 $\boldsymbol{a}=(1,1,-4)$,$\boldsymbol{b}=(1,-2,2)$,求(1)$\boldsymbol{a}\cdot\boldsymbol{b}$;(2)$\boldsymbol{a}$ 与 $\boldsymbol{b}$ 的夹角 θ;(3)$\boldsymbol{a}$ 在 $\boldsymbol{b}$ 上的投影.

解 (1)$\boldsymbol{a}\cdot\boldsymbol{b}=1\cdot1+1\cdot(-2)+(-4)\cdot2=-9$.

(2) 因为 $\cos\theta=\dfrac{a_xb_x+a_yb_y+a_zb_z}{\sqrt{a_x^2+a_y^2+a_z^2}\sqrt{b_x^2+b_y^2+b_z^2}}=\dfrac{-9}{3\sqrt{2}\cdot3}=-\dfrac{1}{\sqrt{2}}$,所以 $\theta=\dfrac{3\pi}{4}$.

(3) 由 $\boldsymbol{a}\cdot\boldsymbol{b}=|\boldsymbol{b}|\mathrm{Prj}_b^a$,得 $\mathrm{Prj}_b^a=\dfrac{\boldsymbol{a}\cdot\boldsymbol{b}}{|\boldsymbol{b}|}=-3$.

【例 7-8】 设流体流过平面 S 上面积为 A 的一个区域,液体在该区域上各点处的流速均为(常向量)$\boldsymbol{v}$,设 $\boldsymbol{e}_n$ 为垂直于 S 的单位向量(图 7-3-3),试用数量积表示单位时间内经过该区域流向 $\boldsymbol{e}_n$ 所指一侧的液体的质量 Φ(流体的密度为 ρ).

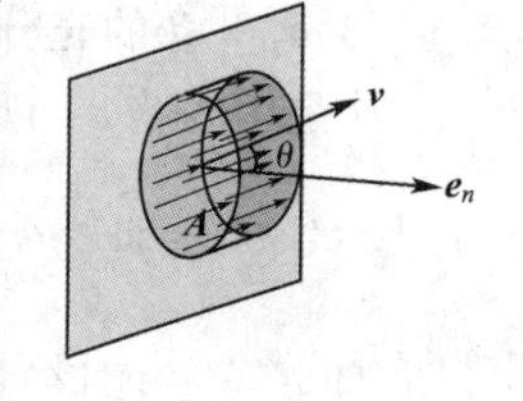

图 7-3-3

解 单位时间内流过这个区域的流体组成一个底面积为 A,斜高为 $|\boldsymbol{v}|$ 的斜柱体,其斜高与底面的垂线之夹角是 $\boldsymbol{v}$ 与 $\boldsymbol{e}_n$ 的夹角,故柱体的高为 $|\boldsymbol{v}|\cos\theta$,体积为

$$V=A|\boldsymbol{v}|\cos\theta=A\boldsymbol{v}\cdot\boldsymbol{e}_n,$$

从而单位时间内流向该区域指定一侧的流体的质量为

$$\Phi=\rho V=\rho A\boldsymbol{v}\cdot\boldsymbol{e}_n.$$

二、向量的向量积

在研究物体的转动问题时,要考虑作用在物体上的力所产生的力矩.下面举一个简单的例子来说明表达力矩的方法.设 O 是杠杆的支点,力 $\overrightarrow{F}$ 作用在杠杆上的 P 点处,$\overrightarrow{F}$ 与 $\overrightarrow{OP}$ 的夹角为 θ(图 7-3-4).力学中规定,力 $\overrightarrow{F}$ 对支点 O 的力矩 $\overrightarrow{M}$ 是一个向量,它的大小等于力的大小与支点到力线的距离之积,即 $|\overrightarrow{M}|=|\overrightarrow{F}||OQ|=|\overrightarrow{F}||\overrightarrow{OP}|\sin\theta$,它的方向垂直于 $\overrightarrow{OP}$ 与 $\overrightarrow{F}$ 确定的平面,并且 $\overrightarrow{OP}$,$\overrightarrow{F}$,$\overrightarrow{M}$ 三者的方向符合右手法则(有序向量组 $\boldsymbol{a}$,$\boldsymbol{b}$,$\boldsymbol{c}$ 符合右手法则,是指当右手的四指从 $\boldsymbol{a}$ 以不超过 π 转角转向 $\boldsymbol{b}$ 时,竖起的大拇指的指向是 $\boldsymbol{c}$ 的方向)(图 7-3-5).

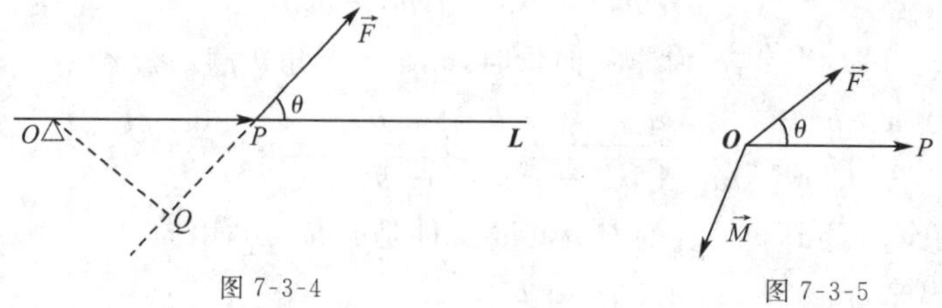

图 7-3-4　　图 7-3-5

由此实际背景出发,我们定义两个向量的向量积.

定义 7.4 设向量 $\boldsymbol{a}$,$\boldsymbol{b}$,$\theta=(\widehat{\boldsymbol{a},\boldsymbol{b}})$,规定 $\boldsymbol{a}$ 与 $\boldsymbol{b}$ 的**向量积**(或称**外积**、**叉积**)是一个向量,记作 $\boldsymbol{a}\times\boldsymbol{b}$,它的模 $|\boldsymbol{a}\times\boldsymbol{b}|$ 满足

$$|\boldsymbol{a}\times\boldsymbol{b}|=|\boldsymbol{a}||\boldsymbol{b}|\sin(\boldsymbol{a},\hat{\ }\boldsymbol{b}) \tag{7.10}$$

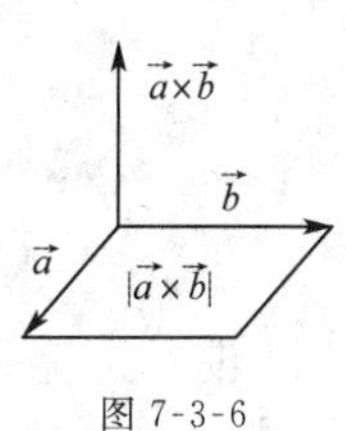

图 7-3-6

它的方向由以下方法确定：$\boldsymbol{a}\times\boldsymbol{b}$ 同时垂直于 $\boldsymbol{a}$ 和 $\boldsymbol{b}$，并且 $\boldsymbol{a},\boldsymbol{b},\boldsymbol{a}\times\boldsymbol{b}$ 符合右手法则(图 7-3-6).

有了这个概念，力矩就可表示为 $\overrightarrow{M}=\overrightarrow{OP}\times\overrightarrow{F}$.

由向量积的定义 7.4 可以推得：

(1) $\boldsymbol{0}\times\boldsymbol{a}=\boldsymbol{a}\times\boldsymbol{0}=\boldsymbol{0},\boldsymbol{a}\times\boldsymbol{a}=\boldsymbol{0}$

这是因为零向量的模 $|\boldsymbol{0}|=0$；相同向量的夹角为 0，$\sin 0=0$.

(2) 设 $\boldsymbol{a},\boldsymbol{b}$ 为非零向量，则 $\boldsymbol{a}\parallel\boldsymbol{b}$ 的充分必要条件是 $\boldsymbol{a}\times\boldsymbol{b}=\boldsymbol{0}$

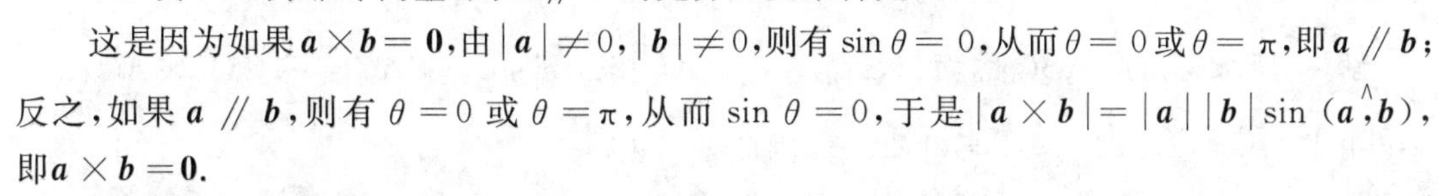
这是因为如果 $\boldsymbol{a}\times\boldsymbol{b}=\boldsymbol{0}$，由 $|\boldsymbol{a}|\neq 0,|\boldsymbol{b}|\neq 0$，则有 $\sin\theta=0$，从而 $\theta=0$ 或 $\theta=\pi$，即 $\boldsymbol{a}\parallel\boldsymbol{b}$；反之，如果 $\boldsymbol{a}\parallel\boldsymbol{b}$，则有 $\theta=0$ 或 $\theta=\pi$，从而 $\sin\theta=0$，于是 $|\boldsymbol{a}\times\boldsymbol{b}|=|\boldsymbol{a}||\boldsymbol{b}|\sin(\boldsymbol{a},\hat{\ }\boldsymbol{b})$，即 $\boldsymbol{a}\times\boldsymbol{b}=\boldsymbol{0}$.

向量积有下列运算规律：

(1) 反交换律：$\boldsymbol{b}\times\boldsymbol{a}=-\boldsymbol{a}\times\boldsymbol{b}$；

(2) 分配律：$(\boldsymbol{a}+\boldsymbol{b})\times\boldsymbol{c}=\boldsymbol{a}\times\boldsymbol{c}+\boldsymbol{b}\times\boldsymbol{c}$；

(3) 数乘结合律：$(\lambda\boldsymbol{a})\times(\mu\boldsymbol{b})=\lambda\mu(\boldsymbol{a}\times\boldsymbol{b})$.

下面推导向量积的坐标表达式.

设 $\boldsymbol{a}=(a_x,a_y,a_z)$，$\boldsymbol{b}=(b_x,b_y,b_z)$，即 $\boldsymbol{a}=a_x\boldsymbol{i}+a_y\boldsymbol{j}+a_z\boldsymbol{k}$，$\boldsymbol{b}=b_x\boldsymbol{i}+b_y\boldsymbol{j}+b_z\boldsymbol{k}$，由 $\boldsymbol{i},\boldsymbol{j},\boldsymbol{k}$ 是两两垂直的单位向量和右手法则，因此 $\boldsymbol{i}\times\boldsymbol{i}=\boldsymbol{j}\times\boldsymbol{j}=\boldsymbol{k}\times\boldsymbol{k}=\boldsymbol{0}$ 及 $\boldsymbol{i}\times\boldsymbol{j}=\boldsymbol{k},\boldsymbol{j}\times\boldsymbol{k}=\boldsymbol{i},\boldsymbol{k}\times\boldsymbol{i}=\boldsymbol{j}$，按向量积的运算规律可得

$$\begin{aligned}\boldsymbol{a}\times\boldsymbol{b}&=(a_x\boldsymbol{i}+a_y\boldsymbol{j}+a_z\boldsymbol{k})\times(b_x\boldsymbol{i}+b_y\boldsymbol{j}+b_z\boldsymbol{k})\\&=a_xb_x(\boldsymbol{i}\times\boldsymbol{i})+a_xb_y(\boldsymbol{i}\times\boldsymbol{j})+a_xb_z(\boldsymbol{i}\times\boldsymbol{k})+a_yb_x(\boldsymbol{j}\times\boldsymbol{i})+a_yb_y(\boldsymbol{j}\times\boldsymbol{j})+\\&\quad a_yb_z(\boldsymbol{j}\times\boldsymbol{k})+a_zb_x(\boldsymbol{k}\times\boldsymbol{i})+a_zb_y(\boldsymbol{k}\times\boldsymbol{j})+a_zb_z(\boldsymbol{k}\times\boldsymbol{k})\end{aligned}$$

故

$$\boldsymbol{a}\times\boldsymbol{b}=(a_yb_z-a_zb_y)\boldsymbol{i}+(a_zb_x-a_xb_z)\boldsymbol{j}+(a_xb_y-a_yb_x)\boldsymbol{k}$$

为了方便记忆，可利用行列式，

$$\boldsymbol{a}\times\boldsymbol{b}=\begin{vmatrix}a_y & a_z\\ b_y & b_z\end{vmatrix}\boldsymbol{i}+\begin{vmatrix}a_z & a_x\\ b_z & b_x\end{vmatrix}\boldsymbol{j}+\begin{vmatrix}a_x & a_y\\ b_x & b_y\end{vmatrix}\boldsymbol{k} \tag{7.11}$$

或

$$\boldsymbol{a}\times\boldsymbol{b}=\begin{vmatrix}\boldsymbol{i} & \boldsymbol{j} & \boldsymbol{k}\\ a_x & a_y & a_z\\ b_x & b_y & b_z\end{vmatrix} \tag{7.12}$$

下面来说明向量积的模的几何意义.

以向量 $\boldsymbol{a},\boldsymbol{b}$ 为邻边做平行四边形.由于 $|\boldsymbol{a}\times\boldsymbol{b}|=|\boldsymbol{a}||\boldsymbol{b}|\sin\theta=|\boldsymbol{a}|h$，其中 $h=|\boldsymbol{b}|\sin\theta$ 为平行四边形的一边 $\boldsymbol{a}$ 上的高，因此向量积 $\boldsymbol{a}\times\boldsymbol{b}$ 的模 $|\boldsymbol{a}\times\boldsymbol{b}|$ 表示**以 $\boldsymbol{a}$ 和 $\boldsymbol{b}$ 为邻边的平行四边形的面积**.

向量积的模的几何意义在空间解析几何中是很有用的.

【例 7-9】 求与 $\boldsymbol{a}=(3,-2,4)$，$\boldsymbol{b}=(1,1,-2)$ 都垂直的单位向量.

解

$$\boldsymbol{a}\times\boldsymbol{b}=\begin{vmatrix}\boldsymbol{i}&\boldsymbol{j}&\boldsymbol{k}\\a_x&a_y&a_z\\b_x&b_y&b_z\end{vmatrix}=\begin{vmatrix}\boldsymbol{i}&\boldsymbol{j}&\boldsymbol{k}\\3&-2&4\\1&1&-2\end{vmatrix}=10\boldsymbol{j}+5\boldsymbol{k}$$

$$|\boldsymbol{a}\times\boldsymbol{b}|=\sqrt{10^2+5^2}=5\sqrt{5}$$

设 $\boldsymbol{c}$ 为所求的单位向量，则 $\boldsymbol{c}=\pm\dfrac{\boldsymbol{a}\times\boldsymbol{b}}{|\boldsymbol{a}\times\boldsymbol{b}|}=\pm\left(\dfrac{2}{\sqrt{5}}\boldsymbol{j}+\dfrac{1}{\sqrt{5}}\boldsymbol{k}\right)$.

【例 7-10】 已知三角形 ABC 的顶点分别是 $A(1,2,3)$，$B(3,4,5)$，$C(2,4,7)$，求三角形 ABC 的面积.

解 所求三角形 ABC 的面积 $S_{\Delta ABC}=\dfrac{1}{2}|\overrightarrow{AB}||\overrightarrow{AC}|\sin\angle BAC=\dfrac{1}{2}|\overrightarrow{AB}\times\overrightarrow{AC}|$.

由于 $\overrightarrow{AB}=(2,2,2)$，$\overrightarrow{AC}=(1,2,4)$，因此

$$\overrightarrow{AB}\times\overrightarrow{AC}=\begin{vmatrix}\boldsymbol{i}&\boldsymbol{j}&\boldsymbol{k}\\2&2&2\\1&2&4\end{vmatrix}=4\boldsymbol{i}-6\boldsymbol{j}+2\boldsymbol{k}$$

故 $S_{\Delta ABC}=\dfrac{1}{2}|\overrightarrow{AB}\times\overrightarrow{AC}|=\dfrac{1}{2}\sqrt{4^2+(-6)^2+2^2}=\sqrt{14}$.

【例 7-11】 设刚体以等角速度 ω 绕 l 轴旋转，计算刚体上一点 M 的线速度.

解 刚体绕 l 轴旋转时，我们可以用转动轴 l 上的一个向量 $\boldsymbol{\omega}$ 表示角速度，它的大小等于角速度的大小，它的方向由右手法则定出：以右手握住 l 轴，当四个手指的转动方向与刚体的转向一致时，竖起的大拇指的指向就是 $\boldsymbol{\omega}$ 的方向(图 7-3-7).

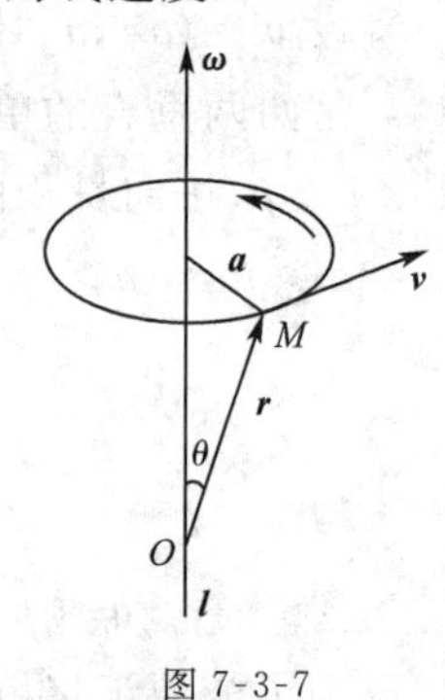

图 7-3-7

设点 M 到 l 轴的距离为 a，任取 l 轴上一点记为 O，并记 $\boldsymbol{r}=\overrightarrow{OM}$，或用 θ 表示 $\boldsymbol{\omega}$ 与 $\boldsymbol{r}$ 的夹角，则有 $a=|\boldsymbol{r}|\sin\theta$.

从物理学中我们知道，线速度 $|\boldsymbol{v}|$ 与角速度 $|\boldsymbol{\omega}|$ 有如下关系：

$$|\boldsymbol{v}|=|\boldsymbol{\omega}|a=|\boldsymbol{\omega}||\boldsymbol{r}|\sin\theta$$

即

$$|\boldsymbol{v}|=|\boldsymbol{\omega}\times\boldsymbol{r}|$$

又注意到 $\boldsymbol{v}$ 垂直于 $\boldsymbol{\omega}$ 与 $\boldsymbol{r}$，且 $\boldsymbol{\omega},\boldsymbol{r},\boldsymbol{v}$ 符合右手法则，因此得

$$\boldsymbol{v}=\boldsymbol{\omega}\times\boldsymbol{r}.$$

三、* 向量的混合积

定义 7.5 设 $\boldsymbol{a},\boldsymbol{b},\boldsymbol{c}$ 是三个向量，先做向量积 $\boldsymbol{a}\times\boldsymbol{b}$，再做 $\boldsymbol{a}\times\boldsymbol{b}$ 与 $\boldsymbol{c}$ 的数量积，得到的数 $(\boldsymbol{a}\times\boldsymbol{b})\cdot\boldsymbol{c}$ 叫作向量 $\boldsymbol{a},\boldsymbol{b},\boldsymbol{c}$ 的**混合积**，记作 $[\boldsymbol{abc}]$.

先推导混合积的坐标表达式

设 $\boldsymbol{a}=(a_x,a_y,a_z)$，$\boldsymbol{b}=(b_x,b_y,b_z)$，$\boldsymbol{c}=(c_x,c_y,c_z)$.

由

$$\boldsymbol{a}\times\boldsymbol{b}=\begin{vmatrix}a_y&a_z\\b_y&b_z\end{vmatrix}\boldsymbol{i}+\begin{vmatrix}a_z&a_x\\b_z&b_x\end{vmatrix}\boldsymbol{j}+\begin{vmatrix}a_x&a_y\\b_x&b_y\end{vmatrix}\boldsymbol{k},$$

所以
$$(\boldsymbol{a}\times\boldsymbol{b})\cdot\boldsymbol{c}=\begin{vmatrix}a_y & a_z\\ b_y & b_z\end{vmatrix}c_x+\begin{vmatrix}a_z & a_x\\ b_z & b_x\end{vmatrix}c_y+\begin{vmatrix}a_x & a_y\\ b_x & b_y\end{vmatrix}c_z. \tag{7.13}$$

利用三阶行列式,可得到混合积的便于记忆的坐标表达式
$$(\boldsymbol{a}\times\boldsymbol{b})\cdot\boldsymbol{c}=\begin{vmatrix}a_x & a_y & a_z\\ b_x & b_y & b_z\\ c_x & c_y & c_z\end{vmatrix}. \tag{7.14}$$

混合积有这样的几何意义:如果把向量$\boldsymbol{a},\boldsymbol{b},\boldsymbol{c}$看作一个平行六面体的相邻三棱,则$|\boldsymbol{a}\times\boldsymbol{b}|$是该平行六面体的底面积.而$\boldsymbol{a}\times\boldsymbol{b}$垂直于$\boldsymbol{a},\boldsymbol{b}$所在的底面,若以$\varphi$表示向量$\boldsymbol{a}\times\boldsymbol{b}$与$\boldsymbol{c}$的夹角,则当$0\leqslant\varphi\leqslant\frac{\pi}{2}$时,$|\boldsymbol{c}|\cos\varphi$就是该平行六面体的高$h$(图7-3-8).

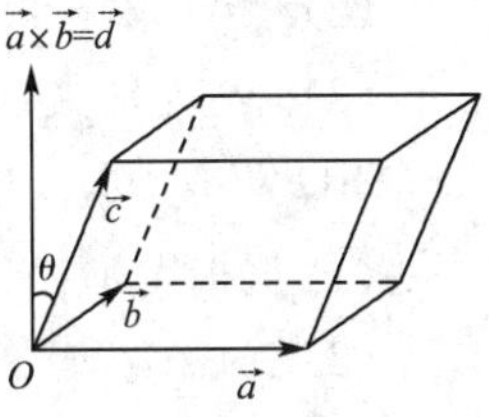

$\vec{a}\times\vec{b}=\vec{d}$ $\vec{c}$ θ $\vec{b}$ O $\vec{a}$

图 7-3-8

于是$(\boldsymbol{a}\times\boldsymbol{b})\cdot\boldsymbol{c}=|\boldsymbol{a}\times\boldsymbol{b}||\boldsymbol{c}|\cos\varphi=|\boldsymbol{a}\times\boldsymbol{b}|h=V$,$V$表示平行六面体的体积.显然,当$\frac{\pi}{2}<\varphi\leqslant\pi$时,$(\boldsymbol{a}\times\boldsymbol{b})\cdot\boldsymbol{c}=-V$,由此可见,混合积$[\boldsymbol{abc}]$的绝对值是以$\boldsymbol{a},\boldsymbol{b},\boldsymbol{c}$为相邻三棱的平行六面体的体积.

当$[\boldsymbol{abc}]=0$时,平行六面体的体积为零,即该六面体的三条棱在一个平面上,也就是说,向量$\boldsymbol{a},\boldsymbol{b},\boldsymbol{c}$共面,反之显然也成立.由此可得三向量共面的充要条件是
$$\begin{vmatrix}a_x & a_y & a_z\\ b_x & b_y & b_z\\ c_x & c_y & c_z\end{vmatrix}=0; \tag{7.15}$$

同样我们还可以得到空间四点$M_i(x_i,y_i,z_i)$ $(i=1,2,3,4)$共面的充分必要条件是
$$(\overrightarrow{M_1M_2}\times\overrightarrow{M_1M_3})\cdot\overrightarrow{M_1M_4}=\begin{vmatrix}x_2-x_1 & y_2-y_1 & z_2-z_1\\ x_3-x_1 & y_3-y_1 & z_3-z_1\\ x_4-x_1 & y_4-y_1 & z_4-z_1\end{vmatrix}=0. \tag{7.16}$$

【例7-12】 已知空间内不在同一平面内的四点$A(x_1,y_1,z_1)$,$B(x_2,y_2,z_2)$,$C(x_3,y_3,z_3)$,$D(x_4,y_4,z_4)$.求四面体的体积.

解 由立体几何知,四面体的体积等于以向量$\overrightarrow{AB},\overrightarrow{AC},\overrightarrow{AD}$为棱的平行六面体的体积的六分之一,即
$$V=\frac{1}{6}\left|(\overrightarrow{AB}\times\overrightarrow{AC})\cdot\overrightarrow{AD}\right|$$

因为
$$\overrightarrow{AB}=\{x_2-x_1,y_2-y_1,z_2-z_1\}$$
$$\overrightarrow{AC}=\{x_3-x_1,y_3-y_1,z_3-z_1\}$$
$$\overrightarrow{AD}=\{x_4-x_1,y_4-y_1,z_4-z_1\}$$

所以
$$V=\pm\frac{1}{6}\begin{vmatrix}x_2-x_1 & y_2-y_1 & z_2-z_1\\ x_3-x_1 & y_3-y_1 & z_3-z_1\\ x_4-x_1 & y_4-y_1 & z_4-z_1\end{vmatrix}$$
(其中正负号的选取必须和行列式的符号一致).

习题 7-3

1.设 $\boldsymbol{a}=3\boldsymbol{i}-\boldsymbol{j}-2\boldsymbol{k}$，$\boldsymbol{b}=\boldsymbol{i}+2\boldsymbol{j}-\boldsymbol{k}$，求

(1)$\boldsymbol{a}\cdot\boldsymbol{b}$，$3\boldsymbol{a}\cdot(-2\boldsymbol{b})$；

(2)$\boldsymbol{a}\times\boldsymbol{b}$，$\boldsymbol{a}\times 2\boldsymbol{b}$；

(3)$\boldsymbol{a}$ 与 $\boldsymbol{b}$ 的夹角.

2.已知 $M_1(1,-1,2)$，$M_2(3,3,1)$，$M_3(3,1,3)$，求

(1) 同时与$\overrightarrow{M_1M_2}$，$\overrightarrow{M_2M_3}$ 垂直的单位向量；

(2)$\Delta M_1M_2M_3$ 的面积.

3.设 $\boldsymbol{a}=(3,5,-2)$，$\boldsymbol{b}=(2,1,4)$，问数 λ 与 μ 有怎样的关系能使 $\lambda\boldsymbol{a}+\mu\boldsymbol{b}$ 与 z 轴垂直？

4.试用向量证明直径所对的圆周角是直角.

5.设 $\boldsymbol{a}$，$\boldsymbol{b}$，$\boldsymbol{c}$ 为单位向量，满足 $\boldsymbol{a}+\boldsymbol{b}+\boldsymbol{c}=\boldsymbol{0}$，求 $\boldsymbol{a}\cdot\boldsymbol{b}+\boldsymbol{b}\cdot\boldsymbol{c}+\boldsymbol{c}\cdot\boldsymbol{a}$.

6.设 $\boldsymbol{m}=2\boldsymbol{a}+\boldsymbol{b}$，$\boldsymbol{n}=k\boldsymbol{a}+\boldsymbol{b}$，其中 $|\boldsymbol{a}|=1$，$|\boldsymbol{b}|=2$，且 $\boldsymbol{a}\perp\boldsymbol{b}$，问

(1)k 为何值时，$\boldsymbol{m}\perp\boldsymbol{n}$？

(2)k 为何值时，$\boldsymbol{m}$ 与 $\boldsymbol{n}$ 为邻边的平行四边形的面积为 6？

7.设点 A，B，C 的向径分别为 $r_1=2\boldsymbol{i}+4\boldsymbol{j}+\boldsymbol{k}$，$r_2=3\boldsymbol{i}+7\boldsymbol{j}+5\boldsymbol{k}$，$r_3=4\boldsymbol{i}+10\boldsymbol{j}+9\boldsymbol{k}$，试证 A，B，C 三点在一条直线上.

8.设 a_i，$b_i\in\mathbf{R}(1,2,3)$，证明不等式

$$|a_1b_1+a_2b_2+a_3b_3|\leqslant(a_1^2+a_2^2+a_3^2)^{\frac{1}{2}}\cdot(b_1^2+b_2^2+b_3^2)^{\frac{1}{2}}.$$

9.问点 $A(1,1,1)$，$B(4,5,6)$，$C(2,3,3)$，$D(2,4,7)$ 四点是否在同一平面上？

10.设 $\boldsymbol{a}=2\boldsymbol{i}-3\boldsymbol{j}+\boldsymbol{k}$，$\boldsymbol{b}=\boldsymbol{i}-\boldsymbol{j}+3\boldsymbol{k}$，$\boldsymbol{c}=\boldsymbol{i}-2\boldsymbol{j}$，求以 $\boldsymbol{a}$，$\boldsymbol{b}$，$\boldsymbol{c}$ 为相邻三棱的平行六面体的体积.

7.4 平面及其方程

本章从这节起讨论平面与空间直线、曲面与曲线等几何图形及其方程.在这里先说明几何图形的方程的概念.以曲面为例，设取定 $Oxyz$ 坐标系后，该曲面上的点 M 的坐标 (x,y,z) 就满足一定的条件，这种条件一般可以写成一个三元方程 $F(x,y,z)=0$.如果曲面 S 与三元方程 $F(x,y,z)=0$ 有下述关系：

(1) 曲面 S 上的点 M 的坐标 (x,y,z) 都满足方程 $F(x,y,z)=0$；

(2) 不在曲面 S 上的点的坐标都不满足方程 $F(x,y,z)=0$.

则方程 $F(x,y,z)=0$ 就叫作**曲面 S 的方程**，而曲面 S 就叫作方程 $F(x,y,z)=0$ 的图形.

在本节中以向量为工具，讨论简单的曲面 —— 平面及其方程.

一、平面的方程

1.平面的点法式方程

垂直于平面的非零向量称为该平面的**法线向量**,记作 $\boldsymbol{n}$.由于过空间一点可以做且只能做一个平面垂直于已知直线,因此当给定平面上的一点及其法线向量时,该平面的位置就完全确定了.

设 $M_0(x_0,y_0,z_0)$ 是平面 Π 上的一点,$\boldsymbol{n}=(A,B,C)$ 是平面 Π 的法线向量,则对平面 Π 上任一点 $M(x,y,z)$,有 $\overrightarrow{M_0M}\perp\boldsymbol{n}$,即有 $\boldsymbol{n}\cdot\overrightarrow{M_0M}=0$(图 7-4-1).

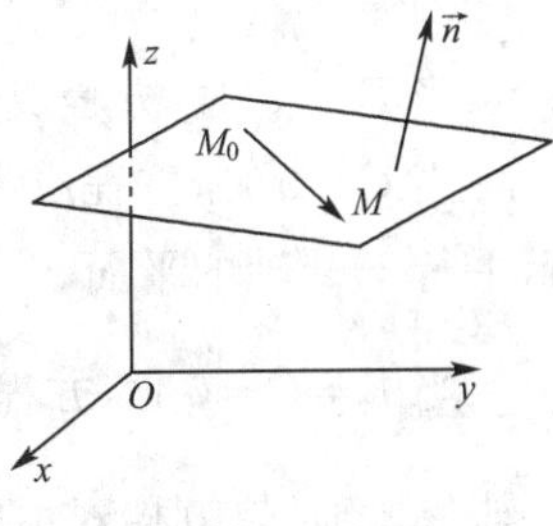

图 7-4-1

因 $\overrightarrow{M_0M}=(x-x_0,y-y_0,z-z_0)$,从而

$$A(x-x_0)+B(y-y_0)+C(z-z_0)=0. \quad (7.17)$$

这就是平面 Π 上任一点 M 的坐标 (x,y,z) 所满足的方程.而如果点 $M(x,y,z)$ 不在平面 Π 上时,则向量 $\overrightarrow{M_0M}$ 不垂直于 $\boldsymbol{n}$,因此点 M 的坐标 (x,y,z) 就不满足方程(7.17).所以方程(7.17) 就是平面 Π 的方程.由于方程是由平面 Π 上的一点 $M_0(x_0,y_0,z_0)$ 及它的一个法线向量 $\boldsymbol{n}=(A,B,C)$ 确定,所以方程(7.17) 就叫作平面的**点法式方程**.

【例 7-13】 求过点 $(-2,3,0)$ 且以 $\boldsymbol{n}=(1,2,-3)$ 为法向量的平面方程.

解 由平面的点法式方程,得所求平面方程为

$$1\cdot(x+2)+2\cdot(y-3)-3(z-0)=0$$

即

$$x+2y-3z-4=0.$$

【例 7-14】 求过点 $A(2,-1,4)$,$B(-1,3,-2)$,$C(0,2,3)$ 的平面方程.

解 先求平面的法向量 $\boldsymbol{n}$,由于 $\boldsymbol{n}\perp\overrightarrow{AB}$,$\boldsymbol{n}\perp\overrightarrow{AC}$,故可取 $\boldsymbol{n}=\overrightarrow{AB}\times\overrightarrow{AC}$,由于

$$\overrightarrow{AB}=(-3,4,-6),\overrightarrow{AC}=(-2,3,-1)$$

故

$$\boldsymbol{n}=\overrightarrow{AB}\times\overrightarrow{AC}=\begin{vmatrix}\boldsymbol{i} & \boldsymbol{j} & \boldsymbol{k}\\ -3 & 4 & -6\\ -2 & 3 & -1\end{vmatrix}=14\boldsymbol{i}+9\boldsymbol{j}-\boldsymbol{k}$$

根据点法式方程(7.17),得所求平面方程为

$$14(x-2)+9(y+1)-(z-4)=0$$

即

$$14x+19y-z-15=0.$$

2.平面的一般方程

若将点法式方程写成 $Ax+By+Cz-Ax_0-By_0-Cz_0=0$,且把常数 $-(Ax_0+By_0+Cz_0)$ 记为 D,则方程就成为三元一次方程

$$Ax+By+Cz+D=0 \quad (7.18)$$

反之,对给定的三元一次方程(7.18)(其中 A,B,C 不同时为零),设 x_0,y_0,z_0 是满足方程(7.18) 的一组数,即 $Ax_0+By_0+Cz_0+D=0$,把它与方程(7.18) 相减就得

$$A(x-x_0)+B(y-y_0)+C(z-z_0)=0.$$

把它和平面的点法式方程(7.17)相比较,可以知道它是通过点$M_0(x_0,y_0,z_0)$并以$\boldsymbol{n}=(A,B,C)$为法线向量的平面方程.由此可知,任一三元一次方程(7.18)的图形总是一个平面,方程(7.18)称为平面的**一般方程**,方程中的x,y,z的系数就是该平面的一个法线向量$\boldsymbol{n}$的坐标,即$\boldsymbol{n}=(A,B,C)$.

例如,方程$2x-3y+z-5=0$表示一个平面,$\boldsymbol{n}=(2,-3,1)$为这个平面的一个法线向量.

对于一些特殊的三元一次方程,读者要熟悉它们所表示的平面的特点.

例如,

当$D=0$时,方程成为$Ax+By+Cz=0$,它表示过原点的平面;

当$C=0$时,方程成为$Ax+By+D=0$.由于法线向量$\boldsymbol{n}=(A,B,0)$垂直z轴,故方程表示平行于z轴的平面;

当$B=C=0$时,方程成为$Ax+D=0$,或$x=-\dfrac{D}{A}$.由于法向量$\boldsymbol{n}=(A,0,0)$同时垂直于y轴与z轴,故方程表示的平面平行于yOz面,也就是垂直于x轴.

【例 7-15】 求过x轴和点$(4,-3,1)$的平面方程.

解 设平面的一般方程为

$$Ax+By+Cz+D=0$$

由于所求平面经过x轴,则法向量垂直于x轴,于是,法向量在x轴上的投影为零,即$A=0$,又平面通过原点,所以$D=0$,从而方程为

$$By+Cz=0$$

又因平面经过点$(4,-3,1)$,得

$$-3B-C=0$$

即

$$C=3B$$

以此代入方程$By+Cz=0$并消去B,便得所求平面的方程为

$$y+3z=0.$$

【例 7-16】 设平面与x轴、y轴及z轴分别交于三点$P_1(a,0,0)$,$P_2(0,b,0)$与$P_3(0,0,c)$(图 7-4-2),其中a,b,c均不为零,求该平面的方程.

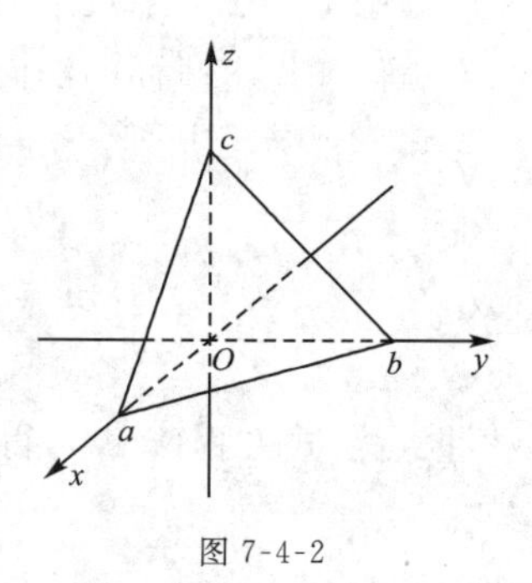

图 7-4-2

解 设所求平面的一般方程为$Ax+By+Cz+D=0$

根据条件,把点P_1,P_2,P_3的坐标分别代入方程,得

$$aA+D=0,bB+D=0,cC+D=0$$

解得,$A=-\dfrac{D}{a},B=-\dfrac{D}{b},C=-\dfrac{D}{c}$

以此代入一般方程并消去$D(D\neq 0)$,得所求平面的方程为$\dfrac{x}{a}+\dfrac{y}{b}+\dfrac{z}{c}=1$

此方程称为平面的**截距式方程**,a,b,c依次称作平面在轴上的**截距**.

二、两平面的夹角以及点到平面的距离

1.两平面的夹角

两平面的法线向量的夹角（通常不取钝角）称为**两平面的夹角**（图 7-4-3）.

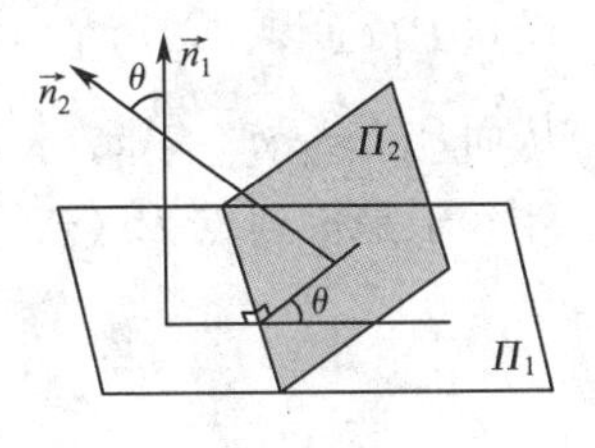

图 7-4-3

设两平面 Π_1 和 Π_2 的法线向量分别为 $\boldsymbol{n}_1=(A_1,B_1,C_1)$ 和 $\boldsymbol{n}_2=(A_2,B_2,C_2)$，由于两平面的夹角 θ 是 $\boldsymbol{n}_1$ 与 $\boldsymbol{n}_2$ 的夹角且又为锐角，故由两向量的夹角余弦公式得

$$\cos\theta=\frac{|\boldsymbol{n}_1\cdot\boldsymbol{n}_2|}{|\boldsymbol{n}_1||\boldsymbol{n}_2|}=\frac{|A_1A_2+B_1B_2+C_1C_2|}{\sqrt{A_1^2+B_1^2+C_1^2}\sqrt{A_2^2+B_2^2+C_2^2}}\tag{7.19}$$

从两个向量垂直、平行的充分必要条件立即可得

平面 Π_1 和 Π_2 互相垂直的充分必要条件是 $A_1A_2+B_1B_2+C_1C_2=0$

平面 Π_1 和 Π_2 互相平行的充分必要条件是 $\dfrac{A_1}{A_2}=\dfrac{B_1}{B_2}=\dfrac{C_1}{C_2}$

【例 7-17】　研究下列各组中两平面的位置关系

(1) 平面 $\Pi_1:x-y+2z-6=0$，平面 $\Pi_2:2x+y+z-5=0$；

(2) 平面 $\Pi_1:2x-y+z-1=0$，平面 $\Pi_2:-4x+2y-2z-1=0$.

解　(1) 两平面的法向量分别为 $\boldsymbol{n}_1=(1,-1,2)$，$\boldsymbol{n}_2=(2,1,1)$，根据公式(7.19)，有

$$\cos\theta=\frac{|\boldsymbol{n}_1\cdot\boldsymbol{n}_2|}{|\boldsymbol{n}_1||\boldsymbol{n}_2|}=\frac{|1\times2+(-1)\times1+2\times1|}{\sqrt{1^2+(-1)^2+2^2}\sqrt{2^2+1^2+1^2}}=\frac{1}{2}$$

故两平面的夹角 $\theta=\dfrac{\pi}{3}$，所以这两平面为相交关系.

(2) 两平面的法向量分别为 $\boldsymbol{n}_1=(2,-1,1)$，$\boldsymbol{n}_2=(-4,2,-2)$.

因为 $\dfrac{2}{-4}=\dfrac{-1}{2}=\dfrac{1}{-2}$，所以平面 Π_1 和 Π_2 互相平行，又存在点 $M(1,1,0)\in\Pi_1$，且 $M(1,1,0)\notin\Pi_2$，所以这两平面平行但不重合.

2.点到平面的距离

设 $P_0(x_0,y_0,z_0)$ 是平面 $\Pi:Ax+By+Cz+D=0$ 外一点，任取 Π 上一点 $P_1(x_1,y_1,z_1)$，并做向量 $\overrightarrow{P_1P_0}$. 设 $\overrightarrow{P_1P_0}$ 与平面法线向量 $\boldsymbol{n}=(A,B,C)$ 的夹角为 θ，则由图 7-4-4 看到 P_0 到平面 Π 的距离即为

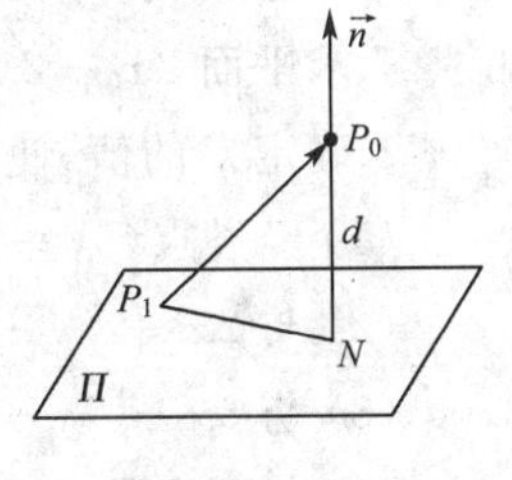

图 7-4-4

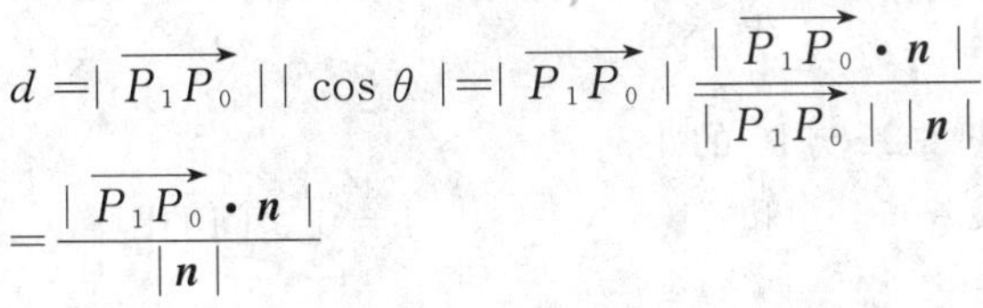

$$d=|\overrightarrow{P_1P_0}||\cos\theta|=|\overrightarrow{P_1P_0}|\frac{|\overrightarrow{P_1P_0}\cdot\boldsymbol{n}|}{|\overrightarrow{P_1P_0}||\boldsymbol{n}|}$$
$$=\frac{|\overrightarrow{P_1P_0}\cdot\boldsymbol{n}|}{|\boldsymbol{n}|}$$

由于

$$\overrightarrow{P_1P_0}\cdot\boldsymbol{n}=A(x_0-x_1)+B(y_0-y_1)+C(z_0-z_1)$$
$$=Ax_0+By_0+Cz_0-(Ax_1+By_1+Cz_1),$$

而点 $P_1(x_1,y_1,z_1)$ 在平面 Π 上，故 $Ax_1+By_1+Cz_1+D=0$，即 $-(Ax_1+By_1+Cz_1)=D$，从而 $\overrightarrow{P_1P_0}\cdot\boldsymbol{n}=Ax_0+By_0+Cz_0+D$.

于是得到点 $P_0(x_0,y_0,z_0)$ 到平面 Π：$Ax+By+Cz+D=0$ 的距离为

$$d=\frac{|Ax_0+By_0+Cz_0+D|}{\sqrt{A^2+B^2+C^2}}. \tag{7.20}$$

【例 7-18】 求点 $P(1,1,2)$ 到平面 $x-y+z+1=0$ 的距离.

解 利用公式(7.20)，可得

$$d=\frac{|1\times1-1\times1+1\times2+1|}{\sqrt{1^2+(-1)^2+1^2}}=\frac{3}{\sqrt{3}}=\sqrt{3}.$$

习题 7-4

1.指出下列每个平面的特殊位置：

(1)$y=1$；　(2)$3x-1=0$；　(3)$2x-3y-6=0$；

(4)$2x+z=0$；　(5)$y+z=2$；　(6)$5x+3y-z=0$.

2.求通过点$(2,4,-3)$且与平面 $3x-7y+5z=12$ 平行的平面方程.

3.求过点 $M_0(2,9,-6)$ 且与连接坐标原点 O 及点 M_0 的线段 OM_0 垂直的平面方程.

4.求过 $M_1(1,1,-1)$，$M_2(-2,-2,2)$，$M_3(1,-1,2)$ 三点的平面方程.

5.求过点$(1,0,-1)$且平行于向量 $\boldsymbol{a}=(2,1,1)$ 和 $\boldsymbol{b}=(1,-1,0)$ 的平面方程.

6.求满足下列条件的平面方程：

(1) 过点$(-3,1,-2)$和 z 轴；

(2) 过点$(2,-5,3)$且平行于 xOy 面；

(3) 过点$(4,0,-2)$和$(5,1,7)$且平行于 x 轴.

7.求平面 $2x-2y+z+5=0$ 与各坐标面夹角的余弦.

8.确定 k 的值，使平面 $x+ky-2z-9=0$ 符合下列条件之一：

(1) 经过点$(5,-4,-6)$；

(2) 与 $2x+4y+3z-3=0$ 垂直；

(3) 与 $3x-7y-6z-1=0$ 平行；

(4) 与原点的距离等于 3.

9.求点$(1,2,1)$到平面 $x+2y+2z=10$ 的距离.

10.求两个平面 $10x+2y-2z-5=0$ 和 $5x+y-z-1=0$ 之间的距离.

7.5　空间直线及其方程

一、空间直线方程

1.空间直线的一般方程

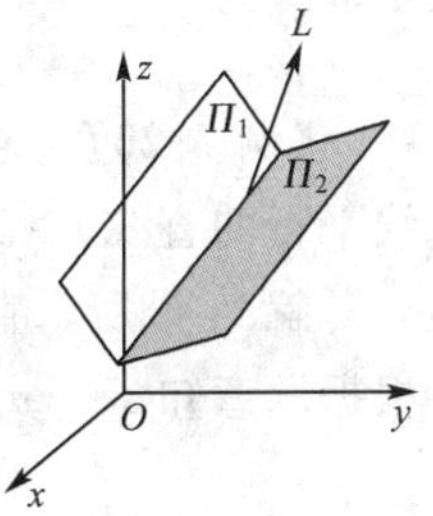

空间直线可以看作是两个平面的交线 L，如果两个相交平面 Π_1 和 Π_2 的方程分别为 $A_1x+B_1y+C_1z+D_1=0$ 和 $A_2x+B_2y+C_2z+D_2=0$，则点 $M(x,y,z)$ 位于 L 上的充分必要条件是它的坐标 (x,y,z) 同时满足 Π_1 与 Π_2 的方程(图 7-5-1)，因此下列方程组：

$$\begin{cases} A_1x+B_1y+C_1z+D_1=0 \\ A_2x+B_2y+C_2z+D_2=0 \end{cases} \tag{7.21}$$

图 7-5-1

是直线 L 的方程，称为**直线的一般方程**.

点在直线 L 上应该满足方程组(7.21)，反之，如果点不在直线 L 上，它就不可能同时在平面 Π_1 和 Π_2 上，坐标也就不满足方程组(7.21)，因此方程组(7.21)就是直线 L 的一般方程.

2.空间直线的点向式方程与参数方程

平行于已知直线的非零向量 $\boldsymbol{s}$ 称作该直线的**方向向量**.由于过空间一点可以做且只能做一条直线与已知向量平行，故当直线 L 上的一点 $M_0(x_0,y_0,z_0)$ 及直线 L 的方向向量 $\boldsymbol{s}=(m,n,p)$ 为已知时(m,n,p 称为直线 L 的一组**方向数**)，直线 L 的位置就完全确定，下面我们按此已知条件来建立直线 L 的方程.

因为空间一点 $M(x,y,z)$ 在直线 L 上的充分必要条件是向量 $\overrightarrow{M_0M} \parallel \boldsymbol{s}$，由于 $\overrightarrow{M_0M}=(x-x_0,y-y_0,z-z_0)$，因此条件 $\overrightarrow{M_0M} \parallel \boldsymbol{s}$ 等价于

$$\frac{x-x_0}{m}=\frac{y-y_0}{n}=\frac{z-z_0}{p} \tag{7.22}$$

方程(7.22)就是直线 L 的方程，叫作直线的**点向式方程**(或对称式方程)(图 7-5-2).

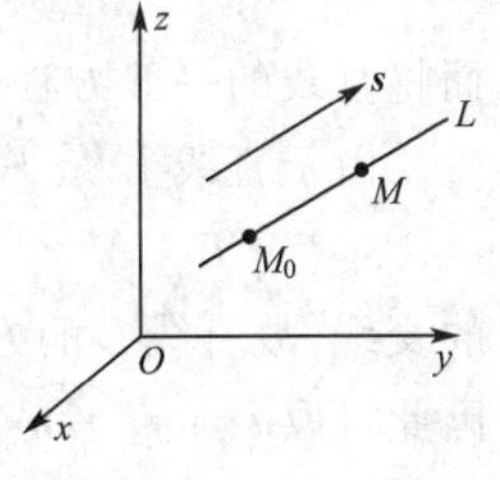

图 7-5-2

注意：当 m,n,p 中某个值为 0 时，例如 $m=0,n\neq 0,p\neq 0$，这时式(7.22)应理解为 $\begin{cases} x=x_0 \\ \dfrac{y-y_0}{n}=\dfrac{z-z_0}{p} \end{cases}$，当 m,n,p 中有两个值为 0 时，例如 $m=n=0,p\neq 0$，这时式(7.22)应理解为 $\begin{cases} x=x_0 \\ y=y_0 \end{cases}$.

由直线的点向式方程容易导出直线的参数方程.如记

$$\frac{x-x_0}{m}=\frac{y-y_0}{n}=\frac{z-z_0}{p}=t$$

则有 $x-x_0=tm,y-y_0=tn,z-z_0=tp$，即得

$$\begin{cases} x = x_0 + tm \\ y = y_0 + tn \\ z = z_0 + tp \end{cases} \tag{7.23}$$

方程(7.23)称为**直线的参数方程**.t 称为参数.

【例 7-19】 求过点$(2,-3,4)$且与 y 轴垂直相交的直线方程.

解 由于所求直线与 y 轴垂直相交,故在 y 轴上的交点为$(0,-3,0)$,由式(7.22),得所求直线的点向式方程为

$$\frac{x-2}{2}=\frac{y+3}{0}=\frac{z-4}{4}.$$

【例 7-20】 求过点$(-3,2,5)$且与平面 $x-4z-3=0$ 和平面 $2x-y-5z-1=0$ 的交线平行的直线方程.

解 设所求直线的方向向量 $\boldsymbol{s}=(m,n,p)$,又知 $\boldsymbol{n}_1=(1,0,-4)$,$\boldsymbol{n}_2=(2,-1,-5)$,根据题意知 $\boldsymbol{s}\perp\boldsymbol{n}_1$,$\boldsymbol{s}\perp\boldsymbol{n}_2$,所以

$$\boldsymbol{s}=\boldsymbol{n}_1\times\boldsymbol{n}_2=\begin{vmatrix} \boldsymbol{i} & \boldsymbol{j} & \boldsymbol{k} \\ 1 & 0 & -4 \\ 2 & -1 & -5 \end{vmatrix}=(-4,-3,-1)$$

则所求直线方程为

$$\frac{x+3}{4}=\frac{y-2}{3}=\frac{z-5}{1}.$$

直线方程的三种形式可以互相转化,直线的参数方程与点向式方程之间的转换比较容易,将直线的点向式方程转换成一般方程也只需把点向式方程(7.22)改写成下列形式就可以了:

$$\begin{cases} \dfrac{x-x_0}{m}=\dfrac{y-y_0}{n} \\ \dfrac{y-y_0}{n}=\dfrac{z-z_0}{p} \end{cases}$$

即
$$\begin{cases} n(x-x_0)-m(y-y_0)=0 \\ p(y-y_0)-n(z-z_0)=0 \end{cases}$$

而将直线的一般方程转换成点向式方程或参数方程,则可通过下列方法进行:

由于直线 L 是平面

$$\Pi_1: A_1x+B_1y+C_1z+D_1=0 \text{ 与 } \Pi_2: A_2x+B_2y+C_2z+D_2=0$$

的交线,故直线 L 的方向向量 $\boldsymbol{s}$ 同时垂直于平面 Π_1 的法线向量 $\boldsymbol{n}_1$ 与平面 Π_2 的法线向量 $\boldsymbol{n}_2$,因此可取 $\boldsymbol{s}=\boldsymbol{n}_1\times\boldsymbol{n}_2$,再任取满足方程组(7.21)的一组数 x_0,y_0,z_0,这样由点(x_0,y_0,z_0)与 $\boldsymbol{s}$ 就可写出直线的点向式方程或参数方程了.

【例 7-21】 用点向式方程和参数方程表示直线

$$\begin{cases} x+y+z+1=0 \\ 2x-y+3z+4=0 \end{cases}.$$

解 方程组中两个方程所表示的平面之法线向量分别是 $\boldsymbol{n}_1=(1,1,1)$,$\boldsymbol{n}_2=(2,-1,3)$,取

$$s = n_1 \times n_2 = \begin{vmatrix} i & j & k \\ 1 & 1 & 1 \\ 2 & -1 & 3 \end{vmatrix} = 4i - j - 3k$$

下面来取直线上的一点(x_0, y_0, z_0),不妨取 $x_0 = 1$,代入方程组,得$\begin{cases} y_0 + z_0 = -2, \\ y_0 - 3z_0 = 6, \end{cases}$

解得 $y_0 = 0, z_0 = -2$,根据式(7.22)和式(7.23),得直线的点向式方程

$$\frac{x-1}{4} = \frac{y}{-1} = \frac{z+2}{-3}$$

得直线的参数方程

$$\begin{cases} x = 1 + 4t \\ y = -t \\ z = -2 - 3t \end{cases}.$$

二、两直线的夹角、直线与平面的夹角

1.两直线的夹角

两直线的方向向量的夹角(通常不取钝角)称为**两直线的夹角**.

设直线 L_1 和直线 L_2 的方向向量分别为 $s_1 = (m_1, n_1, p_1)$ 和 $s_2 = (m_2, n_2, p_2)$,由于 L_1 和 L_2 的夹角 φ 是 s_1 与 s_2 的夹角且为锐角,因此夹角可由公式

$$\cos\varphi = |\cos(s_1, s_2)| = \left|\frac{s_1 \cdot s_2}{|s_1||s_2|}\right| = \frac{|m_1m_2 + n_1n_2 + p_1p_2|}{\sqrt{m_1^2 + n_1^2 + p_1^2}\sqrt{m_2^2 + n_2^2 + p_2^2}} \quad (7.24)$$

确定.

从两直线垂直、平行的充分必要条件立即可推得:

两直线互相垂直的充分必要条件是 $m_1m_2 + n_1n_2 + p_1p_2 = 0$;

两直线互相平行的充分必要条件是$\frac{m_1}{m_2} = \frac{n_1}{n_2} = \frac{p_1}{p_2}$.

【例 7-22】 求直线 L_1:$\frac{x-1}{1} = \frac{y}{-4} = \frac{z+3}{1}$ 和直线 L_2:$\frac{x}{2} = \frac{y+2}{-2} = \frac{z}{-1}$ 的夹角.

解 直线 L_1 和直线 L_2 的方向向量分别为 $s_1 = (1, -4, 1)$,$s_2 = (2, -2, -1)$,设直线 L_1 和直线 L_2 的夹角为 φ,则由式(7.24)得

$$\cos\varphi = \frac{|1 \times 2 + (-4) \times (-2) + 1 \times (-1)|}{\sqrt{1^2 + (-4)^2 + 1^2}\sqrt{2^2 + (-2)^2 + (-1)^2}} = \frac{1}{\sqrt{2}} = \frac{\sqrt{2}}{2}$$

因此 $\varphi = \frac{\pi}{4}$.

2.直线与平面的夹角

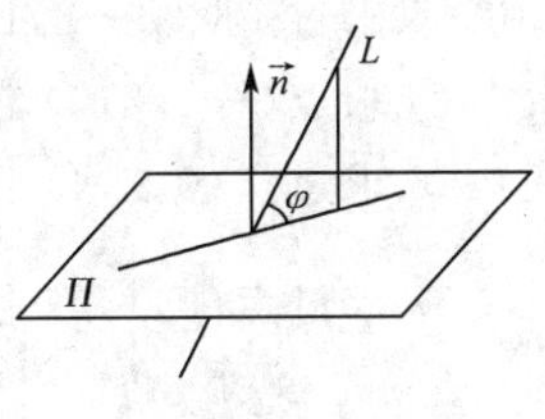

图 7-5-3

设直线 L 与平面 Π 的法线(平面的垂线)的夹角为 $\theta\left(0 \leqslant \theta < \frac{\pi}{2}\right)$,则 θ 的余角 φ 称为直线 L 与平面 Π 的夹角(图 7-5-3).

如果直线 L 的方向向量为 $\boldsymbol{s}=(m,n,p)$，平面 Π 的法线向量为 $\boldsymbol{n}=(A,B,C)$，则直线 L 与平面 Π 的法线的夹角 θ 满足

$$\cos\theta=\frac{|\boldsymbol{n}\cdot\boldsymbol{s}|}{|\boldsymbol{n}||\boldsymbol{s}|}$$

又由于 $\varphi=\frac{\pi}{2}-\theta$，故直线 L 与平面 Π 的夹角 φ 可由公式

$$\sin\varphi=\sin\left(\frac{\pi}{2}-\theta\right)=\cos\theta=\frac{|\boldsymbol{n}\cdot\boldsymbol{s}|}{|\boldsymbol{n}||\boldsymbol{s}|}=\frac{|Am+Bn+Cp|}{\sqrt{A^2+B^2+C^2}\sqrt{m^2+n^2+p^2}}\tag{7.25}$$

确定，并且可以推得：

直线与平面垂直的充分必要条件是 $\frac{A}{m}=\frac{B}{n}=\frac{C}{p}$；

直线与平面平行的充分必要条件是 $Am+Bn+Cp=0$.

【例 7-23】 求直线 $L:\frac{x-1}{2}=\frac{y}{-1}=\frac{z+1}{2}$ 与平面 $\Pi:2x+y+z-6=0$ 的交点与夹角.

解 将直线 L 的方程写成参数方程 $x=2t+1,y=-t,z=2t-1$，并代入平面方程得

$$2(2t+1)+(-t)+(2t-1)-6=0$$

解得 $t=1$，把 $t=1$ 代入直线参数方程，得交点坐标 $(3,-1,1)$

又直线 L 的方向向量 $\boldsymbol{s}=(2,-1,2)$，平面 Π 的法线向量 $\boldsymbol{n}=(2,1,1)$，由式(7.25)得

$$\sin\varphi=\frac{|2\times2+(-1)\times1+2\times1|}{\sqrt{2^2+(-1)^2+2^2}\sqrt{2^2+1^2+1^2}}=\frac{5}{3\sqrt{6}}$$

因此直线 L 与平面 Π 的夹角 $\varphi=\arcsin\frac{5}{3\sqrt{6}}$.

习题 7-5

1.求过点 $(3,-1,2)$ 且平行于直线 $\frac{x-3}{4}=y=\frac{z-1}{3}$ 的直线方程.

2.求过点 $M_1(3,-2,1)$ 和 $M_2(-1,0,2)$ 的直线方程.

3.用点向式方程和参数方程表示直线 $\begin{cases}x-y+z=0\\2x+y+z-4=0\end{cases}$.

4.求过点 $(2,-3,1)$ 且垂直于平面 $2x+3y+z+1=0$ 的直线方程.

5.求点 $(-1,2,0)$ 在平面 $x+2y-z+1=0$ 上的投影点.

6.求过点 $(0,2,4)$ 且与平面 $x+2z=1$ 和平面 $y-3z=2$ 平行的直线方程.

7.求过点 $(0,1,2)$ 且与直线 $\frac{x-1}{1}=\frac{y-1}{-1}=\frac{z}{2}$ 垂直相交的直线方程.

8.证明两直线 $\begin{cases}x+2y-z-7=0\\-2x+y+z-7=0\end{cases}$ 和 $\begin{cases}3x+6y-3z-8=0\\2x-y-z=0\end{cases}$ 平行.

9.求直线$\begin{cases}5x-3y+3z-9=0\\3x-2y+z-1=0\end{cases}$与直线$\begin{cases}2x+2y-z+23=0\\3x+8y+z-18=0\end{cases}$夹角的余弦.

10.求直线$\dfrac{x-1}{2}=\dfrac{y}{-1}=\dfrac{z+1}{2}$与平面$x-y+2z=0$之间的夹角.

7.6 曲线与曲面

本节分两部分,在第一部分中先从图形出发建立柱面和旋转曲面的方程,然后引出二次曲面的方程并研究它们的图形.第二部分将介绍空间曲线的方程.

一、曲面及其方程

1.柱面

定义 7.6 平行于某定直线L并沿定曲线C移动的直线所形成的曲面叫作**柱面**,其中定曲线C就叫作该柱面的**准线**,动直线叫作该柱面的**母线**(图 7-6-1).

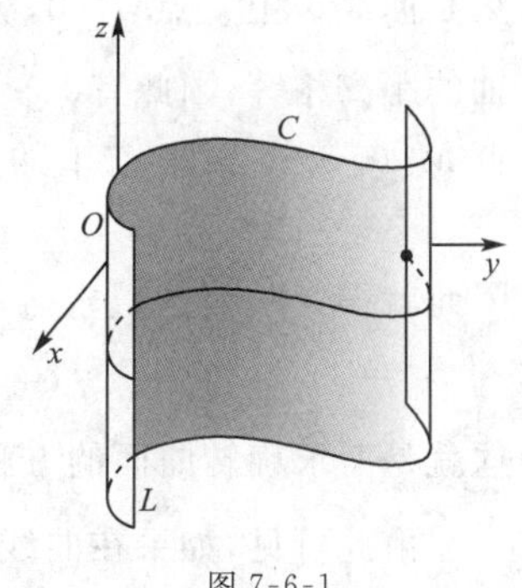

图 7-6-1

这里我们只考虑母线平行于坐标轴的柱面.

设柱面Σ的母线平行于z轴,准线C是xOy坐标面上的一条曲线,其方程为$F(x,y)=0$.由于在空间直角坐标系$Oxyz$中,点$M(x,y,z)$位于柱面Σ上的充分必要条件是它在xOy面上的投影点$M_1(x,y,0)$位于准线C上,即x,y满足方程$F(x,y)=0$,因此柱面Σ的方程就是$F(x,y)=0$.

这就是说,在空间直角坐标系中,方程$F(x,y)=0$表示母线平行于z轴的柱面,柱面的准线为xOy面上的曲线$F(x,y)=0$.

一般地,空间解析几何中,不完全三元方程(即x,y,z不同时出现的方程)在空间直角坐标系中都表示母线平行于坐标轴的柱面.类似于方程$F(x,y)=0$的情况,只含z,x而缺y的方程$F(z,x)=0$表示母线平行于y轴的柱面,它的准线为xOz面上的曲线$F(z,x)=0$;只含y,z而缺x的方程$F(y,z)=0$表示母线平行于x轴的柱面,它的准线为yOz面上的曲线$F(y,z)=0$.

【例 7-24】 指出下列方程在空间直角坐标系中表示的几何图形:

(1) $\dfrac{x^2}{a^2}+\dfrac{y^2}{b^2}=1$;(2) $x^2=2pz$.

解 (1) 方程$\dfrac{x^2}{a^2}+\dfrac{y^2}{b^2}=1$在空间直角坐标系中表示母线平行于$z$轴,准线为$xOy$面上的椭圆$\dfrac{x^2}{a^2}+\dfrac{y^2}{b^2}=1$的柱面,称为**椭圆柱面**(图 7-6-2).

(2) 方程$x^2=2pz$在空间直角坐标系中表示母线平行于y轴,准线为xOz面上的抛物线$x^2=2pz$的柱面,称为**抛物柱面**(图 7-6-3).

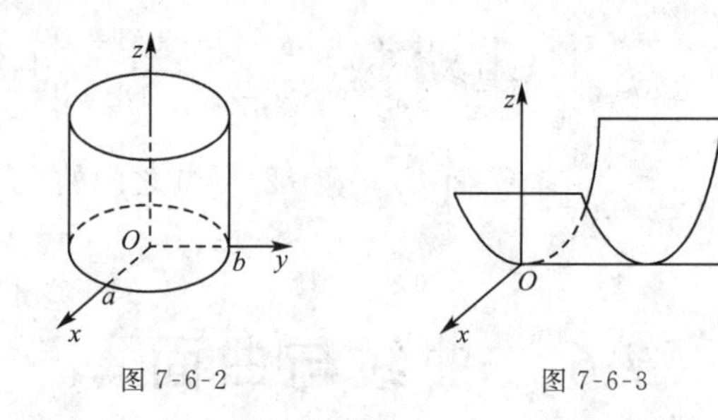

图 7-6-2　　图 7-6-3

2.旋转曲面

定义 7.7　平面上的曲线 C 绕该平面上的一条定直线 l 旋转而形成的曲面叫作**旋转曲面**,该平面曲线 C 叫作旋转曲面的**母线**,定直线 l 叫作旋转曲面的**轴**.

这里我们只考虑坐标平面上的曲线绕坐标轴旋转的旋转曲面.

设 C 为 yOz 面上的已知曲线,其方程为 $f(y,z)=0$,C 围绕 z 轴旋转一周得一旋转曲面(图 7-6-4).下面我们来建立它的方程.

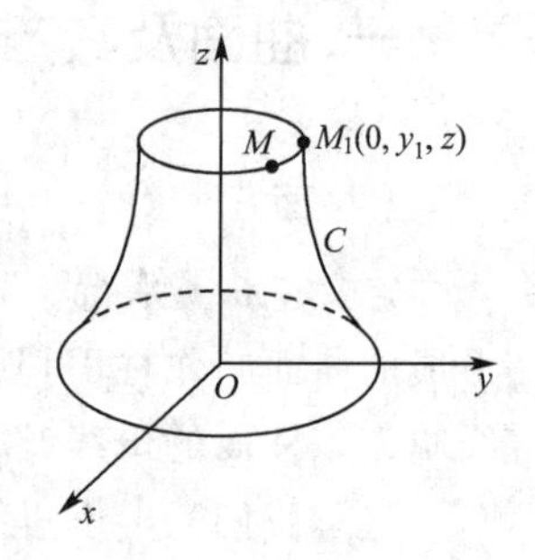

图 7-6-4

如图,设 $M(x,y,z)$ 是旋转面上任意取定的一点,则点 M 必然是曲线 C 上一点 $M_1(0,y_1,z)$ 绕轴旋转而得,故点 M 与 M_1 到 z 轴的距离相等,因此有 $\sqrt{x^2+y^2}=|y_1|$,即 $y_1=\pm\sqrt{x^2+y^2}$.又因点 $M_1(0,y_1,z)$ 是 C 上的点,满足

$$f(y_1,z)=0 \tag{7.26}$$

因此就得

$$f(\pm\sqrt{x^2+y^2},z)=0 \tag{7.27}$$

这就是所求旋转曲面的方程.

由此可见,如果在曲线 C 的方程 $f(y,z)$ 中将 y 改写成 $\pm\sqrt{x^2+y^2}$,而 z 保持不变,就可得到曲线 C 绕 z 轴旋转而成的旋转曲面的方程 $f(\pm\sqrt{x^2+y^2},z)=0$.同理可得曲线 C 绕 y 轴旋转而成的旋转曲面的方程为

$$f(y,\pm\sqrt{x^2+z^2})=0 \tag{7.28}$$

类似的其他情况读者可自己类似推得.

【例 7-25】　试求下列坐标面上的曲线绕指定坐标轴旋转而成的旋转曲面方程.

(1) yOz 面上的抛物线 $y^2=2pz$ 绕 z 轴旋转;

(2) yOz 面上的椭圆 $\dfrac{y^2}{a^2}+\dfrac{z^2}{b^2}=1$ 绕 y 轴旋转;

(3) xOz 面上的双曲线 $\dfrac{x^2}{a^2}-\dfrac{z^2}{c^2}=1$ 分别绕 z 轴和 x 轴旋转;

(4) yOz 面上的直线 $z=kx(k>0)$ 绕 z 轴旋转.

解　(1) yOz 面上的抛物线 $y^2=2pz$ 绕 z 轴旋转而成的曲面的方程是 $x^2+y^2=2pz$,这个曲面叫作**旋转抛物面**(图 7-6-5).

(2) yOz 面上的椭圆 $\dfrac{y^2}{a^2}+\dfrac{z^2}{b^2}=1$ 绕 y 轴旋转而成的曲面的方程是 $\dfrac{y^2}{a^2}+\dfrac{x^2+z^2}{b^2}=1$,这个曲面叫作**旋转椭球面**(图 7-6-6).

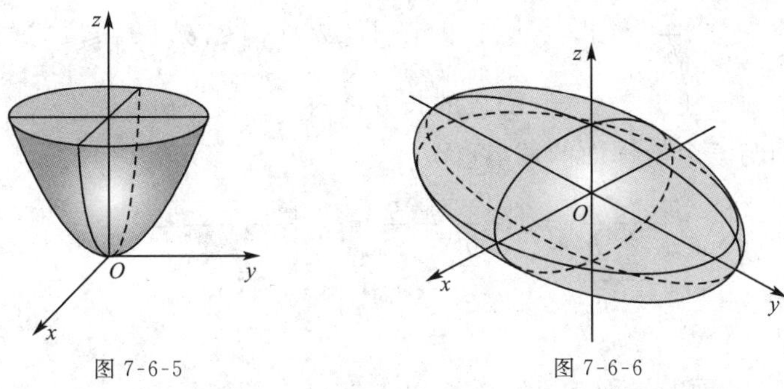

图 7-6-5　　　　图 7-6-6

(3) xOz 面上的双曲线 $\dfrac{x^2}{a^2}-\dfrac{z^2}{c^2}=1$ 分别绕 z 轴和 x 轴旋转而成的曲面的方程是 $\dfrac{x^2+y^2}{a^2}-\dfrac{z^2}{c^2}=1$，$\dfrac{x^2}{a^2}-\dfrac{y^2+z^2}{c^2}=1$.前一个曲面叫作**单叶旋转双曲面**(图 7-6-7)，后一个曲面叫作**双叶旋转双曲面**(图 7-6-8).

(4) yOz 面上的直线 $z=kx(k>0)$ 绕 z 轴旋转而成的曲面的方程是 $z=\pm k\sqrt{x^2+y^2}$，即 $z^2=k^2(x^2+y^2)$ 这个曲面叫作**圆锥面**(图 7-6-9).

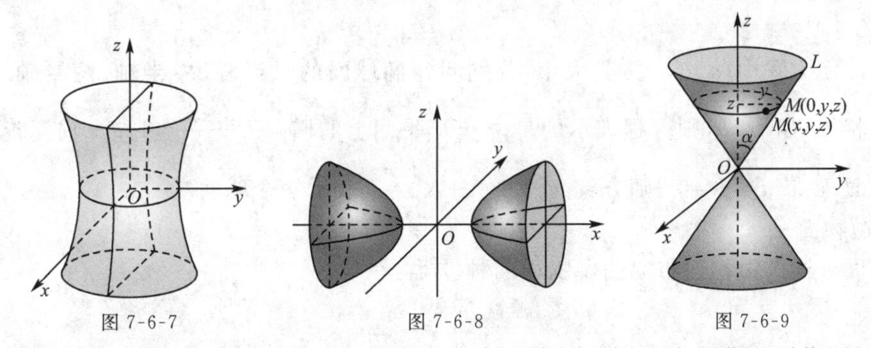

图 7-6-7　　　　图 7-6-8　　　　图 7-6-9

一般地，我们把直线 L 绕另一条与 L 相交的直线旋转一周而成的曲面叫作圆锥面，这两直线的交点叫作圆锥面的**顶点**，两直线的夹角 $\alpha\left(0<\alpha<\dfrac{\pi}{2}\right)$ 叫作圆锥面的**半顶角**.在图中所示的圆锥面中，半顶角 $\alpha=\arctan\dfrac{1}{k}$.

3.二次曲面

三元一次方程所表示的曲面叫作**二次曲面**，由于二次曲面的形状比较简单且有较广泛的应用，因此本小节中我们主要讨论几个常用的二次曲面，讨论的方法是根据所给的曲面的方程，用坐标面和特殊的平面与曲面相截，考察其截痕的形状，然后对所得截痕加以综合得出曲面的全貌，这种方法叫作**截痕法**.

(1) 椭球面

方程

$$\frac{x^2}{a^2}+\frac{y^2}{b^2}+\frac{z^2}{c^2}=1(a>0,b>0,c>0) \tag{7.29}$$

表示的曲面叫作**椭球面**.

下面我们根据所给出的方程，用截痕法来考察椭球面的形状.

由方程可知$\frac{x^2}{a^2}\leqslant 1,\frac{y^2}{b^2}\leqslant 1,\frac{z^2}{c^2}\leqslant 1$,即$|x|\leqslant a,|y|\leqslant b,|z|\leqslant c$,这说明椭球面包含在由平面$x=\pm a,y=\pm b,z=\pm c$围成的长方体内.

先考虑椭球面与三个坐标面的截痕:

$$\begin{cases}\frac{x^2}{a^2}+\frac{y^2}{b^2}=1\\ z=0\end{cases},\begin{cases}\frac{y^2}{b^2}+\frac{z^2}{c^2}=1\\ x=0\end{cases},\begin{cases}\frac{x^2}{a^2}+\frac{z^2}{c^2}=1\\ y=0\end{cases},$$

这些截痕都是椭圆.

再用平行于xOy面的平面$z=h(0<|h|<c)$去截这个曲面,所得截痕的方程是$\begin{cases}\frac{x^2}{a^2}+\frac{y^2}{b^2}=1-\frac{z^2}{c^2}\\ z=h\end{cases}$.这些截痕也都是椭圆.易见,当$|h|$由0变到$c$时,椭圆由大变小,最后缩成一个点$(0,0,\pm c)$.同样地,用平行于$yOz$面或$xOz$面的平面去截这个曲面,也有类似的结果.如果连续地取这样的截痕,那么可以想象,这些截痕就组成了一张如图7-6-10所示的曲面.

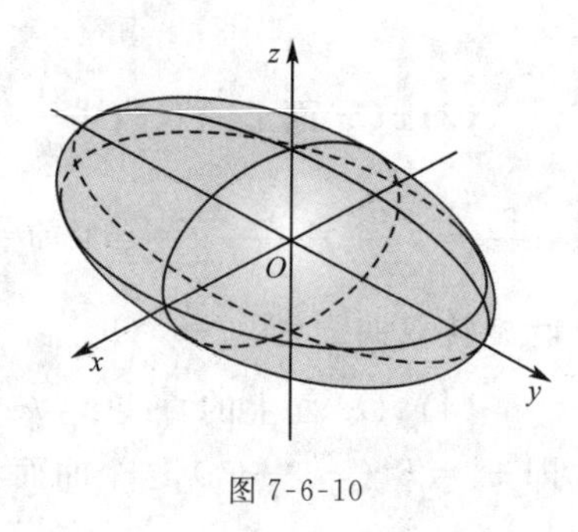

图 7-6-10

在椭球面方程中,a,b,c按其大小,分别叫作椭球面的**长半轴**、**中半轴**、**短半轴**.如果有两个半轴相等,如$a=b$,则方程表示的是由yOz平面上的椭圆$\frac{y^2}{b^2}+\frac{z^2}{c^2}=1$绕$z$轴旋转而成的旋转椭球面.如果$a=b=c$,则方程$x^2+y^2+z^2=1$表示一个球面.

(2) 抛物面

抛物面分椭圆抛物面与双曲抛物面两种.方程

$$\frac{x^2}{a^2}+\frac{y^2}{b^2}=\pm z \tag{7.30}$$

所表示的曲面叫作**椭圆抛物面**.

设方程右端取正号,现在来考察它的形状.用xOy面$(z=0)$去截这个曲面,截痕为原点.用平面$z=h(h>0)$去截这个曲面,截痕为椭圆$\begin{cases}\frac{x^2}{a^2}+\frac{y^2}{b^2}=h\\ z=h\end{cases}$,

当$h\to 0$时,截痕退缩为原点;当$h<0$时截痕不存在.原点叫作椭圆抛物面的**顶点**.

用垂直于Ox轴或Oy轴的平面去截这个曲面,截痕为抛物线.

用xOz面去截这个曲面,截痕为抛物线$\begin{cases}x^2=a^2z\\ y=0\end{cases}$,用平面$y=k$去截这个曲面,截痕也为抛物线$\begin{cases}x^2=a^2\left(z-\frac{k^2}{b^2}\right)\\ y=k\end{cases}$,用$yOz$面$(x=0)$及平面$x=l$去截这个曲面,其结果与上述情况是类似的,综合以上分析结果,可知椭圆抛物面的形状如图7-6-11所示.

方程

$$\frac{x^2}{a^2}-\frac{y^2}{b^2}=\pm z \tag{7.31}$$

所表示的曲面叫作**双曲抛物面**,设方程右端取正号,现在来考察它的形状.用平面 $z=h$ 去截这个曲面,截痕方程是$\begin{cases}\dfrac{x^2}{a^2}-\dfrac{y^2}{b^2}=h\\ z=h\end{cases}$.

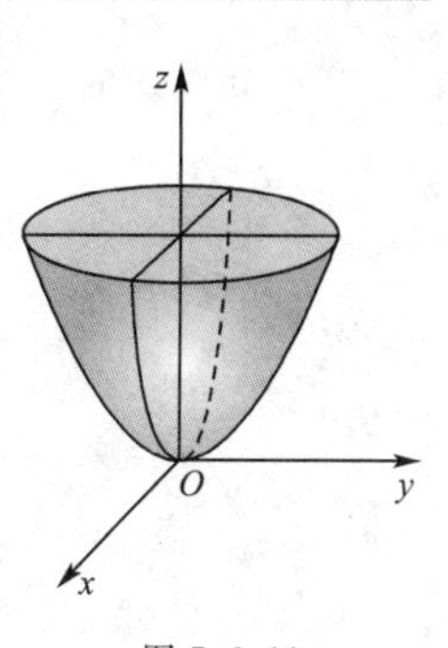

图 7-6-11

当 $h>0$ 时,截痕是双曲线,其实轴平行于 x 轴,当 $h=0$ 时,截痕是 xOy 平面上两条相交于原点的直线$\dfrac{x}{a}\pm\dfrac{y}{b}=0(z=0)$.

当 $h<0$ 时,截痕也是双曲线,但其实轴平行于 y 轴.

用平面 $x=k$ 去截这个平面,截痕方程是$\begin{cases}\dfrac{y^2}{b^2}=\dfrac{k^2}{a^2}-z\\ x=k\end{cases}$.

当 $k=0$ 时,截痕是 yOz 平面上顶点在原点且张口朝下的抛物线.当 $k\neq 0$ 时,截痕都是张口朝下的抛物线,抛物线的顶点随 $|k|$ 增大而升高.

用平面 $y=l$ 去截这个曲面,截痕均是张口朝上的抛物线$\begin{cases}\dfrac{x^2}{a^2}=z+\dfrac{l^2}{b^2}\\ y=l\end{cases}$.

综合以上分析结果可知,双曲抛物面的形状如图 7-6-12 所示,因其形状与马鞍面相似,故也叫它**鞍形面**(或**马鞍面**).

(3) 双曲面

双曲面分单叶双曲面和双叶双曲面两种.方程

$$\frac{x^2}{a^2}+\frac{y^2}{b^2}-\frac{z^2}{c^2}=1 \tag{7.32}$$

所表示的曲面叫作**单叶双曲面**.用截痕法可得出它的形状(图 7-6-13).

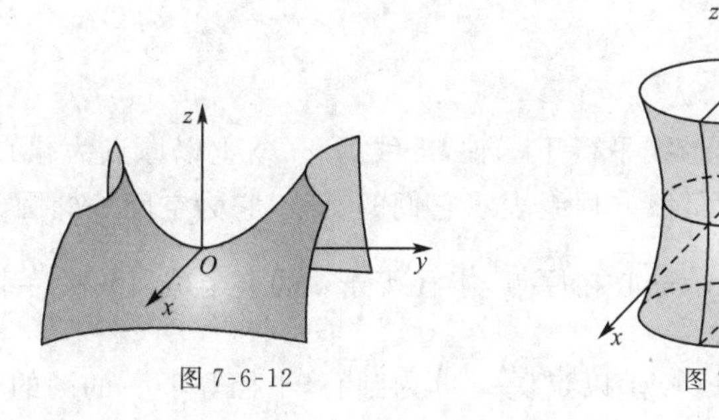

图 7-6-12　　图 7-6-13

同样,方程

$$\frac{x^2}{a^2}+\frac{y^2}{b^2}-\frac{z^2}{c^2}=-1 \tag{7.33}$$

所表示的曲面叫作**双叶双曲面**,它的形状如图 7-6-14 所示.

(4) 椭圆锥面

方程

$$\frac{x^2}{a^2}+\frac{y^2}{b^2}-\frac{z^2}{c^2}=0 \tag{7.34}$$

所表示的曲面叫作**椭圆锥面(或二次锥面)**,用截痕法可得出它的形状如图 7-6-15 所示.

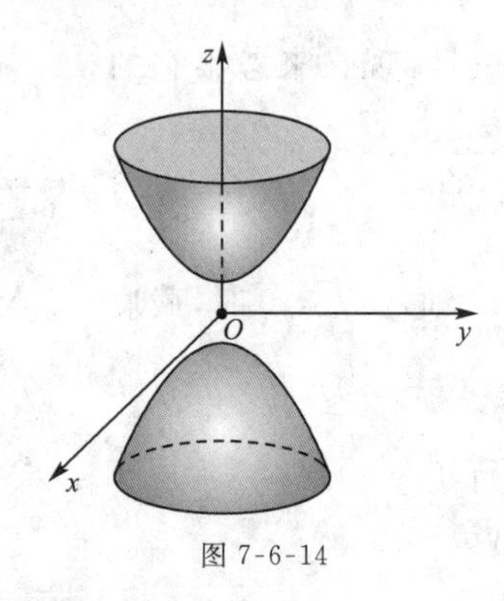

图 7-6-14

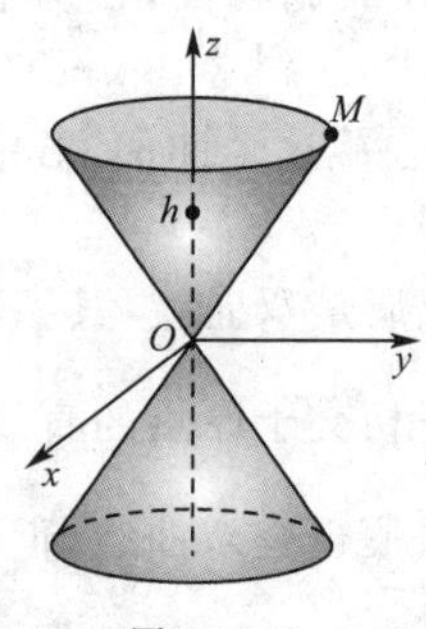

图 7-6-15

二、空间曲线的方程

1.曲线的一般方程

定义 7.8　空间曲线可以看成是两个相交曲面 S_1 和 S_2 的交线.设 S_1 和 S_2 的方程分别是 $F(x,y,z)=0$ 和 $G(x,y,z)=0$,则它们的交线 Γ 可用方程组

$$\begin{cases}F(x,y,z)=0\\G(x,y,z)=0\end{cases}\tag{7.35}$$

表示.方程组(7.35) 称为曲线 Γ 的一般方程(图 7-6-16).

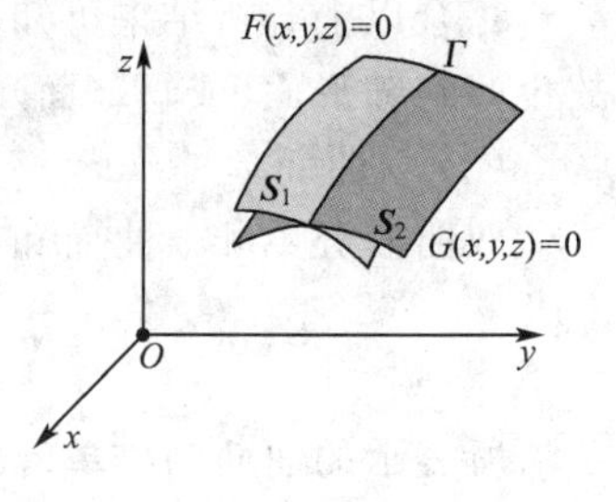

图 7-6-16

【例 7-26】　下列方程组分别表示怎样的曲线.

(1)$\begin{cases}x^2+y^2=1\\2x+3y+4z=1\end{cases}$;

(2)$\begin{cases}z=\sqrt{a^2-x^2-y^2}\\\left(x-\dfrac{a}{2}\right)^2+y^2=\left(\dfrac{a}{2}\right)^2\end{cases}$.

解　(1)$x^2+y^2=1$ 表示母线平行于 z 轴,准线为 xOy 上以原点为圆心的单位圆的柱面,$2x+3y+4z=1$ 表示平面,该方程组表示它们的交线,它为空间一椭圆(图 7-6-17).

(2)$z=\sqrt{a^2-x^2-y^2}$ 表示球心在原点,半径等于 a 的上半球,$\left(x-\dfrac{a}{2}\right)^2+y^2=\left(\dfrac{a}{2}\right)^2$ 表示母线平行于 z 轴,准线为 xOy 上以点 $\left(\dfrac{a}{2},0\right)$ 为圆心,半径等于 $\dfrac{a}{2}$ 的圆的柱面,该方程组表示它们的交线(图 7-6-18).

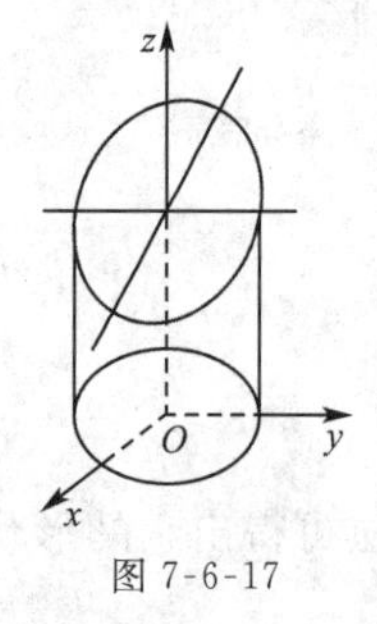

图 7-6-17

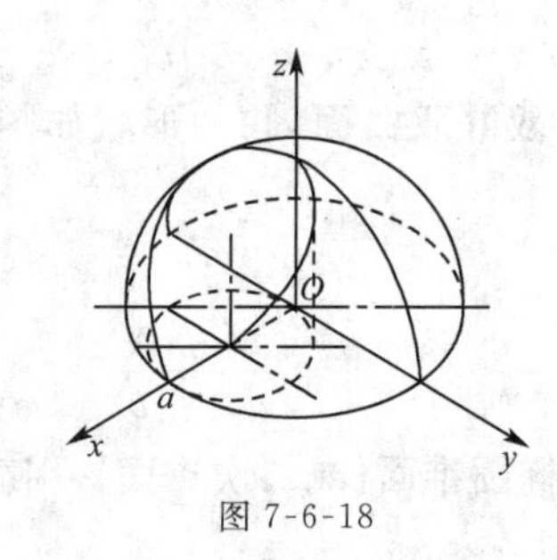

图 7-6-18

2.曲线的参数方程

如果将空间曲线 Γ 上的动点的坐标 x,y,z 分别表示成参数 t 的函数

$$\begin{cases}x=x(t)\\y=y(t)\\z=z(t)\end{cases}\tag{7.36}$$

那么所得的方程组(7.36) 就称为曲线 Γ 的参数方程.当给定 $t=t_1$ 时,由式(7.36) 就得到曲线上的一个点 $(x(t_1),y(t_1),z(t_1))$;随着 t 的变动,就可得到曲线上的全部点.

【例 7-27】 如果空间一点 P 在圆柱面 $x^2+y^2=a^2(a>0)$ 上以角速度 ω 绕 z 轴旋转,同时又以线速度 v 沿平行于 z 轴的正方向上升(其中 ω,v 都是常数),那么点 P 的轨迹曲线叫作**螺旋线**,试建立其参数方程.

解 取时间 t 为参数.设当 $t=0$ 时,动点位于点 $A(a,0,0)$ 处.经过时间 t,动点运动到 $M(x,y,z)$(图 7-6-19).记 M 在 xOy 面上投影点为 M',则 M' 的坐标为 $(x,y,0)$.由于动点在圆柱面上以角速度 ω 绕 z 轴旋转,故经过时间 t.从而

$$x=|OM'|\cos\angle AOM'=a\cos\omega t,$$
$$y=|OM'|\sin\angle AOM'=a\sin\omega t.$$

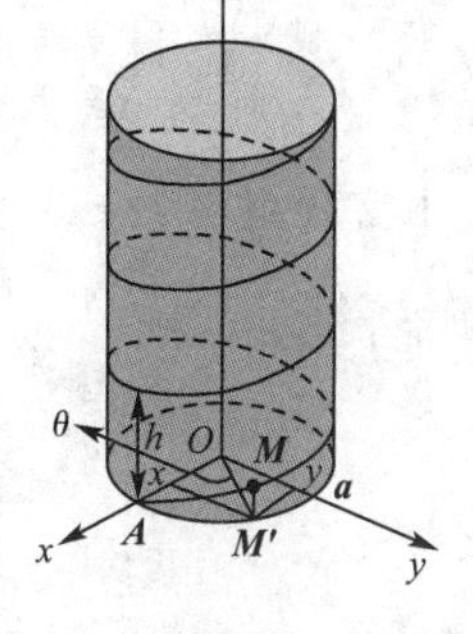

图 7-6-19

又因为动点同时以线速度 v 沿平行于 z 轴的正向上升,故 $z=M'M=vt$.因此螺旋线的参数方程为

$$\begin{cases}x=a\cos\omega t,\\y=a\sin\omega t,\\z=vt.\end{cases}$$

如果令参数 $\theta=\omega t$,则螺旋线的参数方程可写成

$$\begin{cases}x=a\cos\theta,\\y=a\sin\theta,\\z=b\theta.\end{cases}$$

3.空间曲线在坐标面上的投影曲线

定义 7.9 以空间曲线 Γ 为准线,母线垂直于 xOy 面的柱面叫作 Γ 对 xOy 面的投影柱面.投影柱面与 xOy 面的交线叫作 Γ 在 xOy 面上的投影曲线(图 7-6-20).

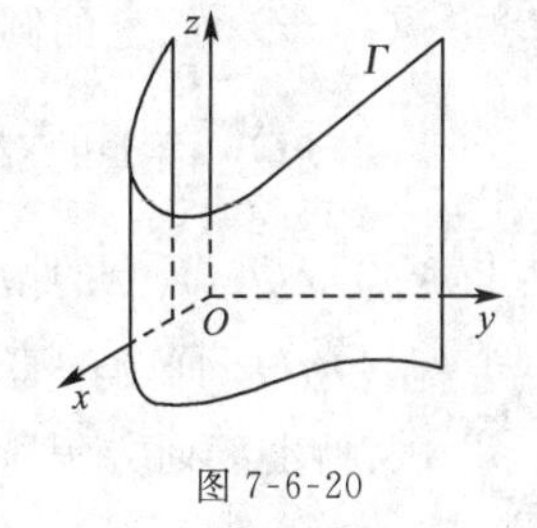

图 7-6-20

设空间曲线 Γ 由一般方程(7.35) 给出:

$$\begin{cases}F(x,y,z)=0\\G(x,y,z)=0\end{cases}$$

并设由方程组(7.35) 消去变量 z 后所得的方程为

$$H(x,y)=0\tag{7.37}$$

由于当点 $M(x,y,z)\in\Gamma$ 时,其坐标 x,y,z 满足方程组(7.35),而方程(7.37) 是由方程组(7.35) 消去 z 而得,故点 M 的前两个变量 x,y 必满足方程(7.37),因此点 M 在 $H(x,y)=0$ 所表示的柱面上,这说明曲线 Γ 含于该柱面上.因此曲线 Γ 在 xOy 面上的投影曲线必含于 $H(x,y)=0$ 与 xOy 面($z=0$) 的交线,从而方程组

$$\begin{cases} H(x,y)=0 \\ z=0 \end{cases}$$

所表示的曲线必定包含曲线 Γ 在 xOy 面上的投影曲线.

类似地,消去方程组(7.35)中的变量 x 或 y 得到方程 $R(y,z)=0$ 或 $T(x,z)=0$,再分别与 $x=0$ 或 $y=0$ 联立,就可得到包含曲线 Γ 在 yOz 面或 xOz 面上的投影曲线的曲线方程:

$$\begin{cases} R(y,z)=0 \\ x=0 \end{cases} \text{或} \begin{cases} T(x,z)=0 \\ y=0 \end{cases}.$$

【例 7-28】 设一个立体由上半球面 $z=\sqrt{4-x^2-y^2}$ 和锥面 $z=\sqrt{3(x^2+y^2)}$ 所围成(图 7-6-21),求它在 xOy 面上的投影曲线.

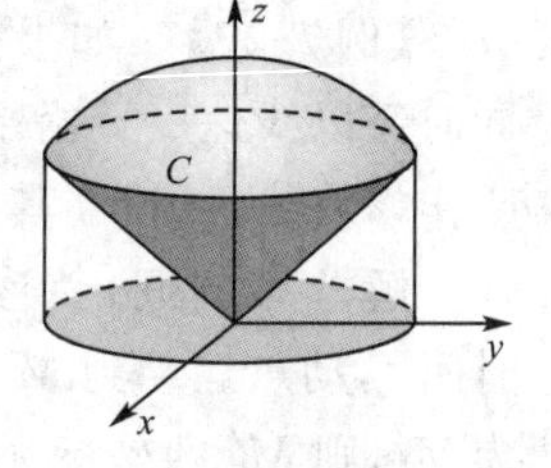

图 7-6-21

解 半球面和锥面的交线 Γ 的方程为

$$\begin{cases} z=\sqrt{4-x^2-y^2} \\ z=\sqrt{3(x^2+y^2)} \end{cases}$$

由方程组消去 z,得到 $x^2+y^2=1$,由图形容易看出,交线 Γ 为 xOy 面上的一个圆 $\begin{cases} x^2+y^2=1 \\ z=0 \end{cases}$.

习题 7-6

1.指出下列方程在平面解析几何和空间解析几何中分别表示什么几何图形:

(1) $y=x+1$;　　(2) $y^2=3x$;

(3) $x^2-y^2=1$;　　(4) $\frac{x^2}{2}+y^2=1$.

2.写出下列曲线绕指定坐标轴旋转而得的旋转曲面的方程:

(1) xOz 面上的圆 $x^2+z^2=9$ 绕 z 轴旋转;

(2) xOy 面上的双曲线 $\frac{x^2}{9}-\frac{y^2}{4}=1$ 绕 y 轴旋转;

(3) xOz 面上的抛物线 $z^2=3x$ 绕 x 轴旋转;

(4) yOz 面上的直线 $2y-3z+1=0$ 绕 z 轴旋转.

3.画出下列方程所表示的曲面:

(1) $4x^2+y^2-z^2=4$;　　(2) $x^2-y^2-4z^2=4$;

(3) $\frac{z}{3}=\frac{x^2}{4}+\frac{y^2}{y}$.

4.说明下列旋转曲面是怎样形成的:

(1) $\frac{x^2}{4}+\frac{y^2}{9}+\frac{z^2}{9}=1$;　　(2) $x^2-\frac{y^2}{4}+z^2=1$.

5.求下列曲线在 xOy 面上的投影曲线方程：

(1) $\begin{cases} x^2+y^2+z^2=1 \\ x+z=1 \end{cases}$；　　(2) $\begin{cases} x=\cos\theta \\ y=\sin\theta \\ z=2\theta \end{cases}$.

6.将曲线 $\begin{cases} x^2+y^2+z^2=9 \\ y=x \end{cases}$ 化为参数方程.

7.求旋转抛物面 $z=x^2+y^2(0\leqslant z\leqslant 4)$ 在三坐标面上的投影.

8.由曲面 $z=6-x^2-y^2$ 和 $z=\sqrt{x^2+y^2}$ 围成一个空间区域，试做出它的简图.

总习题七

1.填空题.

(1) 向量是________的量；

(2) 向量的________叫作向量的模；

(3) ________的向量叫作单位向量；

(4) ________的向量叫作零向量；

(5) 与________无关的向量称为自由向量；

(6) 平行于同一直线的一组向量叫作________，三个或三个以上平行于同一平面的一组向量叫作________；

(7) 两向量________，我们称这两个向量相等；

(8) 两个模相等、________的向量互为负向量；

(9) 设 $\boldsymbol{a},\boldsymbol{b}$ 为非零向量，若 $\boldsymbol{a}\cdot\boldsymbol{b}=0$，则必有________；

(10) 设 $\boldsymbol{a},\boldsymbol{b}$ 为非零向量，若 $\boldsymbol{a}\times\boldsymbol{b}=0$，则必有________.

2.选择题.

(1) 设向量 $\boldsymbol{a},\boldsymbol{b}$ 满足 $\boldsymbol{a}-\boldsymbol{b}\neq 0,\boldsymbol{a}+\boldsymbol{b}\neq 0$，则 $\boldsymbol{a}-\boldsymbol{b}$ 与 $\boldsymbol{a}+\boldsymbol{b}$ 垂直的充分必要条件是(　　).

A.$\boldsymbol{a}$ 与 $\boldsymbol{b}$ 垂直　　B.$\boldsymbol{a}$ 与 $\boldsymbol{b}$ 平行

C.$\boldsymbol{a}$ 与 $\boldsymbol{b}$ 模相等　　D.$\boldsymbol{a}$ 与 $\boldsymbol{b}$ 相等

(2) 设 $\boldsymbol{a}=(-1,1,2),\boldsymbol{b}=(3,0,4)$，则向量 $\boldsymbol{a}$ 在向量 $\boldsymbol{b}$ 上的投影(　　).

A.$\frac{5}{\sqrt{6}}$　　B.1　　C.$-\frac{5}{\sqrt{6}}$　　D.-1

(3) 设 $\boldsymbol{a},\boldsymbol{b}$ 为非零向量，λ 为非零常数，若向量 $\boldsymbol{a}+\lambda\boldsymbol{b}$ 垂直于 $\boldsymbol{b}$，则 λ 等于(　　).

A.$\frac{\boldsymbol{a}\cdot\boldsymbol{b}}{|\boldsymbol{b}|^2}$　　B.1　　C.$-\frac{\boldsymbol{a}\cdot\boldsymbol{b}}{|\boldsymbol{b}|^2}$　　D.-1

(4) 直线 $x-2=\frac{t+1}{-1}=\frac{z-1}{3}$ 与平面 $x-5y+6z-7=0$ 的位置关系是(　　).

A.直线在平面上　　B.直线与平面垂直

C.直线与平面平行但不在平面上　　　D.直线与平面相交但不垂直

(5) 两平面 $2x+3y+4z+4=0$ 与 $2x-3y+4z-4=0$ 的位置关系是(　　).

A.相交且垂直　　　　　　　　　　B.相交但不重合,也不垂直

C.平行　　　　　　　　　　　　　D.重合

3.是非题.

(1) 若 $\boldsymbol{a}\cdot\boldsymbol{b}=\boldsymbol{a}\cdot\boldsymbol{c}$,则必有 $\boldsymbol{b}=\boldsymbol{c}$.

(2) 若 $\boldsymbol{a}\times\boldsymbol{b}=\boldsymbol{a}\times\boldsymbol{c}$,则必有 $\boldsymbol{b}=\boldsymbol{c}$.

(3) 若 $\boldsymbol{a}\cdot\boldsymbol{b}=\boldsymbol{a}\cdot\boldsymbol{c}$,且 $\boldsymbol{a}\times\boldsymbol{b}=\boldsymbol{a}\times\boldsymbol{c}$,则必有 $\boldsymbol{b}=\boldsymbol{c}$.

(4) 设 $\boldsymbol{a},\boldsymbol{b}$ 为非零向量,则必有 $\boldsymbol{a}\cdot\boldsymbol{b}=\boldsymbol{b}\cdot\boldsymbol{a}$.

(5) 设 $\boldsymbol{a},\boldsymbol{b}$ 为非零向量,则必有 $\boldsymbol{a}\times\boldsymbol{b}=\boldsymbol{b}\times\boldsymbol{a}$.

(6) 向量 $\boldsymbol{a},\boldsymbol{b},\boldsymbol{c}$ 共面的充分必要条件是混合积 $[\boldsymbol{a},\boldsymbol{b},\boldsymbol{c}]=0$.

4.已知 $\boldsymbol{a},\boldsymbol{b},\boldsymbol{c}$ 为单位向量,且满足 $\boldsymbol{a}+\boldsymbol{b}+\boldsymbol{c}=0$,计算 $\boldsymbol{a}\cdot\boldsymbol{b}+\boldsymbol{b}\cdot\boldsymbol{c}+\boldsymbol{c}\cdot\boldsymbol{a}$.

5.已知 $|\boldsymbol{a}|=2$,$|\boldsymbol{b}|=5$,$(\boldsymbol{a}\hat{,}\boldsymbol{b})=\dfrac{2\pi}{3}$,问系数 λ 为何值时,向量 $m=\lambda\boldsymbol{a}+17\boldsymbol{b}$ 与 $\boldsymbol{n}=3\boldsymbol{a}-\boldsymbol{b}$ 垂直.

6.求过点 $A(3,0,0)$ 和 $B(0,0,1)$ 且与 xOy 面成 $\dfrac{\pi}{3}$ 角的平面.

7.求过点 $(1,2,-1)$ 且与直线 $\begin{cases}2x-3y+z-5=0\\2x+y-2z-4=0\end{cases}$ 垂直的平面方程.

8.用对称式方程及参数方程表示直线 $\begin{cases}x-y+z=1\\2x+y+z=4\end{cases}$.

9.求原点关于平面 $6x+2y-9z+121=0$ 的对称点.

10.求点 $(2,3,1)$ 在直线 $x+7=\dfrac{y+2}{2}=\dfrac{z+2}{3}$ 上的投影.

11.求由上半球面 $z=\sqrt{a^2-x^2-y^2}$,柱面 $x^2+y^2-ax=0$ 及平面 $z=0$ 所围立体在 xOy 面以及 xOz 面上的投影.

12.求柱面 $z^2=2x$ 与锥面 $z=\sqrt{x^2+y^2}$ 所围立体在 xOy 面上的投影.

13.画出下列各曲面所围立体的图形:

(1) $y^2=\dfrac{x}{2}$ 及 $\dfrac{x}{4}+\dfrac{y}{2}+\dfrac{z}{2}=1$;

(2) $z=x^2+y^2$,$x=y^2$,$z=0$ 及 $x=1$.

第 8 章　多元函数微分学

前几章我们主要讨论了依赖于一个自变量的函数(即所谓一元函数)$y=f(x)$ 的相关问题,但实际上大多数问题往往涉及多方面的因素,反映到数量关系上,就是一个变量依赖于多个变量的情形.例如,圆柱体的体积 V 与底半径 r 及高度 h 的关系是 $V=\pi r^2 h$,这里当 r,h 在一定范围($r>0,h>0$)内取定一对值(r,h)时,V 就有唯一确定的值与之对应,这就是本章将要讨论的多元函数以及多元函数微分和积分问题.由于多元函数的许多概念是在二元函数基础上的推广,所以下面几节主要讨论二元函数,但其概念、性质及相关问题的研究方法都可以很方便地推广到 n 元函数情况($n>2$).

8.1　多元函数的基本概念

一、平面点集 n 维空间*

在讨论一元函数时,一些概念、理论和方法,都是基于 $\mathbf{R}^1$ 中的点集、两点间的距离、区间和邻域等概念.为了将一元函数微积分推广到多元函数的情形,首先需要将上述一些概念加以推广,同时还需要一些其他概念.为此先引入平面点集的一些基本概念,将有关概念从 $\mathbf{R}^1$ 中的情形推广到 $\mathbf{R}^2$ 中,然后引入 n 维空间,以便推广到一般的 $\mathbf{R}^n$.

1.平面点集

由平面解析几何知道,当在平面上引入了一个直角坐标系后,平面上的点 P 与有序二元实数组(x,y)之间就建立了一一对应的关系.于是,我们常把有序实数组(x,y)与平面上的点 P 视为等同的.这种建立了坐标系的平面称为坐标平面.二元有序实数组(x,y)的全体,即 $\mathbf{R}^2=\mathbf{R}\times\mathbf{R}=\{(x,y)\mid x,y\in\mathbf{R}\}$ 就表示坐标平面.

坐标平面上具有某种性质的点 P 的集合,称为平面点集,记作

$$E=\{(x,y)\mid(x,y)\text{ 具有性质 }P\}.$$

例如,平面上以原点为中心,r 为半径的圆内所有点的集合是

$$C=\{(x,y)\mid x^2+y^2<r^2\}.$$

我们知道,研究一元函数 $f(x)$ 的性质,离不开对自变量 x 所处的邻域与区间的描述.若对多个自变量进行类似的描述,我们需要引入邻域与区域的概念.为了方便起见,我们就平面点集来说明区域的概念,以及介绍一些集合术语.

邻域　设 $P_0(x_0,y_0)$ 是 xOy 平面上的一点,δ 是某一正数与点 $P_0(x_0,y_0)$ 距离小于 δ

的点$P(x,y)$的全体，称为点P_0的δ邻域，记作$U(P_0,\delta)$，即$U(p_0,\delta)=\{P \mid |PP_0|<\delta\}$，也就是$U(P_0,\delta)=\{(x,y) \mid \sqrt{(x-x_0)^2+(y-y_0)^2}<\delta\}$.

点P_0的去心δ邻域，记作$\mathring{U}(P_0,\delta)=\{P \mid 0<|PP_0|<\delta\}$.

在几何上，$U(P_0,\delta)$就是xOy平面上以点$P_0(x_0,y_0)$为中心，$\delta>0$为半径的圆内部的点$P(x,y)$的全体(图 8-1-1).

如果不需要强调邻域的半径δ，则用$U(P_0)$表示点P_0的某个邻域，点P_0的去心邻域记作$\mathring{U}(P_0)$.

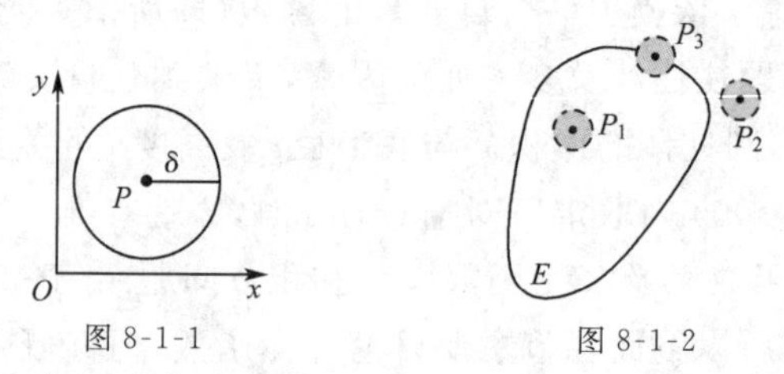

图 8-1-1　　　　图 8-1-2

下面利用邻域来描述点和点集之间的关系.

设E是平面上的一个点集，P是平面上的一个点，则点P与点集E之间必存在以下三种关系之一：

(1) **内点**：如果存在点P的某个邻域$U(P)$，使得$U(P)\subset E$，则称P为E的内点(图 8-1-2 中，P_1为E的内点)；

(2) **外点**：如果存在点P的某个邻域$U(P)$，使得$U(P)\cap E=\varnothing$，则称P为E的外点(图 8-1-2 中，P_2为E的外点)；

(3) **边界点**：如果点P的任一邻域内既含有属于E的点，又含有不属于E的点，则称P为E的边界点(图 8-1-2 中，P_3为E的边界点).

E的边界点的全体，称为E的**边界**，记作∂E.

E的内点必属于E；E的外点必不属于E；而E的边界点可能属于E，也可能不属于E.

任意一点P与一个点集E之间除了上述三种关系之外，还有另一种关系，这就是下面介绍的聚点.

聚点：对于任意给定的$\delta>0$，点P的去心邻域$\mathring{U}(P)$内总有E中的点，则称P是E的聚点.

由聚点的定义可知，点集E的聚点本身，可以属于E，也可以不属于E.

例如：$E=\{(x,y) \mid 1<x^2+y^2\leqslant 4\}$，满足$1<x^2+y^2<4$的一切点$(x,y)$都是$E$的内点；满足$x^2+y^2=1$的一切点$(x,y)$都是$E$的边界点，它们都不属于$E$；满足$x^2+y^2=4$，也是$E$的边界点，它们都属于$E$；点集$E$以及它边界$\partial E$上的一切点都是$E$的聚点.

根据点集所属点的特征，我们再来定义一些重要的平面点集.

开集：如果点集E的点都是E的内点，则称E为开集.

闭集：如果点集E的余集E^C为开集，则称E为闭集.

例如：$E=\{(x,y) \mid 1<x^2+y^2<4\}$是开集；而$E=\{(x,y) \mid 1\leqslant x^2+y^2\leqslant 4\}$为闭集.

而集合$E=\{(x,y) \mid 1<x^2+y^2\leqslant 4\}$既非开集，也非闭集.

连通集：如果点集E内的任意两点，都可用折线连接起来，且该折线上的点都属于E，则称E为连通集.

区域(或开区域):连通的开集称为区域或开区域.

闭区域:开区域连同它的边界一起所构成的点集称为闭区域.

例如:集合 $E=\{(x,y)\mid 1<x^2+y^2<4\}$ 是区域;而集合 $E=\{(x,y)\mid 1\leqslant x^2+y^2\leqslant 4\}$ 是闭区域.

有界集:对于平面点集 E,如果存在某一正数 r,使得 $E\subset U(O,r)$,其中 O 是坐标原点,则称 E 为有界集.

无界集:一个集合如果不是有界集,就称这集合为无界集.

例如:集合 $E=\{(x,y)\mid x^2+y^2<1\}$ 是有界集也是有界开区域;集合 $E=\{(x,y)\mid x+y>0\}$ 是无界集也是无界开区域;集合 $E=\{(x,y)\mid 1\leqslant x^2+y^2\leqslant 2\}$ 为有界集且为有界闭区域.

2.n 维空间

设 n 为取定的一个自然数,我们用 $\mathbf{R}^n$ 表示 n 元有序实数组 $(x_1,x_2,\cdots,x_n)$ 的全体所构成的集合,即 $\mathbf{R}^n=\mathbf{R}\times\mathbf{R}\times\cdots\times\mathbf{R}=\{(x_1,x_2,\cdots,x_n)\mid x_i\in\mathbf{R},i=1,2\cdots,n\}$.$\mathbf{R}^n$ 中的元素 $(x_1,x_2,\cdots,x_n)$ 有时也用单个字母 x 来表示,即 $x=(x_1,x_2,\cdots,x_n)$.当所有的 $x_i(i=1,2,\cdots,n)$ 都为零时,称这样的元素为 $\mathbf{R}^n$ 中的零元,记为 $\mathbf{0}$ 或 O.在解析几何中,通过直角坐标系,$\mathbf{R}^2$(或 $\mathbf{R}^3$)中的元素分别为平面(或空间)中的点或向量建立一一对应关系,因而 $\mathbf{R}^n$ 的元素 $\boldsymbol{x}=(x_1,x_2,\cdots,x_n)$ 也称为 $\mathbf{R}^n$ 中的一个点或一个 n 维向量,x_i 称为点 x 的第 i 个坐标或 n 维向量 $\boldsymbol{x}$ 的第 i 个坐标分量.特别地,$\mathbf{R}^n$ 中的零元 $\mathbf{0}$ 称为 $\mathbf{R}^n$ 中的坐标原点或 n 维零向量.

为了在集合 $\mathbf{R}^n$ 中的元素之间建立联系,在 $\mathbf{R}^n$ 中定义线性运算如下:

设 $\boldsymbol{x}=(x_1,x_2,\cdots,x_n)$,$\boldsymbol{y}=(y_1,y_2,\cdots,y_n)$ 为 $\mathbf{R}^n$ 中任意两个元素,$\lambda\in\mathbf{R}$,规定

$\boldsymbol{x}+\boldsymbol{y}=(x_1+y_1,x_2+y_2,\cdots,x_n+y_n)$,

$k\boldsymbol{x}=(kx_1,kx_2,\cdots,kx_n)$.

这样定义了线性运算的集合 $\mathbf{R}^n$ 称为 n 维空间.

$\mathbf{R}^n$ 中点 $\boldsymbol{x}=(x_1,x_2,\cdots,x_n)$ 和点 $\boldsymbol{y}=(y_1,y_2,\cdots,y_n)$ 间的距离,记作 $\rho(x,y)$,规定 $\rho(x,y)=\sqrt{(x_1-y_1)^2+(x_2-y_2)^2+\cdots+(x_n-y_n)^2}$.

显然,$n=1,2,3$ 时,上述规定与数轴上、直角坐标系下平面及空间中两点间的距离一致.

在 $\mathbf{R}^n$ 中线性运算和距离的引入,使得前面讨论过的有关平面点集的一系列概念,可以方便地引入 $n(n\geqslant 3)$ 维空间中来,例如,设 $\boldsymbol{a}=(a_1,a_2,\cdots,a_n)\in\mathbf{R}^n$,$\delta$ 是某一正数,则 n 维空间内的点集 $U(a,\delta)=\{x\mid x\in\mathbf{R}^n,\rho(x,a)<\delta\}$ 就定义为 $\mathbf{R}^n$ 中点 a 的 δ 邻域.以邻域为基础,可以定义点集的内点、外点、边界点和聚点,以及开集、闭集、区域等一系列概念.这里不再赘述.

二、多元函数的概念

在很多自然现象以及实际问题中,经常会遇到多个变量之间的依赖关系.

【例 8-1】 圆柱体的体积 V 和它的底半径 r、高 h 之间具有关系

$$V=\pi r^2h.$$

这里,当 r、h 在集合 $\{(r,h)\mid r>0,h>0\}$ 内取一定对值 (r,h) 时,V 的对应值就随之确定.

【例 8-2】 一定量的理想气体的压强 p、体积 V 和绝对温度 T 之间具有关系

$$p=\frac{RT}{V}$$

其中 R 为常数.这里,当 V、T 在集合 $\{(V,T)\mid V>0,T>T_0\}$ 内取一定对值 (V,T) 时,p 的对应值就随之确定.

以上两个例子的具体意义虽然各不相同,但它们却有共同的性质,抽出这些共性就可以得出以下二元函数的定义.

定义 8.1 设 D 是 $\mathbf{R}^2$ 的一个非空点集,如果对于 D 内的任一点 (x,y),按照某种对应法则 f,都有唯一确定的实数 z 与之对应,则称 f 是 D 上的二元函数,它在 (x,y) 处的函数值记为 $f(x,y)$,即 $z=f(x,y)$,其中 x,y 称为自变量,z 称为因变量.点集 D 称为该函数的定义域.数集 $\{z\mid z=f(x,y),(x,y)\in D\}$ 称为该函数的值域.

类似地,可以定义三元函数 $u=f(x,y,z)$,$(x,y,z)\in D$ 以及三元以上的函数.一般地,把定义 8.1 中的平面点集 D 换成 n 维空间 $\mathbf{R}^n$ 内的点集 D,定义在 D 上的 n 元函数,通常记为

$$u=f(x_1,x_2,\cdots,x_n),(x_1,x_2,\cdots,x_n)\in D,$$

或简记为

$$u=f(x),x=(x_1,x_2,\cdots,x_n)\in D,$$

当 $n=1$ 时,n 元函数就是一元函数,当 $n\geqslant 2$ 时,n 元函数统称为多元函数.

关于多元函数的定义域,与一元函数相类似,当我们用某个算式表达多元函数时,凡是使算式有意义的自变量所组成的点集称为这个多元函数的自然定义域.因而,对这类函数,它的定义域不再特别标出.例如,函数 $z=\ln(x+y)$ 的定义域为 $\{(x,y)\mid x+y>0\}$.如图 8-1-3 所示,这是一个无界开区域.又如,函数 $z=\arcsin(x^2+y^2)$ 的定义域为 $\{(x,y)\mid x^2+y^2\leqslant 1\}$(图 8-1-4),这是一个有界闭区域.我们约定,凡是算式表达的多元函数,除另有说明外,其定义域都是指自然定义域.

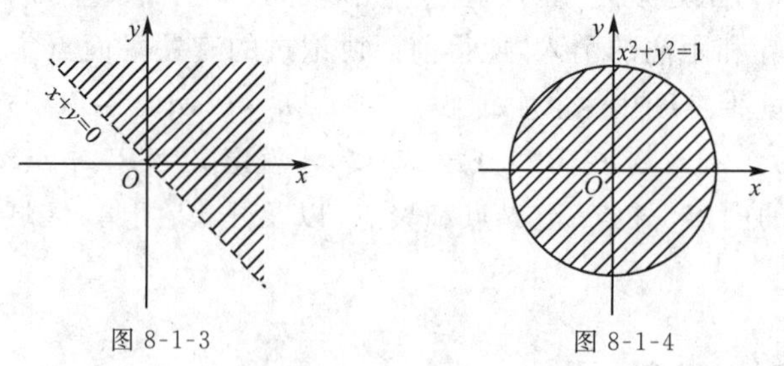

图 8-1-3　　图 8-1-4

我们知道,如果一元函数 $y=f(x)$ 的定义域是实数轴上的集合 D,那么 $y=f(x)$ 的图形是 xOy 面上的集合 $G=\{(x,y)\mid y=f(x),x\in D\}$,一般而言,一元函数的图形是 xOy 面上的一条曲线.类似地,如果二元函数 $z=f(x,y)$ 的定义域是 xOy 面上的集合 D,那么 $z=f(x,y)$ 的图形是 $Oxyz$ 空间中的集合 $G=\{(x,y,z)\mid z=f(x,y),(x,y)\in D\}$,即对于 D 上的每一点 $P(x,y)$,在空间可以做出一点 $M(x,y,f(x,y))$ 与之对应,当点 $P(x,y)$ 取遍定义域 D 内的点时,对应点 M 的轨迹就是二元函数 $z=f(x,y)$ 的图形,一般而言,

二元函数的图形是 $Oxyz$ 空间的一张曲面(图 8-1-5).

例如,由空间解析几何知道,二元函数 $z=\sqrt{1-x^2-y^2}$ 表示以原点为中心、1 为半径的上半球面(图 8-1-6),它的定义域 D 是 xOy 面上以原点为圆心的单位圆.又如,二元函数 $z=\sqrt{x^2+y^2}$ 表示顶点在原点的圆锥面(图 8-1-7),它的定义域 D 是整个 xOy 面.

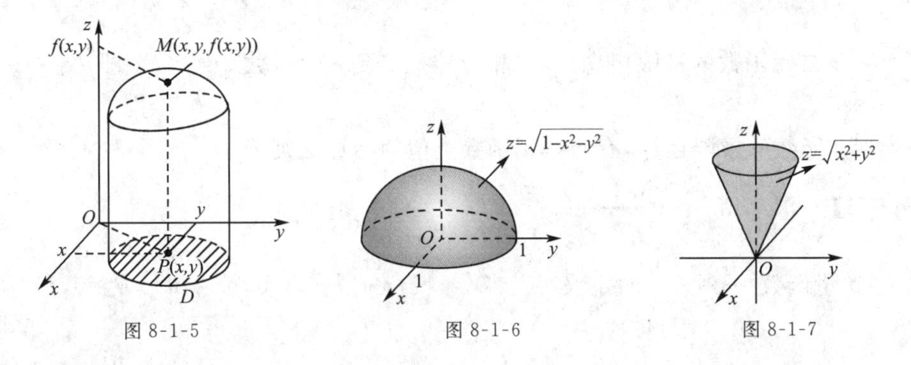

图 8-1-5　　图 8-1-6　　图 8-1-7

三、多元函数的极限

我们先讨论二元函数 $z=f(x,y)$,当 $(x,y)\to(x_0,y_0)$ 时,即 $P(x,y)\to P_0(x_0,y_0)$ 时的极限.这里 $P\to P_0$ 表示点 P 以任何方式、任何路径无限趋近于点 P_0(图 8-1-8),也就是点 P 与点 P_0 间的距离趋于 0,即

$$|PP_0|=\sqrt{(x-x_0)^2+(y-y_0)^2}\to 0$$

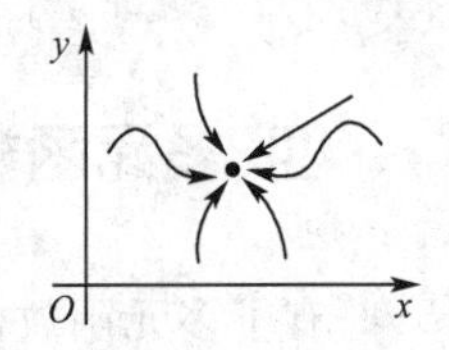

图 8-1-8

定义 8.2　设点 $P_0(x_0,y_0)$ 是二元函数 $z=f(x,y)$ 在定义域 D 的内点或边界点,当动点 $P(x,y)\in D(P\neq P_0)$ 无限接近于 $P_0(x_0,y_0)$ 时,对应的函数值 $f(x,y)$ 无限趋近于一个确定的常数 A,那么就称常数 A 是函数 $f(x,y)$ 当 $(x,y)\to(x_0,y_0)$ 时的极限.记作

$$\lim_{(x,y)\to(x_0,y_0)} f(x,y)=A \text{ 或 } f(x,y)\to A((x,y)\to(x_0,y_0)),$$

也记作

$$\lim_{(x,y)\to(x_0,y_0)} f(P)=A \text{ 或 } f(P)\to A(P\to P_0).$$

必须注意,所谓二重极限存在,是指 $P(x,y)$ 以任何方式趋于 $P_0(x_0,y_0)$ 时,$f(x,y)$ 都无限接近于 A.因此,如果 $P(x,y)$ 以某一特殊方式,例如沿着一条定直线或定曲线趋于 $P_0(x_0,y_0)$ 时,即使 $f(x,y)$ 无限接近于某一确定值,我们还是不能由此断定函数的极限存在.但是反过来,如果当 $P(x,y)$ 以不同方式趋于 $P_0(x_0,y_0)$ 时,$f(x,y)$ 趋于不同的值,那么就可以断定这个函数的极限不存在.下面用例子来说明这种情形.

考察函数 $f(x,y)=\begin{cases}\dfrac{xy}{x^2+y^2}, & x^2+y^2\neq 0,\\ 0, & x^2+y^2=0.\end{cases}$ 显然,当点 $P(x,y)$ 沿 x 轴趋于点(0,0)时,$\lim\limits_{\substack{(x,y)\to(0,0)\\ y=0}} f(x,y)=\lim\limits_{x\to 0} f(x,0)=\lim\limits_{x\to 0} 0=0$;又当点 $P(x,y)$ 沿 y 轴趋于点(0,0)时,$\lim\limits_{\substack{(x,y)\to(0,0)\\ x=0}} f(x,y)=\lim\limits_{y\to 0} f(0,y)=\lim\limits_{y\to 0} 0=0$.

虽然点$P(x,y)$以上述两种特殊方式(沿x轴或沿y轴)趋于原点时函数的极限存在并且相等,但是$\lim\limits_{(x,y)\to(0,0)} f(x,y)$并不存在.这是因为当点$P(x,y)$沿着直线$y=kx$趋于点$(0,0)$时,有$\lim\limits_{\substack{(x,y)\to(0,0)\\ y=kx}} \dfrac{xy}{x^2+y^2}=\lim\limits_{x\to 0}\dfrac{kx^2}{x^2+k^2x^2}=\dfrac{k}{1+k^2}$,显然它是随着$k$的值的不同而改变的.

以上关于二元函数的极限概念,可以相应地推广到n元函数$u=f(P)$即$u=f(x_1,x_2,\cdots,x_n)$上去.

关于多元函数的极限运算,有与一元函数类似的运算法则.

【例 8-3】 求$\lim\limits_{(x,y)\to(0,2)} \dfrac{\sin(xy)}{x}$.

解 这里函数$\dfrac{\sin(xy)}{x}$的定义域为$D=\{(x,y)\mid x\neq 0,y\in\mathbf{R}\}$,$P_0(0,2)$为$D$的聚点.

由积的极限运算法则,得

$$\lim_{(x,y)\to(0,2)}\frac{\sin(xy)}{x}=\lim_{(x,y)\to(0,2)}\left[\frac{\sin(xy)}{xy}\cdot y\right]=\lim_{(x,y)\to(0,2)}\frac{\sin(xy)}{xy}\cdot\lim_{y\to 2}y=1\cdot 2=2.$$

四、多元函数的连续性

有了多元函数极限的概念,就可以定义多元函数的连续性.

定义 8.3 设二元函数$f(P)=f(x,y)$的定义域为D,$P_0(x_0,y_0)$为D的聚点,且$P_0\in D$,如果$\lim\limits_{(x,y)\to(x_0,y_0)} f(x,y)=f(x_0,y_0)$,则称函数$f(x,y)$在点$P_0(x_0,y_0)$连续.

如果函数$f(x,y)$在区域(或闭区域)D的每一点都连续,那么就称函数$f(x,y)$在区域D上连续,或者称$f(x,y)$是区域D上的连续函数.

以上关于二元函数的连续性概念,可相应地推广到n元函数上去.

定义 8.4 设函数$f(x,y)$的定义域为D,$P_0(x_0,y_0)$是D的聚点.如果函数$f(x,y)$在点$P_0(x_0,y_0)$不连续,则称$P_0(x_0,y_0)$为函数$f(x,y)$的间断点.

例如,前面讨论过的函数

$$f(x,y)=\begin{cases}\dfrac{xy}{x^2+y^2},x^2+y^2\neq 0,\\ 0,x^2+y^2=0.\end{cases}$$

其定义域$D=\mathbf{R}^2$,$O(0,0)$是D的聚点.$f(x,y)$当$(x,y)\to(0,0)$时的极限不存在,所以点$O(0,0)$是该函数的一个间断点;又如函数

$$f(x,y)=\sin\frac{1}{x^2+y^2-1},$$

其定义域为

$$D=\{(x,y)\mid x^2+y^2\neq 1\},$$

圆周$C=\{(x,y)\mid x^2+y^2=1\}$上的点都是$D$的聚点,而$f(x,y)$在$C$上没有定义,当然$f(x,y)$在$C$上各点都不连续,所以圆周$C$上各点都是该函数的间断点.

和一元函数一样，利用多元函数的极限运算法则可以证明，**区域 D 上多元连续函数的和、差、积、商(在分母不为零处)仍为连续函数；多元连续函数的复合函数也是连续函数.**

与一元初等函数类似，一个多元初等函数是指能用一个算式表示的多元函数，这个算式由常数及含有不同自变量的一元基本初等函数经过有限次的四则运算和复合运算而得到，例如 $x+y^2,\frac{x-y}{1+x^2},e^{xy^2}$ 等都是多元初等函数.多元初等函数在其定义域内的任一区域或闭区域是连续的.

由多元初等函数的连续性，如果要求它在点 P_0 处的极限，而该点又在此函数的定义域内，则极限值就是函数在该点的函数值，即

$$\lim_{P\to P_0} f(P)=f(P_0).$$

【例 8-4】 求 $\lim\limits_{(x,y)\to(1,2)}\frac{x+y}{xy}$.

解 函数 $f(x,y)=\frac{x+y}{xy}$ 是初等函数，它的定义域为 $D=\{(x,y)\mid x\neq 0,y\neq 0\}$. $P_0(1,2)$ 为 D 的内点，故存在 P_0 的某一邻域 $U(P_0)\subset D$，而任何邻域都是区域，所以 $U(P_0)$ 是 $f(x,y)$ 的一个定义域，因此

$$\lim_{(x,y)\to(1,2)}\frac{x+y}{xy}=f(1,2)=\frac{3}{2}.$$

最后我们给出有界闭区域上多元连续函数的重要性质，这些性质分别与有界闭区间上一元连续函数的性质相对应.

性质 8.1(有界性与最大值、最小值定理) 在有界闭区域 D 上的多元连续函数，必定在 D 上有界，且能取得它的最大值和最小值.

性质 8.1 就是说，若 $f(P)$ 在有界闭区域 D 上连续，则必定存在常数 $M>0$，使得对一切 $P\in D$，有 $|f(P)|\leqslant M$；且存在 P_1、$P_2\in D$，使得

$$f(P_1)=\max\{f(P)\mid P\in D\},f(P_2)=\min\{f(P)\mid P\in D\}.$$

性质 8.2(介值定理) 在有界闭区域 D 上的多元连续函数必取得介于最大值和最小值之间的任何值.

习题 8-1

1.根据已知条件，写出下列函数的表达式.

(1) $f(x,y)=x^2+y^2$，求 $f(xy,x+y)$；

(2) $f(x,y)=\frac{2xy}{x^2+y^2}$，求 $f\left(1,\frac{y}{x}\right)$；

(3) $f(x,y)=x^2+y^2-xy\tan\frac{x}{y}$，求 $f(tx,ty)$；

(4) $f\left(x+y,\frac{y}{x}\right)=x^2-y^2$，求 $f(x,y)$.

2.求下列各函数的定义域.

(1) $f(x,y)=\dfrac{\sqrt{1-x^2-y^2}}{x+y}$；　　(2) $f(x,y)=\ln(y^2-2x+1)$；

(3) $f(x,y)=\sqrt{x-\sqrt{y}}$；　　(4) $f(x,y)=\ln(y-x)+\dfrac{\sqrt{x}}{\sqrt{1-x^2-y^2}}$.

3.求下列各极限.

(1) $\lim\limits_{(x,y)\to(0,1)}\dfrac{1-xy}{x^2+y^2}$；　　(2) $\lim\limits_{(x,y)\to(2,0)}\dfrac{\sin(xy)}{y}$；

(3) $\lim\limits_{(x,y)\to(0,0)}\dfrac{xy}{\sqrt{x^2+y^2}}$；　　(4) $\lim\limits_{(x,y)\to(0,0)}\dfrac{2-\sqrt{xy+4}}{xy}$.

4.已知函数 $f(u,v,w)=u^w+w^{u+v}$，试求 $f(x+y,x-y,xy)$.

5.证明下列极限不存在.

(1) $\lim\limits_{(x,y)\to(0,0)}\dfrac{x+y}{x-y}$；　　(2) $\lim\limits_{(x,y)\to(0,0)}\dfrac{x^2y^2}{x^2y^2+(x-y)^2}$.

6.函数 $z=\dfrac{y^2+2x}{y^2-2x}$ 在何处是间断的？

8.2　偏导数

一、偏导数的定义及其计算

在研究一元函数时，我们从研究函数的变化率引入了导数的概念.对于多元函数同样需要讨论它的变化率.但多元函数的自变量不止一个，因变量与自变量的关系要比一元函数复杂得多.在这一节里，我们首先考虑多元函数关于其中一个自变量的变化率问题，这就是偏导数.

以二元函数 $z=f(x,y)$ 为例，如果固定变量 $y=y_0$，则函数 $z=f(x,y_0)$ 就是 x 的一元函数，该函数对 x 的导数就称为二元函数 $z=f(x,y)$ 对于 x 的偏导数，即有如下定义：

定义 8.5　设函数 $z=f(x,y)$ 在点 (x_0,y_0) 的某一邻域内有定义，当 y 固定在 y_0 而 x 在 x_0 处有增量 Δx 时，相应地函数有增量 $f(x_0+\Delta x,y_0)-f(x_0,y_0)$，如果

$$\lim_{\Delta x\to 0}\frac{f(x_0+\Delta x,y_0)-f(x_0,y_0)}{\Delta x}\tag{8.1}$$

存在，则称此极限为函数 $z=f(x,y)$ 在点 (x_0,y_0) 处对自变量 x 的偏导数，记作

$$\left.\frac{\partial z}{\partial x}\right|_{(x_0,y_0)},\left.\frac{\partial f}{\partial x}\right|_{(x_0,y_0)},\left.z_x\right|_{(x_0,y_0)} \text{ 或 } f_x(x_0,y_0).$$

则，式(8.1) 可以表示为

$$f_x(x_0,y_0)=\lim_{\Delta x\to 0}\frac{f(x_0+\Delta x,y_0)-f(x_0,y_0)}{\Delta x}.$$

类似地，函数 $z=f(x,y)$ 在点 (x_0,y_0) 处对自变量 y 的偏导数定义为

$$\lim_{\Delta y\to 0}\frac{f(x_0,y_0+\Delta y)-f(x_0,y_0)}{\Delta y},$$

记作 $\left.\frac{\partial z}{\partial y}\right|_{(x_0,y_0)}$，$\left.\frac{\partial f}{\partial y}\right|_{(x_0,y_0)}$，$\left.z_y\right|_{(x_0,y_0)}$ 或 $f_y(x_0,y_0)$.

如果函数 $z=f(x,y)$ 在区域 D 内每一点 (x,y) 处对 x 的偏导数都存在，那么这个偏导数就是 x、y 的函数，它称为函数 $z=f(x,y)$ 对自变量 x 的偏导数，记作 $\frac{\partial z}{\partial x}$，$\frac{\partial f}{\partial x}$，$z_x$ 或 $f_x(x,y)$.

类似地，可以定义函数 $z=f(x,y)$ 对自变量 y 的偏导函数，记作 $\frac{\partial z}{\partial y}$，$\frac{\partial f}{\partial y}$，$z_y$ 或 $f_y(x,y)$.

由偏导函数的概念可知，$f(x,y)$ 在点 (x_0,y_0) 处对 x 的偏导数 $f_x(x_0,y_0)$ 显然就是偏导函数 $f_x(x,y)$ 在点 (x_0,y_0) 处的函数值；而 $f_y(x_0,y_0)$ 就是偏导函数 $f_y(x,y)$ 在点 (x_0,y_0) 处的函数值.就像一元函数的导函数一样，以后在不至于混淆的地方也把偏导函数简称为偏导数.

至于实际求 $z=f(x,y)$ 的偏导数，并不需要用新的方法，因为这里只有一个自变量在变动，另一个自变量看作固定的，所以仍旧是一元函数的微分学问题.也就是在求 $\frac{\partial f}{\partial x}$ 时，只要把 y 暂时看作常量而对 x 求导数；而求 $\frac{\partial f}{\partial y}$ 时，则只要把 x 暂时看作常量而对 y 求导数.

偏导数的概念还可推广到二元以上的函数.例如三元函数 $u=f(x,y,z)$ 在点 (x,y,z) 处的偏导数：

$$f_x(x,y,z)=\lim_{\Delta x\to 0}\frac{f(x+\Delta x,y,z)-f(x,y,z)}{\Delta x},$$

$$f_y(x,y,z)=\lim_{\Delta y\to 0}\frac{f(x,y+\Delta y,z)-f(x,y,z)}{\Delta y}$$

$$f_z(x,y,z)=\lim_{\Delta z\to 0}\frac{f(x,y,z+\Delta z)-f(x,y,z)}{\Delta z}$$

其中 (x,y,z) 是函数 $u=f(x,y,z)$ 的定义域的内点.

上述定义表明，在求多元函数对某个自变量的偏导数时，只需把其余自变量看作常数，然后直接利用一元函数的求导公式及复合函数求导法则来计算.

【例 8-5】 求 $z=x^2+3xy+y^2$ 在点(1,2)处的偏导数.

解 把 y 看作常量，得 $\frac{\partial z}{\partial x}=2x+3y$；把 x 看作常量，得 $\frac{\partial z}{\partial y}=3x+2y$.

将(1,2)代入上面的两个结果，得 $\left.\frac{\partial z}{\partial x}\right|_{(x_0,y_0)}=2\cdot 1+3\cdot 2=8$，$\left.\frac{\partial z}{\partial y}\right|_{(x_0,y_0)}=3\cdot 1+2\cdot 2=7$.

【例 8-6】 求 $z=x^2\sin 2y$ 的偏导数.

解 $\frac{\partial z}{\partial x}=2x\sin 2y$，$\frac{\partial z}{\partial y}=2x^2\cos 2y$.

【例 8-7】 设 $z=x^y(x>0,x\neq 1)$，求证：

$$\frac{x}{y}\frac{\partial z}{\partial x}+\frac{1}{\ln x}\frac{\partial z}{\partial y}=2z.$$

证 因为 $\frac{\partial z}{\partial x}=yx^{y-1}$，$\frac{\partial z}{\partial y}=x^y\ln x$.

所以 $\frac{x}{y}\frac{\partial z}{\partial x}+\frac{1}{\ln x}\frac{\partial z}{\partial y}=\frac{x}{y}yx^{y-1}+\frac{1}{\ln x}x^y\ln x=x^y+x^y=2z$.

【例 8-8】 求 $r=\sqrt{x^2+y^2+z^2}$ 的偏导数.

解 把 y 和 z 都看作常量，得 $\frac{\partial r}{\partial x}=\frac{x}{\sqrt{x^2+y^2+z^2}}=\frac{x}{r}$；由于所给函数关于自变量对称，所以 $\frac{\partial r}{\partial y}=\frac{y}{r}$，$\frac{\partial r}{\partial z}=\frac{z}{r}$.

对于多元函数偏导数，补充几点说明：

(1) 对于一元函数来说，导数 $\frac{\mathrm{d}y}{\mathrm{d}x}$ 可看作函数的微分 $\mathrm{d}y$ 与自变量的微分 $\mathrm{d}x$ 之商.而偏导数的记号是一个整体记号，不能看作分子与分母之商.

(2) 与一元函数类似，对分段函数在分段点处的偏导数要利用偏导数定义来求.

(3) 在一元函数微分学中，如果函数在某点具有导数，则它在该点必定连续.但对于多元函数来说，即使函数的各偏导数都存在，也不能保证函数在该点连续.

例如，函数 $f(x,y)=\begin{cases}\frac{xy}{x^2+y^2}, x^2+y^2\neq 0,\\ 0, x^2+y^2=0.\end{cases}$ 在点 $(0,0)$ 对 x 的偏导数为

$$f_x(0,0)=\lim_{\Delta x\to 0}\frac{f(0+\Delta x,0)-f(0,0)}{\Delta x}=\lim_{\Delta x\to 0}0=0;$$

同样有

$$f_y(0,0)=\lim_{\Delta y\to 0}\frac{f(0,0+\Delta y)-f(0,0)}{\Delta y}=\lim_{\Delta y\to 0}0=0.$$

但是我们在第一节中已经知道这个函数在点 $(0,0)$ 并不连续.

二元函数 $z=f(x,y)$ 在点 (x_0,y_0) 的偏导数有下述几何意义.

设 $M_0(x_0,y_0,f(x_0,y_0))$ 为曲面 $z=f(x,y)$ 上的一点，过点 M_0 做平面 $y=y_0$，截此曲面得一曲线，此曲线在平面 $y=y_0$ 上的方程为 $z=f(x,y_0)$，则导数 $\left.\frac{\mathrm{d}}{\mathrm{d}x}f(x,y_0)\right|_{x=x_0}$ 即偏导数 $f_x(x_0,y_0)$，也就是曲线在点 M_0 处的切线 M_0T_x 对 x 轴正向的斜率(图 8-2-1).

同样，偏导数 $f_y(x_0,y_0)$ 的几何意义是曲面被平面 $x=x_0$ 所截得的曲线在点 M_0 处的切线 M_0T_y 对 y 轴正向的斜率.

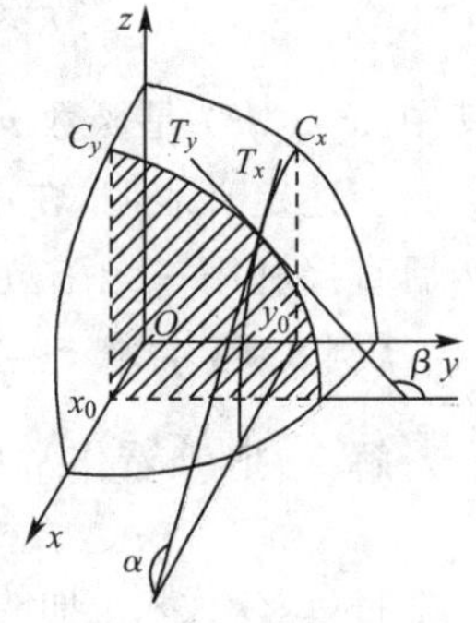

图 8-2-1

二、高阶偏导数

设函数 $z=f(x,y)$ 在区域 D 内具有偏导数 $\frac{\partial z}{\partial x}=f_x(x,y)$，$\frac{\partial z}{\partial y}=f_y(x,y)$，那么在 D

内 $f_x(x,y)$、$f_y(x,y)$ 都是 x、y 的函数.如果这两个函数的偏导数也存在,则称它们是函数 $z=f(x,y)$ 的二阶偏导数.按照对变量求导次序的不同有下列四个二阶偏导数:

$$\frac{\partial}{\partial x}\left(\frac{\partial z}{\partial x}\right)=\frac{\partial^2 z}{\partial x^2}=f_{xx}(x,y),\frac{\partial}{\partial y}\left(\frac{\partial z}{\partial x}\right)=\frac{\partial^2 z}{\partial x\partial y}=f_{xy}(x,y),$$

$$\frac{\partial}{\partial x}\left(\frac{\partial z}{\partial y}\right)=\frac{\partial^2 z}{\partial y\partial x}=f_{yx}(x,y),\frac{\partial}{\partial y}\left(\frac{\partial z}{\partial y}\right)=\frac{\partial^2 z}{\partial y^2}=f_{yy}(x,y).$$

其中第二、第三两个偏导数称为混合偏导数.同样可得三阶、四阶……以及 n 阶偏导数.我们把二阶以及二阶以上的偏导数统称为高阶偏导数.

【例 8-9】 设 $z=x^3y^2-3xy^3-xy+1$,求$\frac{\partial^2 z}{\partial x^2}$、$\frac{\partial^2 z}{\partial y\partial x}$、$\frac{\partial^2 z}{\partial x\partial y}$、$\frac{\partial^2 z}{\partial y^2}$ 及$\frac{\partial^3 z}{\partial x^3}$.

解 $\frac{\partial z}{\partial x}=3x^2y^2-3y^3-y$;$\frac{\partial z}{\partial y}=2x^3y-9xy^2-x$;$\frac{\partial^2 z}{\partial x^2}=6xy^2$;

$\frac{\partial^2 z}{\partial y\partial x}=6x^2y-9y^2-1$;$\frac{\partial^2 z}{\partial x\partial y}=6x^2y-9y^2-1$;$\frac{\partial^2 z}{\partial y^2}=2x^3-18xy$;$\frac{\partial^3 z}{\partial x^3}=6y^2$.

可以看到例 8-9 中两个二阶混合偏导数相等,即$\frac{\partial^2 z}{\partial y\partial x}=\frac{\partial^2 z}{\partial x\partial y}$.不过注意,在一般情形下,二阶混合偏导数不总相等,至于在什么情形下两者必然相等,下述定理给出了回答.

定理 8.1 如果函数 $z=f(x,y)$ 的两个二阶混合偏导数$\frac{\partial^2 z}{\partial y\partial x}$ 及$\frac{\partial^2 z}{\partial x\partial y}$ 在区域 D 内连续,那么在该区域内这两个二阶混合偏导数必相等.

换言之,二阶混合偏导数在连续的条件下与求导的次序无关.此定理的证明从略.

对于二元以上的函数,我们也可以类似地定义高阶偏导数.而且高阶混合偏导数在偏导数连续的条件下也与求导的次序无关.

【例 8-10】 验证函数 $z=\ln\sqrt{x^2+y^2}$ 满足方程$\frac{\partial^2 z}{\partial x^2}+\frac{\partial^2 z}{\partial y^2}=0$.

证 因为 $z=\ln\sqrt{x^2+y^2}=\frac{1}{2}\ln(x^2+y^2)$,所以

$$\frac{\partial z}{\partial x}=\frac{x}{x^2+y^2},\frac{\partial z}{\partial y}=\frac{y}{x^2+y^2},$$

$$\frac{\partial^2 z}{\partial x^2}=\frac{(x^2+y^2)-x\cdot 2x}{(x^2+y^2)^2}=\frac{y^2-x^2}{(x^2+y^2)^2},$$

$$\frac{\partial^2 z}{\partial y^2}=\frac{(x^2+y^2)-y\cdot 2y}{(x^2+y^2)^2}=\frac{x^2-y^2}{(x^2+y^2)^2}.$$

因此$\frac{\partial^2 z}{\partial x^2}+\frac{\partial^2 z}{\partial y^2}=\frac{y^2-x^2}{(x^2+y^2)^2}+\frac{x^2-y^2}{(x^2+y^2)^2}=0$.

【例 8-11】 证明函数 $u=\frac{1}{r}$ 满足方程$\frac{\partial^2 u}{\partial x^2}+\frac{\partial^2 u}{\partial y^2}+\frac{\partial^2 u}{\partial z^2}=0$,其中 $r=\sqrt{x^2+y^2+z^2}$.

证 $\frac{\partial u}{\partial x}=-\frac{1}{r^2}\frac{\partial r}{\partial x}=-\frac{1}{r^2}\cdot\frac{x}{r}=-\frac{x}{r^3}$,$\frac{\partial^2 u}{\partial x^2}=-\frac{1}{r^3}+\frac{3x}{r^4}\cdot\frac{\partial r}{\partial x}=-\frac{1}{r^3}+\frac{3x^2}{r^5}$.

根据函数关于自变量的对称性,有

$$\frac{\partial^2 u}{\partial y^2}=-\frac{1}{r^3}+\frac{3y^2}{r^5},\frac{\partial^2 u}{\partial z^2}=-\frac{1}{r^3}+\frac{3z^2}{r^5}.$$

因此$\frac{\partial^2 u}{\partial x^2}+\frac{\partial^2 u}{\partial y^2}+\frac{\partial^2 u}{\partial z^2}=-\frac{3}{r^3}+\frac{3(x^2+y^2+z^2)}{r^5}=-\frac{3}{r^3}+\frac{3r^2}{r^5}=0.$

例 8-10 和例 8-11 中的两个方程都叫作拉普拉斯方程,它是数学物理方程中一种很重要的方程.

习题 8-2

1.求下列函数的偏导数.

(1)$z=x^3y+3x^2y^2-xy^3$; (2)$z=\frac{u^2+v^2}{uv}$;

(3)$z=\sqrt{\ln(xy)}$; (4)$z=e^{\sin\frac{y}{x}}$;

(5)$z=\ln\tan\frac{x}{y}$; (6)$z=\sin(xy)+\cos^2(xy)$;

(7)$u=\arctan(x-y)^z$; (8)$u=x^{\frac{y}{z}}$.

2.设 $z=e^{-\left(\frac{1}{x}+\frac{1}{y}\right)}$,证明 $x^2\frac{\partial z}{\partial x}+y^2\frac{\partial z}{\partial y}=2z$.

3.设 $f(x,y)=x+(y-1)\arcsin\sqrt{\frac{x}{y}}$,求 $f_x(x,1)$.

4.曲线$\begin{cases}z=\frac{x^2+y^2}{4}\\ y=4\end{cases}$在点(2,4,5)处的切线与 x 轴正向所成的倾角是多少?

5.求下列函数的$\frac{\partial^2 z}{\partial x^2}$,$\frac{\partial^2 z}{\partial y^2}$ 和$\frac{\partial^2 z}{\partial x\partial y}$.

(1)$z=x^4+y^4-4x^2y^2$; (2)$z=x^2ye^y$;

(3)$z=\arctan\frac{y}{x}$; (4)$z=y^x$.

6.设 $f(x,y,z)=xy^2+yz^2+zx^2$,求 $f_{xx}(0,0,1)$,$f_{xz}(1,0,2)$,$f_{yz}(0,-1,0)$,$f_{zzx}(2,0,1)$.

7.设 $z=x\ln(xy)$,求$\frac{\partial^3 z}{\partial x^2\partial y}$ 及$\frac{\partial^3 z}{\partial y^2\partial x}$.

8.验证:$y=e^{-kn^2t}\sin nx$ 满足$\frac{\partial y}{\partial t}=k\frac{\partial^2 y}{\partial x^2}$.

8.3 全微分

一、全微分的定义

对于一元函数,我们已经知道,如果函数 $y=f(x)$ 在 x_0 处可导,那么函数增量 $\Delta y=$

$f(x_0+\Delta x)-f(x_0)$ 与自变量增量 Δx 的线性函数 $f'(x_0)\Delta x$ 之差是 Δx 的高阶无穷小 $o(\Delta x)$.现在对于二元函数 $z=f(x,y)$,我们也要研究类似的问题.即当自变量 x_0,y_0 分别获得增量 $\Delta x,\Delta y$ 时,函数 $z=f(x,y)$ 的全增量

$$\Delta z=f(x_0+\Delta x,y_0+\Delta y)-f(x_0,y_0)$$

是否与 $\Delta x,\Delta y$ 的某个线性式也有类似的关系?下面先看一个实例.

【例 8-12】 边长分别为 x_0,y_0 的矩形薄板,当薄板受热后边长分别增加 $\Delta x,\Delta y$ 时,求面积的改变量(图 8-3-1).

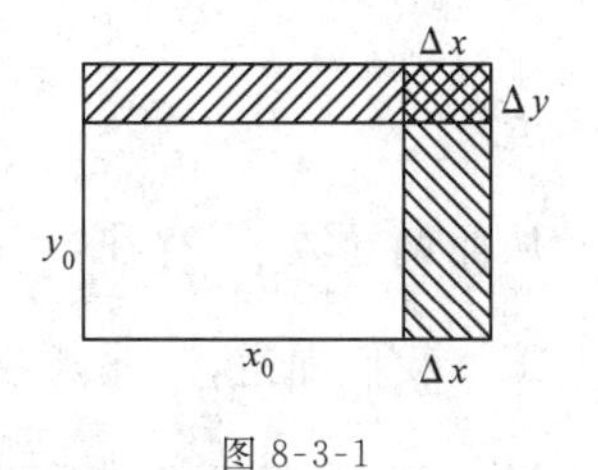

图 8-3-1

解 薄片原面积为 $A=x_0y_0$,薄片受热后面积为 $A=(x_0+\Delta x)(y_0+\Delta y)$,则

$$\Delta A=(x_0+\Delta x)(y_0+\Delta y)-x_0y_0=y_0\Delta x+x_0\Delta y+\Delta x\Delta y$$

上式右端第一部分 $y_0\Delta x+x_0\Delta y$ 表示图中带有斜线的两块小长方形面积之和,它是 Δx 和 Δy 的线性式.它与 ΔA 之差仅为一块带有双斜线的面积 $\Delta x\Delta y$,当 $(\Delta x,\Delta y)\to(0,0)$ 时,由于 $\left|\dfrac{\Delta x\Delta y}{\sqrt{(\Delta x)^2+(\Delta y)^2}}\right|\leqslant\dfrac{\sqrt{(\Delta x)^2+(\Delta y)^2}}{2}\to 0$,故 $\Delta x\Delta y$ 是 $\sqrt{(\Delta x)^2+(\Delta y)^2}$ 的高阶无穷小,因此 ΔA 可以写成

$$\Delta A=y_0\Delta x+x_0\Delta y+o\left(\sqrt{(\Delta x)^2+(\Delta y)^2}\right)$$

当 $|\Delta x|,|\Delta y|$ 很小时,矩形薄片面积的全增量 ΔA 就可以用自变量增量的线性式近似表示,即 $\Delta A\approx y_0\Delta x+x_0\Delta y$.近似误差是 $o\left(\sqrt{(\Delta x)^2+(\Delta y)^2}\right)$.由此,给出二元函数全微分的概念.

定义 8.6 如果函数 $z=f(x,y)$ 在点 (x,y) 的全增量

$$\Delta z=f(x+\Delta x,y+\Delta y)-f(x,y)$$

可表示为

$$\Delta z=A\Delta x+B\Delta y+o(\rho) \tag{8.2}$$

其中 A、B 不依赖于 Δx、Δy 而仅与 x、y 有关,$\rho=\sqrt{(\Delta x)^2+(\Delta y)^2}$,则称函数 $z=f(x,y)$ 在点 (x,y) 处可微分,而 $A\Delta x+B\Delta y$ 称为函数 $z=f(x,y)$ 在点 (x,y) 的全微分,记作 $\mathrm{d}z$,即 $\mathrm{d}z=A\Delta x+B\Delta y$.

如果函数在区域 D 内各点处都可微分,那么称这个函数在区域 D 内可微分.

在本章第二节曾指出,多元函数在某点的偏导数存在,并不能保证函数在该点连续.但是,由上述定义可知,如果函数 $z=f(x,y)$ 在点 (x,y) 可微分,那么这个函数在该点必定连续.事实上,这时由式(8.2)可得 $\lim\limits_{\rho\to 0}\Delta z=0$,从而

$$\lim_{(\Delta x,\Delta y)\to(0,0)}f(x+\Delta x,y+\Delta y)=\lim_{\rho\to 0}[f(x,y)+\Delta z]=f(x,y).$$

因此函数 $z=f(x,y)$ 在点 (x,y) 处连续.

下面讨论函数 $z=f(x,y)$ 在点 (x,y) 可微分的条件.

定理 8.2(必要条件) 如果函数 $z=f(x,y)$ 在点 (x,y) 可微分,则该函数在点 (x,y) 的偏导数 $\dfrac{\partial z}{\partial x}$、$\dfrac{\partial z}{\partial y}$ 必定存在,且函数 $z=f(x,y)$ 在点 (x,y) 的全微分为

$$\mathrm{d}z=\frac{\partial z}{\partial x}\Delta x+\frac{\partial z}{\partial y}\Delta y. \tag{8.3}$$

证 设函数 $z=f(x,y)$ 在点 $P(x,y)$ 可微分.于是,对于点 P 的某个邻域内的任意一点 $P'(x+\Delta x,y+\Delta y)$,式(8.2) 总成立.特别当 $\Delta y=0$ 时式(8.2) 也应成立,这时 $\rho=|\Delta x|$,所以式(8.2) 可写为

$$f(x+\Delta x,y)-f(x,y)=A\Delta x+o(|\Delta x|).$$

上式两边各除以 Δx,再令 $\Delta x\to 0$ 而取得极限,即

$$\lim_{\Delta x\to 0}\frac{f(x+\Delta x,y)-f(x,y)}{\Delta x}=A,$$

从而偏导数 $\frac{\partial z}{\partial x}$ 存在,且等于 A.同样可证 $\frac{\partial z}{\partial y}=B$.所以式(8.3) 成立.

我们知道,一元函数在某点的导数存在是微分存在的充分必要条件.但对于多元函数来说,情形就不同了.当函数的各偏导数都存在时,虽然形式上能写出 $\frac{\partial z}{\partial x}\Delta x+\frac{\partial z}{\partial y}\Delta y$,但它与 Δz 之差不一定是较 ρ 高阶的无穷小,因此它不一定是函数的全微分.所以各偏导数的存在只是全微分存在的必要条件而不是充分条件.例如,函数

$$f(x,y)=\begin{cases}\dfrac{xy}{\sqrt{x^2+y^2}},x^2+y^2\neq 0,\\ 0,x^2+y^2=0.\end{cases}$$

在点(0,0) 处有 $f_x(0,0)=0$ 及 $f_y(0,0)=0$,所以

$$\Delta z-[f_x(0,0)\cdot\Delta x+f_y(0,0)\cdot\Delta y]=\frac{\Delta x\Delta y}{\sqrt{(\Delta x)^2+(\Delta y)^2}}$$

如果考虑点 $P'(\Delta x,\Delta y)$ 沿着直线 $y=x$ 趋于(0,0),则

$$\frac{\dfrac{\Delta x\cdot\Delta y}{\sqrt{(\Delta x)^2+(\Delta y)^2}}}{\rho}=\frac{\Delta x\cdot\Delta y}{(\Delta x)^2+(\Delta y)^2}=\frac{(\Delta x)^2}{(\Delta x)^2+(\Delta x)^2}=\frac{1}{2},$$

它不能随 $\rho\to 0$ 而趋于0,这表示当 $\rho\to 0$ 时,$\Delta z-[f_x(0,0)\cdot\Delta x+f_y(0,0)\cdot\Delta y]$ 并不是较 ρ 高阶的无穷小,因此函数在点(0,0) 处的全微分并不存在,即函数在点(0,0) 处是不可微分的.

由定理8.2 及这个例子可知,偏导数存在是可微分的必要条件而不是充分条件.但是,如果再假定函数的各个偏导数连续,则可以证明函数是可微分的,即有下面的定理.

定理8.3(充分条件定理) 如果函数 $z=f(x,y)$ 在(x,y)的某邻域内偏导数存在,且 $z=f(x,y)$ 的偏导数 $\frac{\partial z}{\partial x}$、$\frac{\partial z}{\partial y}$ 在点(x,y) 处连续,则函数在该点可微分.

证 对于充分小的 Δx 与 Δy,将函数的全增量写成

$$\begin{aligned}\Delta z&=f(x+\Delta x,y+\Delta y)-f(x,y)\\&=[f(x+\Delta x,y+\Delta y)-f(x,y+\Delta y)]+[f(x,y+\Delta y)-f(x,y)]\end{aligned}$$

按假设,在每一个括号内,由一元函数的微分中值定理及偏导数的连续性可得

$$\begin{aligned}\Delta z&=f_x(x+\theta\Delta x,y+\Delta y)\Delta x+f_y(x,y+\eta\Delta y)\Delta y\qquad(0<\theta,\eta<1)\\&=[f_x(x,y)+\alpha]\Delta x+[f_y(x,y)+\beta]\Delta y\end{aligned}$$

即

$$\Delta z=f_x(x+\theta\Delta x,y+\Delta y)\Delta x+f_y(x,y+\eta\Delta y)\Delta y+\alpha\Delta x+\beta\Delta y,\tag{8.4}$$

其中 $\alpha \to 0, \beta \to 0$(当 $\rho = \sqrt{(\Delta x)^2 + (\Delta y)^2} \to 0$),因此

$$\left|\frac{\Delta z - f_x(x,y)\Delta x - f_y(x,y)\Delta y}{\rho}\right| = \left|\frac{\alpha\Delta x + \beta\Delta y}{\rho}\right| \leqslant \left|\frac{\alpha\Delta x}{\rho}\right| + \left|\frac{\beta\Delta y}{\rho}\right|$$
$$\leqslant |\alpha| + |\beta| \to 0 \ (\rho \to 0)$$

这说明 $\Delta z - f_x(x,y)\Delta x - f_y(x,y)\Delta y$ 是 ρ 的高阶无穷小,所以 $f(x,y)$ 在点 (x,y) 可微分,且有全微分 $\mathrm{d}z = f_x(x,y)\Delta x + f_y(x,y)\Delta y$,即 $\mathrm{d}z = \frac{\partial z}{\partial x}\mathrm{d}x + \frac{\partial z}{\partial y}\mathrm{d}y$.

以上关于二元函数全微分的定义及可微分的必要条件和充分条件,可以完全类似地推广到三元和三元以上的多元函数.

习惯上,我们将自变量的增量 Δx、Δy 分别记作 $\mathrm{d}x$、$\mathrm{d}y$,并分别称为自变量 x、y 的微分.这样,函数 $z = f(x,y)$ 的全微分就可写为

$$\mathrm{d}z = \frac{\partial z}{\partial x}\mathrm{d}x + \frac{\partial z}{\partial y}\mathrm{d}y. \tag{8.5}$$

如果三元函数 $u = f(x,y,z)$ 可微分,那么它的全微分就等于它的三个偏微分之和,即

$$\mathrm{d}u = \frac{\partial u}{\partial x}\mathrm{d}x + \frac{\partial u}{\partial y}\mathrm{d}y + \frac{\partial u}{\partial z}\mathrm{d}z.$$

【例 8-13】 计算函数 $z = x^2 y + y^2$ 的全微分.

解 因为 $\frac{\partial z}{\partial x} = 2xy\mathrm{d}x$,$\frac{\partial z}{\partial y} = x^2 + 2y$,所以 $\mathrm{d}z = 2xy\mathrm{d}x + (x^2 + 2y)\mathrm{d}y$.

【例 8-14】 计算函数 $z = \mathrm{e}^{xy}$ 在点(2,1)处的全微分.

解 因为 $\frac{\partial z}{\partial x} = y\mathrm{e}^{xy}$,$\frac{\partial z}{\partial y} = x\mathrm{e}^{xy}$,$\left.\frac{\partial z}{\partial x}\right|_{(2,1)} = \mathrm{e}^2$,$\left.\frac{\partial z}{\partial y}\right|_{(2,1)} = 2\mathrm{e}^2$,

所以 $\mathrm{d}z = \mathrm{e}^2\mathrm{d}x + 2\mathrm{e}^2\mathrm{d}y$.

【例 8-15】 计算函数 $u = x + \sin\frac{y}{2} + \mathrm{e}^{yz}$ 的全微分.

解 因为 $\frac{\partial u}{\partial x} = 1$,$\frac{\partial u}{\partial y} = \frac{1}{2}\cos\frac{y}{2} + z\mathrm{e}^{yz}$,$\frac{\partial u}{\partial z} = y\mathrm{e}^{yz}$,所以

$$\mathrm{d}u = \mathrm{d}x + \left(\frac{1}{2}\cos\frac{y}{2} + z\mathrm{e}^{yz}\right)\mathrm{d}y + y\mathrm{e}^{yz}\mathrm{d}z.$$

二、全微分在近似计算中的应用

由二元函数的全微分的定义及关于全微分存在的充分条件可知,当二元函数 $z = f(x,y)$ 在点 $P(x,y)$ 的两个偏导数 $f_x(x,y)$、$f_y(x,y)$ 连续,并且 $|\Delta x|$,$|\Delta y|$ 都较小时,就有近似等式

$$\Delta z \approx \mathrm{d}z = f_x(x,y) \cdot \Delta x + f_y(x,y) \cdot \Delta y. \tag{8.6}$$

上式也可以写成

$$f(x + \Delta x, y + \Delta y) \approx f(x,y) + f_x(x,y)\Delta x + f_y(x,y)\Delta y. \tag{8.7}$$

与一元函数的情形相类似,我们可以利用式(8.6)或式(8.7)对二元函数做近似计算和误差估计,如下例.

【例 8-16】 有一圆柱体，受压后发生形变，它的半径由 20 cm 增大到 20.05 cm，高度由 100 cm 减少到 99 cm.求此圆柱体体积变化的近似值.

解 设圆柱体的半径、高和体积依次为 r、h 和 V，则有 $V=\pi r^2 h$.记 r、h 和 V 的增量依次为 Δr、Δh 和 ΔV.应用公式(8.6)，有

$$\Delta V \approx \mathrm{d}V = V_r \Delta r + V_h \Delta h = 2\pi rh\Delta r + \pi r^2 \Delta h.$$

把 $r=20, h=100, \Delta r=0.05, \Delta h=-1$ 代入，得

$$\Delta V \approx 2\pi \times 20 \times 100 \times 0.05 + \pi \times 20^2 \times (-1) = -200\pi(\mathrm{cm}^3).$$

即此圆柱体在受压后体积约减少了 $200\pi\ \mathrm{cm}^3$.

【例 8-17】 计算 $(1.04)^{2.02}$ 的近似值.

解 设函数 $f(x,y)=x^y$.显然，要计算的值就是函数在 $x=1.04, y=2.02$ 时的函数值 $f(1.04,2.02)$.

取 $x=1, y=2, \Delta x=0.04, \Delta y=0.02$.由于 $f(1,2)=1$，

$$f_x(x,y)=yx^{y-1}, f_y(x,y)=x^y\ln x, f_x(1,2)=2, f_y(1,2)=0$$

所以，应用公式(8.7)便有

$$(1.04)^{2.02} \approx 1+2\times 0.04+0\times 0.02=1.08.$$

三、二元函数可微分的几何意义

由以上全微分近似计算知二元函数 $z=f(x,y)$ 在点 (x_0,y_0) 可微分，在 (x_0,y_0) 的某邻域有

$$f(x,y)-f(x_0,y_0) \approx f_x(x_0,y_0)(x-x_0)+f_y(x_0,y_0)(y-y_0)$$

即
$$f(x,y) \approx f(x_0,y_0)+f_x(x_0,y_0)(x-x_0)+f_y(x_0,y_0)(y-y_0)$$

上式表示它是通过点 $(x_0,y_0,f(x_0,y_0))$ 并以 $(f_x(x_0,y_0), f_y(x_0,y_0),-1)$ 为法向量的一张平面，即所谓的切平面.这说明如果函数 $z=f(x,y)$ 在点 (x_0,y_0) 可微分，则曲面 $z=f(x,y)$ 在点 $(x_0,y_0,f(x_0,y_0))$ 近旁的一小部分可以用过该点的切平面来近似代替(图 8-3-2).关于切平面的讨论，将在本章第六节中进行.

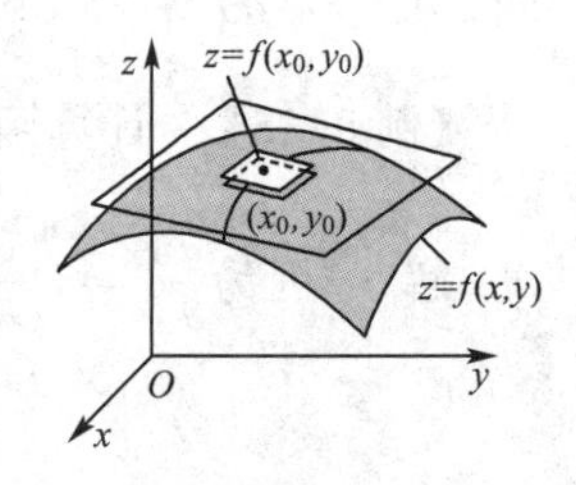

图 8-3-2

习题 8-3

1.求下列函数的全微分.

(1) $z=xy+\dfrac{x}{y}$；　　(2) $z=\mathrm{e}^{\frac{y}{x}}$；

(3) $z=\dfrac{y}{\sqrt{x^2+y^2}}$；　　(4) $u=x^{yz}$；

(5) $z=3x^2y+\dfrac{x}{y}$；　　(6) $z=\sin(x\cos y)$；

(7) $z=\ln\sqrt{x^2+y^2}$；　　(8) $z=\mathrm{e}^x\cos y$.

2.求函数 $z=\ln(1+x^2+y^2)$ 当 $x=1,y=2$ 的全微分.

3.求函数 $z=\dfrac{y}{x}$ 当 $x=2,y=1,\Delta x=0.1,\Delta y=-0.2$ 时的全增量和全微分.

4.求函数 $z=e^{xy}$ 当 $x=1,y=1,\Delta x=0.15,\Delta y=0.1$ 时的全微分.

*5.计算 $\sqrt{(1.02)^3+(1.97)^3}$ 的近似值.

*6.设有一无盖圆柱形容器,容器的壁与底的厚度均为0.1 cm,内高为20 cm,内半径为4 cm,求容器外壳体积的近似值.

8.4 多元复合函数的求导法则

一元函数微分学中,如果函数 $x=g(t)$ 在点 t 可导,函数 $y=f(x)$ 在对应点 x 可导,则复合函数 $y=f(g(t))$ 在点 t 可导,且有 $\dfrac{dy}{dt}=\dfrac{dy}{dx}\cdot\dfrac{dx}{dt}$,这一法则称为一元复合函数的链式求导法则,现在我们将这一法则推广到多元复合函数.多元复合函数的求导法则在多元函数微分学中也起着重要作用.

下面按照多元复合函数不同的复合情形,分三种情形讨论.

1.复合函数的中间变量均为一元函数的情形

设函数 $z=f(u,v),u=\varphi(x),v=\psi(x)$ 构成复合函数 $z=f(\varphi(x),\psi(x))$,其变量之间的相互依赖关系可用图8-4-1来表示.

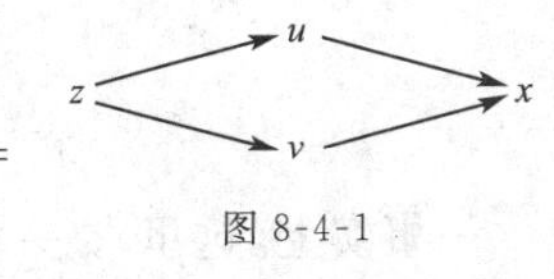

图 8-4-1

定理8.4 如果函数 $u=\varphi(x)$ 及 $v=\psi(x)$ 都在点 x 可导,函数 $z=f(u,v)$ 在对应点 (u,v) 具有连续偏导数,则复合函数 $z=f[\varphi(x),\psi(x)]$ 在点 x 可导,且有

$$\frac{dz}{dx}=\frac{\partial z}{\partial u}\frac{du}{dx}+\frac{\partial z}{\partial v}\frac{dv}{dx} \tag{8.8}$$

证 设 x 获得增量 Δx,这时 $u=\varphi(x)$、$v=\psi(x)$ 的对应增量为 Δu、Δv,函数 $z=f(u,v)$ 相应地取得增量 Δz.由假设函数 $z=f(u,v)$ 在对应点 (u,v) 处具有连续的偏导数,类似于上一节中的式(8.4),$\Delta z=\dfrac{\partial z}{\partial u}\Delta u+\dfrac{\partial z}{\partial v}\Delta v+\alpha\Delta u+\beta\Delta v$,其中当 $\Delta u\to 0,\Delta v\to 0$ 时,$\alpha\to 0$,$\beta\to 0$.将上式两端同除以 Δx,得 $\dfrac{\Delta z}{\Delta x}=\dfrac{\partial z}{\partial u}\dfrac{\Delta u}{\Delta x}+\dfrac{\partial z}{\partial v}\dfrac{\Delta v}{\Delta x}+\alpha\dfrac{\Delta u}{\Delta x}+\beta\dfrac{\Delta v}{\Delta x}$.因为 $\Delta x\to 0$ 时,$\Delta u\to 0,\Delta v\to 0,\dfrac{\Delta u}{\Delta x}\to\dfrac{du}{dx},\dfrac{\Delta v}{\Delta x}\to\dfrac{dv}{dx}$,所以

$$\lim_{\Delta t\to 0}\frac{\Delta z}{\Delta x}=\frac{\partial z}{\partial u}\frac{du}{dx}+\frac{\partial z}{\partial v}\frac{dv}{dx}.$$

这就证明了复合函数 $z=f(\varphi(t),\psi(t))$ 在点 x 可导,且其导数可用公式(8.8)计算,证毕.

用同样的方法,可把定理推广到复合函数的中间变量多于两个的情形.例如,设 $z=f(u,v,w),u=\varphi(x),v=\psi(x),w=\omega(x)$ 复合而得复合函数

$$z=f(\varphi(x),\psi(x),\omega(x)),$$

则在与定理相类似的条件下,这个复合函数在点 x 可导,且其导数可用下列公式计算:

$$\frac{\mathrm{d}z}{\mathrm{d}x}=\frac{\partial z}{\partial u}\frac{\mathrm{d}u}{\mathrm{d}x}+\frac{\partial z}{\partial v}\frac{\mathrm{d}v}{\mathrm{d}x}+\frac{\partial z}{\partial w}\frac{\mathrm{d}w}{\mathrm{d}x}, \tag{8.9}$$

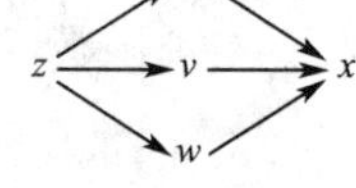

图 8-4-2

其关系如图 8-4-2 所示.

在公式(8.8) 及式(8.9) 中的导数$\frac{\mathrm{d}z}{\mathrm{d}x}$称为全导数.

2.复合函数的中间变量均为多元函数的情形

定理 8.4 可以推广到中间变量不是一元函数的情形.例如,对中间变量为二元函数的情形,设函数 $z=f(u,v)$,$u=\varphi(x,y)$,$v=\psi(x,y)$ 构成复合函数 $z=f[\varphi(x,y),\psi(x,y)]$,其变量间的相互依赖关系可用图 8-4-3 来表达.所以有定理 8.5.

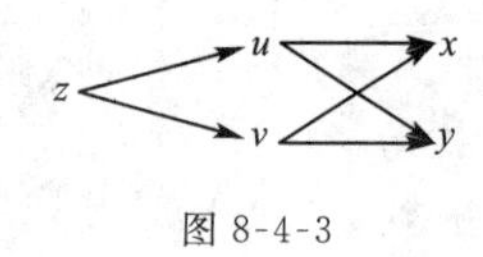

图 8-4-3

定理 8.5 如果函数 $u=\varphi(x,y)$ 及 $v=\psi(x,y)$ 都在点(x,y)具有对 x 及对 y 的偏导数,函数 $z=f(u,v)$ 在对应点(u,v)具有连续的偏导数,则复合函数 $z=f[\varphi(x,y),\psi(x,y)]$ 在点(x,y) 的两个偏导数存在,且有

$$\frac{\partial z}{\partial x}=\frac{\partial z}{\partial u}\frac{\partial u}{\partial x}+\frac{\partial z}{\partial v}\frac{\partial v}{\partial x}, \tag{8.10}$$

$$\frac{\partial z}{\partial y}=\frac{\partial z}{\partial u}\frac{\partial u}{\partial y}+\frac{\partial z}{\partial v}\frac{\partial v}{\partial y}, \tag{8.11}$$

事实上,这里求$\frac{\partial z}{\partial x}$时,将 y 看作常量,因此中间变量 u 及 v 仍可看作一元函数而应用定理 8.4.但由于复合函数 $z=f[\varphi(x,y),\psi(x,y)]$ 以及 $u=\varphi(x,y)$ 和 $v=\psi(x,y)$ 都是 x、y 的二元函数,所以应把式(8.10) 中的 d 改为 ∂,这样便由式(8.8) 得式(8.10).同理由式(8.8) 可得式(8.11).

类似地,设 $u=\varphi(x,y)$、$v=\psi(x,y)$ 及 $w=\omega(x,y)$ 都在点(x,y)具有对 x 及对 y 的偏导数,函数 $z=f(u,v,w)$ 在对应点(u,v,w)具有连续偏导数,则复合函数 $z=f[\varphi(x,y),\psi(x,y),\omega(x,y)]$ 在点(x,y) 的两个偏导数都存在,其变量间的相互依赖关系如图 8-4-4 所示,在满足定理 8.5 相类似的条件下有:

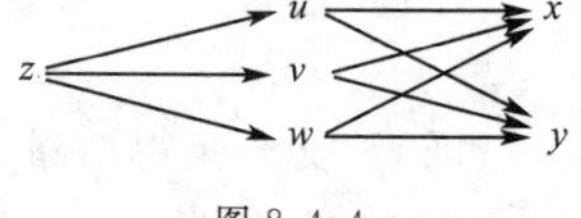

图 8-4-4

$$\frac{\partial z}{\partial x}=\frac{\partial z}{\partial u}\frac{\partial u}{\partial x}+\frac{\partial z}{\partial v}\frac{\partial v}{\partial x}+\frac{\partial z}{\partial w}\frac{\partial w}{\partial x}, \tag{8.12}$$

$$\frac{\partial z}{\partial y}=\frac{\partial z}{\partial u}\frac{\partial u}{\partial y}+\frac{\partial z}{\partial v}\frac{\partial v}{\partial y}+\frac{\partial z}{\partial w}\frac{\partial w}{\partial y}, \tag{8.13}$$

3.复合函数的中间变量既有一元函数,又有多元函数的情形

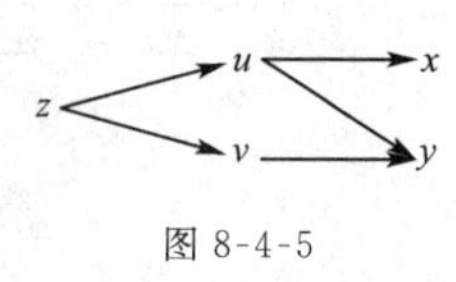

图 8-4-5

这种情况实际上是情形 2 的一种特例,即在情形 2 中,如果变量 v 与 x 无关,从而$\frac{\partial v}{\partial x}=0$;在 v 对 y 求导时,由于 v 是 y 的一元函数,故$\frac{\partial v}{\partial y}$换成了$\frac{\mathrm{d}v}{\mathrm{d}y}$,这就得到以下结果.其依赖关系如图 8-4-5 所示.

定理8.6 如果函数 $u=\varphi(x,y)$ 在点 (x,y) 具有对 x 及对 y 的偏导数,函数 $v=\psi(y)$ 在点 y 可导,函数 $z=f(u,v)$ 在对应点 (u,v) 具有连续的偏导数,则复合函数 $z=f[\varphi(x,y),\psi(y)]$ 在点 (x,y) 的两个偏导数存在,且有

$$\frac{\partial z}{\partial x}=\frac{\partial z}{\partial u}\frac{\partial u}{\partial x}, \tag{8.14}$$

$$\frac{\partial z}{\partial y}=\frac{\partial z}{\partial u}\frac{\partial u}{\partial y}+\frac{\partial z}{\partial v}\frac{\mathrm{d}v}{\mathrm{d}y}, \tag{8.15}$$

在情形3中,还会遇到这样的情形:复合函数的某些中间变量本身又是复合函数的自变量.例如,设 $z=f(u,x,y)$ 具有连续偏导数,而 $u=\varphi(x,y)$ 具有偏导数,其变量间的相互依赖关系如图8-4-6所示,则复合函数 $z=f(\varphi(x,y),x,y)$ 可看作情形2中当 $v=x,w=y$ 时的特殊情形.因此

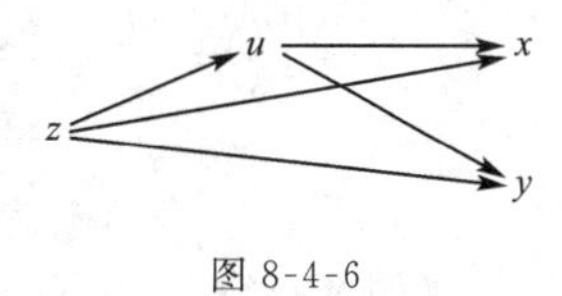

图 8-4-6

$$\frac{\partial v}{\partial x}=1,\frac{\partial w}{\partial x}=0,\frac{\partial v}{\partial y}=0,\frac{\partial w}{\partial y}=1.$$

从而复合函数 $z=f(\varphi(x,y),x,y)$ 具有对自变量 x 及 y 的偏导数,且由公式(8.12)、公式(8.13)得

$$\frac{\partial z}{\partial x}=\frac{\partial f}{\partial u}\frac{\partial u}{\partial x}+\frac{\partial f}{\partial x},$$

$$\frac{\partial z}{\partial y}=\frac{\partial f}{\partial u}\frac{\partial u}{\partial y}+\frac{\partial f}{\partial y}.$$

注意:这里 $\frac{\partial z}{\partial x}$ 与 $\frac{\partial f}{\partial x}$ 是不同的,$\frac{\partial z}{\partial x}$ 是把复合函数 $z=f(\varphi(x,y),x,y)$ 中的 y 看作常数而对 x 的偏导数,$\frac{\partial f}{\partial x}$ 是把 $f(u,x,y)$ 中的 u 及 y 看作常数而对 x 的偏导数.$\frac{\partial z}{\partial y}$ 与 $\frac{\partial f}{\partial y}$ 也有类似的区别.

【例8-18】 设 $z=uv+\sin t$,而 $u=\mathrm{e}^t,v=\cos t$.求全导数 $\frac{\mathrm{d}z}{\mathrm{d}t}$.

解 $\frac{\mathrm{d}z}{\mathrm{d}t}=\frac{\partial z}{\partial u}\frac{\mathrm{d}u}{\mathrm{d}t}+\frac{\partial z}{\partial v}\frac{\partial v}{\partial t}+\frac{\partial z}{\partial t}=v\mathrm{e}^t-u\sin t+\cos t=\mathrm{e}^t\cos t-\mathrm{e}^t\sin t+\cos t$

$=\mathrm{e}^t(\cos t-\sin t)+\cos t$

【例8-19】 设 $z=u^2v+uv^2,u=\mathrm{e}^x,v=\sin x$,求全导数 $\frac{\mathrm{d}z}{\mathrm{d}x}$.

解 $\frac{\mathrm{d}z}{\mathrm{d}x}=\frac{\partial z}{\partial u}\frac{\mathrm{d}u}{\mathrm{d}x}+\frac{\partial z}{\partial v}\frac{\mathrm{d}v}{\mathrm{d}x}=(2uv+v^2)\mathrm{e}^x+(u^2+2uv)\cos x$

$\frac{\mathrm{d}z}{\mathrm{d}x}=(2\mathrm{e}^x\sin x+\sin^2 x)\mathrm{e}^x+(\mathrm{e}^{2x}+2\mathrm{e}^x\sin x)\cos x$

【例8-20】 设 $z=\mathrm{e}^u\sin v$,而 $u=xy,v=x+y$.求 $\frac{\partial z}{\partial x}$ 和 $\frac{\partial z}{\partial y}$.

解

$\frac{\partial z}{\partial x}=\frac{\partial z}{\partial u}\frac{\partial u}{\partial x}+\frac{\partial z}{\partial v}\frac{\partial v}{\partial x}=\mathrm{e}^u\sin v\cdot y+\mathrm{e}^u\cos v\cdot 1=\mathrm{e}^{xy}[y\sin(x+y)+\cos(x+y)]$

$$\frac{\partial z}{\partial y}=\frac{\partial z}{\partial u}\frac{\partial u}{\partial y}+\frac{\partial z}{\partial v}\frac{\partial v}{\partial y}=\mathrm{e}^{u}\sin v\cdot x+\mathrm{e}^{u}\cos v\cdot 1=\mathrm{e}^{xy}[x\sin(x+y)+\cos(x+y)]$$

【例 8-21】 设 $u=f(x,y,z)=\mathrm{e}^{x^2+y^2+z^2}$，而 $z=x^2\sin y$.求$\frac{\partial u}{\partial x}$和$\frac{\partial u}{\partial y}$.

解 $\frac{\partial u}{\partial x}=\frac{\partial f}{\partial x}+\frac{\partial f}{\partial z}\frac{\partial z}{\partial x}=2x\mathrm{e}^{x^2+y^2+z^2}+2z\mathrm{e}^{x^2+y^2+z^2}\cdot 2x\sin y$

$=2x(1+2x^2\sin^2 y)\mathrm{e}^{x^2+y^2+x^4\sin^2 y}$.

$\frac{\partial u}{\partial y}=\frac{\partial f}{\partial y}+\frac{\partial f}{\partial z}\frac{\partial z}{\partial y}=2y\mathrm{e}^{x^2+y^2+z^2}+2z\mathrm{e}^{x^2+y^2+z^2}\cdot x^2\cos y$

$=2(y+x^4\sin y\cos y)\mathrm{e}^{x^2+y^2+x^4\sin^2 y}$

【例 8-22】 设 $z=f(x+y,xy)$，f 具有二阶连续偏导数，求$\frac{\partial z}{\partial x}$及$\frac{\partial^2 z}{\partial x\partial y}$.

解 题中给出的复合函数，其中间变量没有明显写出.为了便于运用求导公式，记$u=x+y$，$v=xy$，则函数 $z=f(x+y,xy)$ 由 $z=f(u,v)$，$u=x+y$，$v=xy$ 复合而成，于是

$$\frac{\partial z}{\partial x}=f_u\cdot u_x+f_v\cdot v_x=f_u+yf_v$$

$$\frac{\partial^2 z}{\partial x\partial y}=\frac{\partial}{\partial y}\left(\frac{\partial z}{\partial x}\right)=\frac{\partial}{\partial y}(f_u+yf_v)=\frac{\partial f_u}{\partial y}+f_v+y\frac{\partial f_v}{\partial y},$$

注意，如果把 f_u，f_v 的自变量写出来，则 $f_u=f_u(x+y,xy)$，$f_v=f_v(x+y,xy)$，故上式中

$$\frac{\partial f_u}{\partial y}=f_{uu}\cdot u_y+f_{uv}\cdot v_y=f_{uu}+xf_{uv}$$

$$\frac{\partial f_v}{\partial y}=f_{vu}\cdot u_y+f_{vv}\cdot v_y=f_{vu}+xf_{vv}$$

因此$\frac{\partial^2 z}{\partial x\partial y}=f_{uu}+xf_{uv}+f_v+y(f_{vu}+xf_{vv})$

由于 f 有二阶连续偏导数，有 $f_{uv}=f_{vu}$，所以

$$\frac{\partial^2 z}{\partial x\partial y}=f_{uu}+(x+y)f_{uv}+xyf_{vv}+f_v$$

这里，我们对偏导数记号稍做说明.上例中复合函数 $f(x+y,xy)$ 的中间变量没有明显写出，为了简便起见，通常可用 f'_i 表示 f 对第 i 个中间变量的偏导数，用 f''_{ij} 表示 f 先对第 i 个中间变量求偏导后对第 j 个中间变量的二阶偏导数，这样，上述 f_u，f_v，f_{uv}，f_{uu}，f_{vv} 就可以写成 f'_1，f'_2，f''_{12}，f''_{11}，f''_{22}，于是本题的结果也可以写成

$$\frac{\partial z}{\partial x}=f'_1+yf'_2,\frac{\partial^2 z}{\partial x\partial y}=f''_{11}+(x+y)f''_{12}+xyf''_{22}+f'_2$$

【例 8-23】 设 $w=f(x+y+z,xyz)$，f 具有二阶连续偏导数，求$\frac{\partial w}{\partial x}$及$\frac{\partial^2 w}{\partial x\partial z}$.

解 令 $u=x+y+z$，$v=xyz$，则 $w=f(u,v)$.为表达简便起见，引入以下记号：

$$f'_1=\frac{\partial f(u,v)}{\partial u},f''_{12}=\frac{\partial^2 f(u,v)}{\partial u\partial v},$$

这里下标 1 表示对第一个变量 u 求偏导数，下标 2 表示对第二个变量 v 求偏导数.同理

有 f'_2, f''_{11}, f''_{22} 等等.

因所给函数由 $w=f(u,v)$ 及 $u=x+y+z, v=xyz$ 复合而成,根据复合函数求导法则,有

$$\frac{\partial w}{\partial x}=\frac{\partial f}{\partial u}\frac{\partial u}{\partial x}+\frac{\partial f}{\partial v}\frac{\partial v}{\partial x}=f'_1+yzf'_2,$$

$$\frac{\partial^2 w}{\partial x\partial z}=\frac{\partial}{\partial z}(f'_1+yzf'_2)=\frac{\partial f'_1}{\partial z}+yf'_2+yz\frac{\partial f'_2}{\partial z}.$$

求$\frac{\partial f'_1}{\partial z}$及$\frac{\partial f'_2}{\partial z}$时,应注意 f'_1 和 f'_2 仍旧是复合函数,根据复合函数求导法则,有

$$\frac{\partial f'_1}{\partial z}=\frac{\partial f'_1}{\partial u}\frac{\partial u}{\partial z}+\frac{\partial f'_1}{\partial v}\frac{\partial v}{\partial z}=f''_{11}+yzf''_{12},\frac{\partial f'_2}{\partial z}=\frac{\partial f'_2}{\partial u}\frac{\partial u}{\partial z}+\frac{\partial f'_2}{\partial v}\frac{\partial v}{\partial z}=f''_{21}+xyf''_{22}.$$

于是

$$\frac{\partial^2 w}{\partial x\partial z}=f''_{11}+xyf''_{12}+yf'_2+yzf''_{21}+xy^2zf''_{22}=f''_{11}+y(x+z)f''_{12}+xy^2zf''_{22}+yf'_2.$$

4.全微分形式的不变性

根据复合函数求导法则的链式法则,可得到重要的全微分形式的不变性.以二元函数为例,设 $z=f(u,v), u=u(x,y), v=v(x,y)$ 是可微函数,则由全微分定义和链式法则,有

$$\frac{\partial z}{\partial x}=\frac{\partial z}{\partial u}\frac{\partial u}{\partial x}+\frac{\partial z}{\partial v}\frac{\partial v}{\partial x},\frac{\partial z}{\partial y}=\frac{\partial z}{\partial u}\frac{\partial u}{\partial y}+\frac{\partial z}{\partial v}\frac{\partial v}{\partial y}$$

$$\begin{aligned}dz&=\frac{\partial z}{\partial x}dx+\frac{\partial z}{\partial y}dy=\left(\frac{\partial z}{\partial u}\frac{\partial u}{\partial x}+\frac{\partial z}{\partial v}\frac{\partial v}{\partial x}\right)dx+\left(\frac{\partial z}{\partial u}\frac{\partial u}{\partial y}+\frac{\partial z}{\partial v}\frac{\partial v}{\partial y}\right)dy\\&=\frac{\partial z}{\partial u}\left(\frac{\partial u}{\partial x}dx+\frac{\partial u}{\partial y}dy\right)+\frac{\partial z}{\partial v}\left(\frac{\partial v}{\partial x}dx+\frac{\partial v}{\partial y}dy\right)=\frac{\partial z}{\partial u}du+\frac{\partial z}{\partial v}dv.\end{aligned}$$

由此可见,尽管现在的 u,v 是中间变量,但全微分 dz 与 x,y 是自变量时的表达式在形式上完全一致.这个性质称为全微分形式的不变性.在解题时适当应用这个性质,会在一定程度上简化运算步骤.

【例 8-24】 利用全微分形式的不变性求解本节的例 8-20.

解 $dz=d(e^u\sin v)=e^u\sin v\,du+e^u\cos v\,dv$,

因 $du=d(xy)=y\,dx+x\,dy, dv=d(x+y)=dx+dy$,代入并合并含 dx 和 dy 的项,得

$$dz=e^u(y\sin v+\cos v)\,dx+e^u(x\sin v+\cos v)\,dv,$$

即

$$\begin{aligned}\frac{\partial z}{\partial x}dx+\frac{\partial z}{\partial y}dy=&e^{xy}[y\sin(x+y)+\cos(x+y)]dx+\\&e^{xy}[x\sin(x+y)+\cos(x+y)]dy,\end{aligned}$$

所以$\frac{\partial z}{\partial x}=e^{xy}[y\sin(x+y)+\cos(x+y)]$,$\frac{\partial z}{\partial y}=e^{xy}[x\sin(x+y)+\cos(x+y)]$,上述结果与例 8-20 完全一致.

【例 8-25】 利用一阶全微分形式的不变性求函数 $u=\frac{x}{x^2+y^2+z^2}$ 的偏导数.

解 $du=\frac{(x^2+y^2+z^2)dx-x\,d(x^2+y^2+z^2)}{(x^2+y^2+z^2)^2}$

$$=\frac{(x^2+y^2+z^2)\mathrm{d}x-x(2x\mathrm{d}x+2y\mathrm{d}y+2z\mathrm{d}z)}{(x^2+y^2+z^2)^2}$$

$$=\frac{(y^2+z^2-x^2)\mathrm{d}x-2xy\mathrm{d}y-2xz\mathrm{d}z}{(x^2+y^2+z^2)^2}.$$

所以$\frac{\partial u}{\partial x}=\frac{y^2+z^2-x^2}{(x^2+y^2+z^2)^2}$,$\frac{\partial u}{\partial y}=\frac{-2xy}{(x^2+y^2+z^2)^2}$,$\frac{\partial u}{\partial z}=\frac{-2xz}{(x^2+y^2+z^2)^2}$.

习题 8-4

1.设 $z=\frac{y}{x}$,而 $x=\mathrm{e}^t$,$y=1-\mathrm{e}^{2t}$,求$\frac{\mathrm{d}z}{\mathrm{d}t}$.

2.设 $z=\mathrm{e}^{x-2y}$,而 $x=\sin t$,$y=t^3$,求$\frac{\mathrm{d}z}{\mathrm{d}t}$.

3.设 $z=\arcsin(x-y)$,而 $x=3t$,$y=4t^3$,求$\frac{\mathrm{d}z}{\mathrm{d}t}$.

4.设 $z=u^2\ln v$,而 $u=\frac{x}{y}$,$v=3x-2y$,求$\frac{\partial z}{\partial x}$,$\frac{\partial z}{\partial y}$.

5.设 $z=u^2+v^2$,而 $u=x+y$,$v=x-y$,求$\frac{\partial z}{\partial x}$,$\frac{\partial z}{\partial y}$.

6.设 $z=\arctan(xy)$,而 $y=\mathrm{e}^x$,求$\frac{\mathrm{d}z}{\mathrm{d}x}$.

7.设 $u=\frac{\mathrm{e}^{ax}(y-z)}{a^2+1}$,而 $y=a\sin x$,$z=\cos x$,求$\frac{\mathrm{d}u}{\mathrm{d}x}$.

8.设 $z=\arctan\frac{x}{y}$,$x=u+v$,$y=u-v$,验证$\frac{\partial z}{\partial u}+\frac{\partial z}{\partial v}=\frac{u-v}{u^2+v^2}$.

9.求下列函数的一阶偏导数(其中 f 具有一阶连续偏导数).

(1)$u=f(x^2-y^2,\mathrm{e}^{xy})$;　　(2)$u=f\left(\frac{x}{y},\frac{y}{z}\right)$;

(3)$u=f(x,xy,xyz)$.

10.设 $z=xy+xF(u)$,而 $u=\frac{y}{x}$,$F(u)$为可导函数,验证 $x\frac{\partial z}{\partial x}+y\frac{\partial z}{\partial y}=z+xy$.

11.设 $z=\frac{y}{f(x^2-y^2)}$,其中 $f(u)$为可导函数,验证$\frac{1}{x}\frac{\partial z}{\partial x}+\frac{1}{y}\frac{\partial z}{\partial y}=\frac{z}{y^2}$.

12.设 $z=f(x^2+y^2)$,其中 f 具有二阶导数,求$\frac{\partial^2 z}{\partial x^2}$,$\frac{\partial^2 z}{\partial x\partial y}$.

13.求下列函数的$\frac{\partial^2 z}{\partial x^2}$,$\frac{\partial^2 z}{\partial x\partial y}$,$\frac{\partial^2 z}{\partial y^2}$(其中 f 具有二阶连续偏导数).

(1)$z=f(xy,y)$;　　(2)$z=f\left(x,\frac{x}{y}\right)$;

(3)$z=f(xy^2,x^2y)$;　　(4)$z=f(\sin x,\cos y,\mathrm{e}^{x+y})$.

8.5 隐函数求导公式

一、一个方程的情形

在一元函数微分学中我们已经提出了隐函数的概念，并且指出了不经过显化直接由方程

$$F(x,y)=0 \tag{8.16}$$

求出它所确定的隐函数的导数的方法.现在我们来继续讨论这一问题：在什么条件下方程 $F(x,y)=0$ 可以唯一地确定函数 $y=f(x)$，并且 $f(x)$ 是可导的？现介绍隐函数存在定理，并根据多元复合函数的求导法导出隐函数的导数公式.

定理 8.7(隐函数存在定理 1) 设二元函数 $F(x,y)$ 在点 $P(x_0,y_0)$ 的某一邻域内具有连续偏导数，且 $F(x_0,y_0)=0$，$F_y(x_0,y_0)\neq 0$，则方程 $F(x,y)=0$ 在点(x_0,y_0) 的某一邻域内恒能唯一确定一个连续且具有连续导数的函数 $y=f(x)$，它满足条件 $y_0=f(x_0)$，并有

$$\frac{\mathrm{d}y}{\mathrm{d}x}=-\frac{F_x}{F_y} \tag{8.17}$$

式(8.17) 就是隐函数的求导公式.

定理的证明比较细微而繁复，这里从略.现仅就式(8.17) 做如下推导.

将方程(8.16) 所确定的函数 $y=f(x)$ 代入方程(8.16)，得恒等式 $F(x,f(x))\equiv 0$，其左端可以看作是 x 的一个复合函数，求这个函数的全导数，由于恒等式两端求导后仍然恒等，即得$\dfrac{\partial F}{\partial x}+\dfrac{\partial F}{\partial y}\dfrac{\mathrm{d}y}{\mathrm{d}x}=0$，由于 F_y 连续，且 $F_y(x_0,y_0)\neq 0$，所以存在(x_0,y_0) 的一个邻域，在这个邻域内 $F_y\neq 0$，于是得$\dfrac{\mathrm{d}y}{\mathrm{d}x}=-\dfrac{F_x}{F_y}$.

如果 $F(x,y)$ 的二阶偏导数也都连续，我们可以把式(8.17) 的两端看作 x 的复合函数再一次求导，即得

$$\begin{aligned}\frac{\mathrm{d}^2y}{\mathrm{d}x^2}&=\frac{\partial}{\partial x}\left(-\frac{F_x}{F_y}\right)+\frac{\partial}{\partial y}\left(-\frac{F_x}{F_y}\right)\frac{\mathrm{d}y}{\mathrm{d}x}=-\frac{F_{xx}F_y-F_{xy}F_x}{F_y^2}-\frac{F_{xy}F_y-F_{yy}F_x}{F_y^2}\left(-\frac{F_x}{F_y}\right)\\&=-\frac{F_{xx}F_y^2-2F_{xy}F_xF_y+F_{yy}F_x^2}{F_y^3}.\end{aligned}$$

【例 8-26】 验证方程 $x^2+y^2-1=0$ 在点(0,1) 的某一邻域内能唯一确定一个有连续导数的函数 $y=f(x)$，并求 $y=y'(0)$ 与 $y=y''(0)$.

解 设 $F(x,y)=x^2+y^2-1$，则 $F_x=2x$，$F_y=2y$，$F(0,1)=0$，$F_y(0,1)=2\neq 0$.因此由隐函数存在定理知，方程 $x^2+y^2-1=0$ 在点(0,1) 的某邻域内能唯一确定一个有连续导数的函数 $y=f(x)$，它满足条件 $f(0)=1$，且

$$y'(x)=-\frac{F_x}{F_y}=-\frac{x}{y},$$

由 $y'(x)$ 的表达式可知它在点(0,1)的某个邻域内可继续求导.

$$y''(x)=\left(-\frac{x}{y}\right)'=-\frac{y-xy'}{y^2}=-\frac{y-x\left(-\frac{x}{y}\right)}{y^2}=-\frac{y^2+x^2}{y^3}=-\frac{1}{y^3}$$

所以 $y'(0)=0, y''(0)=-1$

下面,我们对隐函数存在定理1的条件做两点说明.

(1) 定理中的条件"$F_y(x_0,y_0)\neq 0$"对定理结论的成立是很重要的.在这一条件下,由于 F_y 的连续性,使得在点 (x_0,y_0) 的某个邻域内的每一点 (x,y) 处都有 $F_y(x,y)\neq 0$.于是对 x_0 近旁的每一个固定的 x 值,以"适合方程 $F(x,y)=0$"为对应法则,必定对应唯一的 y 值.若不然,设某一 $\overline{x}$ 对应了两个值 y_1 与 y_2,即 $F(\overline{x},y_1)=0$ 且 $F(\overline{x},y_2)=0$,则由罗尔定理,就有介于 y_1 和 y_2 之间的值 η,使得 $F_y(\overline{x},\eta)\neq 0$,这与 $F_y\neq 0$ 相矛盾.因此这种对应法则就确定了函数 $y=f(x)$.相反,如果 $F_y(x_0,y_0)=0$,则可能使方程在点 (x_0,y_0) 的任何邻域内都不能唯一确定隐函数.

(2) 如果把条件"$F_y(x_0,y_0)\neq 0$"改为"$F_x(x_0,y_0)\neq 0$",那么方程 $F(x,y)=0$ 在点 (x_0,y_0) 的某邻域内确定唯一的有连续导数的一元函数 $x=x(y)$,它满足 $x_0=x(y_0)$,且有 $\frac{\mathrm{d}x}{\mathrm{d}y}=-\frac{F_y}{F_x}$.

隐函数存在定理还可以推广到多元函数.既然一个二元方程(8.16)可以确定一个一元隐函数,那么一个三元方程

$$F(x,y,z)=0 \tag{8.18}$$

就有可能确定的一个二元隐函数.

与定理8.7一样,我们同样可以由三元函数 $F(x,y,z)=0$ 的性质来断定由方程 $F(x,y,z)=0$ 所确定的二元函数 $z=f(x,y)$ 的存在,以及这个函数的性质.这就是下面的定理.

定理8.8(隐函数存在定理2) 设函数 $F(x,y,z)$ 在点 $P(x_0,y_0,z_0)$ 的某一邻域内具有连续偏导数,且 $F(x_0,y_0,z_0)=0, F_z(x_0,y_0,z_0)\neq 0$,则方程 $F(x,y,z)=0$ 在点 (x_0,y_0,z_0) 的某一邻域内恒能唯一确定一个连续且具有连续偏导数的函数 $z=f(x,y)$,它满足条件 $z=f(x_0,y_0)$,并有

$$\frac{\partial z}{\partial x}=-\frac{F_x}{F_z},\frac{\partial z}{\partial y}=-\frac{F_y}{F_z}. \tag{8.19}$$

这个定理我们不证.与定理8.7类似,仅就式(8.19)做如下推导.

由于 $F(x,y,f(x,y))\equiv 0$,将上式两端分别对 x 和 y 求导,应用复合函数求导法则得

$$F_x+F_z\frac{\partial z}{\partial x}=0, F_y+F_z\frac{\partial z}{\partial y}=0.$$

因为 F_z 连续,且 $F_z(x_0,y_0,z_0)\neq 0$,所以存在点 (x_0,y_0,z_0) 的一个邻域,在这个邻域内 $F_z\neq 0$,于是得

$$\frac{\partial z}{\partial x}=-\frac{F_x}{F_z},\frac{\partial z}{\partial y}=-\frac{F_y}{F_z}.$$

【例8-27】 设 $x^2+y^2+z^2-4z=0$,求 $\frac{\partial^2 z}{\partial x^2}$.

解 设 $F(x,y,z)=x^2+y^2+z^2-4z$,则 $F_x=2x, F_z=2z-4$.当 $z\neq 2$ 时应用式

(8.19),得

$$\frac{\partial z}{\partial x}=\frac{x}{2-z}.$$

再一次对 x 求偏导数,得

$$\frac{\partial^2 z}{\partial x^2}=\frac{(2-z)+x\dfrac{\partial z}{\partial x}}{(2-z)^2}=\frac{(2-z)+x\left(\dfrac{x}{2-z}\right)}{(2-z)^2}=\frac{(2-z)^2+x^2}{(2-z)^3}.$$

二、方程组的情形

隐函数不仅产生于单个方程,也可以产生于方程组中.例如方程组

$$\begin{cases}x+y+z=0,\\x+2y+3z=0.\end{cases}$$

若视 x 为自变量,则可解得 $\begin{cases}y=-2x,\\z=x.\end{cases}$

这一对函数就是由方程组所确定的隐函数,而且这对隐函数已经显化了.但是在一般情形下,由方程组确定的隐函数未必能容易显化,甚至根本无法显化,因此同样需要在不涉及显化的前提下,讨论方程组 $\begin{cases}F(x,y,z)=0,\\G(x,y,z)=0.\end{cases}$ 在什么条件下可以唯一地确定一对隐函数 $\begin{cases}y=y(x),\\z=z(x).\end{cases}$ 并且给出直接从方程组出发求出它们的导数的方法.

定理 8.9(隐函数存在定理 3) 设三元函数 $F(x,y,z)=0$,$G(x,y,z)=0$ 在区域 Ω 内有连续的偏导数,点 $(x_0,y_0,z_0)\in\Omega$ 且满足:$F(x_0,y_0,z_0)=0$,$G(x_0,y_0,z_0)=0$,并且行列式 $\begin{vmatrix}F_y & F_z\\G_y & G_z\end{vmatrix}_{(x_0,y_0,z_0)}\neq 0$,则方程组 $\begin{cases}F(x,y,z)=0\\G(x,y,z)=0\end{cases}$ 在点 (x_0,y_0,z_0) 的某邻域内可确定唯一的一对有连续导数的一元函数 $\begin{cases}y=y(x),\\z=z(x).\end{cases}$ 它们满足条件 $y_0=y(x_0)$,$z_0=z(x_0)$,使得 $\begin{cases}F(x,y(x),z(x))\equiv 0,\\G(x,y(x),z(x))\equiv 0,\end{cases}$

且有

$$\frac{\mathrm{d}y}{\mathrm{d}x}=-\frac{\begin{vmatrix}F_x & F_z\\G_x & G_z\end{vmatrix}}{\begin{vmatrix}F_y & F_z\\G_y & G_z\end{vmatrix}},\frac{\mathrm{d}z}{\mathrm{d}x}=-\frac{\begin{vmatrix}F_y & F_x\\G_y & G_x\end{vmatrix}}{\begin{vmatrix}F_y & F_z\\G_y & G_z\end{vmatrix}}.$$

证明从略.

下面举例说明如何直接从方程组出发求隐函数的导数.

【例 8-28】 设 $y=y(x)$ 与 $z=z(x)$ 是由方程组 $\begin{cases}z=x^2+2y^2\\y=2x^2+z^2\end{cases}$ 所确定的函数,求 $\dfrac{\mathrm{d}y}{\mathrm{d}x}$ 与 $\dfrac{\mathrm{d}z}{\mathrm{d}x}$.

解　由于方程组确定了函数 $y=y(x)$ 与 $z=z(x)$，故有恒等式组

$$\begin{cases} z(x)\equiv x^2+2y^2(x) \\ y(x)=2x^2+z^2(x) \end{cases}$$

在每个等式的两边对 x 求导，可得

$$\begin{cases} \dfrac{dz}{dx}=2x+4y\dfrac{dy}{dx} \\ \dfrac{dy}{dx}=4x+2z\dfrac{dz}{dx} \end{cases} \quad \text{即} \quad \begin{cases} 4y\dfrac{dy}{dx}-\dfrac{dz}{dx}=-2x \\ \dfrac{dy}{dx}-2z\dfrac{dz}{dx}=4x \end{cases}$$

解得 $\dfrac{dy}{dx}=\dfrac{4x(z+1)}{1-8yz}$，$\dfrac{dz}{dx}=\dfrac{2x(8y+1)}{1-8yz}$，

其中 $1-8yz\neq 0$，且 $y=y(x)$，$z=z(x)$.

以上隐函数存在定理还可以推广到三元以上的方程组情形.

定理 8.10（隐函数存在定理 4）　设 $F(x,y,u,v)=0$、$G(x,y,u,v)=0$ 在点 $P(x_0,y_0,u_0,v_0)$ 的某一邻域内具有对各个变量的连续偏导数，又 $F(x_0,y_0,u_0,v_0)=0$，$G(x_0,y_0,u_0,v_0)=0$，且偏导数所组成的函数的行列式

$$\begin{vmatrix} F_u & F_v \\ G_u & G_v \end{vmatrix}_{(x_0,y_0,u_0,v_0)} \neq 0$$

则方程组 $\begin{cases} F(x,y,u,v)=0 \\ G(x,y,u,v)=0 \end{cases}$ 在点 (x_0,y_0,u_0,v_0) 的某一邻域内唯一确定了有连续偏导数的二元函数 $u=u(x,y)$，$v=v(x,y)$，它们满足条件 $u_0=u(x_0,y_0)$，$v_0=v(x_0,y_0)$，并有

$$\frac{\partial u}{\partial x}=-\frac{\begin{vmatrix} F_x & F_v \\ G_x & G_v \end{vmatrix}}{\begin{vmatrix} F_u & F_v \\ G_u & G_v \end{vmatrix}},\quad
\frac{\partial v}{\partial x}=-\frac{\begin{vmatrix} F_u & F_x \\ G_u & G_x \end{vmatrix}}{\begin{vmatrix} F_u & F_v \\ G_u & G_v \end{vmatrix}},\quad
\frac{\partial u}{\partial y}=-\frac{\begin{vmatrix} F_y & F_v \\ G_y & G_v \end{vmatrix}}{\begin{vmatrix} F_u & F_v \\ G_u & G_v \end{vmatrix}},\quad
\frac{\partial v}{\partial y}=-\frac{\begin{vmatrix} F_u & F_y \\ G_u & G_y \end{vmatrix}}{\begin{vmatrix} F_u & F_v \\ G_u & G_v \end{vmatrix}} \tag{8.20}$$

这个定理我们不证.下面举例说明如何直接从方程组求出它们的偏导数.

【例 8-29】　设 $xu-yv=0$，$yu+xv=1$，求 $\dfrac{\partial u}{\partial x}$，$\dfrac{\partial u}{\partial y}$，$\dfrac{\partial v}{\partial x}$ 和 $\dfrac{\partial v}{\partial y}$.

解 将所给方程的两边对 x 求导并移项，得

$$\begin{cases} x\dfrac{\partial u}{\partial x}-y\dfrac{\partial v}{\partial x}=-u, \\ y\dfrac{\partial u}{\partial x}+x\dfrac{\partial v}{\partial x}=-v. \end{cases}$$

在 $\begin{vmatrix} x & -y \\ y & x \end{vmatrix}=x^2+y^2\neq 0$ 的条件下，

$$\frac{\partial u}{\partial x}=\frac{\begin{vmatrix} -u & -y \\ -v & x \end{vmatrix}}{\begin{vmatrix} x & -y \\ y & x \end{vmatrix}}=-\frac{xu+yv}{x^2+y^2},$$

$$\frac{\partial v}{\partial x}=\frac{\begin{vmatrix} x & -u \\ y & -v \end{vmatrix}}{\begin{vmatrix} x & -y \\ y & x \end{vmatrix}}=\frac{yu-xv}{x^2+y^2}.$$

将所给方程的两边对 y 求导.用同样的方法在 $x^2+y^2\neq 0$ 下可得

$$\frac{\partial u}{\partial y}=-\frac{xv-yu}{x^2+y^2},\frac{\partial v}{\partial y}=-\frac{xu+yv}{x^2+y^2}.$$

习题 8-5

1.求下列方程所确定的隐函数 $y=f(x)$ 的导数.

(1)$\sin y+e^x-xy^2=0$；　　(2)$\ln\sqrt{x^2+y^2}=\arctan\dfrac{y}{x}$；

(3)$x^2+xy-e^y=0$；　　(4)$y\ln x=x\ln y$.

2.求下列方程所确定的隐函数 $z=z(x,y)$ 的一阶偏导数.

(1)$x+2y+z-2\sqrt{xyz}=0$；　　(2)$\dfrac{x}{z}=\ln\dfrac{z}{y}$；

(3)$z^3-2xz+y=0$；　　(4)$\sin(x+z)=\cos(y+z)$.

3.求下列方程所确定的隐函数指定的二阶偏导数.

(1)$e^z-xyz=0,\dfrac{\partial^2 z}{\partial x^2}$；　　(2)$z^3-3xyz=a^3,\dfrac{\partial^2 z}{\partial x\partial y}$；

(3)$z^3-2xz+y=0,\dfrac{\partial^2 z}{\partial x^2},\dfrac{\partial^2 z}{\partial y^2}$.

4.设 $2\sin(x+2y-3z)=x+2y-3z$，证明$\dfrac{\partial z}{\partial x}+\dfrac{\partial z}{\partial y}=1$.

5.设 $x=x(y,z),y=y(x,z),z=z(x,y)$ 都是由方程 $F(x,y,z)=0$ 所确定的具有连续偏导数的函数，证明$\dfrac{\partial x}{\partial y}\cdot\dfrac{\partial y}{\partial z}\cdot\dfrac{\partial z}{\partial x}=-1$.

6.设 $\varphi(u,v)$ 具有连续偏导数，证明由方程 $\varphi(cx-az,cy-bz)=0$ 所确定的函数 $z=f(x,y)$ 满足 $a\dfrac{\partial z}{\partial x}+b\dfrac{\partial z}{\partial y}=c$.

7.求由以下方程组所确定的函数的导数或偏导数.

(1) 设 $\begin{cases} z=x^2+y^2, \\ x^2+2y^2+3z^2=20, \end{cases}$ 求 $\dfrac{\mathrm{d}y}{\mathrm{d}x},\dfrac{\mathrm{d}z}{\mathrm{d}x}$;

(2) 设 $\begin{cases} x+y+z=0, \\ x^2+y^2+z^2=1, \end{cases}$ 求 $\dfrac{\mathrm{d}x}{\mathrm{d}z},\dfrac{\mathrm{d}y}{\mathrm{d}z}$;

(3) 设 $\begin{cases} x+y+z+z^2=0, \\ x+y^2+z+z^3=0, \end{cases}$ 求 $\dfrac{\mathrm{d}z}{\mathrm{d}x},\dfrac{\mathrm{d}z}{\mathrm{d}y}$.

8.6　多元函数微分学的几何应用

一、空间曲线的切线与法平面

设空间曲线 Γ 的参数方程为 $x=\varphi(t),y=\psi(t),z=\omega(t)(\alpha\leqslant t\leqslant\beta)$　　(8.21)

这里假定式(8.21)的三个函数都在 $[\alpha,\beta]$ 上可导.

在曲线 Γ 上取对应于 $t=t_0$ 的一点 $M(x_0,y_0,z_0)$ 及对应于 $t=t_0+\Delta t$ 的邻近一点 $M'(x_0+\Delta x,y_0+\Delta y,z_0+\Delta z)$.根据解析几何，曲线的割线 MM' 的方程是

$$\frac{x-x_0}{\Delta x}=\frac{y-y_0}{\Delta y}=\frac{z-z_0}{\Delta z}.$$

当 M' 沿着曲线 Γ 趋于 M 时，割线 MM' 的极限位置 MT 就是曲线 Γ 在点 M 处的切线(图 8-6-1).用 Δt 除上式各分母，得

$$\frac{x-x_0}{\frac{\Delta x}{\Delta t}}=\frac{y-y_0}{\frac{\Delta y}{\Delta t}}=\frac{z-z_0}{\frac{\Delta z}{\Delta t}},$$

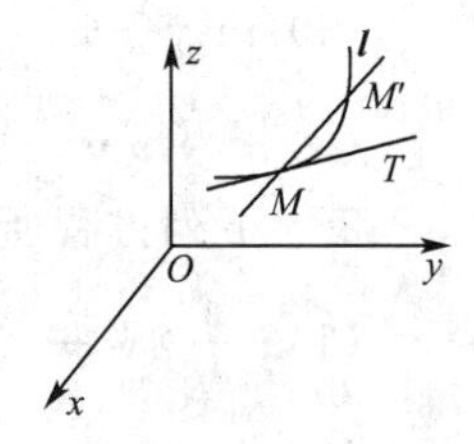

图 8-6-1

令 $M'\to M$(这时 $\Delta t\to 0$)，通过对上式取极限，即得曲线在点 M 处的切线方程为

$$\frac{x-x_0}{\varphi'(t_0)}=\frac{y-y_0}{\psi'(t_0)}=\frac{z-z_0}{\omega'(t_0)}.\tag{8.22}$$

这里当然要假定 $\varphi'(t_0),\psi'(t_0)$ 及 $\omega'(t_0)$ 不能都为零.如果个别为零，则应按空间解析几何中有关直线的对称式方程的说明来理解.

切线的方向向量称为曲线的切向量.向量 $T=(\varphi'(t_0),\psi'(t_0),\omega'(t_0))$ 就是曲线 Γ 在点 M 处的一个切向量，它的指向与参数 t 增大时点 M 移动的走向一致.

通过点 M 而与切线垂直的平面称为曲线 Γ 在点 M 处的法平面，它是通过点 $M(x_0,y_0,z_0)$ 而以 T 为法向量的平面，因此这个法平面的方程为

$$\varphi'(t_0)(x-x_0)+\psi'(t_0)(y-y_0)+\omega'(t_0)(z-z_0)=0.\tag{8.23}$$

如果空间曲线 Γ 的方程为 $\begin{cases}y=y(x)\\z=z(x)\end{cases}$，则可取 x 为参数，将以上方程组表示为参数方程的形式 $\begin{cases}x=x\\y=y(x)\\z=z(x)\end{cases}$，如果函数 $y(x)$，$z(x)$ 在 $x=x_0$ 处可导，则曲线 Γ 在点 $x=x_0$ 处的切向量 $T=(1,y'(x_0),z'(x_0))$，因此曲线 Γ 在点 $M(x_0,y_0,z_0)$ 处的切线方程为

$$\frac{x-x_0}{1}=\frac{y-y_0}{y'(x_0)}=\frac{z-z_0}{z'(x_0)},$$

法平面方程为

$$(x-x_0)+y'(x_0)(y-y_0)+z'(x_0)(z-z_0)=0.$$

【例 8-30】 求曲线 $x=t,y=t^2,z=t^3$ 在点(1,1,1)处的切线及法平面方程.

解 因为 $x'_t=1,y'_t=2t,z'_t=3t^2$，而点(1,1,1)所对应的参数 $t=1$，所以切向量 $T=(1,2,3)$.于是，切线方程为

$$\frac{x-1}{1}=\frac{y-1}{2}=\frac{z-1}{3},$$

法平面方程为

$$(x-1)+2(y-1)+3(z-1)=0,$$

即

$$x+2y+3z=6.$$

【例 8-31】 求空间曲线 $y=x^2,z=\sqrt{1+x^2}$ 在点 $M(1,1,\sqrt{2})$ 处的切线方程.

解 曲线在 $M(1,1,\sqrt{2})$ 处的切向量为：$\left(1,2x,\dfrac{x}{\sqrt{1+x^2}}\right)\Bigg|_{x=1}=\left(1,2,\dfrac{\sqrt{2}}{2}\right)$

则切线方程为

$$x-1=\frac{y-1}{2}=\sqrt{2}(z-\sqrt{2}).$$

二、空间曲面的切平面与法线

我们先讨论由隐式所给出曲面方程

$$F(x,y,z)=0 \tag{8.24}$$

的情形，然后把由显式给出的曲面方程 $z=f(x,y)$ 作为它的特殊情形.

设曲面 Σ 由方程为 $F(x,y,z)=0$，$M_0(x_0,y_0,z_0)$ 是 k 曲面 Σ 上的一点，函数 $F(x,y,z)$ 的偏导数在该点连续且不同时为零.在曲面 Σ 上，通过点 M_0 在曲面上可以做无数条曲线.设这些曲线在点 M_0 处都有切线，我们要证明这无数条曲线的切线都在同一个平面.

过点 M_0 在曲面(图 8-6-2)上任意做一条曲线 Γ，设其方程为

$$x=\varphi(t),y=\psi(t),z=\omega(t) \tag{8.25}$$

且 $t=t_0$ 时，对应于点 $x_0=\varphi(t_0),y_0=\psi(t_0),z_0=\omega(t_0)$，由于曲线 Γ 在曲面 Σ 上，因此有 $F[\varphi(t),\psi(t),\omega(t)]\big|_{t=t_0}\equiv 0$ 及 $\dfrac{\mathrm{d}}{\mathrm{d}t}F[\varphi(t),\psi(t),\omega(t)]\big|_{t=t_0}=0$，

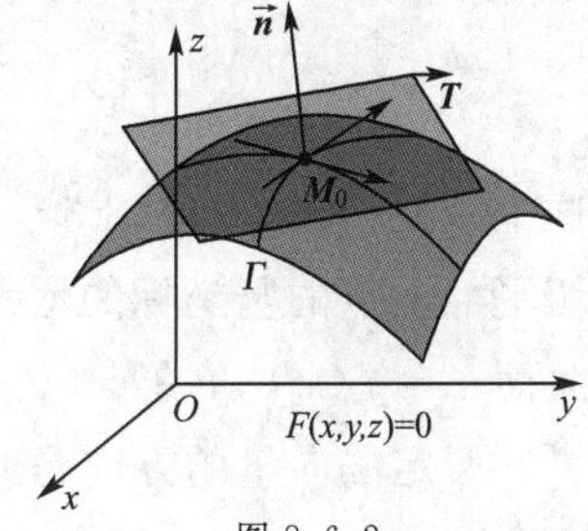

图 8-6-2

即有 $$F_x\varphi'(t_0)+F_y\psi'(t_0)+F_z\omega'(t_0)=0 \tag{8.26}$$

注意到曲线 Γ 在点 M_0 处的切向量 $\boldsymbol{T}=\{\varphi'(x_0),\psi'(x_0),\omega'(x_0)\}$，如果引入向量 $\boldsymbol{n}=\{F_x(x_0,y_0,z_0),F_y(x_0,y_0,z_0),F_z(x_0,y_0,z_0)\}$，则式(8.26)可写成 $nT=0$.这说明曲面 Σ 上过点 M_0 的任意一条曲线的切线都与向量 n 垂直，这样就证明了过点 M_0 的任意一条曲线在点 M_0 处的切线都落在以向量 n 为法向量且经过点 M_0 的平面上.这个平面称为曲面在点 M_0 处的切平面，该切平面方程为

$$F_x(x_0,y_0,z_0)(x-x_0)+F_y(x_0,y_0,z_0)(y-y_0)+F_z(x_0,y_0,z_0)(z-z_0)=0. \tag{8.27}$$

曲面在点 M_0 处的切平面的法向量称为在点 M_0 处曲面的法向量，于是，在点 M_0 处曲面的法向量为 $\boldsymbol{n}=\{F_x(x_0,y_0,z_0),F_y(x_0,y_0,z_0),F_z(x_0,y_0,z_0)\}$.

过点 M_0 且垂直于切平面的直线称为曲面在该点的法线.因此法线方程为

$$\frac{(x-x_0)}{F_x(x_0,y_0,z_0)}=\frac{(y-y_0)}{F_y(x_0,y_0,z_0)}=\frac{(z-z_0)}{F_z(x_0,y_0,z_0)} \tag{8.28}$$

向量 $\boldsymbol{n}=(F_x(x_0,y_0,z_0),F_y(x_0,y_0,z_0),F_z(x_0,y_0,z_0))$ 就是曲面 Σ 在点 M 处的一个法向量.$\boldsymbol{n}$ 的方向角表示为 α、β、γ，则法向量的方向余弦为

$$\cos\alpha=\frac{F_x}{\pm\sqrt{(F_x)^2+(F_y)^2+(F_z)^2}},\cos\beta=\frac{F_y}{\pm\sqrt{(F_x)^2+(F_y)^2+(F_z)^2}},$$

$$\cos\gamma=\frac{F_z}{\pm\sqrt{(F_x)^2+(F_y)^2+(F_z)^2}}.$$

这里，把 $F_x(x_0,y_0,z_0),F_y(x_0,y_0,z_0),F_z(x_0,y_0,z_0)$ 分别简记为 F_x,F_y,F_z.其中根据 $\boldsymbol{n}$ 的正向的选择取“+”或“−”.

现在来考虑曲面方程

$$z=f(x,y) \tag{8.29}$$

令 $F(x,y,z)=f(x,y)-z$，可见

$F_x(x,y,z)=f_x(x,y),F_y(x,y,z)=f_y(x,y),F_z(x,y,z)=-1$. 于是，当函数 $f(x,y)$ 的偏导数 $f_x(x,y)$、$f_y(x,y)$ 在点(x_0,y_0)连续时，曲面方程(8.29)在点 $M(x_0,y_0,z_0)$ 处的法向量为 $\boldsymbol{n}=(f_x(x_0,y_0),f_y(x_0,y_0),-1)$，切平面方程为

$$f_x(x_0,y_0)(x-x_0)+f_y(x_0,y_0)(y-y_0)-(z-z_0)=0,$$

或

$$z-z_0=f_x(x_0,y_0)(x-x_0)+f_y(x_0,y_0)(y-y_0) \tag{8.30}$$

而法线方程为

$$\frac{x-x_0}{f_x(x_0,y_0)}=\frac{y-y_0}{f_y(x_0,y_0)}=\frac{z-z_0}{-1}.$$

这里顺便指出，方程(8.30)右端恰好是函数 $z=f(x,y)$ 在点(x_0,y_0)的全微分，而左端是切平面上点的竖坐标的增量.因此，函数 $z=f(x,y)$ 在点(x_0,y_0)的全微分，在几何上表示曲面 $z=f(x,y)$ 在点(x_0,y_0,z_0)处的切平面上点的竖坐标的增量.

假定法向量的方向是向上的，即使得它与 z 轴的正向所成的角 γ 为锐角，则法向量的方向余弦为

$$\cos\alpha=\frac{-f_x}{\sqrt{1+f_x^2+f_y^2}},\cos\beta=\frac{-f_y}{\sqrt{1+f_x^2+f_y^2}},\cos\gamma=\frac{1}{\sqrt{1+f_x^2+f_y^2}}.$$

其中,把 $f_x(x_0,y_0)$,$f_y(x_0,y_0)$ 分别简记为 f_x,f_y.

【例 8-32】 求球面 $x^2+y^2+z^2=14$ 在点(1,2,3)处的切平面及法线方程.

解 设 $F(x,y,z)=x^2+y^2+z^2-14$,则曲面在点(1,2,3)处的法向量为

$$\boldsymbol{n}=(F_x,F_y,F_z)\big|_{(1,2,3)}=(2x,2y,2z)\big|_{(1,2,3)}=(2,4,6),$$

所以在点(1,2,3)处此球面的切平面方程为

$$2(x-1)+4(y-2)+6(z-3)=0,\text{即 } x+2y+3z-14=0.$$

法线方程为

$$\frac{x-1}{1}=\frac{y-2}{2}=\frac{z-3}{3},\text{即}\frac{x}{1}=\frac{y}{2}=\frac{z}{3}.$$

由此可见,法线经过原点(即球心).

【例 8-33】 求旋转抛物面 $z=x^2+y^2-1$ 在点(2,1,4)处的切平面及法线方程.

解 设 $f(x,y)=x^2+y^2-1$,抛物面在点(2,1,4)处的法向量为

$$\boldsymbol{n}=(f_x,f_y,-1_z)\big|_{(2,1,4)}=(2x,2y,-1)\big|_{(2,1,4)}=(4,2,-1),$$

所以在点(2,1,4)处的切平面方程为

$$4(x-2)+2(y-1)-(z-4)=0,\text{即 } 4x+2y-z-6=0.$$

法线方程为 $\dfrac{x-2}{4}=\dfrac{y-1}{2}=\dfrac{z-4}{-1}$.

利用曲面的切平面的概念,我们可以讨论用一般方程表示的空间曲线的切线.如果空间曲线 Γ 用一般方程 $\begin{cases}F(x,y,z)=0\\G(x,y,z)=0\end{cases}$(其中 F 与 G 都有连续的导数,且偏导数不同时为零)表示,由于 Γ 是两张曲面 $\Sigma_1(F(x,y,z)=0)$ 和 $\Sigma_2(G(x,y,z)=0)$ 的交线,故在 Γ 上的点 $M(x_0,y_0,z_0)$ 处,Γ 的切线 T 既位于 Σ_1 在 M 处的切平面 Π_1 上,又位于 Σ_2 在 M 处的切平面 Π_2 上,因此 $T=\Pi_1\cap\Pi_2$,从而切线 T 的方程就是切平面 Π_1 的方程和 Π_2 的方程的联合列式,而切向量 τ 可取 Σ_1 与 Σ_2 在点 M 处的法向量 $\boldsymbol{n}_1$,$\boldsymbol{n}_2$ 的向量积,即 $\boldsymbol{\tau}=\boldsymbol{n}_1\times\boldsymbol{n}_2$(图 8-6-3).

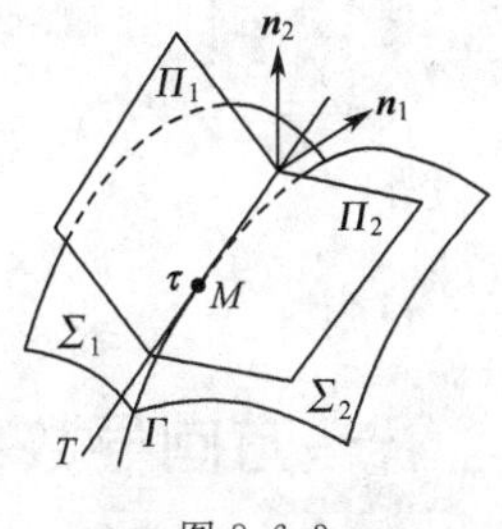

图 8-6-3

【例 8-34】 求曲线 $\begin{cases}x^2+y^2+z^2=6\\x^2+y+z^2=0\end{cases}$,在点(1,-2,1)处的切线方程和切向量.

解 记 $F(x,y,z)=x^2+y^2+z^2-6$,$G(x,y,z)=x^2+y+z^2$,则在点(1,-2,1)处,

$$\boldsymbol{n}_1=(F_x,F_y,F_z)\big|_{(1,-2,1)}=(2x,2y,2z)\big|_{(1,-2,1)}=(2,-4,2),$$

$$\boldsymbol{n}_2=(G_x,G_y,G_z)\big|_{(1,-2,1)}=(2x,1,2z)\big|_{(1,-2,1)}=(2,1,2).$$

故所求切线的方程为

$$\begin{cases}x-2y+z-6=0\\2x+y+2z-2=0\end{cases}$$

切向量 $\boldsymbol{\tau}=\boldsymbol{n}_1\times\boldsymbol{n}_2=\begin{vmatrix}\boldsymbol{i}&\boldsymbol{j}&\boldsymbol{k}\\1&-2&1\\2&1&2\end{vmatrix}=(-5,0,5)$.

习题 8-6

1.求曲线 $x=t-\sin t, y=1-\cos t, z=4\sin\frac{t}{2}$ 在点 $\left(\frac{\pi}{2}-1,1,2\sqrt{2}\right)$ 处的切线及法平面方程.

2.求曲线 $x=\frac{t}{1+t}, y=\frac{1+t}{t}, z=t^2$ 在对应于 $t=1$ 的点处的切线及法平面方程.

3.求曲线 $y^2=2mx, z^2=m-x$ 在点 (x_0,y_0,z_0) 处的切线及法平面方程.

4.求曲线 $\begin{cases}x^2+y^2+z^2-3x=0\\2x-3y+5z-4=0\end{cases}$ 在点 $(1,1,1)$ 处的切线及法平面方程.

5.求出曲线 $x=t, y=t^2, z=t^3$ 上的点,使在该点的切线平行于平面 $x+2y+z=4$.

6.求曲面 $e^z-z+xy=3$ 在点 $(2,1,0)$ 处的切平面及法线方程.

7.求曲面 $ax^2+by^2+cz^2=1$ 在点 (x_0,y_0,z_0) 处的切平面及法线方程.

8.求曲面 $xyz=6$ 在点 $(1,2,3)$ 处的切平面与法线方程.

9.求椭球面 $x^2+2y^2+z^2=1$ 上平行于平面 $x-y+2z=0$ 的切平面方程.

10.求出曲面 $z=xy$ 上的点,使这一点处的法线垂直于平面 $x+3y+z+9=0$,并写出这个法线方程.

8.7　方向导数与梯度

一、方向导数

偏导数反映的是函数沿坐标轴方向的变化率.但许多物理现象告诉我们,只考虑函数沿坐标轴方向的变化率是不够的.例如,热空气要向冷的地方流动,气象学中就要确定大气温度、气压沿着某些方向的变化率.因此我们有必要来讨论函数沿任一指定方向的变化率问题.

定义 8.7　设 l 是 xOy 平面上以 $P_0(x_0,y_0)$ 为始点的一条射线,$\boldsymbol{e}_l=(\cos\alpha,\cos\beta)$ 是与 l 同方向的单位向量(图 8-7-1).射线 l 的参数方程为

$$\begin{cases}x=x_0+t\cos\alpha,\\y=y_0+t\cos\beta.\end{cases}(t\geqslant 0)$$

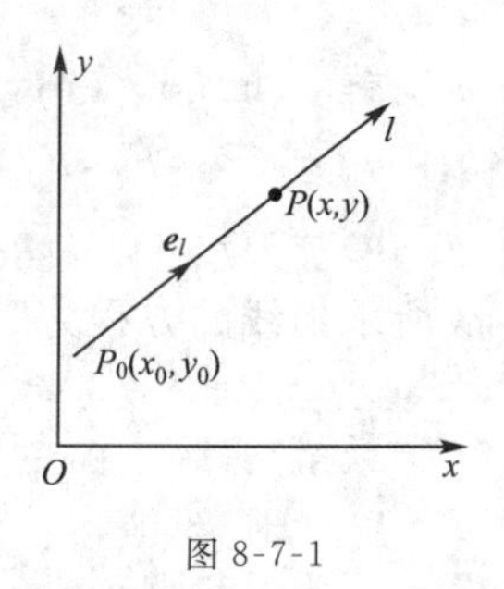

图 8-7-1

设函数 $z=f(x,y)$ 在点 $P_0(x_0,y_0)$ 的某个邻域 $U(P_0)$ 内有定义,$P(x_0+t\cos\alpha,y_0+t\cos\beta)$ 为 l 上另一点,且 $P\in U(P_0)$.如果函数增量 $f(x_0+t\cos\alpha,y_0+t\cos\beta)-f(x_0,y_0)$ 与 P 到 P_0 的距离 $|PP_0|=t$ 的比值

$$\frac{f(x_0+t\cos\alpha,y_0+t\cos\beta)-f(x_0,y_0)}{t}$$

当 P 沿着 l 趋于 P_0(即 $t\to 0^+$)时的极限存在,则称此极限为函数 $f(x,y)$ 在点 P_0 沿方向 l 的**方向导数**,记作 $\left.\frac{\partial f}{\partial l}\right|_{(x_0,y_0)}$,即

$$\left.\frac{\partial f}{\partial l}\right|_{(x_0,y_0)}=\lim_{t\to 0^+}\frac{f(x_0+t\cos\alpha,y_0+t\cos\beta)-f(x_0,y_0)}{t}. \tag{8.31}$$

从方向导数的定义可知,方向导数 $\left.\frac{\partial f}{\partial l}\right|_{(x_0,y_0)}$ 就是函数 $f(x,y)$ 在点 $P_0(x_0,y_0)$ 处沿方向 l 的变化率.若函数 $f(x,y)$ 在点 $P_0(x_0,y_0)$ 的偏导数存在,$\boldsymbol{e}_l=\boldsymbol{i}=(1,0)$,则

$$\left.\frac{\partial f}{\partial l}\right|_{(x_0,y_0)}=\lim_{t\to 0^+}\frac{f(x_0+t,y_0)-f(x_0,y_0)}{t}=f_x(x_0,y_0);$$

又若 $\boldsymbol{e}_l=\boldsymbol{j}=(0,1)$,则

$$\left.\frac{\partial f}{\partial l}\right|_{(x_0,y_0)}=\lim_{t\to 0^+}\frac{f(x_0,y_0+t)-f(x_0,y_0)}{t}=f_y(x_0,y_0)$$

但反之,若 $\boldsymbol{e}_l=\boldsymbol{i}$,$\left.\frac{\partial z}{\partial l}\right|_{(x_0,y_0)}$ 存在,则 $\left.\frac{\partial z}{\partial x}\right|_{(x_0,y_0)}$ 未必存在.例如,$z=\sqrt{x^2+y^2}$ 在点 $O(0,0)$ 处沿 $l=\boldsymbol{i}$ 方向的方向导数 $\left.\frac{\partial z}{\partial l}\right|_{(0,0)}=1$,而偏导数 $\left.\frac{\partial z}{\partial x}\right|_{(0,0)}$ 不存在.

关于方向导数的存在及计算,有以下定理.

定理 8.11 如果函数 $f(x,y)$ 在点 $P_0(x_0,y_0)$ 可微分,那么函数在该点沿任一方向 l 的方向导数存在,且有

$$\left.\frac{\partial f}{\partial l}\right|_{(x_0,y_0)}=f_x(x_0,y_0)\cos\alpha+f_y(x_0,y_0)\cos\beta \tag{8.32}$$

其中 $\cos\alpha,\cos\beta$ 是方向 l 的方向余弦.

证 由假设,$f(x,y)$ 在点(x_0,y_0) 可微分,故有

$$f(x_0+\Delta x,y_0+\Delta y)-f(x_0,y_0)=f_x(x_0,y_0)\Delta x+f_y(x_0,y_0)\Delta y+o(\sqrt{x^2+y^2})$$

但点$(x_0+\Delta x,y_0+\Delta y)$ 在以(x_0,y_0) 为始点的射线 l 上时,应有

$$\Delta x=t\cos\alpha,\Delta y=t\cos\beta,\sqrt{(\Delta x)^2+(\Delta y)^2}=t.$$

所以 $\lim\limits_{t\to 0^+}\frac{f(x_0+t\cos\alpha,y_0+t\cos\beta)-f(x_0,y_0)}{t}=f_x(x_0,y_0)\cos\alpha+f_y(x_0,y_0)\cos\beta$.这就证明了方向导数存在,且其值为

$$\left.\frac{\partial f}{\partial l}\right|_{(x_0,y_0)}=f_x(x_0,y_0)\cos\alpha+f_y(x_0,y_0)\cos\beta.$$

【例 8-35】 求函数 $z=x\mathrm{e}^{2y}$ 在点 $P(1,0)$ 处沿从点 $P(1,0)$ 到 $Q(2,-1)$ 的方向的方向导数.

解 这里方向 l 即向量 $\overrightarrow{PQ}=(1,-1)$ 的方向,与 l 同向的单位向量为 $\boldsymbol{e}_l=\left(\frac{1}{\sqrt{2}},-\frac{1}{\sqrt{2}}\right)$.

因为函数可微分,且 $\left.\frac{\partial z}{\partial x}\right|_{(x_0,y_0)}=\left.\mathrm{e}^{2y}\right|_{(1,0)}=1$,$\left.\frac{\partial z}{\partial y}\right|_{(x_0,y_0)}=\left.2x\mathrm{e}^{2y}\right|_{(1,0)}=2$,故所求方向导数为

$$\left.\frac{\partial z}{\partial l}\right|_{(x_0,y_0)}=1\cdot\frac{1}{\sqrt{2}}+2\cdot\left(-\frac{1}{\sqrt{2}}\right)=-\frac{\sqrt{2}}{2}.$$

对于三元函数 $f(x,y,z)$ 来说,它在空间一点 $P_0(x_0,y_0,z_0)$ 沿方向 $\mathbf{e}_l=(\cos\alpha,\cos\beta,\cos\gamma)$ 的方向导数为

$$\left.\frac{\partial f}{\partial l}\right|_{(x_0,y_0,z_0)}=\lim_{t\to0+}\frac{f(x_0+t\cos\alpha,y_0+t\cos\beta,z_0+t\cos\gamma)-f(x_0,y_0,z_0)}{t} \tag{8.33}$$

同样可以证明:如果函数 $f(x,y,z)$ 在点 (x_0,y_0,z_0) 可微分,那么函数在该点沿着方向 $\boldsymbol{e}_l=(\cos\alpha,\cos\beta,\cos\gamma)$ 的方向导数为

$$\left.\frac{\partial f}{\partial l}\right|_{(x_0,y_0,z_0)}=f_x(x_0,y_0,z_0)\cos\alpha+f_y(x_0,y_0,z_0)\cos\beta+f_z(x_0,y_0,z_0)\cos\gamma. \tag{8.34}$$

【例 8-36】 求 $f(x,y,z)=xy+yz+zx$ 在点 $(1,1,2)$ 沿方向 l 的方向导数,其中 l 的方向角分别为 $60°,45°,60°$.

解 与 l 同向的单位向量 $\boldsymbol{e}_l=(\cos 60°,\cos 45°,\cos 60°)=\left(\frac{1}{2},\frac{\sqrt{2}}{2},\frac{1}{2}\right)$.

因为函数可微分,且 $f_x(1,1,2)=(y+z)\Big|_{(y_0,z_0)}=3$, $f_y(1,1,2)=(x+z)\Big|_{(x_0,z_0)}=3$, $f_z(1,1,2)=(y+x)\Big|_{(x_0,y_0)}=2$.由式(8.34),得

$$\left.\frac{\partial f}{\partial l}\right|_{(x_0,y_0,z_0)}=3\cdot\frac{1}{2}+3\cdot\frac{\sqrt{2}}{2}+2\cdot\frac{1}{2}=\frac{1}{2}(5+3\sqrt{2}).$$

二、梯度

与方向导数有关联的一个概念是函数的梯度.在二元函数的情形下,设函数 $f(x,y)$ 在平面区域 D 内具有一阶连续偏导数,则对于每一点 $P_0(x_0,y_0)\in D$,都可定义出一个向量 $f_x(x_0,y_0)\boldsymbol{i}+f_y(x_0,y_0)\boldsymbol{j}$,这个向量称为函数 $f(x,y)$ 在点 $P_0(x_0,y_0)$ 的**梯度**,记作 $\mathbf{grad}\ f(x_0,y_0)$,即

$$\mathbf{grad}\ f(x_0,y_0)=f_x(x_0,y_0)\boldsymbol{i}+f_y(x_0,y_0)\boldsymbol{j}.$$

如果函数 $f(x,y)$ 在点 $P_0(x_0,y_0)$ 可微分,$\boldsymbol{e}_l=(\cos\alpha,\cos\beta)$ 是与 l 同方向的单位向量,则

$$\begin{aligned}\left.\frac{\partial f}{\partial l}\right|_{(x_0,y_0)}&=f_x(x_0,y_0)\cos\alpha+f_y(x_0,y_0)\cos\beta\\&=\mathbf{grad}\ f(x_0,y_0)\cdot\boldsymbol{e}_l=\left|\mathbf{grad}\ f(x_0,y_0)\right|\cdot\cos\theta,\end{aligned}$$

其中 $\theta=(\mathbf{grad}\ f(x_0,y_0)\widehat{,}\boldsymbol{e}_l)$.

这一关系式表明了函数在一点的梯度与函数在这点的方向导数间的关系.特别地,当向量 $\boldsymbol{e}_l$ 与 $\mathbf{grad}\ f(x_0,y_0)$ 的夹角 $\theta=0$,即沿梯度方向时,方向导数 $\left.\frac{\partial f}{\partial l}\right|_{(x_0,y_0)}$ 取得最大值,这个最大值就是梯度的模 $|\mathbf{grad}\ f(x_0,y_0)|$.这就是说:函数在一点的梯度是个向量,它的方向是函数在这点的方向导数取得最大值的方向,它的模就等于方向导数的最大值.

我们知道，一般说来二元函数 $z=f(x,y)$ 在几何上表示一个曲面，这个曲面被平面 $z=c$（c 是常数）所截得的曲线 L 的方程为 $\begin{cases} z=f(x,y), \\ z=c. \end{cases}$ 这条曲线 L 在 xOy 面上的投影是一条平面曲线 L^*（图 8-7-2），它在 xOy 平面直角坐标系中的方程为 $f(x,y)=c$.对于曲线 L^* 上的一切点，已给函数的函数值都是 c，所以我们称平面曲线 L^* 为函数 $z=f(x,y)$ 的等值线.

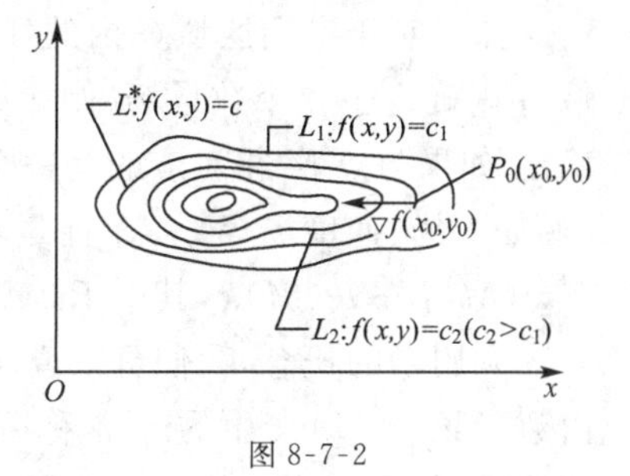

图 8-7-2

若 f_x, f_y 不同时为零，则等值线 $f(x,y)=c$ 上任一点 $P_0(x_0,y_0)$ 处的一个单位法向量为

$$\boldsymbol{n}=\frac{1}{\sqrt{f_x^2(x_0,y_0)+f_y^2(x_0,y_0)}}(f_x(x_0,y_0),f_y(x_0,y_0)).$$

这表明梯度 $\mathbf{grad}\ f(x_0,y_0)$ 的方向与等值线上这点的一个法线方向相同，而沿这个方向的方向导数 $\frac{\partial f}{\partial n}$ 就等于 $|\mathbf{grad}\ f(x_0,y_0)|$，于是

$$\mathbf{grad}\ f(x_0,y_0)=\frac{\partial f}{\partial n}\boldsymbol{n}.$$

这一关系式表明了函数在一点的梯度与过这点的等值线、方向导数间的关系.这就是说：函数在一点的梯度方向与等值线在这点的一个法线方向相同，它的指向为从数值较低的等值线指向数值较高的等值线，梯度的模就等于函数在这个法线方向的方向导数.

上面讨论的梯度概念可以类似地推广到三元函数的情形.设函数 $f(x,y,z)$ 在空间区域 G 内具有一阶连续偏导数，则对于每一点 $P_0(x_0,y_0,z_0)\in G$，都可定出一个向量

$$f_x(x_0,y_0,z_0)\boldsymbol{i}+f_y(x_0,y_0,z_0)\boldsymbol{j}+f_z(x_0,y_0,z_0)\boldsymbol{k},$$

这个向量称为函数 $f(x,y,z)$ 在点 $P_0(x_0,y_0,z_0)$ 的梯度，将它记作 $\mathbf{grad}\ f(x_0,y_0,z_0)$，即

$$\mathbf{grad}\ f(x_0,y_0,z_0)=f_x(x_0,y_0,z_0)\boldsymbol{i}+f_y(x_0,y_0,z_0)\boldsymbol{j}+f_z(x_0,y_0,z_0)\boldsymbol{k}.$$

经过与二元函数的情形完全类似的讨论可知，三元函数的梯度也是这样一个向量，它的方向与取得最大方向导数的方向一致，而它的模为方向导数的最大值.

如果我们引进曲面 $f(x,y,z)=c$ 为函数 $f(x,y,z)$ 的等量面的概念，则可得函数 $f(x,y,z)$ 在点 $P_0(x_0,y_0,z_0)$ 的梯度的方向与过点 P_0 的等量面 $f(x,y,z)=c$ 在这点的法线的一个方向相同，它的指向为从数值较低的等量面指向数值较高的等量面，而梯度的模等于函数的这个法线方向的方向导数.

【例 8-37】 求 $\mathbf{grad}\ \frac{1}{x^2+y^2}$.

解 这里 $f(x,y)=\frac{1}{x^2+y^2}$.因为 $\frac{\partial f}{\partial x}=-\frac{2x}{(x^2+y^2)^2}$，$\frac{\partial f}{\partial y}=-\frac{2y}{(x^2+y^2)^2}$，

所以
$$\mathbf{grad}\ \frac{1}{x^2+y^2}=-\frac{2x}{(x^2+y^2)^2}\boldsymbol{i}-\frac{2y}{(x^2+y^2)^2}\boldsymbol{j}.$$

【例 8-38】 设 $f(x,y,z)=x^2+y^2+z^2$，求 $\mathbf{grad}\ f(1,-1,2)$.

解 $\mathbf{grad}\ f=(f_x,f_y,f_z)=(2x,2y,2z)$，于是 $\mathbf{grad}\ f(1,-1,2)=(2,-2,4)$.

下面我们简单地介绍数量场与向量场的概念.

如果对于空间区域G内的任一点M,都有一个确定的数量函数$f(M)$,则称这个空间区域G内确定了一个数量场(例如温度场、密度场等).一个数量场可用一个数量函数$f(M)$来确定.如果与点M相对应的是一个向量$F(M)$,则称在这个空间区域G内确定了一个向量场(例如力场、速度场等).一个向量场可用一个向量值函数$F(M)$来确定,而$F(M)=P(M)\boldsymbol{i}+Q(M)\boldsymbol{j}+R(M)\boldsymbol{k}$,其中$P(M)$,$Q(M)$,$R(M)$是点$M$的数量函数.

利用场的概念,我们可以说向量函数$\mathbf{grad}\,f(M)$确定了一个向量场——梯度场,它是由数量场$f(M)$产生的.通常称函数$f(M)$为这个向量场的势,而这个向量场又称为势场.必须注意,任意一个向量场不一定是势场,因为它不一定是某个数量函数的梯度场.

习题 8-7

1.求函数$z=x^2+y^2$在点$(1,2)$处沿从点$(1,2)$到点$(2,2+\sqrt{3})$的方向的方向导数.

2.求函数$z=\ln(x+y)$在抛物线$y^2=4x$上点$(1,2)$处,沿着这条抛物线在该点处偏向x轴正向的切线方向的方向导数.

3.求函数$z=1-\left(\dfrac{x^2}{a^2}+\dfrac{y^2}{b^2}\right)$在点$\left(\dfrac{a}{\sqrt{2}},\dfrac{b}{\sqrt{2}}\right)$处沿曲线$\dfrac{x^2}{a^2}+\dfrac{y^2}{b^2}=1$在这点的内法线方向的方向导数.

4.求函数$u=xy^2+z^3-xyz$在点$(1,1,2)$处沿方向角为$\alpha=\dfrac{\pi}{3}$,$\beta=\dfrac{\pi}{4}$,$\gamma=\dfrac{\pi}{3}$的方向的方向导数.

5.求函数$u=xyz$在点$(5,1,2)$处沿从点$(5,1,2)$到点$(9,4,14)$的方向的方向导数.

6.求函数$u=x^2+y^2+z^2$在曲线$x=t$,$y=t^2$,$z=t^3$上点$(1,1,1)$处,沿曲线在该点的切线正方向(对应于t增大的方向)的方向导数.

7.求函数$u=x+y+z$在球面$x^2+y^2+z^2=1$上点(x_0,y_0,z_0)处,沿球面在该点的外法线方向的方向导数.

8.设$f(x,y,z)=x^2+2y^2+3z^2+xy+3x-2y-6z$,求$\mathbf{grad}\,f(0,0,0)$及$\mathbf{grad}\,f(1,1,1)$.

8.8 多元函数微分学在最大值、最小值问题中的应用

一、多元函数的极值及最大值、最小值

在实际问题中,往往会遇到多元函数的最大值、最小值问题.与一元函数类似,多元函数的最大值、最小值与极大值、极小值有密切联系,因此我们以二元函数为例,先来讨论多元函数的极值问题.

定义 8.8 设函数 $z=f(x,y)$ 的定义域为 D,$P_0(x_0,y_0)$ 为 D 的内点.若存在 P_0 的某个邻域 $U(P_0)\subset D$,使得对于该邻域内异于 P_0 的任何点 (x,y),都有 $f(x,y)<f(x_0,y_0)$,则称函数 $f(x,y)$ 在点 (x_0,y_0) 有极大值 $f(x_0,y_0)$,点 (x_0,y_0) 称为函数 $f(x,y)$ 的极大值点;若对于该邻域内异于 P_0 的任何点 (x,y),都有 $f(x,y)>f(x_0,y_0)$,则称函数 $f(x,y)$ 在点 (x_0,y_0) 有极小值 $f(x_0,y_0)$,点 (x_0,y_0) 称为函数 $f(x,y)$ 的极小值点.极大值、极小值统称为极值.使得函数取得极值的点称为极值点.

【例 8-39】 求证函数 $z=3x^2+4y^2$ 在点 $(0,0)$ 处有极小值.

证 因为对于点 $(0,0)$ 的任一邻域内异于 $(0,0)$ 的点,函数值都为正,而在点 $(0,0)$ 处的函数值为零.从几何上看这是显然的,因为点 $(0,0,0)$ 是开口朝上的椭圆抛物面 $z=3x^2+4y^2$ 的顶点.即所求得证.

【例 8-40】 求证函数 $z=-\sqrt{x^2+y^2}$ 在点 $(0,0)$ 处有极大值.

证 因为在点 $(0,0)$ 处函数值为零,而对于点 $(0,0)$ 的任一邻域内异于 $(0,0)$ 的点,函数值都为负,点 $(0,0,0)$ 是位于 xOy 平面下方的锥面 $z=-\sqrt{x^2+y^2}$ 的顶点.即所求得证.

【例 8-41】 求证函数 $z=xy$ 在点 $(0,0)$ 处既不取得极大值也不取得极小值.

证 因为在 $(0,0)$ 处的函数值为零,而在点 $(0,0)$ 的任一邻域内,总有使函数值为正的点,也有使函数值为负的点.即所求得证.

以上关于二元函数的极值概念,可推广到 n 元函数.设 n 元函数 $u=f(P)$ 的定义域为 D,P_0 为 D 的内点.若存在 P_0 的某个邻域 $U(P_0)\subset D$,使得该邻域内异于 P_0 的任何点 P,都有 $f(P)<f(P_0)$(或 $f(P)>f(P_0)$),则称函数 $f(P)$ 在点 P_0 有极大值(或极小值)$f(P_0)$.

二元函数的极值问题,一般可以利用偏导数来解决.下面两个定理就是关于这个问题的结论.

定理 8.12(必要条件) 设函数 $z=f(x,y)$ 在点 (x_0,y_0) 具有偏导数,在点 (x_0,y_0) 处有极值,则有 $f_x(x_0,y_0)=0$,$f_y(x_0,y_0)=0$.

证 设 $z=f(x,y)$ 在点 (x_0,y_0) 处有极值.设定 $y=y_0$,则一元函数 $f(x,y_0)$ 在点 $x\neq x_0$ 处有极值,并且 $f(x,y_0)$ 在点 $x=x_0$ 处有导数 $f_x(x_0,y_0)$,按照费马定理,必有 $f_x(x_0,y_0)=0$.同理可证 $f_y(x_0,y_0)=0$.

从几何上看,这时如果曲面 $z=f(x,y)$ 在点 (x_0,y_0,z_0) 处有切平面,则切平面

$$z-z_0=f_x(x_0,y_0)(x-x_0)+f_y(x_0,y_0)(y-y_0)$$

称为平行于 xOy 坐标面的平面 $z-z_0=0$.

类似地可推得,如果三元函数 $u=f(x,y,z)$ 在点 (x_0,y_0,z_0) 具有偏导数,则它在点 (x_0,y_0,z_0) 具有极值的必要条件为 $f_x(x_0,y_0,z_0)=0$,$f_y(x_0,y_0,z_0)=0$,$f_z(x_0,y_0,z_0)=0$.

依照一元函数,凡是能使 $f_x(x,y)=0$,$f_y(x,y)=0$ 同时成立的点 (x_0,y_0) 称为函数 $z=f(x,y)$ 的驻点.从定理 8.12 可知,具有偏导数的函数的极值点必定是驻点.但函数的驻点不一定是极值点.例如,点 $(0,0)$ 是函数 $z=xy$ 的驻点,但函数在该点并无极值.又如函数 $f(x,y)=1-\sqrt{x^2+y^2}$ 的极值点 $(0,0)$ 不是驻点,因为在点 $(0,0)$ 处 z_x,z_y 都不存在.

怎样判断一个驻点是否是极值点呢?下面的定理回答了这个问题.

定理 8.13(充分条件) 设函数 $z=f(x,y)$ 在点 (x_0,y_0) 的某邻域内连续且有一阶及二阶连续偏导数,又 $f_x(x_0,y_0)=0$,$f_y(x_0,y_0)=0$,令 $f_{xx}(x_0,y_0)=A$,$f_{xy}(x_0,y_0)=B$,$f_{yy}(x_0,y_0)=C$,则 $f(x,y)$ 在 (x_0,y_0) 处是否取得极值的条件如下:

(1)$AC-B^2>0$ 时具有极值，且当 $A<0$ 时有极大值，当 $A>0$ 时有极小值；

(2)$AC-B^2<0$ 时没有极值；

(3)$AC-B^2=0$ 时是否有极值需另做讨论.

这个定理暂时不证明.下面利用定理 8.12 与定理 8.13，把具有二阶连续偏导数的函数 $z=f(x,y)$ 的极值求法叙述如下：

第一步　解方程组 $f_x(x,y)=0,f_y(x,y)=0$，求得一切实数解，即可求得一切驻点；

第二步　对于每一个驻点 (x_0,y_0)，求出二阶偏导数的值 A、B 和 C；

第三步　定出 $AC-B^2$ 的符号，按定理 8.13 的结论判定 $f(x_0,y_0)$ 是否为极值.

【例 8-42】　求函数 $f(x,y)=x^3-y^3+3x^2+3y^2-9x$ 的极值.

解　先解方程组 $\begin{cases} f_x(x,y)=3x^2+6x-9=0 \\ f_y(x,y)=-3y^2+6y=0 \end{cases}$ 求得驻点为(1,0)、(1,2)、(−3,0)、(−3,2). 再求二阶偏导数

$$f_{xx}(x,y)=6x+6,f_{xy}(x,y)=0,f_{yy}(x,y)=-6y+6.$$

	(1,0)	(1,2)	(−3,0)	(−3,2)
A	>0	>0	<0	<0
$AC-B^2$	>0	<0	<0	>0
	极小值点	不是极值点	不是极值点	极大值点

极小值 $f(1,0)=-5$；极大值 $f(-3,2)=31$.

讨论函数的极值问题时，如果函数在所讨论的区域内具有偏导数，则由定理可知，极值只可能在驻点处取得.然而，如果函数在个别点处的偏导数不存在，这些点当然不是驻点，但也可能是极值点.例如在例 8-40 中，函数 $z=-\sqrt{x^2+y^2}$ 在点(0,0)处的偏导数不存在，但该函数在点(0,0)处却有极大值.因此，在考虑函数的极值问题时，除了考虑函数的驻点外，如果有偏导数不存在的点，那么对这些点也应当考虑.

二、条件极值、拉格朗日乘数法

上面所讨论的极值问题，对于函数的自变量，除了限制在函数的定义域内以外，并无其他条件，所以称其为**无条件极值**.但在实际问题中，有时会遇到对函数的自变量还有附加条件的极值问题.例如求表面积为定值时的长方体体积的最大值，这种带有约束条件的函数极值称为**条件极值**.

【例 8-43】　某厂要用铁板做成一个体积为 2 m^3 的有盖长方体水箱.问当长、宽、高各取怎样的尺寸时，才能使用料最省.

解　设水箱的长为 x m，宽为 y m，高为 z m.此水箱所用材料的面积

$$A=2(xy+yz+xz),(x>0,y>0,z>0).$$

上式称为本问题的目标函数，又根据条件有

$$xyz=2.$$

此式称为问题的约束条件或者约束方程.因此本题是求目标函数在约束条件下的条件极值问题.解决这一类问题的基本思想是把条件极值转化为无条件极值问题来处理.我们可以从

约束条件中解出 $z=\dfrac{2}{xy}$，代入目标函数，得

$$A=2\left(xy+y\frac{2}{xy}+x\frac{2}{xy}\right)=2\left(xy+\frac{2}{x}+\frac{2}{y}\right)\quad(x>0,y>0).$$

可见材料面积 A 是 x 和 y 的二元函数，下面求使这个函数取得最小值的点 (x,y).

令 $\begin{cases}A_x=2\left(y-\dfrac{2}{x^2}\right)=0\\ A_y=2\left(x-\dfrac{2}{y^2}\right)=0\end{cases}$，解方程组，得 $x=\sqrt[3]{2}$，$y=\sqrt[3]{2}$.

根据题意可知，水箱所用材料的面积的最小值一定存在，并在开区域 $D=\{(x,y)\mid x>0,y>0\}$ 内取得.又函数在 D 内只有唯一的驻点 $(\sqrt[3]{2},\sqrt[3]{2})$，因此可断定当 $x=\sqrt[3]{2}$，$y=\sqrt[3]{2}$ 时，A 取得最小值.就是说，当水箱的长为 $\sqrt[3]{2}$ m、宽为 $\sqrt[3]{2}$ m、高为 $\dfrac{2}{\sqrt[3]{2}\cdot\sqrt[3]{2}}=\sqrt[3]{2}$ m 时，水箱所用的材料最省.

一般地，对二元的目标函数 $z=f(x,y)$，求它在约束条件下 $\varphi(x,y)=0$ 的极值，按照上例的方法，从 $\varphi(x,y)=0$ 中解出隐函数 $y=y(x)$（如果可行的话），把 $y=y(x)$ 代入目标函数后，就转化为求函数 $z=f[x,y(x)]$ 的（非条件）极值.但这种从约束方程中解出隐函数，将条件极值化为无条件极值并不总是可行的.现在我们来寻求函数

$$z=f(x,y)\tag{8.35}$$

在条件

$$\varphi(x,y)=0\tag{8.36}$$

下取得极值的必要条件.

如果函数(8.35)在 (x_0,y_0) 取得所求的极值，那么首先由

$$\varphi(x_0,y_0)=0\tag{8.37}$$

我们假定在 (x_0,y_0) 的某一邻域内 $f(x,y)$ 与 $\varphi(x,y)$ 均有连续的一阶偏导数，而 $\varphi_y(x_0,y_0)\neq 0$.由隐函数存在定理可知，方程(8.36)确定一个连续且具有连续导数的函数 $y=y(x)$，将其代入式(8.35)，结果得到一个变量 x 的函数

$$z=f[x,y(x)]\tag{8.38}$$

于是函数(8.35)在 (x_0,y_0) 所求得的极值，也就相当于函数(8.38)在 $x=x_0$ 取得极值.由一元可导函数取得极值的必要条件知道

$$\left.\frac{\mathrm{d}z}{\mathrm{d}x}\right|_{x=x_0}=f_x(x_0,y_0)+f_y(x_0,y_0)\left.\frac{\mathrm{d}y}{\mathrm{d}x}\right|_{x=x_0}=0,\tag{8.39}$$

而由方程(8.36)用隐函数求导公式，有 $\left.\dfrac{\mathrm{d}y}{\mathrm{d}x}\right|_{x=x_0}=-\dfrac{\varphi_x(x_0,y_0)}{\varphi_y(x_0,y_0)}$.把上式代入式(8.39)，得

$$f_x(x_0,y_0)-f_y(x_0,y_0)\frac{\varphi_x(x_0,y_0)}{\varphi_y(x_0,y_0)}=0\tag{8.40}$$

式(8.37)、式(8.40)就是式(8.35)在式(8.36)下的 (x_0,y_0) 取得极值的必要条件.设 $\dfrac{f_y(x_0,y_0)}{\varphi_y(x_0,y_0)}=-\lambda$，上述必要条件就变为

$$\begin{cases}f_x(x_0,y_0)+\lambda\varphi_x(x_0,y_0)=0\\ f_y(x_0,y_0)+\lambda\varphi_y(x_0,y_0)=0\\ \varphi(x_0,y_0)=0\end{cases}\tag{8.41}$$

若引进辅助函数 $L(x,y)=f(x,y)+\lambda\varphi(x,y)$，则不难看出，方程组(8.41) 中前两式就是 $L_x(x_0,y_0)=0, L_y(x_0,y_0)=0$ 函数，称为拉格朗日函数，参数 λ 称为拉格朗日乘子.

由以上讨论，我们得到以下结论.

拉格朗日乘子法　设 $z=f(x,y)$ 是目标函数，$\varphi(x,y)=0$ 是附加条件，$f(x,y)$ 与 $\varphi(x,y)$ 具有连续的偏导数，做拉格朗日函数

$$L(x,y)=f(x,y)+\lambda\varphi(x,y) \quad \lambda \text{ 为参数}.$$

如果方程组：

$$\begin{cases} L_x=f_x(x,y)+\lambda\varphi_x(x,y)=0 \\ L_y=f_y(x,y)+\lambda\varphi_y(x,y)=0 \\ L_\lambda=\varphi(x,y)=0 \end{cases} \tag{8.42}$$

有解 (x_0,y_0,λ_0)，那么点 (x_0,y_0) 是目标函数 $f(x,y)$ 在约束条件 $\varphi(x,y)=0$ 下的可能极值点.

这个方法还可以推广到自变量多于两个而条件多于一个的情形.例如，要求函数

$$u=f(x,y,z,t)$$

在附加条件

$$\varphi(x,y,z,t)=0 \quad \psi(x,y,z,t)=0 \tag{8.43}$$

下的极值，可以先做拉格朗日函数

$$L(x,y,z,t)=f(x,y,z,t)+\lambda\varphi(x,y,z,t)+\mu\psi(x,y,z,t),$$

其中 λ,μ 均为参数，然后求 $L(x,y,z,t,\lambda,\mu)$ 的驻点，即求方程组 $L_x=0, L_y=0, L_z=0, L_t=0, L_\lambda=0, L_\mu=0$ 的解 $(x_0,y_0,z_0,t_0,\lambda_0,\mu_0)$，则 (x_0,y_0,z_0,t_0) 就是可能的极值点.

至于如何确定所求得的点是否为极值点，在实际问题中往往可根据问题本身的性质来判定.

【例 8-44】　求表面积为 a^2 立方米而体积为最大的长方体的体积.

解　设长方体的三棱长为 x,y,z，则问题就是在条件

$$\varphi(x,y,z)=2xy+2yz+2xz-a^2=0$$

下，求函数 $V=xyz(x>0,y>0,z>0)$ 的最大值.做拉格朗日函数

$$L(x,y,z)=xyz+\lambda(2xy+2yz+2xz-a^2),$$

求其对 x,y,z,λ 的偏导数，并使之为零，得到方程组

$$\begin{cases} L_x=yz+2\lambda(y+z)=0 \\ L_y=xz+2\lambda(x+z)=0 \\ L_z=xy+2\lambda(y+x)=0 \\ L_\lambda=2xy+2yz+2xz-a^2=0 \end{cases}$$

联立方程组得 $x=y=z=\dfrac{\sqrt{6}}{6}a$，这是唯一可能的极值点.因为由问题本身可知最大值一定存在，所以最大值就在这个可能的极值点处取得.也就是说，表面积为 a^2 的长方体中，以棱长为 $\dfrac{\sqrt{6}}{6}a$ 的正方体的体积为最大，最大体积 $V=\dfrac{\sqrt{6}}{36}a^3$ 立方米.

【例 8-45】　求函数 $u=xyz$ 在附加条件

$$\frac{1}{x}+\frac{1}{y}+\frac{1}{z}=\frac{1}{a} \quad (x>0,y>0,z>0,a>0)$$

下的极值.

解 做拉格朗日函数 $L(x,y,z)=xyz+\lambda\left(\frac{1}{x}+\frac{1}{y}+\frac{1}{z}-\frac{1}{a}\right)$.

$$\begin{cases}L_x=yz-\frac{\lambda}{x^2}=0\\L_y=xz-\frac{\lambda}{y^2}=0\\L_z=xy-\frac{\lambda}{z^2}=0\\L_\lambda=\frac{1}{x}+\frac{1}{y}+\frac{1}{z}-\frac{1}{a}=0\end{cases}$$

联立以上方程组解得 $x=y=z=3a$.由此得到点$(3a,3a,3a)$是函数 $u=xyz$ 在约束条件下唯一可能的极值点.将点$(3a,3a,3a)$代入目标函数处取得极小值 $27a^3$.

下面我们讨论如何求多元函数的最大值或最小值.以二元函数为例,设函数 $f(x,y)$ 在有界区域 D 上连续,由最大值最小值定理可知 $f(x,y)$ 在 D 上必存在最大值 M 和最小值 m.如果最大值或最小值在 D 的内部取到,并且函数可偏导,那么最大值点、最小值点必然是 $f(x,y)$ 在 D 的驻点.如果最大值或最小值在 D 的边界上取到,那么把 D 的边界方程作为约束条件,可求出 $f(x,y)$ 在此约束条件下的驻点,因此我们可以先求出 $f(x,y)$ 在 D 内的所有驻点,并求出 $f(x,y)$ 在 D 边界方程约束下的所有驻点,然后将上面求得的所有驻点处的函数值加以比较,其中最大的就是 M,最小的就是 m.

【例 8-46】 求函数 $f(x,y)=2x^2+3y^2-4x+2$ 在闭区域 $D=\{(x,y)\mid x^2+y^2\leqslant 16\}$ 上的最大值和最小值.

解 先求 $f(x,y)$ 在 D 的内部 $x^2+y^2<16$ 的驻点.令 $f_x=4x-4=0$,$f_y=6y=0$ 得唯一驻点$(1,0)$.

再用拉格朗日乘子法求 $f(x,y)$ 在 D 边界 $x^2+y^2=16$ 上的可能的极值点.做拉格朗日函数

$$L(x,y,\lambda)=2x^2+3y^2-4x+2+\lambda(x^2+y^2-16)$$

解方程组 $\begin{cases}L_x=4x-4+2\lambda x=0\\L_y=6y+2\lambda y=0\\L_\lambda=x^2+y^2-16=0\end{cases}$,由第二个方程得 $y=0$ 或 $\lambda=-3$.

当 $y=0$ 时,由第三个方程得 $x=\pm 4$;当 $\lambda=-3$ 时,从方程一和方程三解得 $x=-2$,$y=\pm 2\sqrt{3}$,于是求得四个可能极值点$(4,0)$,$(-4,0)$,$(-2,2\sqrt{3})$,$(-2,-2\sqrt{3})$.比较 $f(1,0)=0$,$f(4,0)=18$,$f(-4,0)=50$,$f(-2,2\sqrt{3})=54$,$f(-2,-2\sqrt{3})=54$,得 $f(x,y)$ 在 D 上的最大值为 54,最小值是 0.

习题 8-8

1.求函数 $f(x,y)=4(x-y)-x^2-y^2$ 的极值.

2.求函数 $f(x,y)=(6x-x^2)(4y-y^2)$ 的极值.

3.求函数 $f(x,y)=e^{2x}(x+y^2+2y)$ 的极值.

4.求函数 $z=xy$ 在适合附加条件 $x+y=1$ 下的极大值.

5.从斜边之长为 l 的一切直角三角形中,求有最大周长的直角三角形.

6.要造一个容积等于定数 k 的长方体无盖水池,应如何选择水池的尺寸,方可使它的表面积最小.

7.在平面 xOy 上求一点,使它到 $x=0$,$y=0$ 及 $x+2y-16=0$ 三条直线的距离平方之和为最小.

8.将周长为 $2p$ 的矩阵绕它的一边旋转而构成一个圆柱体.问矩阵的边长各为多少时,才可使圆柱体的体积最大?

9.欲围一个面积为60 m^2 的矩形场地,正面所用材料每米造假10元,其余三面每米造价5元,求场地的长、宽各为多少米时,所用材料费最少?

10.求内接于半径 a 的球有且其最大体积的长方体.

*11.设有一圆板占有平面闭区域 $\{(x,y)\mid x^2+y^2\leqslant 1\}$.该圆板被加热,以致在点 (x,y) 的温度是 $T=x^2+2y^2-x$,求该圆板的最热点和最冷点.

总习题八

1.在"充分""必要"和"充分必要"三者中选择一个正确的填入下列空格内.

(1) $f(x,y)$ 在点 (x,y) 可微分是 $f(x,y)$ 在该点连续的________条件.$f(x,y)$ 在点 (x,y) 连续是 $f(x,y)$ 在该点可微分的________条件;

(2) $z=f(x,y)$ 在点 (x,y) 的偏导数 $\frac{\partial z}{\partial x}$ 及 $\frac{\partial z}{\partial y}$ 存在是 $f(x,y)$ 在该点可微的________条件,$z=f(x,y)$ 在点 (x,y) 可微分是函数在该点的偏导数 $\frac{\partial z}{\partial x}$ 及 $\frac{\partial z}{\partial y}$ 存在的________条件;

(3) $z=f(x,y)$ 在点 (x,y) 的偏导数 $\frac{\partial z}{\partial x}$ 及 $\frac{\partial z}{\partial y}$ 存在且连续是 $f(x,y)$ 在该点可微的________条件;

(4) 函数 $z=f(x,y)$ 的两个二阶混合偏导数 $\frac{\partial^2 z}{\partial x\partial y}$ 及 $\frac{\partial^2 z}{\partial y\partial x}$ 在区域 D 内连续是这两个二阶混合偏导数在 D 内相等的________条件.

2.求函数 $f(x,y)=\dfrac{\sqrt{4x-y^2}}{\ln(1-x^2-y^2)}$ 的定义域,并求 $\lim\limits_{(x,y)\to\left(\frac{1}{2},0\right)} f(x,y)$.

3.求下列极限.

(1) $\lim\limits_{\substack{x\to\infty\\ y\to a}}\left(1+\dfrac{1}{x}\right)^{\frac{x^2}{x+y}}$;　　(2) $\lim\limits_{\substack{x\to\infty\\ y\to\infty}}\dfrac{x+y}{x^2-xy+y^2}$.

4.试判断极限 $\lim\limits_{\substack{x\to 0\\ y\to 0}}\dfrac{x^2y}{x^4+y^2}$ 是否存在.

5.讨论二元函数 $f(x,y)=\begin{cases}(x+y)\cos\dfrac{1}{x}, & x\neq 0\\ 0, & x=0\end{cases}$ 在点 $(0,0)$ 处的连续性.

6.设 $f(x,y)=\begin{cases}\dfrac{x^2y}{x^2+y^2}, & x^2+y^2\neq 0,\\ 0, & x^2+y^2=0.\end{cases}$ 求 $f_x(x,y)$ 及 $f_y(x,y)$.

7.求下列函数的一阶和二阶偏导数.

(1)$z=\ln(x+y^2)$；　　(2)$z=x^y$.

8.设 $z=f(u,x,y)$，$u=xe^y$，其中 f 具有连续的二阶偏导数，求$\dfrac{\partial^2 z}{\partial x\partial y}$.

9.设 $x=e^u\cos v$，$y=e^u\sin v$，$z=uv$.试求$\dfrac{\partial z}{\partial x}$ 和$\dfrac{\partial z}{\partial y}$.

10.设 $r=\sqrt{x^2+y^2+z^2}$，试证明$\dfrac{\partial^2 r}{\partial x^2}+\dfrac{\partial^2 r}{\partial y^2}+\dfrac{\partial^2 r}{\partial z^2}=\dfrac{2}{r}$.

11.求函数 $z=\dfrac{y}{\sqrt{x^2+y^2}}$ 的全微分.

12.求 $u(x,y,z)=x^y y^z z^x$ 的全微分.

13.设 $z=xy+xF(u)$，而 $u=\dfrac{y}{x}$，$F(u)$ 为可导函数，证明 $x\dfrac{\partial z}{\partial x}+y\dfrac{\partial z}{\partial y}=z+xy$.

14.设 $z=z(x,y)$ 为由方程 $xyz+\sqrt{x^2+y^2+z^2}=\sqrt{2}$ 所确定的隐函数，求$\dfrac{\partial z}{\partial x}$ 和$\dfrac{\partial z}{\partial y}$.

15.设方程 $F\left(\dfrac{x}{z},\dfrac{y}{z}\right)=0$ 确定了函数 $z=z(x,y)$，求$\dfrac{\partial z}{\partial x}$，$\dfrac{\partial z}{\partial y}$.

16.设 $z^5-xz^4+yz^3=1$，求$\left.\dfrac{\partial^2 z}{\partial x\partial y}\right|_{(0,0)}$.

17.求椭球面 $x^2+2y^2+z^2=1$ 上平行于平面 $x-y+2z=0$ 的切平面方程.

18.求螺旋线 $x=a\cos\theta$，$y=a\sin\theta$，$z=b\theta$ 在点 $(a,0,0)$ 处的切线方程及法平面方程.

19.在曲面 $z=xy$ 上求一点，使这点处的法线垂直于平面 $x+3y+z+9=0$，写出该法线方程.

20.求函数 $u=x^2+y^2+z^2$ 在椭球面$\dfrac{x^2}{a^2}+\dfrac{y^2}{b^2}+\dfrac{z^2}{c^2}=1$ 上点 $M(x_0,y_0,z_0)$ 处沿外法线方程的方向导数.

21.求函数 $u=x+y+z$ 在球面 $x^2+y^2+z^2=1$ 上点 (x_0,y_0,z_0) 处，沿球面在该点的外法线方向的方向导数.

*22.某厂家生产的一种产品同时在两个市场销售，售价分别为 p_1 和 p_2(单位:元)，销售量分别为 q_1 和 q_2，需求函数分别为 $q_1=24-0.2p_1$，$q_2=10-0.05p_2$，总成本函数为 $C=35+40(q_1+q_2)$. 试问:厂家如何确定两个市场的售价，能使其获得的总利润最大? 最大利润是多少?

第 9 章 重积分

本章和下一章是多元函数积分学的内容.在一元函数积分学中我们知道,定积分是某种确定形式的和的极限.这种和的极限的概念推广到区域、曲线及曲面上多元函数的情形,便得到重积分、曲线积分及曲面积分的概念.本章将介绍重积分(包括二重积分和三重积分)的概念、计算方法以及它们的一些应用.

9.1 二重积分的概念与性质

我们将一元函数定积分的思想方法推广到多元函数,便得到多元函数的积分.本节以二元函数为例分析多元函数的积分.

一、问题举例(曲顶柱体的体积)

设有一个立体,它的底是 xOy 坐标平面上的有界闭区域 D,它的侧面是以 D 的边界曲线为准线而母线平行于 z 轴的柱面,它的顶是曲面 $z=f(x,y)$,这里 $f(x,y)\geqslant 0$ 并且在 D 上连续(图 9-1-1).

我们将这种立体称为曲顶柱体.空间内由曲面所围成的体积总可以分割成一些比较简单的曲顶柱体的体积的和.下面我们就来讨论如何定义并计算曲顶柱体的体积 V.

我们知道,平顶柱体的体积公式为底面积 $\times$ 高.而曲顶柱体的高是不断变化着的,我们可以借鉴一元函数的定积分中求曲边梯形面积的方法来帮助解决曲顶柱体的体积计算问题.

(1) 分割:用一组网线把 D 分割为 n 个小闭区域 $\Delta\sigma_1,\Delta\sigma_2,\cdots,\Delta\sigma_n$,分别以这些小闭区域的边界曲线为准线,做母线平行于 z 轴的柱面,这些柱面把原来的曲顶柱体分割成了 n 个小曲顶柱体(图 9-1-2),设这些小曲顶柱体的体积为 $\Delta V_i\,(i=1,2,\cdots,n)$;

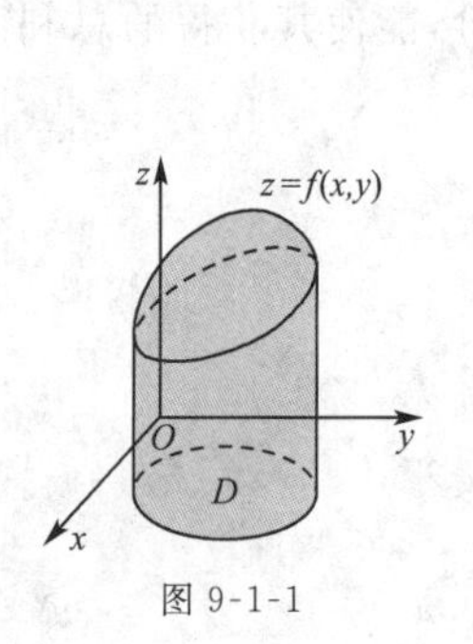

图 9-1-1

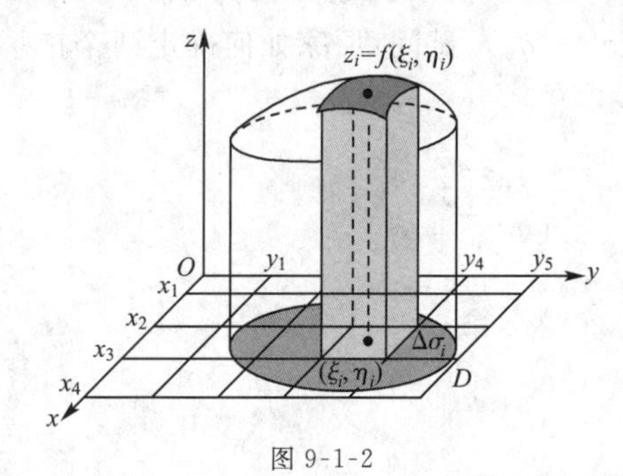

图 9-1-2

(2) 近似:在每一个小闭区域 $\Delta\sigma_i(i=1,2,\cdots,n)$ 直径很小时,由于 $f(x,y)$ 连续,在同一个小闭区域上,$f(x,y)$ 变化很小,这时曲顶柱体可近似看作平顶柱体.在小闭区域 $\Delta\sigma_i$ 上任取一个点 $P_i(\xi_i,\eta_i)\in\Delta\sigma_i$,以该点所对应的函数值 $f(\xi_i,\eta_i)$ 来近似地代替小曲顶柱体的高,则每一个小曲顶柱体体积的近似值为 $f(\xi_i,\eta_i)\Delta\sigma_i(i=1,2,\cdots,n)$;于是 $\Delta V_i\approx f(\xi_i,\eta_i)\Delta\sigma_i$;

(3) 求和:对这 n 个小曲顶柱体的体积求和,得曲顶柱体体积的近似值为 $V=\sum\limits_{i=1}^{n}\Delta V_i\approx\sum\limits_{i=1}^{n}f(\xi_i,\eta_i)\Delta\sigma_i$;

(4) 逼近:令这 n 个小闭区域的直径中最大值(记作 λ)趋于零,上述和式 $\sum\limits_{i=1}^{n}f(\xi_i,\eta_i)\Delta\sigma_i$ 的极限就是该曲顶柱体的体积 V,即

$$V=\lim_{\lambda\to 0}\sum_{i=1}^{n}f(\xi_i,\eta_i)\Delta\sigma_i.$$

这样,求曲顶柱体的体积问题就归结为求上述和式的极限.事实上,实际应用过程中的许多量的相应改变量问题反映在图像上与上述问题类似.例如:平面薄片的质量.

设有一平面薄片占有 xOy 面上的闭区域 D,它在点 (x,y) 处的面密度为 $\mu(x,y)$,这里 $\mu(x,y)>0$ 且在 D 上连续.现要计算该薄片的质量 M.

我们知道,如果薄片是均匀的,即面密度是常数,那么薄片的质量可以用公式

$$质量=面密度\times面积$$

来计算.现在面密度 $\mu(x,y)$ 是变量,把薄片分成的质量就不能直接用上式来计算.但是上面用来处理曲顶柱体体积问题的方法完全适用于本题.

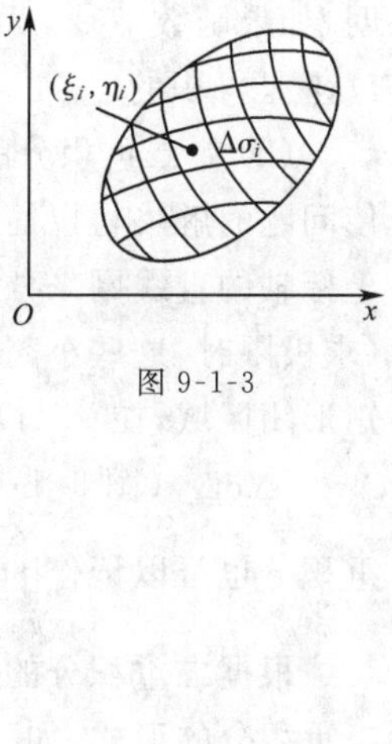

先做分割.把薄片分成 n 个小块,由于 $\mu(x,y)$ 连续,当小块所占的闭区域 $\Delta\sigma_i$ 的直径很小时,这些小块就可以近似地看作均匀薄片.在 $\Delta\sigma_i$ 上任取一点 (ξ_i,η_i)(图 9-1-3),于是可得每个小块的质量 ΔM_i 的近似值为

图 9-1-3

$$\mu(\xi_i,\eta_i)\Delta\sigma_i\quad(i=1,2,\cdots,n)$$

然后求和即得平面薄片的质量的近似值

$$M=\sum_{i=1}^{n}\Delta M_i\approx\sum_{i=1}^{n}\mu(\xi_i,\eta_i)\Delta\sigma_i$$

最后通过逼近就可得所求的平面薄片的质量

$$M=\lim_{\lambda\to 0}\sum_{i=1}^{n}\mu(\xi_i,\eta_i)\Delta\sigma_i.$$

可见虽然两个问题的实际意义不同,但所求量都归结为同一形式的和的极限.在物理学、力学、几何学和工程技术中,有许多物理量或几何量都可归结为这一形式的和的极限.因此我们要研究这种和的极限,并抽象出下述二重积分的定义.

二、二重积分的概念

1.定义

定义 9.1 设 $z=f(x,y)$ 是有界闭区域 D 上的有界函数，将 D 任意分割成 n 个小闭区域 $\Delta\sigma_1,\Delta\sigma_2,\cdots,\Delta\sigma_n$，并用 $\Delta\sigma_i$ 表示第 i 个小闭区域的面积.在每一个小闭区域 $\Delta\sigma_i(i=1,2,\cdots,n)$ 上任取一个点 $(\xi_i,\eta_i)\in\Delta\sigma_i$，做乘积 $f(\xi_i,\eta_i)\Delta\sigma_i(i=1,2,\cdots,n)$，并做和 $\sum\limits_{i=1}^{n}f(\xi_i,\eta_i)\Delta\sigma_i$.如果当各小闭区域中的最大直径 $\lambda\to 0$ 时，极限 $\lim\limits_{\lambda\to 0}\sum\limits_{i=1}^{n}f(\xi_i,\eta_i)\Delta\sigma_i$ 存在，则称函数 $f(x,y)$ 在 D 上可积，此极限称为函数 $z=f(x,y)$ 在 D 上的二重积分，记作 $\iint\limits_{D}f(x,y)\mathrm{d}\sigma$，即

$$\iint\limits_{D}f(x,y)\mathrm{d}\sigma=\lim_{\lambda\to 0}\sum_{i=1}^{n}f(x_i,y_i)\Delta\sigma_i.$$

其中 $\iint$ 称为二重积分号，D 称为积分区域，$f(x,y)$ 称为被积函数，$f(x,y)\mathrm{d}\sigma$ 称为被积表达式，两个自变量 x、y 称为积分变量，$\mathrm{d}\sigma$ 称为面积元素，$\sum\limits_{i=1}^{n}f(x_i,y_i)\Delta\sigma_i$ 称为积分和.

对于二重积分定义的两点说明：

(1) 如果二重积分 $\iint\limits_{D}f(x,y)\mathrm{d}\sigma$ 存在，则称函数 $f(x,y)$ 在区域 D 上是可积的.可以证明，如果函数 $f(x,y)$ 在区域 D 上连续或 $f(x,y)$ 在区域 D 上是有界的，则 $f(x,y)$ 在区域 D 上是可积的.

(2) 在二重积分的定义中，对有界闭区域 D 的划分是任意的，为使问题的解决得以简化，在直角坐标系 xOy 中，我们可以用平行于坐标轴的直线网来分割 D，因此，除了包含边界点的一些小闭区域(求极限时，这些小闭区域可以忽略不计)外，其余的小闭区域都是矩形闭区域，在 x 与 $x+\Delta x$ 和 y 与 $y+\Delta y$ 之间的闭区域面积为 $\Delta\sigma=\Delta x\Delta y$(图 9-1-4)，为方便起见，我们将 $\mathrm{d}\sigma$ 记作 $\mathrm{d}x\mathrm{d}y$.于是二重积分也可以记作 $\iint\limits_{D}f(x,y)\mathrm{d}x\mathrm{d}y$.

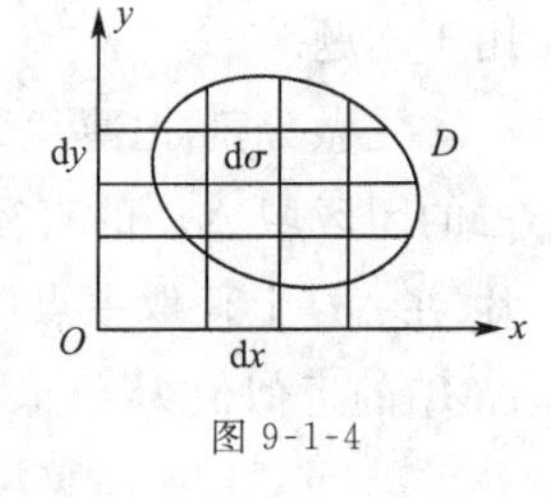

图 9-1-4

根据二重积分的定义可知，曲顶柱体的体积和平面非均匀薄片的质量分别可以表示为二重积分的形式，如下

$$V=\iint\limits_{D}f(x,y)\mathrm{d}\sigma;\qquad M=\iint\limits_{D}\mu(x,y)\mathrm{d}\sigma.$$

2.二重积分的几何意义

若被积函数 $f(x,y)\geqslant 0$，二重积分 $\iint\limits_{D}f(x,y)\mathrm{d}\sigma$ 在数量上表示以有界闭区域 D 为底，以二元函数 $z=f(x,y)$ 为曲顶面的曲顶柱体的体积.

若被积函数 $f(x,y)\leqslant 0$，则该曲顶柱体分布在空间直角坐标系中的 xOy 平面下方(靠 z 轴负方向)，由二重积分的定义可知，和式中的各项在数量上等于小柱体体积的相反数，故该二重积分在数量上等于曲顶柱体体积的相反数.

若被积函数 $f(x,y)$ 在 D 的某些部分区域上是正的，而在 D 的其他部分区域上是负的，则被积函数 $f(x,y)$ 在 D 上的二重积分就等于 xOy 坐标平面上方部分的曲顶柱体体积与下方部分的曲顶柱体体积的差.

三、二重积分的性质

通过二重积分与定积分的定义的比较可知，二重积分与定积分有如下类似的性质.

性质 9.1 被积函数中的常数因子可以提到二重积分的记号外面.即对于任意常数 k 有

$$\iint_D kf(x,y)\mathrm{d}\sigma=k\iint_D f(x,y)\mathrm{d}\sigma \quad (k\text{ 为常数}).$$

性质 9.2 被积函数的和(或差)的二重积分等于各个被积函数的二重积分的和(或差).即

$$\iint_D [f(x,y)\pm g(x,y)]\mathrm{d}\sigma=\iint_D f(x,y)\mathrm{d}\sigma\pm\iint_D g(x,y)\mathrm{d}\sigma.$$

推论 1 设 α,β 为常数，则

$$\iint_D [\alpha f(x,y)\pm \beta g(x,y)]\mathrm{d}\sigma=\alpha\iint_D f(x,y)\mathrm{d}\sigma\pm\beta\iint_D g(x,y)\mathrm{d}\sigma.$$

性质 9.3 若有界闭区域 D 被有限条曲线分割为有限个小闭区域，则在 D 上的二重积分等于各小闭区域上的二重积分的和.

例如:有界闭区域 D 被分割为两个小闭区域 D_1、D_2，则

$$\iint_D f(x,y)\mathrm{d}\sigma=\iint_{D_1} f(x,y)\mathrm{d}\sigma+\iint_{D_2} f(x,y)\mathrm{d}\sigma.$$

该性质表示二重积分对于积分区域具有可加性.

性质 9.4 若在有界闭区域 D 上，被积函数 $f(x,y)=1$，σ 为 D 的面积，则

$$\sigma=\iint_D 1\mathrm{d}\sigma=\iint_D \mathrm{d}\sigma.$$

该性质的几何意义是指:高为 1 的平顶柱体的体积在数值上等于其底面积.

性质 9.5 若在有界闭区域 D 上，两个被积函数有如下关系

$$f(x,y)\leqslant g(x,y)\text{，则}\iint_D f(x,y)\mathrm{d}\sigma\leqslant\iint_D g(x,y)\mathrm{d}\sigma.$$

特别地，由于 $-|f(x,y)|\leqslant f(x,y)\leqslant|f(x,y)|$ 又有 $\left|\iint_D f(x,y)\mathrm{d}\sigma\right|\leqslant\iint_D|f(x,y)|\mathrm{d}\sigma$.

性质 9.6 设 M、m 分别是被积函数 $f(x,y)$ 在有界闭区域 D 上的最大值和最小值，σ 为 D 的面积，则 $m\sigma\leqslant\iint_D f(x,y)\mathrm{d}\sigma\leqslant M\sigma$.

证 根据 $m\leqslant f(x,y)\leqslant M$ 和性质 9.5 可知，$\iint_D m\,\mathrm{d}\sigma\leqslant\iint_D f(x,y)\mathrm{d}\sigma\leqslant\iint_D M\mathrm{d}\sigma$，根据性质

9.4 可知，$\iint\limits_D m\mathrm{d}\sigma = m\sigma$，$\iint\limits_D M\mathrm{d}\sigma = M\sigma$.

性质 9.7 **（二重积分的中值定理）**设被积函数 $f(x,y)$ 在有界闭区域 D 上连续，σ 为 D 的面积，则在 D 上至少存在一点 (ξ,η)，使得下式成立

$$\iint\limits_D f(x,y)\mathrm{d}\sigma = f(\xi,\eta)\sigma.$$

证 显然 $\sigma \neq 0$.把性质 9.6 中不等式两边各除以 σ，有 $m \leqslant \frac{1}{\sigma}\iint\limits_D f(x,y)\mathrm{d}\sigma \leqslant M$.这就是说，确定的数值 $\frac{1}{\sigma}\iint\limits_D f(x,y)\mathrm{d}\sigma$ 是介于函数 $f(x,y)$ 的最大值 M 与最小值 m 之间的.根据在闭区域上连续函数的介值定理，在 D 上至少存在一点 (ξ,η)，使得函数在该点的值与这个确定的数值相等，即 $\frac{1}{\sigma}\iint\limits_D f(x,y)\mathrm{d}\sigma = f(\xi,\eta)$.上式两端各乘以 σ，就得所需要的证明公式.

【例 9-1】 估计二重积分 $I = \iint\limits_D \frac{\mathrm{d}\sigma}{\sqrt{x^2+y^2+2xy+16}}$ 的值，其中积分区域 D 为矩形闭区域 $\{(x,y)\,|\,0 \leqslant x \leqslant 1, 0 \leqslant y \leqslant 2\}$.

解 因为 $f(x,y) = \frac{1}{\sqrt{(x+y)^2+16}}$，区域 D 的面积 $\sigma = 2$，且在 D 上 $f(x,y)$ 的最大值和最小值分别为 $M = \frac{1}{\sqrt{(0+0)^2+4^2}} = \frac{1}{4}$ 和 $m = \frac{1}{\sqrt{(1+2)^2+4^2}} = \frac{1}{5}$，所以 $\frac{2}{5} \leqslant I \leqslant \frac{1}{2}$.

【例 9-2】 比较积分 $\iint\limits_D \ln(x+y)\mathrm{d}\sigma$ 与 $\iint\limits_D [\ln(x+y)]^2\mathrm{d}\sigma$ 的大小，其中区域 D 是三角形闭区域，三顶点分别为 $(1,0)$，$(1,1)$，$(2,0)$.

解 如图 9-1-5 所示，在积分区域 D 内有 $1 \leqslant x+y \leqslant 2 < \mathrm{e}$，因此 $0 \leqslant \ln(x+y) < 1$，

于是
$$\ln(x+y) > [\ln(x+y)]^2,$$
所以
$$\iint\limits_D \ln(x+y)\mathrm{d}\sigma > \iint\limits_D [\ln(x+y)]^2\mathrm{d}\sigma.$$

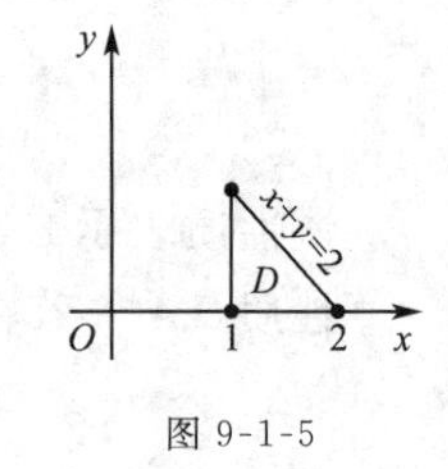

图 9-1-5

习题 9-1

1.利用二重积分定义证明.

(1) $\iint\limits_D \mathrm{d}\sigma = \sigma$（其中 σ 为 D 的面积）；

(2) $\iint\limits_D kf(x,y)\mathrm{d}\sigma = k\iint\limits_D f(x,y)\mathrm{d}\sigma$（其中 k 为常数）；

(3) $\iint\limits_D f(x,y)\mathrm{d}\sigma = \iint\limits_{D_1} f(x,y)\mathrm{d}\sigma + \iint\limits_{D_2} f(x,y)\mathrm{d}\sigma$，其中 $D = D_1 \cup D_2$，D_1、D_2 为两个无公共内点的闭区域.

2.根据二重积分的性质,比较下列积分的大小.

(1)$\iint\limits_D (x+y)^2 d\sigma$ 与 $\iint\limits_D (x+y)^3 d\sigma$,其中积分区域 D 是由 x 轴、y 轴与直线 $x+y=1$ 所围成的;

(2)$\iint\limits_D (x+y)^2 d\sigma$ 与 $\iint\limits_D (x+y)^3 d\sigma$,其中积分区域 D 是由圆周 $(x-2)^2+(y-1)^2=2$ 所围成的;

(3)$\iint\limits_D \ln(x+y) d\sigma$ 与 $\iint\limits_D [\ln(x+y)]^2 d\sigma$,其中 $D=\{(x,y)\mid 3\leqslant x\leqslant 5, 0\leqslant y\leqslant 1\}$;

(4)$\iint\limits_D \ln(x+y) d\sigma$ 与 $\iint\limits_D [\ln(x+y)]^2 d\sigma$,其中 $D=\{(x,y)\mid x^2+y^2\leqslant 4\}$.

3.利用二重积分的性质估计下列积分的值.

(1)$I=\iint\limits_D xy(x+y) d\sigma$,其中 $D=\{(x,y)\mid 0\leqslant x\leqslant 1, 0\leqslant y\leqslant 1\}$;

(2)$I=\iint\limits_D \sin^2 x\ \sin^2 y d\sigma$,其中 $D=\{(x,y)\mid 0\leqslant x\leqslant \pi, 0\leqslant y\leqslant \pi\}$;

(3)$I=\iint\limits_D (x+y+1) d\sigma$,其中 $D=\{(x,y)\mid 0\leqslant x\leqslant 1, 0\leqslant y\leqslant 2\}$;

(4)$I=\iint\limits_D (x^2+4y^2+9) d\sigma$,其中 $D=\{(x,y)\mid x^2+y^2\leqslant 4\}$.

4.判定下列积分值的大小.

$I_1=\iint\limits_D \ln^3(x+y) dx dy, I_2=\iint\limits_D (x+y)^3 dx dy, I_3=\iint\limits_D [\sin(x+y)]^3 dx dy$,

其中 D 由 $x=0, y=0, x+y=\frac{1}{2}, x+y=1$ 围成,则 I_1, I_2, I_3 之间的大小顺序为(　　)

A.$I_1<I_2<I_3$　　B.$I_3<I_2<I_1$

C.$I_1<I_3<I_2$　　D.$I_3<I_1<I_2$

5.试用二重积分的性质证明不等式

$$1\leqslant\iint\limits_D (\sin x^2+\cos y^2) d\sigma\leqslant\sqrt{2}, \text{其中 } D: 0\leqslant x\leqslant 1, 0\leqslant y\leqslant 1.$$

9.2　二重积分的计算

与定积分类似,若仅仅依赖于二重积分的定义或几何意义来计算二重积分,对少数比较简单的被积函数和积分区域来说是可行的,但是对于一般的函数和积分区域来说,并不是一种切实可行的办法.本节将介绍二重积分的计算方法,在被积函数连续的条件下,可将二重积分化为二次积分,即通过连续计算两次定积分来求二重积分的值.在把二重积分化为二次积分时,根据积分区域和被积函数的具体情况,有时利用直角坐标系比较方便,有时利用极坐标比较方便。下面分别加以讨论.

一、二重积分的计算(一)

1.直角坐标系下二重积分的计算

下面介绍一种计算二重积分的方法，这种方法是把二重积分化为两次积分(即两次定积分)来计算.本节先在直角坐标系下讨论二重积分的计算，为了便于问题的直观分析，我们先介绍X-型区域和Y-型区域的概念.

设曲顶柱体的底是有界闭区域 D，如果闭区域 D 可由直线 $x=a$、$x=b$ 和曲线 $y=\varphi_1(x)$、$y=\varphi_2(x)$ 所围成，即 D 可用不等式组：$a\leqslant x\leqslant b$、$\varphi_1(x)\leqslant y\leqslant\varphi_2(x)$ 来表示，其中 $\varphi_1(x)$，$\varphi_2(x)$ 在 $[a,b]$ 上连续，则称闭区域 D 为 **X-型区域**(图 9-2-1).

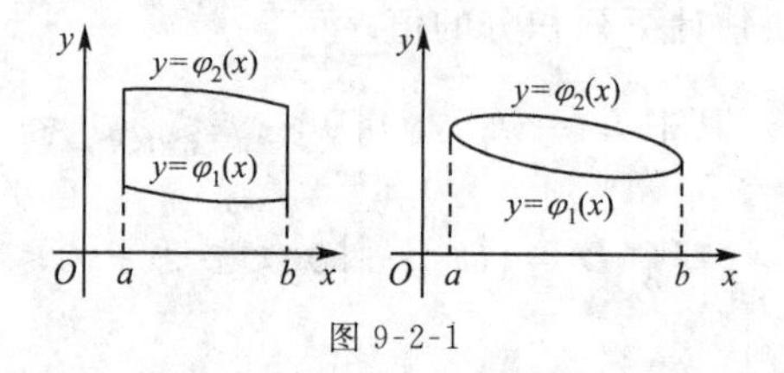

图 9-2-1

X-型区域的特点：穿过 D 内部且垂直于 x 轴的直线与 D 的边界相交不多于两点.

如果区域 D 可由直线 $y=c$、$y=d$ 和曲线 $x=\psi_1(y)$、$x=\psi_2(y)$ 所围成，即 D 可用不等式组：$c\leqslant y\leqslant d$，$\psi_1(y)\leqslant x\leqslant\psi_2(y)$ 来表示，其中 $\psi_1(y)$，$\psi_2(y)$ 在 $[c,d]$ 上连续，则称闭区域 D 为 Y-**型区域**。(图 9-2-2).

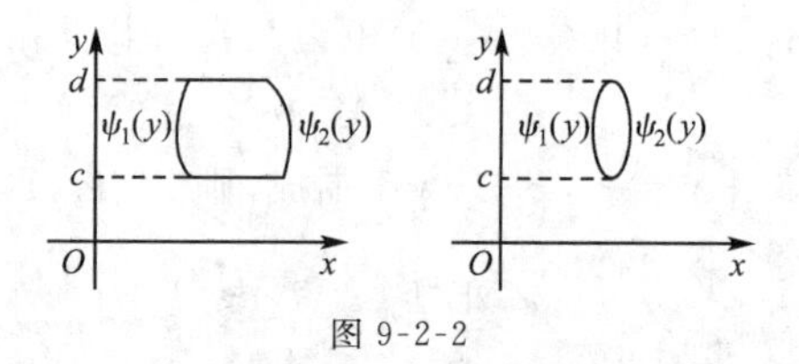

图 9-2-2

Y-型区域的特点：穿过 D 内部且垂直于 y 轴的直线与 D 的边界相交不多于两点.

现在先讨论直角坐标系中二重积分 $\iint\limits_D f(x,y)\mathrm{d}x\mathrm{d}y$ 的计算公式。这里我们仅从二重积分的几何意义出发来推导计算公式，而把严格的分析证明略去。在推导中假定 $f(x,y)\geqslant 0$，但所得结果并不受此条件的限制.

假定 D 是X-型区域，曲顶柱体的体积 $\iint\limits_D f(x,y)\mathrm{d}x\mathrm{d}y$ 可按“平行截面已知的立体体积”的计算方法求得(图 9-2-3).

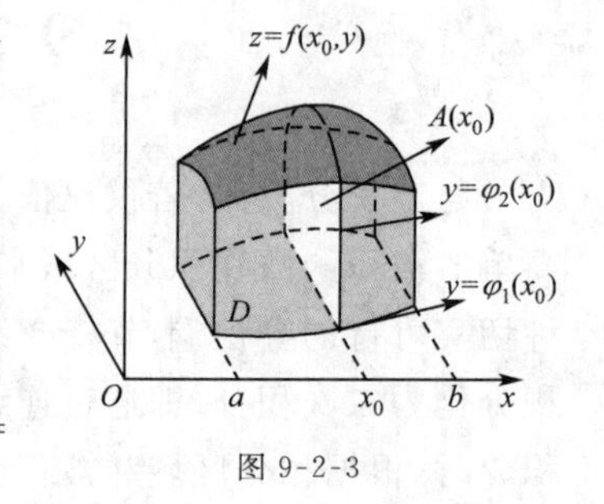

图 9-2-3

(1) 先计算截面面积

在闭区间 $[a,b]$ 上任意取定一点 x_0，过 x_0 做平行于坐标平面 yOz 的平面，$x=x_0$ 去截该曲顶柱体，可以得到一个截面，该截面是一个以闭区间 $[\varphi_1(x_0),\varphi_2(x_0)]$ 为底，曲线 $z=f(x_0,y)$ 为曲边的曲边梯形.

故该截面的面积为$A(x_0)=\int_{\varphi_1(x_0)}^{\varphi_2(x_0)} f(x_0,y)\mathrm{d}y$.于是对于闭区间$[a,b]$上的任意点$x$处的截面面积为

$$A(x)=\int_{\varphi_1(x)}^{\varphi_2(x)} f(x,y)\mathrm{d}y.$$

(2) 再计算体积元素

对于闭区间$[a,b]$上的任意点x,考察$[x,x+\mathrm{d}x]$上的体积元素(体积的近似值),得

$$\mathrm{d}V=A(x)\mathrm{d}x.$$

(3) 最后求体积(体积元素的积分)

$$V=\int_a^b \mathrm{d}V=\int_a^b A(x)\mathrm{d}x=\int_a^b\left[\int_{\varphi_1(x)}^{\varphi_2(x)} f(x,y)\mathrm{d}y\right]\mathrm{d}x.$$

此积分顺序是,先对y求积分$\int_{\varphi_1(x)}^{\varphi_2(x)} f(x,y)\mathrm{d}y$,把$x$看作常数,得到一个关于$x$的变量式,再将该变量式在区间$[a,b]$上对$x$求积分.即将该问题转化为两次积分,也称为二次积分或累次积分.

由二重积分的定义,曲顶柱体的体积V可以表示为底部区域上曲顶函数的二重积分,即

$$V=\iint_D f(x,y)\mathrm{d}\sigma=\int_a^b\left[\int_{\varphi_1(x)}^{\varphi_2(x)} f(x,y)\mathrm{d}y\right]\mathrm{d}x.$$

或

$$\iint_D f(x,y)\mathrm{d}\sigma=\int_a^b \mathrm{d}x\int_{\varphi_1(x)}^{\varphi_2(x)} f(x,y)\mathrm{d}y.$$

必须注意的是:不要将这个记号误认为是$\left(\int_a^b \mathrm{d}x\right)\cdot\left(\int_{\varphi_1(x)}^{\varphi_2(x)} f(x,y)\mathrm{d}y\right)$.

类似地,如果积分区域是Y-型区域,则有

$$\iint_D f(x,y)\mathrm{d}\sigma=\int_c^d\left[\int_{\psi_1(y)}^{\psi_2(y)} f(x,y)\mathrm{d}x\right]\mathrm{d}y=\int_c^d \mathrm{d}y\int_{\psi_1(y)}^{\psi_2(y)} f(x,y)\mathrm{d}x.$$

这就是把二重积分转化为先对x后对y的二次积分.

如果积分区域D既不是X-型的又不是Y-型的,如图9-2-4所示区域,这时通常可以把D分成几部分,使每个部分是X-型区域或是Y-型区域(例如图中所示的三个部分都是X-型区域),从而在每个小区域上的二重积分都能利用公式计算,再利用重积分的区域可加性,将这些小区域上的二重积分的计算结果相加,就得到整个区域D上的二重积分.

如果积分区域D既是X-型的又是Y-型的,即积分区域D既可用不等式$a\leqslant x\leqslant b$,$\varphi_1(x)\leqslant y\leqslant\varphi_2(x)$表示,又可用不等式$c\leqslant y\leqslant d$,$\psi_1(y)\leqslant x\leqslant\psi_2(y)$表示(图9-2-5),则有

$$\int_a^b \mathrm{d}x\int_{\varphi_1(x)}^{\varphi_2(x)} f(x,y)\mathrm{d}y=\int_c^d \mathrm{d}y\int_{\psi_1(y)}^{\psi_2(y)} f(x,y)\mathrm{d}x$$

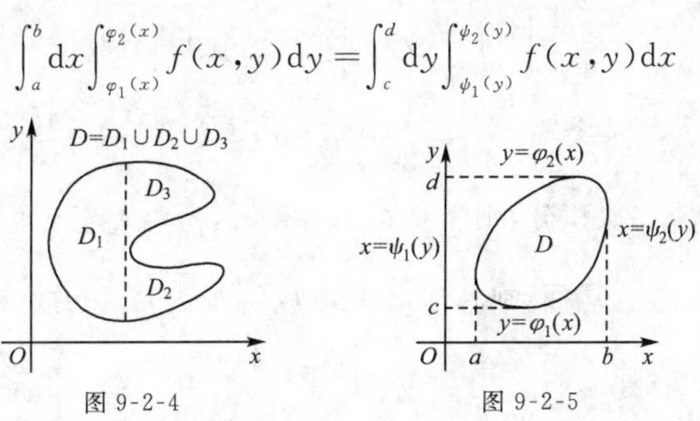

图9-2-4　　图9-2-5

上式表明，这两个次序不同的二次积分相等，因为它们都等于同一个二重积分 $\iint\limits_D f(x,y)\mathrm{d}\sigma$.

因此，将二重积分转化为二次积分有两种形式，采用不同的积分次序，往往会对计算过程带来不同的影响。而具体选择哪一种形式的二次积分，要根据积分区域和被积函数的特点选择.

【例9-3】 计算二重积分 $\iint\limits_D xy\mathrm{d}\sigma$，其中积分区域 D 是由直线 $y=1$、$x=2$、$y=x$ 所围成的.

解 画出积分区域 D 的图形，易见区域 D 既是X-型区域，又是Y-型区域.如果将积分区域 D 视为X-型的(图9-2-6) $D:1\leqslant x\leqslant 2,1\leqslant y\leqslant x$，则有

$$\iint\limits_D xy\mathrm{d}\sigma=\int_1^2\left[\int_1^x xy\mathrm{d}y\right]\mathrm{d}x=\int_1^2\left[x\times\frac{y^2}{2}\right]\Big|_1^x\mathrm{d}x$$

$$=\int_1^2\left(\frac{x^3}{2}-\frac{x}{2}\right)\mathrm{d}x=\left[\frac{x^4}{8}-\frac{x^2}{4}\right]\Big|_1^2=\frac{9}{8}.$$

如果将积分区域 D 视为Y-型的，$D:1\leqslant y\leqslant 2,y\leqslant x\leqslant 2$(图9-2-7).则有

$$\iint\limits_D xy\mathrm{d}\sigma=\int_1^2\left[\int_y^2 xy\mathrm{d}x\right]\mathrm{d}y=\int_1^2\left[y\times\frac{x^2}{2}\right]\Big|_y^2\mathrm{d}y$$

$$=\int_1^2\left(2y-\frac{y^3}{2}\right)\mathrm{d}y=\left[y^2-\frac{y^4}{8}\right]\Big|_1^2=\frac{9}{8}.$$

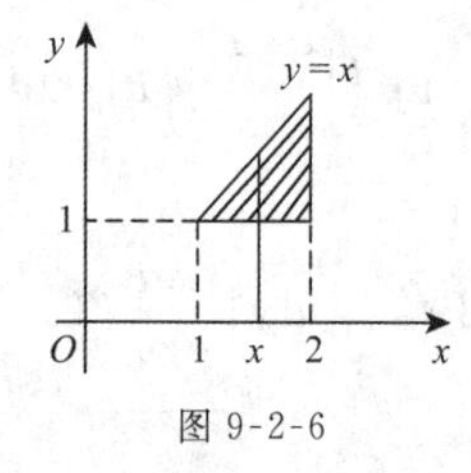

图 9-2-6

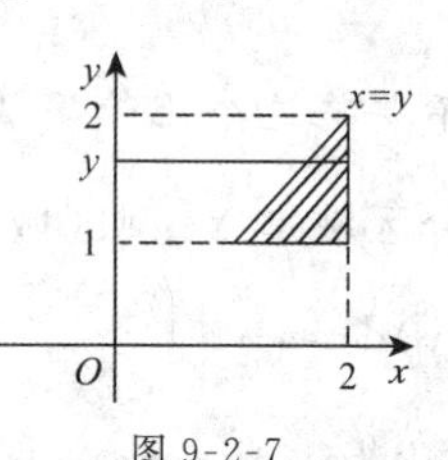

图 9-2-7

【例9-4】 计算二重积分 $\iint\limits_D xy\mathrm{d}\sigma$，其中积分区域 D 是由抛物线 $y^2=x$ 及直线 $y=x-2$ 所围成的.

解 积分区域如图9-2-8所示，若先对 x、后对 y 求二次积分，则积分区域为 $D:-1\leqslant y\leqslant 2,y^2\leqslant x\leqslant y+2$，于是

$$\iint\limits_D xy\mathrm{d}\sigma=\int_{-1}^2\left[\int_{y^2}^{y+2}xy\mathrm{d}x\right]\mathrm{d}y=\int_{-1}^2\left[\frac{x^2}{2}y\right]\Big|_{y^2}^{y+2}\mathrm{d}y$$

$$=\frac{1}{2}\int_{-1}^2\left[y(y+2)^2-y^5\right]\mathrm{d}y$$

$$=\frac{1}{2}\left[\frac{y^4}{4}+\frac{4}{3}y^3+2y^2-\frac{y^6}{6}\right]\Big|_{-1}^2=\frac{45}{8}.$$

若先对 y、后对 x 求二次积分，则当 $0\leqslant x\leqslant 4$ 时，$\varphi_1(x)\leqslant y\leqslant\varphi_2(x)$，其中 $\varphi_1(x)=\begin{cases}-\sqrt{x},0\leqslant x\leqslant 1\\x-2,1<x\leqslant 4\end{cases}$，$\varphi_2(x)=\sqrt{x}$.则必须将区域 D 分割为 D_1 和 D_2 两部分，如图9-2-9所示，其中

$$D_1=\{(x,y)\,|\,-\sqrt{x}\leqslant y\leqslant\sqrt{x},0\leqslant x\leqslant 1\},$$
$$D_2=\{(x,y)\,|\,x-2\leqslant y\leqslant\sqrt{x},1\leqslant x\leqslant 4\}.$$

因此根据二重积分的性质 9.3，有

$$\iint_D xy\,\mathrm{d}\sigma=\iint_{D_1}xy\,\mathrm{d}\sigma+\iint_{D_2}xy\,\mathrm{d}\sigma=\int_0^1\left[\int_{-\sqrt{x}}^{\sqrt{x}}xy\,\mathrm{d}y\right]\mathrm{d}x+\int_1^4\left[\int_{x-2}^{\sqrt{x}}xy\,\mathrm{d}y\right]\mathrm{d}x=\frac{45}{8}.$$

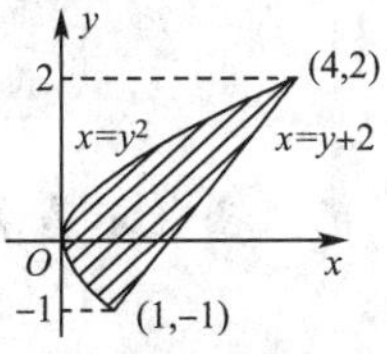

图 9-2-8

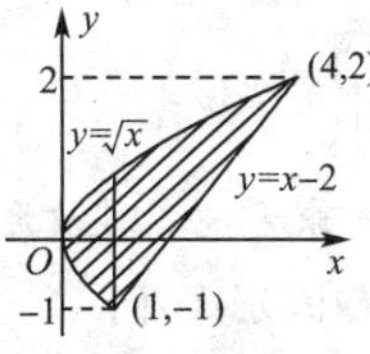

图 9-2-9

根据本题的具体情况，虽然两种解法均是可行的，但将 D 按照 X- 型区域比较麻烦，而按照 Y- 型区域更方便些.所以将二重积分化为二次积分时，要兼顾以下两个方面来选择适当的积分次序：

(1) 考虑积分区域 D 的特点，对 D 划分的块数越少越好；

(2) 考虑被积函数 $f(x,y)$ 的特点，使第一次积分容易积出，并能为第二次积分的计算创造有利条件.

2.交换二次积分次序的步骤

前面的几个例子说明，在计算二重积分时，积分次序选择不当可能会使计算烦琐甚至无法计算出结果.因此，对给定的二次积分，交换其积分次序是常见的一种方法.

一般地，交换给定二次积分的积分次序的步骤为：

(1) 对于给定的二重积分 $\int_a^b\mathrm{d}x\int_{\varphi_1(x)}^{\varphi_2(x)}f(x,y)\mathrm{d}y$，先根据其积分限 $a\leqslant x\leqslant b,\varphi_1(x)\leqslant y\leqslant\varphi_2(x)$，画出积分区域 D(图 9-2-10).

(2) 根据积分区域的形状，按新的次序确定积分区域 D 的积分限 $c\leqslant y\leqslant d,\psi_1(y)\leqslant x\leqslant\psi_2(y)$.

(3) 写出结果 $\int_a^b\mathrm{d}x\int_{\varphi_1(x)}^{\varphi_2(x)}f(x,y)\mathrm{d}y=\int_c^d\mathrm{d}y\int_{\psi_1(y)}^{\psi_2(y)}f(x,y)\mathrm{d}x$.

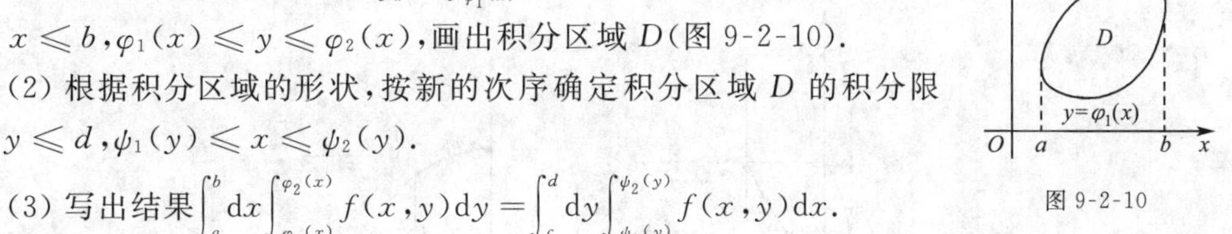

图 9-2-10

【例 9-5】 设积分区域是由直线 $y=x$ 与曲线 $y=x^2$ 所围成的，将二重积分 $\iint_D f(x,y)\mathrm{d}\sigma$ 表示为两种不同次序的二次积分.

解 积分区域如图 9-2-11 所示.若先对 y 求积分则积分区域可表示为 $0\leqslant x\leqslant 1,x^2\leqslant y\leqslant x$，其积分为

$$\iint_D f(x,y)\mathrm{d}\sigma=\int_0^1\mathrm{d}x\int_{x^2}^{x}f(x,y)\mathrm{d}y.$$

若先对 x 求积分，则积分区域可表示为 $0\leqslant y\leqslant 1,y\leqslant x\leqslant\sqrt{y}$，如图 9-2-12 所示，其积分为

$$\iint_D f(x,y)\mathrm{d}\sigma=\int_0^1\mathrm{d}y\int_y^{\sqrt{y}}f(x,y)\mathrm{d}x.$$

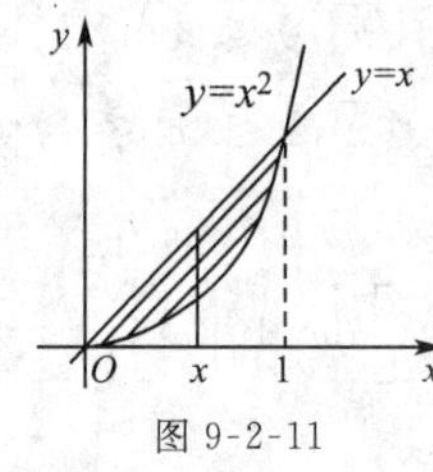

图 9-2-11

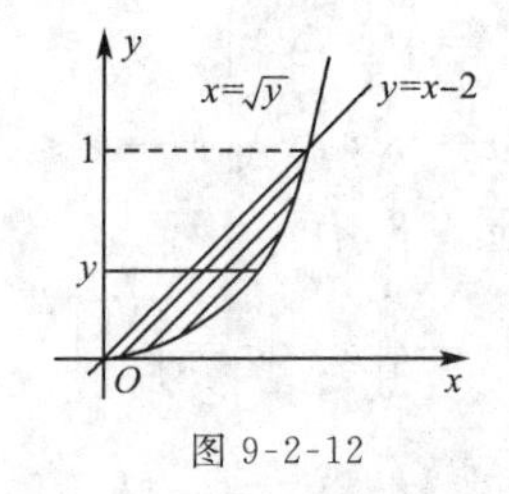

图 9-2-12

【例 9-6】 计算$\int_0^1 \mathrm{d}y\int_y^1 \mathrm{e}^{x^2}\mathrm{d}x$.

分析:如果直接先对 x 求积分,则被积函数 e^{x^2} 的原函数不易求出.在这种情况下,可以考察先对 y 求积分,即交换积分次序.

解 根据原题所给积分区域为Y-型区域,画出积分区域图,根据积分区域形状(图 9-2-13),按照X-型区域可以表示为:

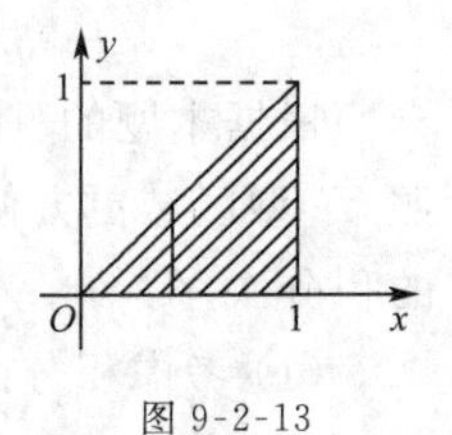

图 9-2-13

$$0\leqslant x\leqslant 1, 0\leqslant y\leqslant x$$

则原二次积分

$$\int_0^1 \mathrm{d}y\int_y^1 \mathrm{e}^{x^2}\mathrm{d}x=\iint_D \mathrm{e}^{x^2}\mathrm{d}x\mathrm{d}y=\int_0^1 \mathrm{d}x\int_0^x \mathrm{e}^{x^2}\mathrm{d}y=\int_0^1 \mathrm{e}^{x^2}\left[y\right]\Big|_0^x \mathrm{d}x$$

$$=\int_0^1 \mathrm{e}^{x^2}x\mathrm{d}x=\frac{1}{2}\int_0^1 \mathrm{e}^{x^2}\mathrm{d}x^2=\frac{1}{2}\left[\mathrm{e}^{x^2}\right]\Big|_0^1=\frac{1}{2}(\mathrm{e}-1).$$

【例 9-7】 求两个底圆半径都等于 R 的直角圆柱面所围成的立体的体积.

解 设这两个圆柱面的方程分别为

$$x^2+y^2=R^2 \qquad x^2+z^2=R^2.$$

利用立体关于坐标平面的对称性,只要算出它在第一卦限部分(图 9-2-14(a))的体积 V_1,然后再乘以 8 就可以了.

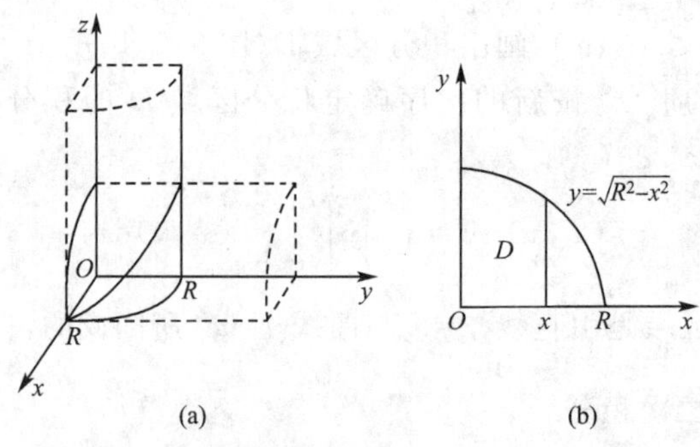

图 9-2-14

所求立体在第一卦限部分可以看成是一个曲顶柱体,它的底为 $D=\{(x,y)\mid 0\leqslant y\leqslant \sqrt{R^2-x^2}, 0\leqslant x\leqslant R\}$,如图 9-2-14(b) 所示.

它的顶是柱面

$$z=\sqrt{R^2-x^2}.$$

于是

$$V_1=\iint_D \sqrt{R^2-x^2}\,\mathrm{d}\sigma.$$

利用公式得

$$V_1=\iint_D \sqrt{R^2-x^2}\,\mathrm{d}\sigma=\int_0^R\left[\int_0^{\sqrt{R^2-x^2}}\sqrt{R^2-x^2}\,\mathrm{d}y\right]\mathrm{d}x$$

$$=\int_0^R\left[\sqrt{R^2-x^2}\,y\right]\Big|_0^{\sqrt{R^2-x^2}}\mathrm{d}x=\int_0^R(R^2-x^2)\,\mathrm{d}x=\frac{2}{3}R^3.$$

从而所求立体的体积为 $V=8V_1=\dfrac{16}{3}R^3$.

3.利用对称性和奇偶性化简二重积分的计算

利用被积函数的奇偶性和积分区域 D 的对称性,常常会大大简化二重积分的计算.在例 9-7 中我们就应用了对称性来解决所给的问题.与处理关于原点对称的区间的奇(偶)函数的定积分类似,对二重积分也要同时兼顾到被积函数 $f(x,y)$ 的奇偶性和积分区域 D 的对称性两方面.为方便应用,我们总结如下:

(1) 如果积分区域 D 关于 y 轴对称,则

① 当 $f(-x,y)=-f(x,y)((x,y)\in D)$ 时,有$\displaystyle\iint_D f(x,y)\mathrm{d}x\mathrm{d}y=0$.

② 当 $f(-x,y)=f(x,y)((x,y)\in D)$ 时,有$\displaystyle\iint_D f(x,y)\mathrm{d}x\mathrm{d}y=2\iint_{D_1} f(x,y)\mathrm{d}x\mathrm{d}y$,其中 $D_1=\{(x,y)\,|\,(x,y)\in D,x\geqslant 0\}$.

(2) 如果积分区域 D 关于 x 轴对称,则

① 当 $f(x,-y)=-f(x,y)((x,y)\in D)$ 时,有$\displaystyle\iint_D f(x,y)\mathrm{d}x\mathrm{d}y=0$.

② 当 $f(x,-y)=f(x,y)((x,y)\in D)$ 时,有$\displaystyle\iint_D f(x,y)\mathrm{d}x\mathrm{d}y=2\iint_{D_2} f(x,y)\mathrm{d}x\mathrm{d}y$,其中 $D_2=\{(x,y)\,|\,(x,y)\in D,y\geqslant 0\}$.

【例 9-8】 计算$\displaystyle\iint_D y[1+xf(x^2+y^2)]\mathrm{d}x\mathrm{d}y$,其中积分区域 D 由直线 $y=x^2$ 与 $y=1$ 所围成.

解 积分区域 D 如图 9-2-15 所示.

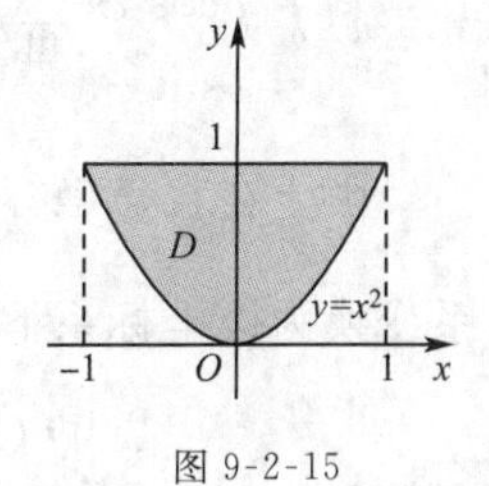

图 9-2-15

令 $g(x,y)=xyf(x^2+y^2)$,因为 D 关于 y 轴对称,且 $g(-x,y)=-g(x,y)$,所以$\displaystyle\iint_D xyf(x^2+y^2)\mathrm{d}x\mathrm{d}y=0$.从而

$$\iint_D y[1+xf(x^2+y^2)]\mathrm{d}x\mathrm{d}y=\iint_D y\,\mathrm{d}x\mathrm{d}y=\int_{-1}^1\mathrm{d}x\int_{x^2}^1 y\,\mathrm{d}y$$

$$=\frac{1}{2}\int_{-1}^1(1-x^4)\,\mathrm{d}x=\frac{4}{5}.$$

【例 9-9】 计算$\displaystyle\iint_D x^2y^2\mathrm{d}x\mathrm{d}y$,其中区域 D:$|y|+|x|\leqslant 1$.

解 积分区域 D 如图 9-2-16 所示.因为 D 关于 x 轴和 y 轴对称,且 $f(x,y)=x^2y^2$ 关于 x 或 y 均为偶函数,所以题设积分等于在区域 D_1 上的积分的 4 倍,即

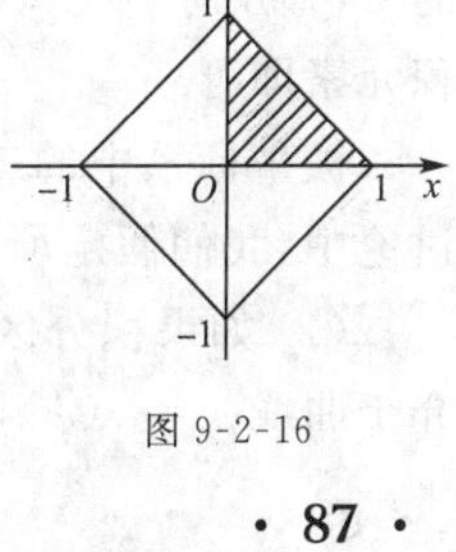

图 9-2-16

$$\iint\limits_{D} x^2y^2\,dx\,dy=4\iint\limits_{D_1} x^2y^2\,dx\,dy=4\int_0^1 dx\int_0^{1-x} x^2y^2\,dy=\frac{4}{3}\int_0^1 x^2\,(1-x)^3\,dx=\frac{1}{45}.$$

二、二重积分的计算(二)

对于有些积分区域而言,在直角坐标系下表示比较复杂,而该区域在极坐标系下表示相对简单,如圆形或扇形区域的边界等.此时,如果该积分的被积函数在极坐标下也有比较简单的形式,我们可以考虑用极坐标来计算这个二重积分.

1.极坐标系下的二重积分

按照二重积分的定义$\iint\limits_{D} f(x,y)\,d\sigma=\lim\limits_{\lambda\to 0}\sum\limits_{i=1}^{n} f(x_i,y_i)\Delta\sigma_i$,下面我们来研究这个和的极限在极坐标系中的形式.

假定积分区域D满足这样的条件:从极点O出发且穿过闭区域D内部的射线与D的边界曲线相交不少于两点.我们用以极点为中心的一族同心圆:$\rho=$常数,以及从极点出发的一族射线:$\varphi=$常数,把D分成n个小闭区域(图9-2-17).考虑一个代表性的小闭区域,即由半径分别为$\rho,\rho+\Delta\rho$的同心圆和极角分别为$\varphi,\varphi+d\varphi$的射线所确定的曲边四边形区域$\Delta\sigma_i$,则:

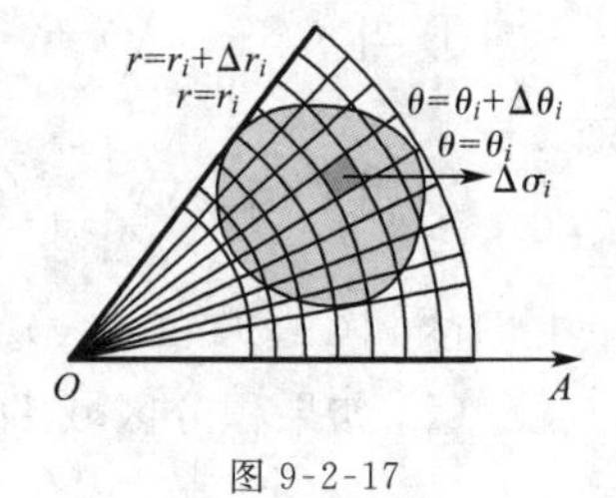

图 9-2-17

$$\Delta\sigma_i=\frac{1}{2}\,(\rho+\Delta\rho)^2\cdot\Delta\varphi-\frac{1}{2}\rho^2\Delta\varphi=\frac{1}{2}(2\rho+\Delta\rho)\Delta\rho\Delta\varphi$$

$$=\frac{\rho+(\rho+\Delta\rho)}{2}\Delta\rho\cdot\Delta\varphi\approx\rho\cdot\Delta\rho\cdot\Delta\varphi.$$

根据微元法可得到**极坐标系中的面积元素**

$$d\sigma=\rho\,d\rho\,d\varphi$$

又由直角坐标和极坐标的关系式

$\begin{cases}x=\rho\cos\varphi\\ y=\rho\sin\varphi\end{cases}$,可知被积函数　$f(x,y)=f(\rho\cos\varphi,\rho\sin\varphi)$.

由于在直角坐标系下$\iint\limits_{D} f(x,y)\,d\sigma$记作$\iint\limits_{D} f(x,y)\,dx\,dy$,由此可得二重积分从直角坐标系变换为极坐标系下二重积分的转换公式为

$$\iint\limits_{D} f(x,y)\,d\sigma=\iint\limits_{D} f(x,y)\,dx\,dy=\iint\limits_{D} f(\rho\cos\varphi,\rho\sin\varphi)\rho\,d\rho\,d\varphi$$

公式表明,要把二重积分的积分变量从直角坐标系变换成极坐标系,只要把被积函数中的x,y分别换成$\rho\cos\varphi,\rho\sin\varphi$,并把直角坐标系中的面积元素$dx\,dy$换成极坐标系中的面积元素即可.

极坐标系中的二重积分,同样可以化为二次积分来计算.现分几种情况来讨论.在以下讨论中,我们假定所给函数在指定的区间上均为连续的.

(1) 如果积分区域D介于两条射线$\varphi=\alpha,\varphi=\beta$之间,而对$D$内任一点$(\rho,\varphi)$,其极径是介于曲线$\rho=\rho_1(\varphi),\rho=\rho_2(\varphi)$之间(图9-2-18),则区域$D$的积分限为:$\alpha\leqslant\varphi\leqslant\beta,\rho_1(\varphi)\leqslant$

$\rho \leqslant \rho_2(\varphi)$

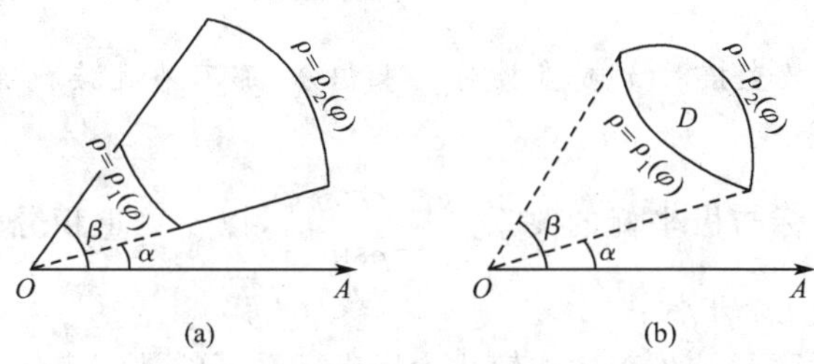

图 9-2-18

$$\iint_D f(\rho\cos\varphi,\rho\sin\varphi)\rho\mathrm{d}\rho\mathrm{d}\varphi=\int_\alpha^\beta\left[\int_{\rho_1(\varphi)}^{\rho_2(\varphi)}f(\rho\cos\varphi,\rho\sin\varphi)\rho\mathrm{d}\rho\right]\mathrm{d}\varphi.$$

上式也写成

$$\iint_D f(\rho\cos\varphi,\rho\sin\varphi)\rho\mathrm{d}\rho\mathrm{d}\varphi=\int_\alpha^\beta\mathrm{d}\varphi\int_{\rho_1(\varphi)}^{\rho_2(\varphi)}f(\rho\cos\varphi,\rho\sin\varphi)\rho\mathrm{d}\rho \tag{9.1}$$

(2) 如果积分区域 D 介于两条射线 $\varphi=\alpha,\varphi=\beta$ 之间,其极径是介于曲线 $\rho=0,\rho=\rho(\varphi)$ 之间(图 9-2-19),闭区域 D 可以用不等式 $\alpha\leqslant\varphi\leqslant\beta,0\leqslant\rho\leqslant\rho(\varphi)$ 来表示,而公式(9.1)成为

$$\iint_D f(\rho\cos\varphi,\rho\sin\varphi)\rho\mathrm{d}\rho\mathrm{d}\varphi=\int_\alpha^\beta\mathrm{d}\varphi\int_0^{\rho(\varphi)}f(\rho\cos\varphi,\rho\sin\varphi)\rho\mathrm{d}\rho.$$

(3) 如果积分区域 D 如图 9-2-20 所示,极点在 D 的内部,那么可以把它看作图 9-2-19 中当 $\alpha=0$、$\beta=2\pi$ 时的特例.这时闭区域 D 可以用不等式 $0\leqslant\rho\leqslant\rho(\varphi),0\leqslant\varphi\leqslant2\pi$ 来表示,而公式(9.1) 成为

$$\iint_D f(\rho\cos\varphi,\rho\sin\varphi)\rho\mathrm{d}\rho\mathrm{d}\varphi=\int_0^{2\pi}\mathrm{d}\varphi\int_0^{\rho(\varphi)}f(\rho\cos\varphi,\rho\sin\varphi)\rho\mathrm{d}\rho$$

由二重积分的性质,闭区域 D 的面积 σ 可以表示为 $\sigma=\iint_D\mathrm{d}\sigma$.在极坐标系中,面积元素 $\mathrm{d}\sigma=\rho\mathrm{d}\rho\mathrm{d}\varphi$,上式称为 $\sigma=\iint_D\rho\mathrm{d}\rho\mathrm{d}\varphi$.如果闭区域 D 如图 9-2-18(a) 所示,则由公式(9.1) 有

$$\sigma=\iint_D\rho\mathrm{d}\rho\mathrm{d}\varphi=\int_\alpha^\beta\mathrm{d}\varphi\int_{\rho_1(\varphi)}^{\rho_2(\varphi)}\rho\mathrm{d}\rho=\frac{1}{2}\int_\alpha^\beta[\rho_2^2(\varphi)-\rho_1^2(\varphi)]\mathrm{d}\varphi.$$

特别地,如果闭区域如图 9-2-20 所示,则 $\rho_1(\varphi)=0,\rho_2(\varphi)=\rho(\varphi)$.于是 $\sigma=\frac{1}{2}\int_\alpha^\beta\rho^2(\varphi)\mathrm{d}\varphi$.

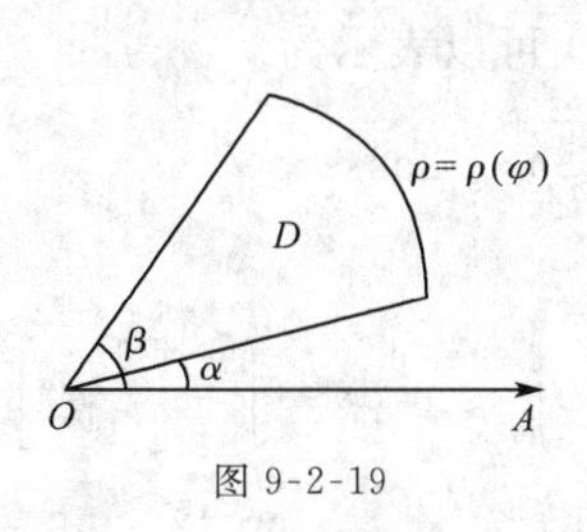

图 9-2-19

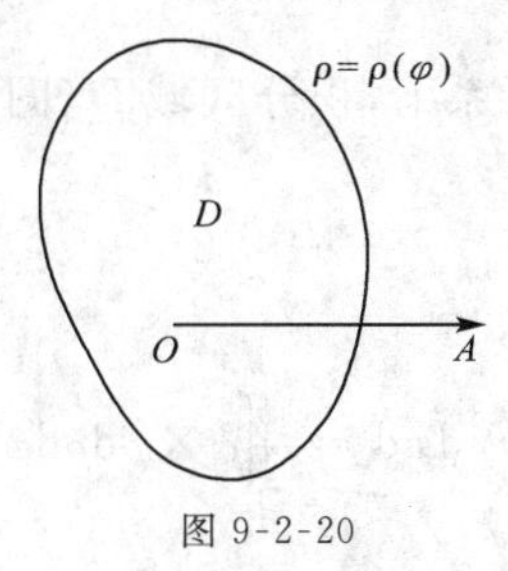

图 9-2-20

【例 9-10】 求$\iint\limits_D \ln(1+x^2+y^2)\mathrm{d}\sigma$,其中积分区域 D 为单位圆在第一象限内的部分.

分析:如果被积函数直接对 x 或直接对 y 求积分,都不易直接找原函数,因此可考虑转化为极坐标系下的积分.

解 根据直角坐标与极坐标的关系$\begin{cases} x=\rho\cos\varphi \\ y=\rho\sin\varphi \end{cases}$,以及二重积分转化为二次积分的方法,此问题可分为如下几个步骤:

(1) 将直角坐标系下的被积表达式转化为极坐标系下的被积表达式,即

$$\iint\limits_D \ln(1+x^2+y^2)\mathrm{d}\sigma=\iint\limits_D \ln(1+\rho^2)\rho\mathrm{d}\rho\mathrm{d}\varphi;$$

(2) 确定积分变量 ρ、φ 的范围,有 $0\leqslant\varphi\leqslant\frac{\pi}{2}$,$0\leqslant\rho\leqslant 1$;

(3) 将极坐标系下的二重积分转化为二次积分

$$\iint\limits_D \ln(1+\rho^2)\rho\mathrm{d}\rho\mathrm{d}\varphi=\int_0^{\frac{\pi}{2}}\mathrm{d}\varphi\int_0^1 \ln(1+\rho^2)\rho\mathrm{d}\rho;$$

(4) 求二次积分得

$$\begin{aligned}\int_0^{\frac{\pi}{2}}\mathrm{d}\varphi\int_0^1 \ln(1+\rho^2)\rho\mathrm{d}\rho&=\frac{1}{2}\int_0^{\frac{\pi}{2}}\mathrm{d}\varphi\int_0^1 \ln(1+\rho^2)\mathrm{d}(1+\rho^2)\\&=\frac{1}{2}\int_0^{\frac{\pi}{2}}\left[(1+\rho^2)\ln(1+\rho^2)-(1+\rho^2)\right]\Big|_0^1\mathrm{d}\varphi\\&=\frac{1}{4}(2\ln 2-1)\pi.\end{aligned}$$

【例 9-11】 计算$\iint\limits_D (1-x^2-y^2)\mathrm{d}x\mathrm{d}y$,其中 $D=\{(x,y)\mid x^2+y^2\leqslant 1\}$.

解 积分区域 D 的边界曲线极坐标方程为 $\rho=1$,由此确定的积分限为

$$0\leqslant\varphi\leqslant 2\pi,0\leqslant\rho\leqslant 1$$

所以

$$\begin{aligned}\iint\limits_D (1-x^2-y^2)\mathrm{d}x\mathrm{d}y&=\int_0^{2\pi}\mathrm{d}\varphi\int_0^1(1-\rho^2)\rho\mathrm{d}\rho=\int_0^{2\pi}\mathrm{d}\varphi\int_0^1(\rho-\rho^3)\mathrm{d}\rho\\&=\int_0^{2\pi}\left(\frac{1}{2}\rho^2-\frac{1}{4}\rho^4\right)\Big|_0^1\mathrm{d}\varphi=\frac{\pi}{2}.\end{aligned}$$

【例 9-12】 计算二重积分$\iint\limits_D \sqrt{x^2+y^2}\,\mathrm{d}x\mathrm{d}y$,其中积分区域 D 是由圆:$x^2+y^2=2x$ 所围成的.

解 在极坐标系下,积分区域 D(图 9-2-21) 可以表示为

$$-\frac{\pi}{2}\leqslant\varphi\leqslant\frac{\pi}{2},0\leqslant\rho\leqslant 2\cos\varphi.$$

于是

$$\begin{aligned}\iint\limits_D \sqrt{x^2+y^2}\,\mathrm{d}x\mathrm{d}y&=\iint\limits_D \rho\times\rho\mathrm{d}\rho\mathrm{d}\varphi=\int_{-\frac{\pi}{2}}^{\frac{\pi}{2}}\mathrm{d}\varphi\int_0^{2\cos\varphi}\rho^2\mathrm{d}\rho=\int_{-\frac{\pi}{2}}^{\frac{\pi}{2}}\left[\frac{1}{3}\rho^3\right]\Big|_0^{2\cos\varphi}\mathrm{d}\varphi\\&=\int_{-\frac{\pi}{2}}^{\frac{\pi}{2}}\frac{8}{3}\cos^3\varphi\mathrm{d}\varphi=\frac{16}{3}\int_0^{\frac{\pi}{2}}\cos^3\varphi\mathrm{d}\varphi=\frac{32}{9}.\end{aligned}$$

【例 9-13】　计算二重积分$\iint\limits_D \mathrm{e}^{-x^2-y^2}\mathrm{d}x\mathrm{d}y$,其中$D:x^2+y^2\leqslant R^2$.

分析:由于被积函数的积分不能用初等函数表示,因此,可考虑将其转化为极坐标系下的二重积分.

解　由于$\begin{cases}x=\rho\cos\varphi\\ y=\rho\sin\varphi\end{cases}$,且$\mathrm{d}x\mathrm{d}y=\rho\mathrm{d}\rho\mathrm{d}\varphi$,根据图9-2-22可知,区域$D_1$在极坐标系下的条件为:$0\leqslant\varphi\leqslant\frac{\pi}{2}$,$0\leqslant\rho\leqslant 1$,于是

$$\iint\limits_D \mathrm{e}^{-x^2-y^2}\mathrm{d}x\mathrm{d}y=4\iint\limits_{D_1}\mathrm{e}^{-\rho^2}\rho\mathrm{d}\rho\mathrm{d}\varphi=4\int_0^{\frac{\pi}{2}}\mathrm{d}\varphi\int_0^1\mathrm{e}^{-\rho^2}\rho\mathrm{d}\rho=4\int_0^{\frac{\pi}{2}}\left[-\frac{1}{2}\mathrm{e}^{-\rho^2}\right]\Big|_0^R\mathrm{d}\varphi$$

$$=2\pi\left[\frac{1}{2}(1-\mathrm{e}^{-R^2})\right]=\pi(1-\mathrm{e}^{-R^2}).$$

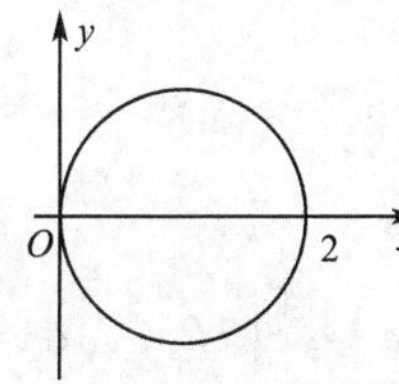

图 9-2-21

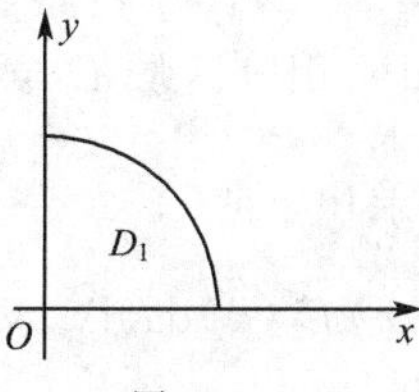

图 9-2-22

特别地,当$R\to+\infty$时,积分区域为整个xOy平面,有

$$\int_{-\infty}^{+\infty}\int_{-\infty}^{+\infty}\mathrm{e}^{-x^2-y^2}\mathrm{d}x\mathrm{d}y=\lim_{R\to+\infty}\iint\limits_D \mathrm{e}^{-x^2-y^2}\mathrm{d}x\mathrm{d}y=\lim_{R\to+\infty}\pi(1-\mathrm{e}^{-R^2})=\pi.$$

而

$$\int_{-\infty}^{+\infty}\int_{-\infty}^{+\infty}\mathrm{e}^{-x^2-y^2}\mathrm{d}x\mathrm{d}y=\int_{-\infty}^{+\infty}\mathrm{e}^{-x^2}\mathrm{d}x\int_{-\infty}^{+\infty}\mathrm{e}^{-y^2}\mathrm{d}y=\left(\int_{-\infty}^{+\infty}\mathrm{e}^{-x^2}\mathrm{d}x\right)^2.$$

于是有

$$\int_{-\infty}^{+\infty}\mathrm{e}^{-x^2}\mathrm{d}x=\sqrt{\pi}\text{ 或 }\int_0^{+\infty}\mathrm{e}^{-x^2}\mathrm{d}x=\frac{\sqrt{\pi}}{2}.$$

从以上各例可以看出,如果积分区域为圆形、圆环或扇形,或者被积函数用极坐标后函数表达式可以得到简化并易于积分,可以考虑用极坐标计算.

习题 9-2

1.计算下列二重积分.

(1)$\iint\limits_D (x^2+y^2)\mathrm{d}\sigma$,其中$D=\{(x,y)\mid |x|\leqslant 1,|y|\leqslant 1\}$;

(2)$\iint\limits_D (3x+2y)\mathrm{d}\sigma$,其中$D$是由两坐标轴及直线$x+y=2$所围成的闭区域;

(3)$\iint\limits_D (x^3+3x^2y+2y^3)\mathrm{d}\sigma$,其中$D=\{(x,y)\mid 0\leqslant x\leqslant 1,0\leqslant y\leqslant 1\}$;

(4) $\iint\limits_D x\cos(x+y)\mathrm{d}\sigma$，其中 D 是顶点分别为 $(0,0)$，$(\pi,0)$ 和 (π,π) 的三角形闭区域.

2.画出积分区域，并计算下列二重积分.

(1) $\iint\limits_D x\sqrt{y}\,\mathrm{d}\sigma$，其中 D 是由两条抛物线 $y=\sqrt{x}$，$y=x^2$ 所围成的闭区域；

(2) $\iint\limits_D xy^2\mathrm{d}\sigma$，其中 D 是由圆周 $x^2+y^2=4$ 及 y 轴所围成的右半闭区域；

(3) $\iint\limits_D \mathrm{e}^{x+y}\mathrm{d}\sigma$，其中 $D=\{(x,y)\mid |x|+|y|\leqslant 1\}$；

(4) $\iint\limits_D (x^2+y^2-x)\mathrm{d}\sigma$，其中 D 是由 $y=2$，$y=x$ 及 $y=2x$ 所围成的闭区域.

3.如果二重积分 $\iint\limits_D f(x,y)\mathrm{d}x\mathrm{d}y$ 的被积函数 $f(x,y)$ 是两个函数 $f_1(x)$ 及 $f_2(y)$ 的乘积，即 $\iint\limits_D f_1(x)f_2(y)\mathrm{d}x\mathrm{d}y$，积分区域 $D=\{(x,y)\mid a\leqslant x\leqslant b, c\leqslant y\leqslant d\}$，证明这个二重积分等于两个单积分的乘积，即

$$\iint\limits_D f_1(x)f_2(y)\mathrm{d}x\mathrm{d}y=\left[\int_a^b f_1(x)\mathrm{d}x\right]\cdot\left[\int_c^d f_2(y)\mathrm{d}y\right].$$

4.化二重积分 $I=\iint\limits_D f(x,y)\mathrm{d}\sigma$ 为二次积分(分别列出对两个变量先后次序不同的二次积分)，其中积分区域 D 是：

(1) 由直线 $y=x$ 及抛物线 $y^2=4x$ 所围成的区域；

(2) 由 x 轴及半圆周 $x^2+y^2=r^2(y\geqslant 0)$ 所围成的闭区域；

(3) 由直线 $y=x$，$x=2$ 及双曲线 $y=\dfrac{1}{x}(x>0)$ 所围成的闭区域；

(4) 环形闭区域 $\{(x,y)\mid 1\leqslant x^2+y^2\leqslant 4\}$.

5.设 $f(x,y)$ 在 D 上连续，其中 D 是由直线 $y=x$、$y=a$ 及 $x=b(b>a)$ 所围成的闭区域，证明

$$\int_a^b \mathrm{d}x\int_a^x f(x,y)\mathrm{d}y=\int_a^b \mathrm{d}y\int_y^b f(x,y)\mathrm{d}x.$$

6.改换下列二次积分的积分次序.

(1) $\int_0^1 \mathrm{d}y\int_0^y f(x,y)\mathrm{d}x$；

(2) $\int_0^2 \mathrm{d}y\int_{y^2}^{2y} f(x,y)\mathrm{d}x$；

(3) $\int_0^1 \mathrm{d}y\int_{-\sqrt{1-y^2}}^{\sqrt{1-y^2}} f(x,y)\mathrm{d}x$；

(4) $\int_1^2 \mathrm{d}x\int_{2-x}^{\sqrt{2x-x^2}} f(x,y)\mathrm{d}y$；

(5) $\int_1^{\mathrm{e}} \mathrm{d}x\int_0^{\ln x} f(x,y)\mathrm{d}y$；

(6) $\int_0^{\pi} \mathrm{d}x\int_{-\sin\frac{x}{2}}^{\sin x} f(x,y)\mathrm{d}y$.

7.设平面薄片所占的闭区域 D 由直线 $x+y=2$，$y=x$ 和 x 轴所围成，它的面密度 $\mu(x,y)=x^2+y^2$，求该薄片的质量.

8.计算由四个平面 $x=0$，$y=0$，$x=1$，$y=1$ 所围成的柱体被平面 $z=0$ 及 $2x+3y+z=6$ 截得的立体的体积.

9.求由平面 $x=0,y=0,x+y=1$ 所围成的柱体被平面 $z=0$ 及抛物面 $x^2+y^2=6-z$ 截得的立体的体积.

10.求由曲面 $z=x^2+2y^2$ 及 $z=6-2x^2-y^2$ 所围成的立体的体积.

11.画出积分区域,把积分 $\iint\limits_D f(x,y)\mathrm{d}x\mathrm{d}y$ 表示为极坐标形式的二次积分,其中积分区域 D 是:

(1) $\{(x,y)\mid x^2+y^2\leqslant a^2\}(a>0)$;

(2) $\{(x,y)\mid x^2+y^2\leqslant 2x\}$;

(3) $\{(x,y)\mid a^2\leqslant x^2+y^2\leqslant b^2\}$,其中 $0<a<b$;

(4) $\{(x,y)\mid 0\leqslant y\leqslant 1-x,0\leqslant x\leqslant 1\}$.

12.化下列二次积分为极坐标形式的二次积分.

(1) $\int_0^1\mathrm{d}y\int_0^1 f(x,y)\mathrm{d}x$;　　(2) $\int_0^2\mathrm{d}x\int_x^{\sqrt{3}x} f(\sqrt{x^2+y^2})\mathrm{d}y$;

(3) $\int_0^1\mathrm{d}x\int_{1-x}^{\sqrt{1-x^2}} f(x,y)\mathrm{d}x$;　　(4) $\int_0^1\mathrm{d}x\int_0^{x^2} f(x,y)\mathrm{d}y$.

13.把下列积分化为极坐标形式,并计算积分值.

(1) $\int_0^{2a}\mathrm{d}x\int_0^{\sqrt{2ax-x^2}}(x^2+y^2)\mathrm{d}y$;　　(2) $\int_0^a\mathrm{d}x\int_0^x\sqrt{x^2+y^2}\,\mathrm{d}x$;

(3) $\int_0^1\mathrm{d}x\int_{x^2}^x(x^2+y^2)^{-\frac{1}{2}}\mathrm{d}y$;　　(4) $\int_0^a\mathrm{d}y\int_0^{\sqrt{a^2-y^2}}(x^2+y^2)\mathrm{d}x$.

14.利用极坐标计算下列各题.

(1) $\iint\limits_D \mathrm{e}^{x^2+y^2}\mathrm{d}\sigma$,其中 D 是由圆周 $x^2+y^2=4$ 所围成的闭区域;

(2) $\iint\limits_D \ln(1+x^2+y^2)\mathrm{d}\sigma$,其中 D 是由圆周 $x^2+y^2=1$ 及坐标轴所围成的在第一象限内的闭区域;

(3) $\iint\limits_D \arctan\dfrac{y}{x}\mathrm{d}\sigma$,其中 D 是由圆周 $x^2+y^2=4,x^2+y^2=1$ 及直线 $y=0,y=x$ 所围成的在第一象限内的闭区域.

15.选用恰当的坐标计算下列各题.

(1) $\iint\limits_D \dfrac{y^2}{x^2}\mathrm{d}\sigma$,其中 D 是由直线 $x=2,y=x$ 及曲面 $xy=1$ 所围成的闭区域;

(2) $\iint\limits_D \sqrt{\dfrac{1-x^2-y^2}{1+x^2+y^2}}\mathrm{d}\sigma$,其中 D 是由圆周 $x^2+y^2=1$ 及坐标轴所围成的在第一象限内的闭区域;

(3) $\iint\limits_D (x^2+y^2)\mathrm{d}\sigma$,其中 D 是由直线 $y=x,y=x+a,y=a,y=3a(a>0)$ 所围成的闭区域;

(4) $\iint\limits_D \sqrt{x^2+y^2}\mathrm{d}\sigma$,其中 D 是圆环形闭区域 $\{(x,y)\mid a^2\leqslant x^2+y^2\leqslant b^2\}$.

16.求区域 Ω 的体积 V,其中 Ω 由 $z=xy, x^2+y^2=a^2, z=0$ 所围成.

17.计算以 xOy 面上的圆周 $x^2+y^2=ax$ 围成的闭区域为底,而以曲面 $z=x^2+y^2$ 为顶的曲顶柱体的体积.

18.求由曲面 $z=\sqrt{5-x^2-y^2}$ 及 $x^2+y^2=4z$ 所围的立体的体积.

9.3 三重积分及其计算

设一个非均匀密度的空间物体,占有空间闭区域 Ω,它的点密度为 $f(x,y,z)$,现在求这个物体的质量.假设密度函数是有界的连续函数.

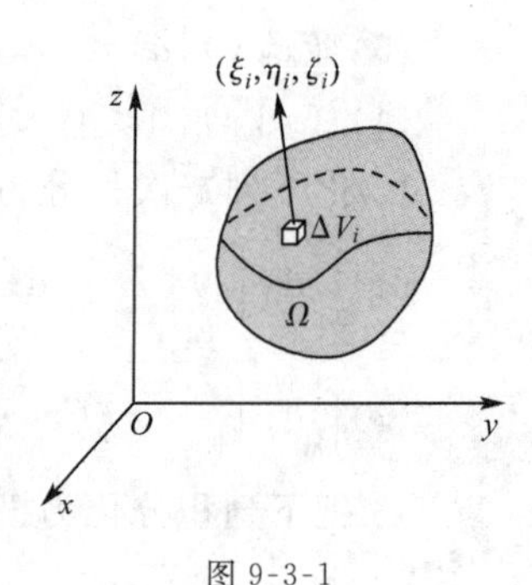

图 9-3-1

结合前面的例子可知,对于非均匀密度物体的质量无法用质量公式直接求得.于是我们借助积分的思想:

(1) 可以将区域 Ω 分割为若干个可求体积的小区域 $V_1, V_2, \cdots, V_n$,其体积分别是 $\Delta V_1, \Delta V_2, \cdots, \Delta V_n$.

(2) 取其中典型的小块 ΔV_i,在小块上任取一点 (ξ_i, η_i, ζ_i)(图 9-3-1),当小块比较微小时可将其近似看作均匀立体.则该小块质量近似为 $\Delta M_i \approx f(\xi_i, \eta_i, \zeta_i)\Delta V_i$.

(3) 所有这样的小的立体的质量之和即为这个物体的质量的近似值.即

$$M \approx \sum_{i=1}^{n} f(\xi_i, \eta_i, \zeta_i)\Delta V_i.$$

(4) 当 $\lambda \to 0$ 时,这个和式的极限存在,就是物体的质量.即

$$M=\lim_{\lambda \to 0}\sum_{i=1}^{n} f(x_i, y_i, z_i)\Delta V_i.(\lambda \text{ 为各小块区域直径最大值})$$

从上面的讨论可以看出,整个求质量的过程和求曲顶柱体的体积是类似的,都是先分割,再求和,最后取极限.所以我们也可以得到下面一类积分.

一、三重积分的定义

定义 9.2 设 $f(x,y,z)$ 是空间有界闭区域 Ω 上的有界函数,将 Ω 任意分割为 n 个小闭区域 $\Delta V_1, \Delta V_2, \cdots, \Delta V_n$,其中 Δv_i 表示第 i 个小闭区域,也表示它的体积.在每个 ΔV_i 上任取一点 (ξ_i, η_i, ζ_i),做乘积 $f(\xi_i, \eta_i, \zeta_i)\Delta v_i\ (i=1,2,\cdots,n)$,并做和 $\sum\limits_{i=1}^{n} f(\xi_i, \eta_i, \zeta_i)\Delta V_i$.如果当各小闭区域直径中最大值 λ 趋于零时,该和式的极限总存在,则称此极限为函数 $f(x,y,z)$ 在闭区域 Ω 上的三重积分.记作 $\iiint\limits_{\Omega} f(x,y,z)\mathrm{d}V$.即

$$\iiint\limits_{\Omega} f(x,y,z)\mathrm{d}V=\lim_{\lambda \to 0}\sum_{i=1}^{n} f(\xi_i, \eta_i, \zeta_i)\Delta V_i \tag{9.2}$$

此时称函数 $f(x,y,z)$ 在 Ω 上可积.$f(x,y,z)$ 称为被积函数,x, y, z 称为积分变量,$\mathrm{d}V$ 称

为体积微元.

在直角坐标系中,如果用平行于坐标面的平面来划分Ω,那么除了包含Ω的边界点的一些不规则小闭区域外,得到的小闭区域Δv_i均为长方体.设长方体小闭区域Δv_i的边长为Δx_j、Δy_k、Δz_l,则$\Delta v_i=\Delta x_j\Delta y_k\Delta z_l$.因此在直角坐标系中,有时也把体积元素$\mathrm{d}v$记作$\mathrm{d}x\mathrm{d}y\mathrm{d}z$,而把三重积分记作$\iiint\limits_{\Omega}f(x,y,z)\mathrm{d}x\mathrm{d}y\mathrm{d}z$,其中$\mathrm{d}x\mathrm{d}y\mathrm{d}z$叫作直角坐标系中的体积元素.

注意:1.当函数$f(x,y,z)$在闭区域Ω上连续时,式(9.2)右端的和的极限必定存在,也就是函数$f(x,y,z)$在闭区域Ω上的三重积分必定存在.以后我们总假定函数$f(x,y,z)$在闭区域Ω上是连续的.

2.根据上述定义可知,占有空间闭区域Ω的非均匀物体,若其密度函数为$f(x,y,z)$,则该物体的质量为$M=\iiint\limits_{\Omega}f(x,y,z)\mathrm{d}V$.

3.三重积分也具有二重积分的完全类似的性质,这里不再重复了.

4.当$f(x,y,z)=1$时,设积分区域Ω的体积为V,则有$V=\iiint\limits_{\Omega}1\cdot\mathrm{d}V$.

二、三重积分的计算

1.直角坐标系下三重积分的计算

计算三重积分的基本方法与二重积分类似,其基本思路也是将三重积分化为三次积分来计算.下面我们借助三重积分的物理意义来导出将三重积分化为累次积分的方法.

(1)“先一后二”(投影法)

假设平行于z轴且穿过闭区域Ω内部的直线与闭区域Ω的边界曲面S相交不多于两点.把闭区域Ω投影到xOy面上,得到平面闭区域(图9-3-2).以D_{xy}的边界为准线做母线平行于z轴的柱面.这个柱面与曲面S的交线从S中分出上、下两部分,它们的方程分别为

$$S_1:z=z_1(x,y),\quad S_2:z=z_2(x,y),$$

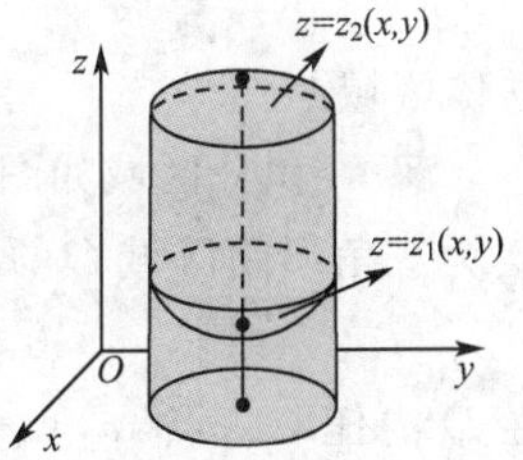

图9-3-2

其中$z_1(x,y)$与$z_2(x,y)$都是D_{xy}上的连续函数,且$z_1(x,y)\leqslant z_2(x,y)$.过$D_{xy}$内任一点$(x,y)$做平行于$z$轴的直线,这条直线通过曲面$S_1$穿入$\Omega$内,然后通过曲面$S_2$穿出$\Omega$外,穿入点与穿出点的竖坐标分别为$z_1(x,y)$与$z_2(x,y)$.

在这种情形下,积分区域Ω可表示为

$$\Omega=\{(x,y,z)\mid z_1(x,y)\leqslant z\leqslant z_2(x,y),(x,y)\in D_{xy}\}.$$

先将x,y看成是定值,将函数$f(x,y,z)$看作是z的函数,在区间$[z_1(x,y),z_2(x,y)]$上对z积分,积分的结果是x,y的函数,记为$F(x,y)$,即

$$F(x,y)=\int_{z_1(x,y)}^{z_2(x,y)}f(x,y,z)\mathrm{d}z.$$

然后计算$F(x,y)$在闭区域D_{xy}上的二重积分

$$\iint_{D_{xy}} F(x,y)\mathrm{d}\sigma = \iint_{D_{xy}} \left[\int_{z_1(x,y)}^{z_2(x,y)} f(x,y,z)\mathrm{d}z\right]\mathrm{d}\sigma$$

即

$$\iiint_{\Omega} f(x,y,z)\mathrm{d}x\mathrm{d}y\mathrm{d}z = \iint_{D_{xy}} F(x,y)\mathrm{d}\sigma = \iint_{D_{xy}} \left[\int_{z_1(x,y)}^{z_2(x,y)} f(x,y,z)\mathrm{d}z\right]\mathrm{d}\sigma.$$

这种先对 z 积分，再对 x,y 积分的方法称为“先一后二”法.注意在计算 x,y 的二重积分时，可任选一种顺序.

假如闭区域 D_{xy} 是X-型区域，即 $D_{xy}=\{(x,y)\mid a\leqslant x\leqslant b, y_1(x)\leqslant y\leqslant y_2(x)\}$，则由上式得到三重积分的计算公式：

$$\iiint_{\Omega} f(x,y,z)\mathrm{d}V = \int_a^b \mathrm{d}x\int_{y_1(x)}^{y_2(x)}\mathrm{d}y\int_{z_1(x,y)}^{z_2(x,y)} f(x,y,z)\mathrm{d}z. \tag{9.3}$$

公式(9.3) 把三重积分化为先对 z、再对 y、最后对 x 的三次积分.

类似地，如果闭区域 D_{xy} 是Y-型区域，即 $D_{xy}=\{(x,y)\mid c\leqslant y\leqslant d, x_1(y)\leqslant x\leqslant x_2(y)\}$，则由上式得到三重积分的计算公式：

$$\iiint_{\Omega} f(x,y,z)\mathrm{d}V = \int_c^d \mathrm{d}y\int_{x_1(y)}^{x_2(y)}\mathrm{d}x\int_{z_1(x,y)}^{z_2(x,y)} f(x,y,z)\mathrm{d}z. \tag{9.4}$$

公式(9.4) 把三重积分化为先对 z、再对 x、最后对 y 的三次积分.

注意：1.如果平行于 x 轴或 y 轴且穿过闭区域 Ω 内部的直线与 Ω 的边界曲面 S 相交不多于两点，也可把闭区域 Ω 投影到 yOz 面上或 xOz 面上，这样便可把三重积分化为按其他顺序的三次积分.

2.上述积分公式对一般的积分区域也成立，此时可将该区域分成若干个满足上述条件的区域的和，再利用积分对区域的可加性即可.

【例 9-14】 计算三重积分 $\iiint_{\Omega} x\mathrm{d}V$，其中 Ω 是由三个坐标面和平面 $x+y+z=1$ 所围的立体区域.

解 积分区域如图 9-3-3 所示，将区域 Ω 向 xOy 面投影，投影区域 D 为三角形闭区域 OAB：

$$0\leqslant x\leqslant 1, 0\leqslant y\leqslant 1-x.$$

在 D 内任取一点 (x,y)，过此点做平行于 z 轴的直线，该直线从平面 $z=0$ 穿入，从平面 $z=1-x-y$ 穿出，即有

$$0\leqslant z\leqslant 1-x-y$$

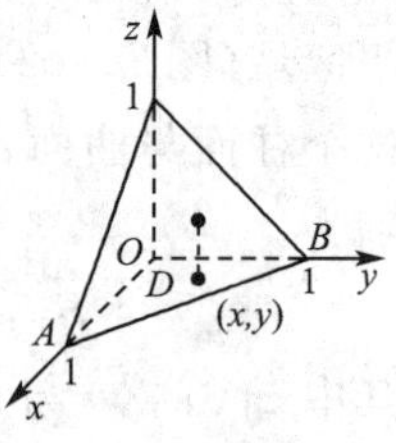

图 9-3-3

所以积分可以化为

$$\begin{aligned}\iiint_{\Omega} x\mathrm{d}V &= \int_0^1 \mathrm{d}x\int_0^{1-x}\mathrm{d}y\int_0^{1-x-y} x\mathrm{d}z = \int_0^1 \mathrm{d}x\int_0^{1-x} x(1-x-y)\mathrm{d}y \\ &= \int_0^1 \frac{1}{2}x(1-x)^2\mathrm{d}x = \left(\frac{1}{8}x^4-\frac{1}{3}x^3+\frac{1}{4}x^2\right)\bigg|_0^1 \\ &= \frac{1}{24}.\end{aligned}$$

【例 9-15】 化三重积分 $\iiint_{\Omega} f(x,y,z)\mathrm{d}x\mathrm{d}y\mathrm{d}z$ 为三次积分，其中积分区域 Ω 为由曲面

$z=x^2+2y^2$ 及 $z=2-x^2$ 所围成的闭区域.

解 曲面 $z=x^2+2y^2$ 为开口向上的椭圆抛物面,而 $z=2-x^2$ 为母线平行于 y 轴的开口向下的抛物柱面,解方程组 $\begin{cases} z=x^2+2y^2 \\ z=2-x^2 \end{cases}$,即可得到这两个曲面的交线为 $x^2+y^2=1$.由此可知,由这两个曲面所围成的空间立体 Ω 的投影区域 D:$x^2+y^2\leqslant 1$,以及这两个曲面的图形特征值,在投影区域 D 上,$z=2-x^2$ 为上曲面,$z=x^2+2y^2$ 为下曲面,于是,积分区域 Ω 可表示为

$$\Omega=\{(x,y,z)\,|\,x^2+2y^2\leqslant z\leqslant 2-x^2,(x,y)\in D\}$$

所以

$$\iiint\limits_{\Omega} f(x,y,z)\mathrm{d}x\mathrm{d}y\mathrm{d}z=\iint\limits_{D}\mathrm{d}x\mathrm{d}y\int_{x^2+2y^2}^{2-x^2} f(x,y,z)\mathrm{d}z$$

而投影区域 D 的积分限为

$$D:-1\leqslant x\leqslant 1,-\sqrt{1-x^2}\leqslant y\leqslant\sqrt{1-x^2}$$

于是

$$\iiint\limits_{\Omega} f(x,y,z)\mathrm{d}x\mathrm{d}y\mathrm{d}z=\int_{-1}^{1}\mathrm{d}x\int_{-\sqrt{1-x^2}}^{\sqrt{1-x^2}}\mathrm{d}y\int_{x^2+2y^2}^{2-x^2} f(x,y,z)\mathrm{d}z.$$

三重积分的积分区域是由曲面所围成的立体区域,在大多数情况下,曲面的图形比较难画,为此,读者需要熟悉第七章所学过的常见的平面、柱面和二次曲面的图形,并借助空间想象力来确定积分区域.利用投影法把三重积分化为三次积分时,关键在于确定积分限.一般在确定了积分次序后,内层积分上下限主要根据积分区域的上下(左右或前后)边界而定,但要记住,内层积分上下限至多包含两个变量,中层积分的上下限至多包含一个变量,而外层积分的上下限必须是常数.

(2)“先二后一”(截面法)

设立体区域 Ω 介于两平面 $z=c$,$z=d$ 之间($c<d$),过点$(0,0,z)$($z\in[c,d]$)做垂直于 z 轴的平面与立体区域 Ω 相截得一截面 D_z,于是,区域 Ω(图 9-3-4)可表示为

$$\Omega=\{(x,y,z)\,|\,(x,y)\in D_z,c\leqslant z\leqslant d\}.$$

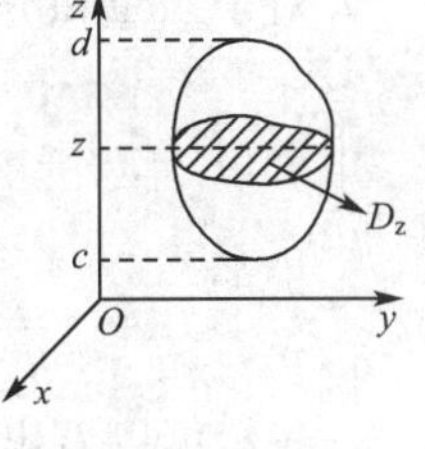

图 9-3-4

由此,我们先在 D_z 上对 x,y 积分,此时应把 z 视为常数,确定 D_z 是 X- 型区域还是 Y- 型区域,再将其化为二次积分.例如,如果 D_z 是 X- 型区域:$x_1(z)\leqslant x\leqslant x_2(z)$,$y_1(x,z)\leqslant y\leqslant y_2(x,z)$,则

$$\iiint\limits_{\Omega} f(x,y,z)\mathrm{d}x\mathrm{d}y\mathrm{d}z=\int_{c}^{d}\mathrm{d}z\int_{x_1(z)}^{x_2(z)}\mathrm{d}x\int_{y_1(x,z)}^{y_2(x,z)} f(x,y,z)\mathrm{d}y.$$

这种先对 x,y 求积分,再对 z 求积分的方法,通常称为“先二后一”法.当 $f(x,y,z)$ 仅是 z 的表达式,而 D_z 的面积又容易计算时,可使用此方法.因为当 $f(x,y,z)=g(z)$ 时,有

$$\iiint\limits_{\Omega} f(x,y,z)\mathrm{d}x\mathrm{d}y\mathrm{d}z=\iiint\limits_{\Omega} g(z)\mathrm{d}x\mathrm{d}y\mathrm{d}z=\int_{c}^{d}\mathrm{d}z\iint\limits_{D_z} g(z)\mathrm{d}\sigma=\int_{c}^{d} g(z)\cdot S_{D_z}\mathrm{d}z,$$

其中 S_{D_z} 表示 D_z 的面积.

同理,根据积分区域的不同,也可选择先对 x,z 积分,再对 y 积分,或先对 y,z 积分,再对 x 积分的方法.

【例 9-16】 计算三重积分$\iiint\limits_{\Omega} z\,\mathrm{d}x\,\mathrm{d}y\,\mathrm{d}z$，其中$\Omega$为三个坐标面及平面$x+y+z=1$所围成的闭区域.

解 如图 9-3-5 所示，区域Ω介于平面$z=0$与$z=1$之间，在$[0,1]$内任取一点z，做垂直于z轴的平面，截区域Ω得一截面

$$D_z=\left\{(x,y)\,\middle|\,x+y\leqslant 1-z\right\}$$

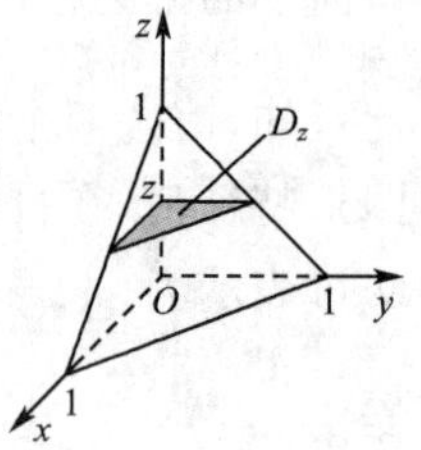

于是

$$\iiint\limits_{\Omega} z\,\mathrm{d}x\,\mathrm{d}y\,\mathrm{d}z=\int_0^1 z\,\mathrm{d}z\iint\limits_{D_z}\mathrm{d}x\,\mathrm{d}y.$$

图 9-3-5

因为

$$\iint\limits_{D_z}\mathrm{d}x\,\mathrm{d}y=\frac{1}{2}(1-z)(1-z),$$

所以

$$\iiint\limits_{\Omega} z\,\mathrm{d}x\,\mathrm{d}y\,\mathrm{d}z=\int_0^1 z\cdot\frac{1}{2}(1-z)^2\,\mathrm{d}z=\frac{1}{24}.$$

2.利用柱面坐标计算三重积分

【例 9-17】 计算$\iiint\limits_{\Omega} y^2\,\mathrm{d}x\,\mathrm{d}y\,\mathrm{d}z$，其中$\Omega$由旋转抛物面$z=x^2+y^2$以及平面$z=4$所围成.

解 Ω在xOy面上的投影区域D为xOy面上的圆形闭区域$x^2+y^2\leqslant 4$，Ω可表示为$x^2+y^2\leqslant z\leqslant 4$，$(x,y)\in D$，因此

$$\iiint\limits_{\Omega} y^2\,\mathrm{d}x\,\mathrm{d}y\,\mathrm{d}z=\iint\limits_{D}\mathrm{d}x\,\mathrm{d}y\int_{x^2+y^2}^{4} y^2\,\mathrm{d}y=\iint\limits_{D} y^2(4-x^2-y^2)\,\mathrm{d}x\,\mathrm{d}y \tag{9.5}$$

对于二重积分$\iint\limits_{D} y^2(4-x^2-y^2)\,\mathrm{d}x\,\mathrm{d}y$，可采用极坐标来计算，于是有

$$\begin{aligned}\iint\limits_{D} y^2(4-x^2-y^2)\,\mathrm{d}x\,\mathrm{d}y&=\iint\limits_{D}\rho^2\sin^2\varphi\cdot(4-\rho^2)\cdot\rho\,\mathrm{d}\rho\,\mathrm{d}\varphi=\int_0^{2\pi}\mathrm{d}\varphi\int_0^2\rho^3(4-\rho^2)\sin^2\varphi\,\mathrm{d}\rho\\&=\int_0^{2\pi}\frac{16}{3}\sin^2\varphi\,\mathrm{d}\varphi=\frac{16}{3}\pi.\end{aligned}$$

我们可以看出在上例中，在计算式(9.5)右端关于直角坐标变量x,y的二重积分时，把它转换成了关于极坐标ρ,φ的二重积分.对于空间任一点$M(x,y,z)$，如果xOy面上的点(x,y)的极坐标为(ρ,φ)，则(ρ,φ,z)称为点M的柱面坐标(图 9-3-6).柱面坐标与直角坐标的关系为

$$\begin{cases}x=\rho\cos\varphi\\y=\rho\sin\varphi\quad(0\leqslant\rho<+\infty,0\leqslant\varphi\leqslant 2\pi,-\infty<z<+\infty)\\z=z\end{cases}$$

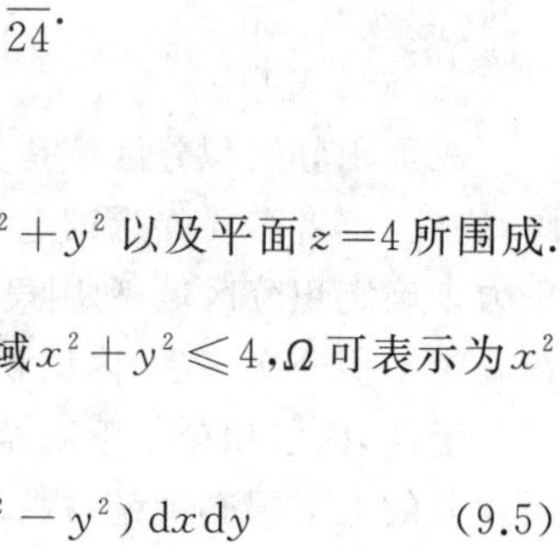

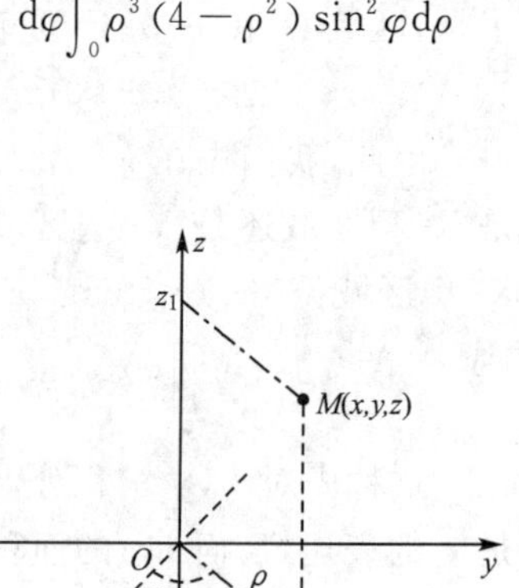

图 9-3-6

用柱面坐标系中的坐标曲面$\rho=$常数(以z轴为中心轴的圆柱面)，$\varphi=$常数(半平面)，$z=$常数(平面)把Ω分成几个小

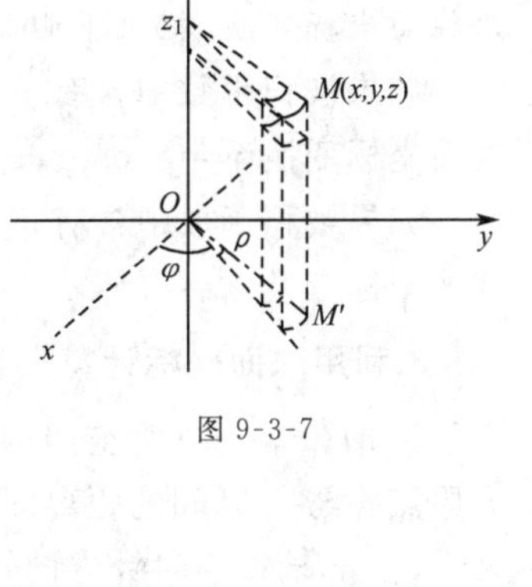

图 9-3-7

的闭区域，其中一个代表性的小闭区域为如图 9-3-7 所示的柱体，它的高为 $\mathrm{d}z$，底面面积在不计高阶无穷小时等于 $\rho\mathrm{d}\rho\mathrm{d}\varphi$，故其体积近似为 $\mathrm{d}V=\rho\mathrm{d}\rho\mathrm{d}\varphi\mathrm{d}z$，这就是柱面坐标的体积微元，因此有

$$\iiint_{\Omega} f(x,y,z)\mathrm{d}V=\iiint_{\Omega} f(\rho\cos\varphi,\rho\sin\varphi,z)\rho\mathrm{d}\rho\mathrm{d}\varphi\mathrm{d}z$$

如果区域 Ω 的上、下边界曲面的柱面坐标方程分别为

$$z=z_2(\rho,\varphi)\text{ 和 }z=z_1(\rho,\varphi),$$

而 Ω 在 xOy 面上的投影区域可表示为 $\rho_1(\varphi)\leqslant\rho\leqslant\rho_2(\varphi)$，$\alpha\leqslant\varphi\leqslant\beta$，则区域 Ω 在柱面坐标系中可表示为

$$z_1(\rho,\varphi)\leqslant z\leqslant z_2(\rho,\varphi),\rho_1(\varphi)\leqslant\rho\leqslant\rho_2(\varphi),\alpha\leqslant\varphi\leqslant\beta$$

此时有

$$\begin{aligned}\iiint_{\Omega} f(x,y,z)\mathrm{d}V&=\iiint_{\Omega} f(\rho\cos\varphi,\rho\sin\varphi,z)\rho\mathrm{d}\rho\mathrm{d}\varphi\mathrm{d}z\\&=\int_{\alpha}^{\beta}\mathrm{d}\varphi\int_{\rho_1(\varphi)}^{\rho_2(\varphi)}\mathrm{d}\rho\int_{z_1(\rho,\varphi)}^{z_2(\rho,\varphi)} f(\rho\cos\varphi,\rho\sin\varphi,z)\rho\mathrm{d}z\end{aligned}$$

这就是把三重积分化为柱面坐标的三次积分公式.

【例 9-18】 用柱面坐标计算 $\iiint_{\Omega} z\mathrm{d}x\mathrm{d}y\mathrm{d}z$，其中

$$\Omega=\{(x,y,z)\,|\,x^2+y^2+z^2\leqslant 1,z\geqslant 0\}.$$

解 把 Ω 投影到 xOy 面上得圆形区域

$$D=\{(\rho,\varphi)\,|\,0\leqslant\rho\leqslant 1,0\leqslant\varphi\leqslant 2\pi\},$$

此时

$$0\leqslant z\leqslant\sqrt{1-\rho^2},$$

所以

$$\begin{aligned}\iiint_{\Omega} z\mathrm{d}x\mathrm{d}y\mathrm{d}z&=\int_0^{2\pi}\mathrm{d}\varphi\int_0^1\mathrm{d}\rho\int_0^{\sqrt{1-\rho^2}} z\rho\mathrm{d}z=\frac{1}{2}\int_0^{2\pi}\mathrm{d}\varphi\int_0^1\rho(1-\rho^2)\mathrm{d}\rho\\&=\frac{1}{2}2\pi\left[\frac{\rho^2}{2}-\frac{\rho^4}{4}\right]\Big|_0^1=\frac{\pi}{4}.\end{aligned}$$

【例 9-19】 计算三重积分 $\iiint_{\Omega}(x^2+y^2)\mathrm{d}V$，其中 Ω 是由旋转抛物面 $z=4(x^2+y^2)$ 和平面 $z=4$ 所围成的区域.

解 如图 9-3-8 所示，积分区域 Ω 在坐标面 xOy 上的投影是一个圆心在原点的单位圆.所以

$$\Omega=\{0\leqslant\rho\leqslant 1,0\leqslant\varphi\leqslant 2\pi,4\rho^2\leqslant z\leqslant 4\}.$$

于是

$$\begin{aligned}\iiint_{\Omega}(x^2+y^2)\mathrm{d}V&=\iiint_{\Omega}\rho^2\rho\mathrm{d}\varphi\mathrm{d}\rho\mathrm{d}z=\int_0^{2\pi}\mathrm{d}\varphi\int_0^1\rho^2\rho\mathrm{d}\rho\int_{4\rho^2}^4\mathrm{d}z\\&=\int_0^{2\pi}\mathrm{d}\varphi\int_0^1(4\rho^3-4\rho^5)\mathrm{d}\rho=\frac{2}{3}\pi.\end{aligned}$$

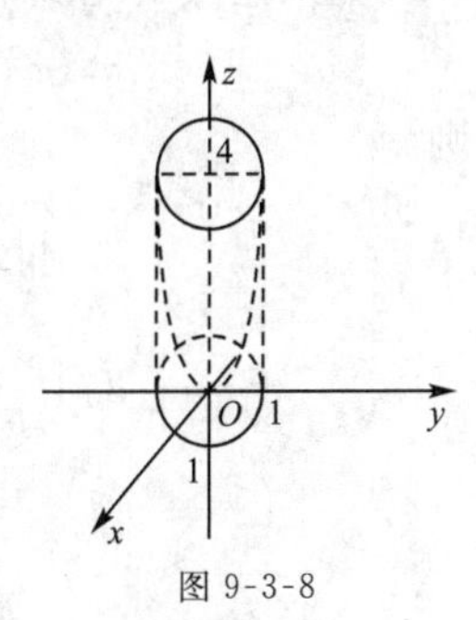

图 9-3-8

注意:利用柱面坐标变换时,首先求出Ω在xOy面上的投影区域D,确定上下曲面.然后用柱面坐标变换,把上下曲面表示成ρ,φ的函数,投影区域D用ρ,φ的不等式来表示.

如果被积函数中含有y^2+z^2,Ω在yOz面上的投影区域是圆域或部分圆域时,可利用柱面坐标变换$y=\rho\cos\varphi,z=\rho\sin\varphi,x=x$.

如果被积函数中含有x^2+z^2,Ω在zOx面上的投影区域是圆域或部分圆域时,可利用柱面坐标变换$z=\rho\cos\varphi,x=\rho\sin\varphi,y=y$.

3.利用球面坐标计算三重积分

设$M(x,y,z)$为空间内一点,则点M也可用这样三个有次序的数ρ,θ,φ来确定,其中ρ为原点O与点M间的距离即向量$\overrightarrow{OM}$的长度,θ为$\overrightarrow{OM}$与z轴正向所夹的角,φ为从z轴正向来看,自x轴按逆时针方向转到$\overrightarrow{OM}$在xOy面上的投影向量$\overrightarrow{OP}$的角(图 9-3-9).这样的三个数叫作点M的球面坐标.直角坐标与球面坐标关系为

$$\begin{cases}x=\rho\sin\theta\cos\varphi\\ y=\rho\sin\theta\sin\varphi\\ z=\rho\cos\theta\end{cases}\quad(0\leqslant\rho<+\infty,0\leqslant\theta\leqslant\pi,0\leqslant\varphi\leqslant 2\pi).\tag{9.6}$$

三重积分从直角坐标变化为球面坐标的公式为

$$\iiint\limits_{\Omega}f(x,y,z)\mathrm{d}x\mathrm{d}y\mathrm{d}z=\iiint\limits_{\Omega}f(\rho\sin\theta\cos\varphi,\rho\sin\theta\sin\varphi,\rho\cos\theta)\rho^2\sin\theta\mathrm{d}\rho\mathrm{d}\theta\mathrm{d}\varphi$$

其中,$\rho^2\sin\theta\mathrm{d}\rho\mathrm{d}\theta\mathrm{d}\varphi$称为球面坐标的体积元素.它的几何意义可做如下说明:当用球面坐标系中的坐标曲面$\rho=$常数(同心球面),$\varphi=$常数(半平面),$\theta=$常数(锥面)把Ω分成几个小闭区域后,其中一个代表性的小闭区域为如图 9-3-10 所示的六面体,不计高阶无穷小,这个六面体可看作一个长方体,它的三棱长分别为$\mathrm{d}\rho,\rho\mathrm{d}\theta$和$\rho\sin\theta\mathrm{d}\varphi$,故其体积近似为

$$\mathrm{d}V=\rho^2\sin\theta\mathrm{d}\rho\mathrm{d}\theta\mathrm{d}\varphi$$

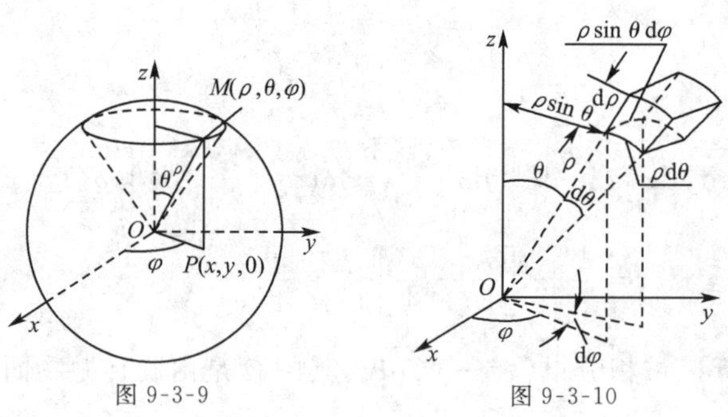

图 9-3-9　　图 9-3-10

如果区域Ω在球面坐标下可表示为

$$\rho_1(\varphi,\theta)\leqslant\rho\leqslant\rho_2(\varphi,\theta),\theta_1(\varphi)\leqslant\theta\leqslant\theta_2(\varphi),\alpha\leqslant\varphi\leqslant\beta$$

则

$$\iiint\limits_{\Omega}f(\rho\sin\theta\cos\varphi,\rho\sin\theta\sin\varphi,\rho\cos\theta)\rho^2\sin\theta\mathrm{d}\rho\mathrm{d}\theta\mathrm{d}\varphi$$

$$=\int_{\alpha}^{\beta}\mathrm{d}\varphi\int_{\theta_1(\varphi)}^{\theta_2(\varphi)}\mathrm{d}\theta\int_{\rho_1(\varphi,\theta)}^{\rho_2(\varphi,\theta)}f(\rho\sin\theta\cos\varphi,\rho\sin\theta\sin\varphi,\rho\cos\theta)\rho^2\sin\theta\mathrm{d}\rho.$$

例如当积分区域 Ω 是球 $x^2+y^2+z^2\leqslant a^2$ 时，由于球可以表示为

$$0\leqslant\rho\leqslant a,0\leqslant\theta\leqslant\pi,0\leqslant\varphi\leqslant 2\pi$$

因此有

$$\iiint\limits_{\Omega}f(x,y,z)\mathrm{d}x\mathrm{d}y\mathrm{d}z=\int_0^{2\pi}\mathrm{d}\varphi\int_0^{\pi}\mathrm{d}\theta\int_0^{a}f(\rho\sin\theta\cos\varphi,\rho\sin\theta\sin\varphi,\rho\cos\theta)\rho^2\sin\theta\mathrm{d}\rho$$

特别地，当 $f(x,y,z)\equiv 1$ 时，由上式即得球的体积

$$\int_0^{2\pi}\mathrm{d}\varphi\int_0^{\pi}\mathrm{d}\theta\int_0^{a}\rho^2\sin\theta\mathrm{d}\rho=\frac{4}{3}\pi a^3.$$

【例 9-20】 求上半球面 $z=\sqrt{1-x^2-y^2}$ 与圆锥面 $x^2+y^2=z^2$ 所围成的立体(图 9-3-11) 的体积.

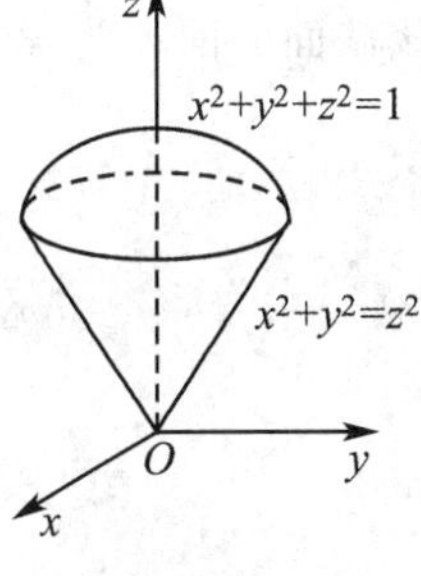

图 9-3-11

解 将式(9.6) 代入圆锥面方程 $x^2+y^2=z^2$，即得此圆锥面的球面坐标方程为 $\theta=\dfrac{\pi}{4}$

因此所围立体在空间所占的区域 Ω 在球面坐标下可表示为

$$0\leqslant\rho\leqslant 1,0\leqslant\theta\leqslant\frac{\pi}{4},0\leqslant\varphi\leqslant 2\pi$$

所以

$$V=\iiint\limits_{\Omega}\mathrm{d}V=\int_0^{2\pi}\mathrm{d}\varphi\int_0^{\frac{\pi}{4}}\mathrm{d}\theta\int_0^{1}\rho^2\sin\theta\mathrm{d}\rho=\frac{\pi}{3}(2-\sqrt{2}).$$

三、利用对称性化简三重积分的计算

在计算二重积分时，我们已经看到，利用积分区域的对称性和被积函数的奇偶性可化简积分计算.对于三重积分，也有类似的结果.

一般地，当积分区域 Ω 关于 xOy 平面对称时，如果被积函数 $f(x,y,z)$ 是关于 z 的奇函数，则三重积分为零；如果被积函数 $f(x,y,z)$ 是关于 z 的偶函数，则三重积分为 Ω 在 xOy 平面上方的半个闭区域的三重积分的两倍.当积分区域 Ω 关于 yOz 或 zOx 平面对称时，也有完全类似的结果.

【例 9-21】 计算 $\displaystyle\iiint\limits_{\Omega}\frac{z\ln(x^2+y^2+z^2+1)}{x^2+y^2+z^2+1}\mathrm{d}x\mathrm{d}y\mathrm{d}z$，其中积分区域

$$\Omega=\{(x,y,z)\mid x^2+y^2+z^2\leqslant 1\}.$$

解 因为积分区域关于三个坐标平面都对称，且被积函数是变量 z 的奇函数.所以

$$\iiint\limits_{\Omega}\frac{z\ln(x^2+y^2+z^2+1)}{x^2+y^2+z^2+1}\mathrm{d}x\mathrm{d}y\mathrm{d}z=0.$$

【例 9-22】 计算 $\displaystyle\iiint\limits_{\Omega}(x+z)\mathrm{d}v$，其中 Ω 是锥面 $z=\sqrt{x^2+y^2}$ 和平面 $z=1$ 所围成的区域.

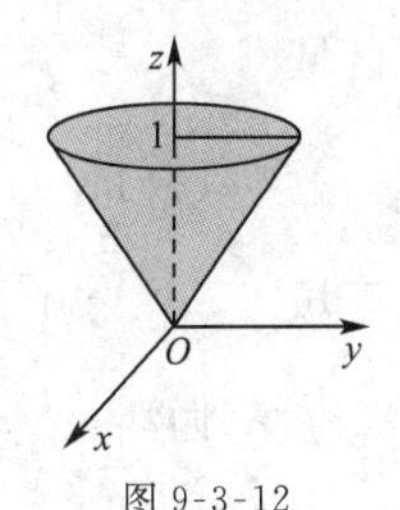

图 9-3-12

解 如图 9-3-12 所示，因为积分区域 Ω 关于 yOz 平面对称，且函数

$f(x)=x$ 是变量 x 的奇函数，所以 $\iiint\limits_{\Omega} x\,\mathrm{d}v=0$，从而有

$$\iiint\limits_{\Omega}(x+z)\,\mathrm{d}V=\iiint\limits_{\Omega}z\,\mathrm{d}V.$$

由于被积函数只是 z 的函数，可利用截面法求之.

积分区域 Ω 介于平面 $z=0$ 与 $z=1$ 之间，在 $[0,1]$ 任取一点 z，做垂直于 z 轴的平面，截区域 Ω 得截面 D_z 为

$$x^2+y^2=z^2,$$

该截面的面积为 πz^2，所以

$$\iiint\limits_{\Omega}(x+z)\,\mathrm{d}V=\iiint\limits_{\Omega}z\,\mathrm{d}V=\int_0^1 z\,\mathrm{d}z\iint\limits_{D_z}\mathrm{d}\sigma=\pi\int_0^1 z^3\,\mathrm{d}z=\frac{\pi}{4}.$$

习题 9-3

1.化三重积分 $I=\iiint\limits_{\Omega}f(x,y,z)\,\mathrm{d}x\mathrm{d}y\mathrm{d}z$ 为三次积分，其中积分区域 Ω 分别是：

(1) 由双曲抛物面 $xy=z$ 及平面 $x+y-1=0,z=0$ 所围成的闭区域；

(2) 由曲面 $z=x^2+y^2$ 及平面 $z=1$ 所围成的闭区域；

(3) 由曲面 $z=x^2+2y^2$ 及 $z=2-x^2$ 所围成的闭区域；

(4) 由曲面 $cz=xy\,(c>0)$，$\dfrac{x^2}{a^2}+\dfrac{y^2}{b^2}=1$，$z=0$ 所围成的在第一卦限内的闭区域.

2.设有一物体，占有空间闭区域 $\Omega=\{(x,y,z)\mid 0\leqslant x\leqslant 1,0\leqslant y\leqslant 1,0\leqslant z\leqslant 1\}$，在 (x,y,z) 处的密度为 $\rho(x,y,z)=x+y+z$，计算该物体的质量.

3.如果三重积分 $\iiint\limits_{\Omega}f(x,y,z)\,\mathrm{d}x\mathrm{d}y\mathrm{d}z$ 的被积函数 $f(x,y,z)$ 是三个函数 $f_1(x)$、$f_2(y)$、$f_3(z)$ 的乘积，即 $f(x,y,z)=f_1(x)\cdot f_2(y)\cdot f_3(z)$，积分区域 $\Omega=\{(x,y,z)\mid a\leqslant x\leqslant b,c\leqslant y\leqslant d,l\leqslant z\leqslant m\}$，证明这个三重积分等于三个单积分的乘积，即

$$\iiint\limits_{\Omega}f_1(x)\cdot f_2(y)\cdot f_3(z)\,\mathrm{d}x\mathrm{d}y\mathrm{d}z=\int_a^b f_1(x)\,\mathrm{d}x\int_c^d f_2(y)\,\mathrm{d}y\int_l^m f_3(z)\,\mathrm{d}z.$$

4.计算 $\iiint\limits_{\Omega}xy^2z^3\,\mathrm{d}x\mathrm{d}y\mathrm{d}z$，其中 Ω 是由曲面 $z=xy$ 与平面 $y=x$，$x=1$ 和 $z=0$ 所围成的闭区域.

5.计算 $\iiint\limits_{\Omega}(x+y+z)\,\mathrm{d}x\mathrm{d}y\mathrm{d}z$，其中 Ω 是由平面 $x+y+z=1$ 与三个坐标面所围成的闭区域.

6.计算 $\iiint\limits_{\Omega}xyz\,\mathrm{d}x\mathrm{d}y\mathrm{d}z$，其中 Ω 是由曲面 $x^2+y^2+z^2=1$ 及三个坐标面所围成的在第一卦限内的闭区域.

7.计算$\iiint\limits_{\Omega} xz\mathrm{d}x\mathrm{d}y\mathrm{d}z$,其中$\Omega$是由曲面$z=0,z=y,y=1$以及抛物柱面$y=x^2$所围成的闭区域.

8.计算$\iiint\limits_{\Omega} \mathrm{e}^{|z|}\mathrm{d}V$,其中$\Omega: x^2+y^2+z^2\leqslant 1$.

9.利用柱面坐标计算下列三重积分.

(1) 计算$\iiint\limits_{\Omega} z\mathrm{d}V$,其中$\Omega$是由曲面$z=\sqrt{2-x^2-y^2}$及$z=x^2+y^2$所围成的闭区域.

(2) 计算$\iiint\limits_{\Omega}(x^2+y^2)\mathrm{d}V$,其中$\Omega$是由曲面$x^2+y^2=2z$及平面$z=2$所围成的闭区域.

10.利用球面坐标计算下列三重积分.

(1)$\iiint\limits_{\Omega}(x^2+y^2+z^2)\mathrm{d}V$,其中$\Omega$是由球面$x^2+y^2+z^2=1$所围成的闭区域;

(2)$\iiint\limits_{\Omega} z\mathrm{d}V$,其中闭区域$\Omega$是由不等式$x^2+y^2+(z-a)^2\leqslant a^2, x^2+y^2\leqslant z^2$所确定.

11.选用适当的坐标计算下列三重积分.

(1)$\iiint\limits_{\Omega} xy\mathrm{d}V$,其中$\Omega$为柱面$x^2+y^2=1$及平面$z=1,z=0,x=0,y=0$所围成的在第一卦限内的闭区域;

(2)$\iiint\limits_{\Omega}\sqrt{x^2+y^2+z^2}\mathrm{d}V$,其中$\Omega$是由球面$x^2+y^2+z^2=z$所围成的闭区域;

(3)$\iiint\limits_{\Omega}(x^2+y)^2\mathrm{d}V$,其中$\Omega$是由曲面$4z^2=25(x^2+y^2)$及平面$z=5$所围成的闭区域.

12.利用三重积分计算下列由曲面所围成的立体的体积.

(1)$z=6-x^2-y^2$及$z=\sqrt{x^2+y^2}$;

(2)$x^2+y^2+z^2=2az(a>0)$及$x^2+y^2=z^2$(含有z轴的部分);

(3)$z=\sqrt{x^2+y^2}$及$z=x^2+y^2$;

(4)$z=\sqrt{5-x^2-y^2}$及$x^2+y^2=4z$.

9.4 重积分的应用

一、二重积分的应用

1.曲面的面积

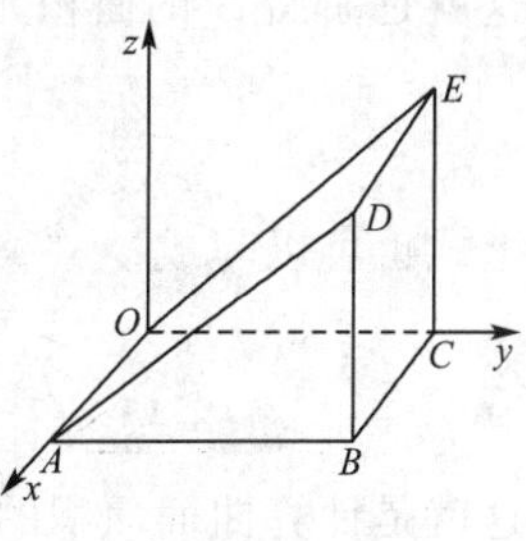

图 9-4-1

【例 9-23】 如图 9-4-1 所示,长方体Ω的底面为xOy面上的矩形$OABC$,其中OA,OC分别位于x轴和y轴上.如果Ω被一过x轴的平面所截,得一矩形截面,且截面的法向量为$\boldsymbol{e}_n=(\cos\alpha$,

$\cos\beta,\cos\gamma)(\cos\gamma\neq 0)$，证明截面 $OADE$ 的面积 S 与底面 $OABC$ 的面积 σ 有如下关系：

$$S=\frac{1}{|\cos\gamma|}\sigma$$

证 从图 9-4-1 容易知道，$\angle BAD$ 即为截面与底面 xOy 的二面角，因此有 $AD=\dfrac{AB}{\cos\angle BAD}$，而当截面的法向量指向 xOy 面下方时，有 $\gamma=\pi-\angle BAD$，故有 $AD=\dfrac{AB}{|\cos\gamma|}$，于是得截面面积 $S=AD\times OA=\dfrac{AB\times OA}{|\cos\gamma|}=\dfrac{\sigma}{|\cos\gamma|}$.

一般地可以证明：如果 Ω 是母线平行于 z 轴的柱体，底面是 xOy 上的面积为 σ 的任意一个有界闭区域 D，则以法向量为 $\mathbf{e}_n=(\cos\alpha,\cos\beta,\cos\gamma)(\cos\gamma\neq 0)$ 的平面截该柱体得到的截面的面积为

$$S=\frac{1}{|\cos\gamma|}\sigma.$$

设曲面 S 由方程 $z=f(x,y)$ 给出，D 为曲面 S 在 xOy 面上的投影区域，函数 $f(x,y)$ 在 D 上具有连续偏导数 $f_x(x,y)$ 和 $f_y(x,y)$.接下来计算曲面 S 的面积.

在闭区域 D 上任取一直径很小的闭区域 $\mathrm{d}\sigma$（这个小闭区域的面积也记作 $\mathrm{d}\sigma$）.在 $\mathrm{d}\sigma$ 上任取一点 $P(x,y)$，对应地，曲面 S 上有一点 $M(x,y,f(x,y))$，点 M 在 xOy 面上的投影即为点 P.点 M 处曲面 S 的切平面设为 T（图 9-4-2）.以小闭区域 $\mathrm{d}\sigma$ 的边界为准线做母线平行于 z 轴的柱面，这个柱面在曲面 S 上截下一小片曲面，在切平面 T 上截下一小片平面.由于 $\mathrm{d}\sigma$ 的直径很小，切平面 T 上的那一小片平面的面积 $\mathrm{d}A$ 可以近似代替相应的那小片曲面的面积.设点 M 处曲面 S 上的法线（指向朝上）与 z 轴所成的角为 γ，则

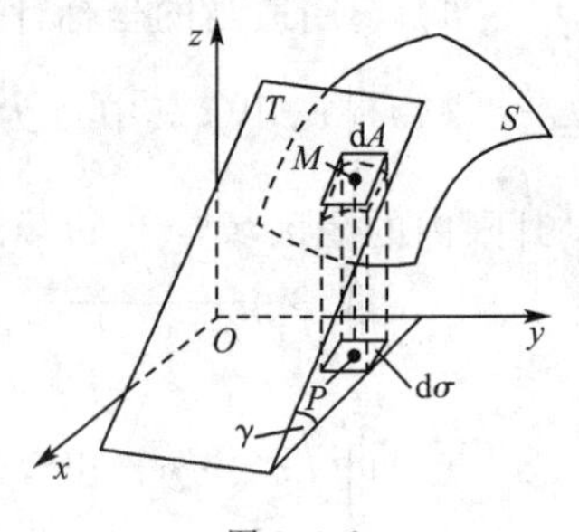

图 9-4-2

$$\mathrm{d}S=\frac{\mathrm{d}\sigma}{\cos\gamma}$$

因为

$$\cos\gamma=\frac{1}{\sqrt{1+f_x^2(x,y)+f_y^2(x,y)}},$$

所以

$$\mathrm{d}S=\sqrt{1+f_x^2(x,y)+f_y^2(x,y)}\,\mathrm{d}\sigma.$$

这就是曲面 S 的面积元素，以它为被积表达式在闭区域 D 上积分，得

$$S=\iint\limits_D\sqrt{1+f_x^2(x,y)+f_y^2(x,y)}\,\mathrm{d}\sigma.$$

上式也可以写成

$$S=\iint\limits_D\sqrt{1+\left(\frac{\partial z}{\partial x}\right)^2+\left(\frac{\partial z}{\partial y}\right)^2}\,\mathrm{d}x\,\mathrm{d}y.$$

这就是计算曲面面积的公式.

设曲面的方程为 $x=g(y,z)$ 或 $y=h(z,x)$，可分别把曲面投影到 yOz 面上（投影区域

记作 D_{yz}）或 zOx 面上（投影区域记作 D_{zx}），类似地可得

$$S=\iint_D\sqrt{1+\left(\frac{\partial x}{\partial y}\right)^2+\left(\frac{\partial x}{\partial z}\right)^2}\,\mathrm{d}y\mathrm{d}z,\text{或 } S=\iint_D\sqrt{1+\left(\frac{\partial y}{\partial z}\right)^2+\left(\frac{\partial y}{\partial x}\right)^2}\,\mathrm{d}z\mathrm{d}x.$$

【例 9-24】 求球面 $x^2+y^2+z^2=R^2$ 被柱面 $x^2+y^2=Rx$ 所截取的部分的面积.

解 由对称性可知，只要求出在第一卦限内球面被柱面截取的面积，再乘以 4 就得到所要求的面积（图 9-4-3）.

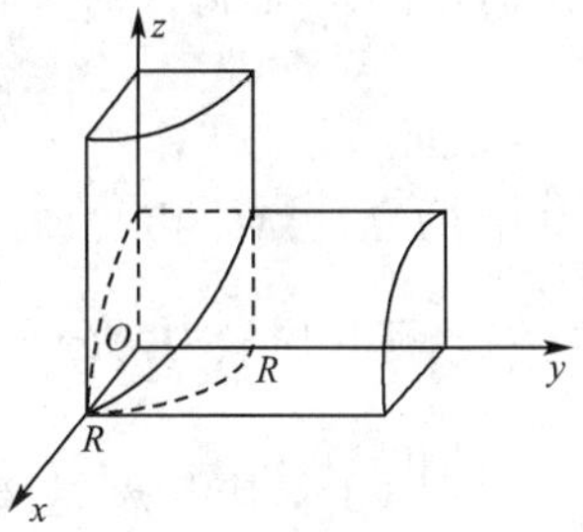

在第一卦限的球面方程为

$$z=\sqrt{R^2-x^2-y^2},$$

因此

图 9-4-3

$$\frac{\partial z}{\partial x}=\frac{-x}{\sqrt{R^2-x^2-y^2}},\frac{\partial z}{\partial y}=\frac{-y}{\sqrt{R^2-x^2-y^2}},$$

得

$$\mathrm{d}S=\sqrt{1+\left(\frac{\partial z}{\partial x}\right)^2+\left(\frac{\partial z}{\partial y}\right)^2}\,\mathrm{d}x\mathrm{d}y=\frac{R}{\sqrt{R^2-x^2-y^2}}\mathrm{d}x\mathrm{d}y,$$

则

$$S=4\iint_{D_{xy}}\sqrt{1+\left(\frac{\partial z}{\partial x}\right)^2+\left(\frac{\partial z}{\partial y}\right)^2}\,\mathrm{d}x\mathrm{d}y=4\iint_{D_{xy}}\frac{R}{\sqrt{R^2-x^2-y^2}}\mathrm{d}x\mathrm{d}y.$$

其中，D_{xy} 为半圆 $y=\sqrt{Rx-x^2}$ 及 x 轴所围成的区域.利用极坐标计算可得

$$S=4\iint_{D_{xy}}\frac{R}{\sqrt{R^2-x^2-y^2}}\mathrm{d}x\mathrm{d}y=4R\int_0^{\frac{\pi}{2}}\mathrm{d}\varphi\int_0^{R\cos\varphi}\frac{\rho}{\sqrt{R^2-\rho^2}}\mathrm{d}\rho=2\pi R-4R^2.$$

2.平面薄片的重心

设 xOy 平面上有 n 个质点，它们位于 $(x_1,y_1),(x_2,y_2),\cdots,(x_n,y_n)$ 处，质量分别为 $m_1,m_2,\cdots,m_n$.根据力学知识，该质点系的中心的坐标为 $\overline{x}=\dfrac{M_y}{M},\overline{y}=\dfrac{M_x}{M}$.其中 $M=\sum\limits_{i=1}^n m_i$ 为该质点系的总质量，而 $M_y=\sum\limits_{i=1}^n m_ix_i,M_x=\sum\limits_{i=1}^n m_iy_i$ 分别称为该质点系对 y 轴和 x 轴的静距.

设有一平面薄片，占有 xOy 平面上的闭区域 D，在点 (x,y) 处的面密度为 $\rho(x,y)$，假定 $\rho(x,y)$ 在 D 上连续.我们来求该薄片的重心的坐标.

在本章第一节中，我们已知该平面薄片的质量为

$$M=\iint_D\rho(x,y)\mathrm{d}\sigma,\tag{9.7}$$

故下面只需讨论静矩的表达式.如图 9-4-4 所示，在闭区域 D 上任取一直径很小的微元 $\mathrm{d}\sigma$（这个微元的面积也记为 $\mathrm{d}\sigma$），(x,y) 是该微元上的任意一点，则薄片中相应于 $\mathrm{d}\sigma$ 的小薄片的质量近似等于 $\rho(x,y)\mathrm{d}\sigma$，这部分质量可以近似看作质量集中在 (x,y) 处的一个质点.其关于 x 轴，y 轴的静矩微元分别为

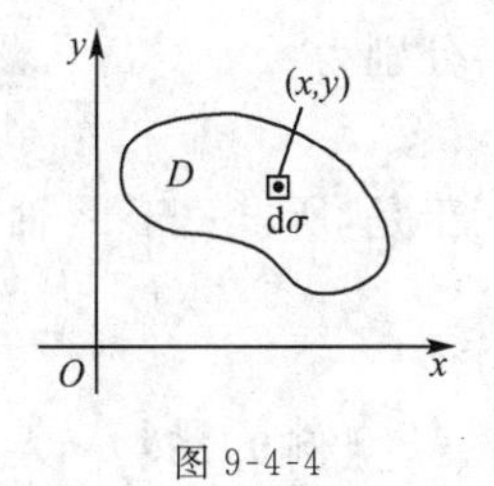

图 9-4-4

$$\mathrm{d}M_x=y\rho(x,y)\mathrm{d}\sigma,\mathrm{d}M_y=x\rho(x,y)\mathrm{d}\sigma.$$

于是，所求的关于 x 轴，y 轴的静矩分别为

$$M_x=\iint\limits_D y\rho(x,y)\mathrm{d}\sigma,M_y=\iint\limits_D x\rho(x,y)\mathrm{d}\sigma \tag{9.8}$$

从而，所求平面薄片的重心为

$$\overline{x}=\frac{M_y}{M},\overline{y}=\frac{M_x}{M}.$$

其中 M,M_y,M_x 由式(9.7)、式(9.8)给定.

当薄片质量均匀分布(即 $\rho(x,y)$ 为常数)时，其重心常称为形心.坐标为 $\overline{x}=\frac{1}{A}\iint\limits_D x\,\mathrm{d}\sigma$，$\overline{y}=\frac{1}{A}\iint\limits_D y\,\mathrm{d}\sigma$，其中 A 是区域 D 的面积.

【例 9-25】 求位于两圆 $\rho=2\sin\varphi$ 和 $\rho=4\sin\varphi$ 之间的均匀薄片的重心(图 9-4-5).

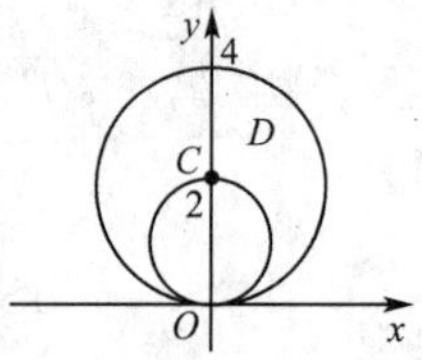

图 9-4-5

解 因为闭区域 D 关于 y 轴对称，所以重心 $C(\overline{x},\overline{y})$ 必位于 y 轴上，即有 $\overline{x}=0$.而

$$\overline{y}=\frac{1}{A}\iint\limits_D y\,\mathrm{d}\sigma.$$

由于积分区域 D 的面积等于这两个圆的面积之差，即 $A=3\pi$.再利用极坐标计算积分：

$$\iint\limits_D y\,\mathrm{d}\sigma=\iint\limits_D \rho^2\sin\varphi\,\mathrm{d}\rho\,\mathrm{d}\varphi=\int_0^{\pi}\sin\varphi\,\mathrm{d}\varphi\int_{2\sin\varphi}^{4\sin\varphi}\rho^2\,\mathrm{d}\rho$$

$$=\frac{56}{3}\int_0^{\pi}\sin^4\varphi\,\mathrm{d}\varphi=7\pi.$$

因此 $\overline{y}=\frac{7\pi}{3\pi}=\frac{7}{3}$，所求重心坐标为 $C\left(0,\frac{7}{3}\right)$.

3.平面薄片的转动惯量

设 xOy 平面上有 n 个质点，它们位于 $(x_1,y_1),(x_2,y_2),\cdots,(x_n,y_n)$ 处，质量分别为 $m_1,m_2,\cdots,m_n$.根据力学知识，该质点系对 x 轴、y 轴的转动惯量分别为

$$I_x=\sum_{i=1}^{n}m_i y_i^2,I_y=\sum_{i=1}^{n}m_i x_i^2.$$

设有一平面薄片，占有 xOy 平面上的闭区域 D，在点 (x,y) 处的面密度为 $\rho(x,y)$，假定 $\rho(x,y)$ 在 D 上连续.我们来求该薄片对 x 轴，y 轴的转动惯量.

应用微元法.在闭区域 D 上任取一直径很小的微元 $\mathrm{d}\sigma$(这个微元的面积也记为 $\mathrm{d}\sigma$)，(x,y) 是该微元上的任意一点，则薄片中相应于 $\mathrm{d}\sigma$ 的小薄片的质量近似等于 $\rho(x,y)\mathrm{d}\sigma$，这部分质量可以近似看作质量集中在 (x,y) 处的一个质点.其关于 x 轴，y 轴的转动惯量微元分别为

$$\mathrm{d}I_x=y^2\rho(x,y)\mathrm{d}\sigma,\mathrm{d}I_y=x^2\rho(x,y)\mathrm{d}\sigma$$

于是，所求关于 x 轴，y 轴的转动惯量为

$$I_x=\iint\limits_D y^2\rho(x,y)\mathrm{d}\sigma,I_y=\iint\limits_D x^2\rho(x,y)\mathrm{d}\sigma \tag{9.9}$$

【例 9-26】 设一均匀的直角三角形薄板(面密度为常量 ρ)，两直角边长分别为 a,b，求

该三角形对其中任一直角边的转动惯量.

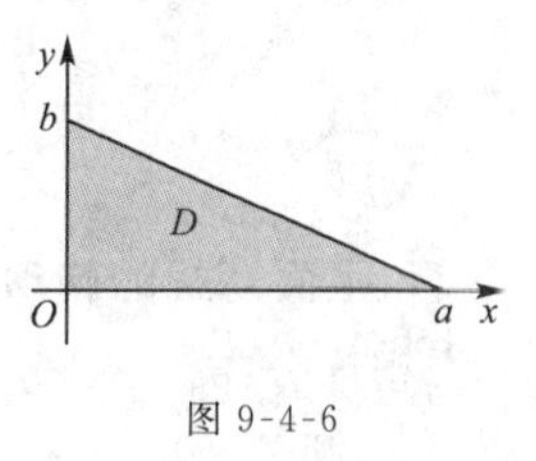

图 9-4-6

解 设三角形的两直角边分别在 x 轴和 y 轴上(图 9-4-6),于是由公式(9.9),可得题设三角形对于 y 轴的转动惯量为

$$I_y=\iint_D x^2\rho(x,y)\mathrm{d}\sigma=\rho\int_0^b\mathrm{d}y\int_0^{a\left(1-\frac{y}{b}\right)}x^2\mathrm{d}x$$

$$=\frac{1}{3}\rho a^3\int_0^b\left(1-\frac{y}{b}\right)^3\mathrm{d}y=\frac{1}{12}a^3b\rho.$$

同理,对于 x 轴的转动惯量为

$$I_x=\iint_D y^2\rho(x,y)\mathrm{d}\sigma=\frac{1}{12}ab^3\rho.$$

二、三重积分的应用

1.空间物体的重心

设空间物体 V,密度函数 $\rho(x,y,z)$ 在 V 上连续,V 的重心坐标公式为

$$\overline{x}=\frac{\iiint\limits_V x\rho(x,y,z)\mathrm{d}V}{\iiint\limits_V\rho(x,y,z)\mathrm{d}V},\overline{y}=\frac{\iiint\limits_V y\rho(x,y,z)\mathrm{d}V}{\iiint\limits_V\rho(x,y,z)\mathrm{d}V},\overline{z}=\frac{\iiint\limits_V z\rho(x,y,z)\mathrm{d}V}{\iiint\limits_V\rho(x,y,z)\mathrm{d}V}.$$

当物体密度均匀即 $\rho\equiv$ 常数时,上述公式简化为

$$\overline{x}=\frac{1}{\Delta V}\iiint\limits_V x\mathrm{d}V,\overline{y}=\frac{1}{\Delta V}\iiint\limits_V y\mathrm{d}V,\overline{z}=\frac{1}{\Delta V}\iiint\limits_V z\mathrm{d}V,$$

其中 ΔV 为 V 的体积.

【例 9-27】 求密度均匀的上半椭球体的重心.

解 设椭球体方程为$\dfrac{x^2}{a^2}+\dfrac{y^2}{b^2}+\dfrac{z^2}{c^2}\leqslant 1$,由对称性及重心坐标公式,得

$$\overline{x}=0,\overline{y}=0,\overline{z}=\frac{1}{\frac{2}{3}\pi abc}\iiint\limits_V z\mathrm{d}x\mathrm{d}y\mathrm{d}z=\frac{1}{\frac{2}{3}\pi abc}\cdot\frac{\pi abc^2}{4}=\frac{3}{8}c.$$

2.空间物体的转动惯量

设空间物体 V,密度函数 $\rho(x,y,z)$ 在 V 上连续,该物体对于 x 轴,y 轴,z 轴的转动惯量分别为

$$J_x=\iiint\limits_V(y^2+z^2)\rho(x,y,z)\mathrm{d}V,$$

$$J_y=\iiint\limits_V(x^2+z^2)\rho(x,y,z)\mathrm{d}V,$$

$$J_z=\iiint\limits_V(x^2+y^2)\rho(x,y,z)\mathrm{d}V.$$

该物体对于坐标平面的转动惯量分别为

$$J_{xy}=\iiint\limits_V z^2\rho(x,y,z)\mathrm{d}V,$$

$$J_{yz}=\iiint_V x^2\rho(x,y,z)\mathrm{d}V,$$

$$J_{xz}=\iiint_V y^2\rho(x,y,z)\mathrm{d}V.$$

3.平面薄板的转动惯量

密度分布为 $\rho(x,y)$ 的平面薄板 D 对坐标轴的转动惯量为

$$J_x=\iint_D y^2\rho(x,y)\mathrm{d}\sigma,J_y=\iint_D x^2\rho(x,y)\mathrm{d}\sigma;$$

对一般转动轴 l,转动惯量为

$$J_l=\iint_D r^2(x,y)\rho(x,y)\mathrm{d}\sigma,$$

其中 $r(x,y)$ 为点 (x,y) 到 l 的距离函数.

【例 9-28】 求密度均匀的圆环 D 对于垂直于圆环面的中心轴的转动惯量.

解 设 $D=\{(x,y)\mid R_1^2\leqslant x^2+y^2\leqslant R_2^2\}$,密度为 ρ,则

$$J=\iint_D(x^2+y^2)\rho\mathrm{d}\sigma=\rho\int_0^{2\pi}\mathrm{d}\theta\int_{R_1}^{R_2}r^3\mathrm{d}r=\frac{m}{2}(R_1^2+R_2^2).\text{(}m\text{ 为圆环 }D\text{ 的质量)}$$

【例 9-29】 求均匀圆盘 D 对于其直径的转动惯量.

解 设圆盘 $D=\{(x,y)\mid x^2+y^2\leqslant R^2\}$,密度为 ρ,对 y 轴的转动惯量为

$$J=\iint_D x^2\rho\mathrm{d}\sigma=\rho\int_0^{2\pi}\mathrm{d}\theta\int_{R_1}^{R_2}r^3\cos^2\theta\mathrm{d}r=\frac{m}{4}R^2.\text{(}m\text{ 为圆盘 }D\text{ 的质量)}$$

【例 9-30】 设球体的密度与球心的距离成正比,求它对于切平面的转动惯量.

解 球体 $V=\{(x,y,z)\mid x^2+y^2+z^2\leqslant R^2\}$,密度 $\rho(x,y,z)=k\sqrt{x^2+y^2+z^2}$,$k$ 为比例常数,切平面 $x=R$,则

$$\begin{aligned}J&=k\iiint_V(R-x)^2\sqrt{x^2+y^2+z^2}\mathrm{d}x\mathrm{d}y\mathrm{d}z\\&=k\int_0^{2\pi}\mathrm{d}\theta\int_0^{\pi}\mathrm{d}\varphi\int_0^R r^3(R-r\sin\varphi\cos\theta)^2\sin\varphi\mathrm{d}r\\&=\frac{11}{9}k\pi R^6.\end{aligned}$$

4.空间立体对质点的引力

利用微元法,可得密度为 $\rho(x,y,z)$ 的立体 V 对立体外质量为 1 的质点 $A(\xi,\eta,\zeta)$ 的引力为 $\overrightarrow{F}=(F_x,F_y,F_z)$,则

$$F_x=k\iiint_V\frac{x-\xi}{r^3}\rho\mathrm{d}V,\quad F_y=k\iiint_V\frac{y-\eta}{r^3}\rho\mathrm{d}V,\quad F_z=k\iiint_V\frac{z-\zeta}{r^3}\rho\mathrm{d}V.$$

【例 9-31】 求密度均匀的球体 V 对球外质量为 1 的点 A 的引力.

解 设球体 $V=\{(x,y,z)\mid x^2+y^2+z^2\leqslant R^2\}$,点 $A(0,0,a)$,其中 $R<a$,于是

$$F_x=F_y=0$$

$$\begin{aligned}F_z&=k\iiint_V\frac{z-a}{[x^2+y^2+(z-a)^2]^{\frac{3}{2}}}\rho\mathrm{d}x\mathrm{d}y\mathrm{d}z\\&=k\rho\int_{-R}^R(z-a)\mathrm{d}z\iint_D\frac{z-a}{[x^2+y^2+(z-a)^2]^{\frac{3}{2}}}\mathrm{d}x\mathrm{d}y\quad(D:x^2+y^2\leqslant R^2-z^2)\end{aligned}$$

$=-\dfrac{4}{3a^2}k\pi\rho R^3$.($k$ 为比例常数)

习题 9-4

1.求下列曲面的面积.

(1) 平面 $3x+2y+z=1$ 被椭圆柱面 $2x^2+y^2=1$ 截下的部分;

(2) 平面 $\dfrac{x}{a}+\dfrac{y}{b}+\dfrac{z}{c}=1$ 被三坐标面所割出来的部分;

(3) 球面 $x^2+y^2+z^2=a^2$ 含在圆柱面 $x^2+y^2=ax$ 内部的部分面积;

(4) 锥面 $z=\sqrt{x^2+y^2}$ 被柱面 $z^2=2x$ 所割部分的曲面面积.

2.设有一等腰直角三角形薄片,腰长为 a,各点处的面密度等于该点到直角顶点的距离的平方,求这薄片的质心.

3.设半径为1的半圆形薄片上各点处的面密度等于该点到圆心的距离,求此半圆的中心坐标及关于 x 轴(直径边)的转动惯量.

4.球心在原点、半径为 R 的球体,在其上任意一点的密度的大小与该点到球心的距离成正比,求该球的质量.

5.利用三重积分求由曲面 $z=x^2+y^2$、$x+y=a$ 及三个坐标面所围成的立体的重心(设密度 $\rho=1$).

6.设圆盘 $x^2+y^2\leqslant 2x$ 内任一点 (x,y) 处的面密度 $\mu(x,y)=x$,试求该圆盘的重心.

总习题九

1.计算下列二重积分.

(1) $\iint\limits_D \dfrac{x^2}{y^2}\mathrm{d}x\mathrm{d}y$,其中 D 是由 $xy=2$, $y=1+x^2$ 及 $x=2$ 所围成的区域;

(2) $\iint\limits_D (1+x)\sin y\,\mathrm{d}x\mathrm{d}y$,其中 D 是顶点分别为 $(0,0)$, $(1,0)$, $(1,2)$ 和 $(0,2)$ 的梯形闭区域;

(3) $\iint\limits_D 6x^2y^2\mathrm{d}x\mathrm{d}y$,其中 D 是由 $y=x$, $y=-x$ 及 $y=2-x^2$ 所围成的在 x 轴上方的区域;

(4) $\iint\limits_D \dfrac{y^3}{x}\mathrm{d}\sigma$,其中 D: $x^2+y^2\leqslant 1, 0\leqslant y\leqslant\sqrt{\dfrac{3}{2}x}$;

(5) $\iint\limits_D (x^2-y^2)\mathrm{d}\sigma$,其中 $D=\{(x,y)\mid 0\leqslant y\leqslant \sin x, 0\leqslant x\leqslant \pi\}$;

(6) $\iint\limits_D (y^2+3x-6y+9)\mathrm{d}\sigma$,其中 $D=\{(x,y)\mid x^2+y^2\leqslant R^2\}$.

2.改变下列二次积分的积分次序.

(1)$\int_1^2 dx\int_{2-x}^{\sqrt{2x-x^2}} f(x,y)dy$；　　(2)$\int_0^4 dy\int_{-\sqrt{4-y}}^{\frac{1}{2}(y-4)} f(x,y)dx$；

(3)$\int_0^1 dx\int_x^{\sqrt{x}} \frac{\sin y}{y}dy$；　　(4)$\int_0^1 dy\int_0^{2y} f(x,y)dx+\int_1^3 dy\int_0^{3-y} f(x,y)dx$.

3.设 $f(x)$ 在$[0,1]$连续，并设$\int_0^1 f(x)dx=A$，求$\int_0^1 dx\int_x^1 f(x)f(y)dy$.

4.设 $f(x)$ 在区间$[a,b]$连续，证明：$\left[\int_a^b f(x)dx\right]^2\leqslant(b-a)\int_a^b f^2(x)dx$.

5.选用适当的坐标计算下列各题.

(1)$\iint\limits_D \sqrt{x^2+y^2}d\sigma$，其中区域 D 是由 $y=x$，$x=a(a>0)$ 及 x 轴所围.

(2)$\iint\limits_D (x^2+y^2)d\sigma$，其中$D$是由直线$y=x$，$y=x+a$，$y=a$，$y=3a(a>0)$所围成的在 xOy 面右上方的区域部分.

(3)$\iint\limits_D (x+y)d\sigma$，其中区域 D：$x^2+y^2-2Rx\leqslant 0$.

6.计算以 xOy 面上的由圆周$x^2+y^2=ax$ 所围的闭区域为底，以曲面 $z=x^2+y^2$ 为顶的曲顶柱体的体积.

7.求底圆半径相等的两个直角圆柱面 $x^2+y^2=R^2$ 及 $x^2+z^2=R^2$ 所围立体的表面积.

8.把积分$\iiint\limits_\Omega f(x,y,z)dxdydz$ 化为三次积分，其中积分区域 Ω 是由曲面 $z=x^2+y^2$，$y=x^2$ 及平面 $y=1$，$z=0$ 所围成的闭区域.

9.计算$\iiint\limits_\Omega \frac{dxdydz}{(1+x+y+z)^3}$，其中$\Omega$是由平面$x=0$，$y=0$，$z=0$，$x+y+z=1$所围成的四面体.

10.计算$\iiint\limits_\Omega (x+z)dxdydz$，其中 Ω 由 $z=\sqrt{x^2+y^2}$ 与 $z=\sqrt{1-x^2-y^2}$ 所围成.

11.计算$\iiint\limits_\Omega y\sqrt{1-x^2}dV$，其中 Ω 由 $y=-\sqrt{1-x^2-z^2}$，$x^2+z^2=1$ 以及 $y=1$ 所围成.

12.计算$\iiint\limits_\Omega (x+y+z)dV$，其中 Ω 是由 $x^2+y^2\leqslant z^2$，$0\leqslant z\leqslant h$ 所围成.

13.计算$\iiint\limits_\Omega z^2dxdydz$，其中 Ω 是两个球：$x^2+y^2+z^2\leqslant R^2$ 和 $x^2+y^2+z^2\leqslant 2Rz(R>0)$ 的公共部分.

14.利用三重积分计算下列由曲面所围的立体的质心(设密度 $\rho=1$).

(1)$z^2=x^2+y^2$，$z=1$；

(2)$z=\sqrt{A^2-x^2-y^2}$，$z=\sqrt{a^2-x^2-y^2}$.

15.求由抛物线 $y=x^2$ 及直线 $y=1$ 所围成的均匀薄片(面密度为常数 μ)对于直线 $y=-1$ 的转动惯量.

第 10 章 曲线积分与曲面积分

积分学按其积分区域的类型分为定积分、二重积分、三重积分、曲线积分和曲面积分.定积分的积分区域是数轴上的闭区间,二重积分和三重积分分别是平面区域和空间区域,这些在前面我们都已经研究过了,现在我们将积分区域进一步推广到平面上的一段曲线和空间曲面,介绍两类曲线积分和两类曲面积分的概念、计算方法及相关理论.

10.1 对弧长的曲线积分

一、引例

设有一个平面曲线弧为 L 的构件(图 10-1-1),已知它的质量分布不均匀,其线密度为 $\rho(x,y),(x,y)\in L$,问如何求 L 的质量.

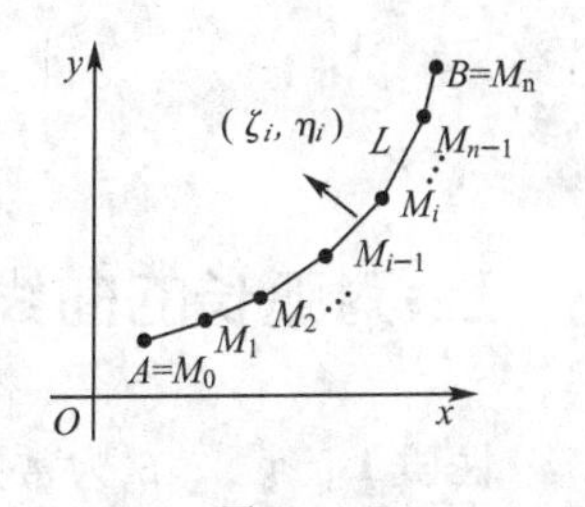

图 10-1-1

设曲线弧状的构件 L 的两个端点分别为 A、B,由于曲线弧状的构件质量分布不均匀,不能直接使用公式"质量 = 线密度 × 长度"。为此,我们采用微元法来解决.

(1) **分割**:把曲线弧状构件 $\widehat{AB}$ 任意分成 n 小段,其分段依次为 $A=M_0,M_1,\cdots,M_{i-1},M_i,\cdots,M_{n-1},M_n=B$,其中第 i 段构件 $\widehat{M_{i-1}M_i}$ 的长度为 Δs_i,即各段长度分别为 $\Delta s_1,\Delta s_2,\cdots,\Delta s_i,\cdots,\Delta s_n$.

(2) **近似**:在第 i 段曲线弧状构件 $\widehat{M_{i-1}M_i}$ 上取任一点 (ξ_i,η_i) 处的线密度为 $\rho(\xi_i,\eta_i)$,得第 i 段构件质量的近似值 $M_i\approx\rho(\xi_i,\eta_i)\Delta s_i\ (i=1,2,\cdots,n)$.

(3) **求和**:该曲线弧状构件的质量 M 的近似值 $M=\sum\limits_{i=1}^{n}M_i\approx\sum\limits_{i=1}^{n}\rho(\xi_i,\eta_i)\Delta s_i$

(4) **逼近**:构件质量的精确值

$$M=\lim_{\lambda\to 0}\sum_{i=1}^{n}\rho(\xi_i,\eta_i)\Delta s_i,\text{其中 }\lambda=\max\{\Delta s_1,\Delta s_2,\cdots,\Delta s_n\} \tag{10.1}$$

式(10.1) 称为函数 $\rho(x,y)$ 在曲线 L 上的对弧长的曲线积分,下面给出一般定义.

定义 10.1 设 $\widehat{AB}$(记为 L)为 xOy 面内的一条光滑曲线弧,函数 $f(x,y)$ 在 L 上有界,用 L 上的任意点列把曲线弧 L 分成 n 小段,其分点依次记为 $A=M_0,M_1,\cdots,M_{n-1},M_n=B$,设第 i 小段长度为 Δs_i,又 (ξ_i,η_i) 为第 i 小段上任意取定的一点,做乘积 $f(\xi_i,\eta_i)\cdot$

$\Delta s_i\,(i=1,2,\cdots,n)$，并做和

$$\sum_{i=1}^{n} f(\xi_i,\eta_i)\cdot\Delta s_i \tag{10.2}$$

再记$\lambda=\max\{\Delta s_1,\Delta s_2,\cdots,\Delta s_n\}$，如果当$\lambda\to 0$时，和式(10.2)的极限总存在，则称此极限值为函数 $f(x,y)$ 在曲线弧 L 上的**对弧长的曲线积分**或称为**第一类曲线积分**，记作 $\int_L f(x,y)\mathrm{d}s$，即

$$\int_L f(x,y)\mathrm{d}s=\lim_{\lambda\to 0}\sum_{i=1}^{n} f(\xi_i,\eta_i)\cdot\Delta s_i \tag{10.3}$$

其中 $f(x,y)$ 称为**被积函数**，L 称为**积分弧段**.

注意：若函数 $f(x,y)$ 在光滑曲线弧 L 上连续，对弧长的曲线积分$\int_L f(x,y)\mathrm{d}s$ 一定存在.根据对弧长的曲线积分的定义，则引例中曲线弧状的构件 L 的质量可表示为 $M=\int_L \rho(x,y)\mathrm{d}s$

(1) 如果 L 是闭合曲线，则函数 $f(x,y)$ 在闭合曲线 L 上的对弧长的曲线积分记为 $\oint_L f(x,y)\mathrm{d}s$

(2) 如果Γ是空间曲线弧，即函数 $f(x,y,z)$ 在空间曲线弧Γ上的对弧长的曲线积分为

$$\int_\Gamma f(x,y,z)\mathrm{d}s=\lim_{\lambda\to 0}\sum_{i=1}^{n} f(\xi_i,\eta_i,\zeta_i)\cdot\Delta s_i \tag{10.4}$$

二、对弧长的曲线积分的性质

性质 1　设 α,β 为常数，则

$$\int_L[\alpha f(x,y)+\beta g(x,y)]\mathrm{d}s=\alpha\int_L f(x,y)\mathrm{d}s+\beta\int_L g(x,y)\mathrm{d}s \tag{10.5}$$

性质 2　设 L 由 L_1 和 L_2 两段光滑曲线组成(记为 $L=L_1+L_2$)，则

$$\int_{L_1+L_2} f(x,y)\mathrm{d}s=\int_{L_1} f(x,y)\mathrm{d}s+\int_{L_2} f(x,y)\mathrm{d}s \tag{10.6}$$

性质 3　设在 L 上有 $f(x,y)\leqslant g(x,y)$，则

$$\int_L f(x,y)\mathrm{d}s\leqslant\int_L g(x,y)\mathrm{d}s \tag{10.7}$$

性质 4　如果 $f(x,y)=1$，则

$$\int_L 1\cdot\mathrm{d}s\overset{\text{记为}}{=\!=}\int_L \mathrm{d}s=s(L\text{ 的弧长})$$

性质 5　(中值定理) 设函数 $f(x,y)$ 在光滑曲线 L 上连续，则在 L 上必存在一点(ξ,η)，使

$$\int_L f(x,y)\mathrm{d}s=f(\xi,\eta)\cdot s \tag{10.8}$$

其中 s 是曲线 L 的长度.

三、对弧长的曲线积分的计算

设曲线弧 L 的参数方程为

$$x=x(t),y=y(t)(\alpha\leqslant t\leqslant\beta),$$

其中 $x(t),y(t)$ 具有一阶连续导数，且 $x'^2(t)+y'^2(t)\neq 0$.又设函数 $f(x,y)$ 在曲线弧 L 上有定义且连续，根据曲线 L 的弧微分公式

$$ds=\sqrt{x'^2(t)+y'^2(t)}\,dt \tag{10.9}$$

以及 $f(x,y)$ 在曲线弧 L 上的对弧长的曲线积分的定义，即得

$$\int_L f(x,y)ds=\int_\alpha^\beta f[x(t),y(t)]\sqrt{x'^2(t)+y'^2(t)}\,dt, \tag{10.10}$$

注意：在公式(10.10)中弧微分 $ds>0$，所以在计算时上限 β 一定大于下限 α，这里我们不考虑弧的起点和终点(即不考虑方向)，只考虑其大小.

若曲线 L 的方程为 $y=y(x)$，$a\leqslant x\leqslant b$，则

$$\int_L f(x,y)ds=\int_a^b f[x,y(x)]\sqrt{1+y'^2(x)}\,dx \tag{10.11}$$

若曲线 L 的方程为 $x=x(y)$，$c\leqslant y\leqslant d$，则

$$\int_L f(x,y)ds=\int_c^d f[x(y),y]\sqrt{1+x'^2(y)}\,dy \tag{10.12}$$

如果曲线 L 的方程为 $r=r(\theta)$，$\alpha\leqslant\theta\leqslant\beta$，则

$$\int_L f(x,y)ds=\int_\alpha^\beta f[r\cos\theta,r\sin\theta]\sqrt{r^2(\theta)+r'^2(\theta)}\,d\theta \tag{10.13}$$

若推广到空间曲线 Γ 上的情形. 设 Γ 的参数方程为 $x=x(t),y=y(t),z=z(t)(\alpha\leqslant t\leqslant\beta)$，则

$$\int_\Gamma f(x,y,z)ds=\int_\alpha^\beta f[x(t),y(t),z(t)]\sqrt{x'^2(t)+y'^2(t)+z'^2(t)}\,dt \tag{10.14}$$

若空间曲线 Γ 的方程以一般方程的方式给出，则可以将其先化为参数方程来计算.

【例 10-1】 计算曲线积分 $\int_L(x^2+y^2)ds$，其中 L 是圆心在 $(R,0)$，半径为 R 的上半圆周(图 10-1-2).

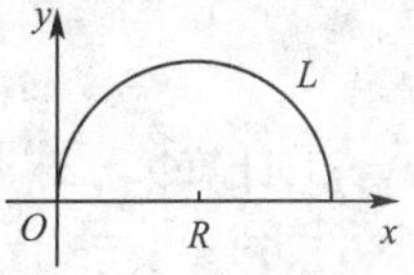

图 10-1-2

解 由于上半圆周的参数方程为 $x=R(1+\cos t)$，$y=R\sin t$ $(0\leqslant t\leqslant\pi)$，所以，由式(10.10)得

$$\int_L(x^2+y^2)ds=\int_0^\pi[R^2(1+\cos t)^2+R^2\sin^2 t]\sqrt{(-R\sin t)^2+(R\cos t)^2}\,dt$$

$$=2R^3\int_0^\pi(1+\cos t)\,dt=2R^3[t+\sin t]\Big|_0^\pi=2\pi R^3$$

【例 10-2】 计算 $\oint_L\sqrt{y}\,ds$，其中 L 为抛物线 $y=x^2$，直线 $x=1$ 及 x 轴所围成的曲边三角形的整个边界.

解 曲线 L(图 10-1-3)由直线段 $\overline{OA}$、$\overline{AB}$ 和抛物线弧段 $\overset{\frown}{OB}$ 组成，记 $L=\overline{OA}+\overline{AB}+\overset{\frown}{OB}$，分别写出方程为

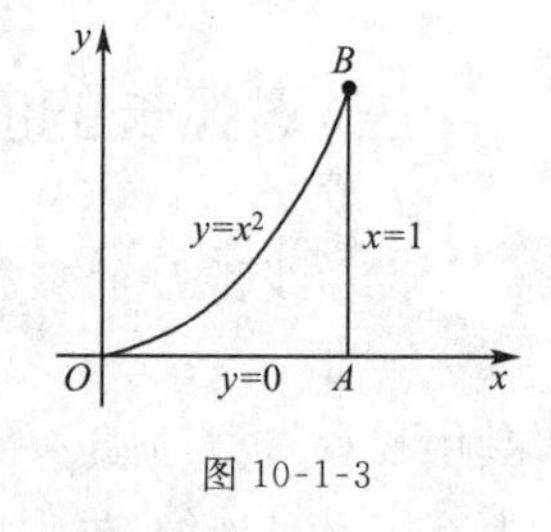

图 10-1-3

$\overline{OA}$: $y=0, 0\leqslant x\leqslant 1$,则

$$\int_{\overline{OA}}\sqrt{y}\,\mathrm{d}s=\int_0^1 0\,\mathrm{d}s=0$$

$\overline{AB}$: $x=1, 0\leqslant y\leqslant 1$,则

$$\int_{\overline{AB}}\sqrt{y}\,\mathrm{d}s=\int_0^1\sqrt{y}\sqrt{1+0}\,\mathrm{d}y=\int_0^1\sqrt{y}\,\mathrm{d}y=\frac{2}{3}y^{\frac{3}{2}}\Big|_0^1=\frac{2}{3}$$

$\overset{\frown}{OB}$: $y=x^2, 0\leqslant x\leqslant 1$,则

$$\int_{\overset{\frown}{OB}}\sqrt{y}\,\mathrm{d}s=\int_0^1\sqrt{x^2}\sqrt{1+(2x)^2}\,\mathrm{d}x=\int_0^1 x\sqrt{1+4x^2}\,\mathrm{d}x$$

$$=\frac{1}{12}(1+4x^2)^{\frac{3}{2}}\Big|_0^1=\frac{1}{12}(5\sqrt{5}+1)$$

因此由性质 2 知

$$\oint_L\sqrt{y}\,\mathrm{d}s=\int_{\overline{OA}}\sqrt{y}\,\mathrm{d}s+\int_{\overline{AB}}\sqrt{y}\,\mathrm{d}s+\int_{\overset{\frown}{OB}}\sqrt{y}\,\mathrm{d}s=0+\frac{2}{3}+\frac{1}{12}(5\sqrt{5}+1)$$

$$=\frac{1}{12}(5\sqrt{5}+9)$$

【例 10-3】 计算$\int_\Gamma(x^2+y^2+z^2)\,\mathrm{d}s$,其中$\Gamma$为螺旋线$x=\cos t, y=\sin t, z=t$上相应于$t$从 0 到 2π 的一段弧.

解 由公式(10.14),得

$$\int_\Gamma(x^2+y^2+z^2)\,\mathrm{d}s=\int_0^{2\pi}(\cos^2 t+\sin^2 t+t^2)\sqrt{(-\sin t)^2+\cos^2 t+1^2}\,\mathrm{d}t$$

$$=\int_0^{2\pi}(1+t^2)\sqrt{2}\,\mathrm{d}t=\frac{2\sqrt{2}}{3}\pi(3+4\pi^2)$$

习题 10-1

1.计算$\oint_L\sqrt{x^2+y^2}\,\mathrm{d}s$,其中:$x=a\cos t, y=a\sin t\ (0\leqslant t\leqslant 2\pi)$.

2.计算$\int_L(x+y)\mathrm{d}s$,其中 L 为连接(1,0)与(0,1)两点的直线段.

3.计算$\oint_L x\,\mathrm{d}s$,其中 L 由直线 $y=x$ 及抛物线 $y=x^2$ 所围成区域的整个边界.

4.计算$\oint_L \mathrm{e}^{\sqrt{x^2+y^2}}\,\mathrm{d}s$,其中$L$为圆周$x^2+y^2=a^2$,直线 $y=x$ 及x 轴在第一象限内所围成的扇形的边界.

5.计算$\int_\Gamma\frac{1}{x^2+y^2+z^2}\mathrm{d}s$,其中 Γ 为曲线,$x=\mathrm{e}^t\cos t, y=\mathrm{e}^t\sin t, z=\mathrm{e}^t\ (0\leqslant t\leqslant 2)$.

6.已知半径为 R、中心角为 2α 的圆弧 L 的线密度为 $\rho=\rho(x,y)=y^2$,求圆弧 L 的质量M.

10.2 对坐标的曲线积分

一、引例

设在 xOy 平面内一个质点在变力 $F(x,y)=P(x,y)\boldsymbol{i}+Q(x,y)\boldsymbol{j}$ 的作用下从点 A 沿着光滑曲线弧 L 移动到点 B，其中 $P(x,y)$，$Q(x,y)$ 在 L 上连续，问如何求变力 $F(x,y)$ 所做的功 W.

若 $F(x,y)$ 是常力，且质点沿直线从 A 移动到 B，那么常力 F 所做的功 $W=F\cdot\overrightarrow{AB}$.

现在 F 是变力，且质点沿曲线 L 移动，其大小和方向都随坐标 (x,y) 的变化而变化，功 W 就不能按照上面公式计算了，于是，我们采用微元法求解如下：

(1) **分割**：在 L 上把有向曲线弧 L 从 A 到 B 依次任意插入 $n-1$ 个分点将有向曲线弧 L 任意分成 n 小段，其分段依次为 $A=M_0$，$M_1,\cdots,M_{n-1},M_n=B$，其中有向小弧段 $\overset{\frown}{M_{i-1}M_i}$ 的弧长为 Δs_i（图 10-2-1）.

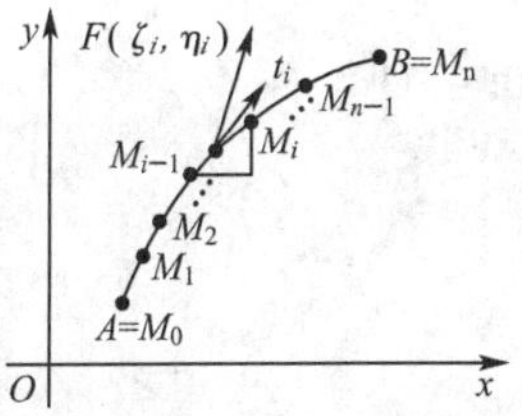

图 10-2-1

(2) **近似**：取其中一个有向小弧段 $\overset{\frown}{M_{i-1}M_i}$ 来分析，由于 $\overset{\frown}{M_{i-1}M_i}$ 光滑且很短，可以用有向线段 $\overrightarrow{M_{i-1}M_i}=\Delta x_i\boldsymbol{i}+\Delta y_i\boldsymbol{j}$ 来近似代替，其中 $\Delta x_i=x_i-x_{i-1}$ 是向量 $\overrightarrow{M_{i-1}M_i}$ 在 x 轴上的投影，$\Delta y_i=y_i-y_{i-1}$ 是向量 $\overrightarrow{M_{i-1}M_i}$ 在 y 轴上的投影，又由于 $P(x,y)$，$Q(x,y)$ 在 L 上连续，故在小弧段 $\overset{\frown}{M_{i-1}M_i}$ 上力 $F(x,y)$ 的变化不大，可以用 $\overset{\frown}{M_{i-1}M_i}$ 上任一点 (ξ_i,η_i) 处的力来近似代替，即在 $\overset{\frown}{M_{i-1}M_i}$ 上

$$F(x,y)\approx F(\xi_i,\eta_i)=P(\xi_i,\eta_i)\boldsymbol{i}+Q(\xi_i,\eta_i)\boldsymbol{j}.$$

这样，变力 $F(x,y)$ 沿有向小弧段 $\overset{\frown}{M_{i-1}M_i}$ 所做的功 ΔW_i，就近似等于常力 $F(\xi_i,\eta_i)$ 沿有向线段 $\overrightarrow{M_{i-1}M_i}$ 所做的功（图 10-2-2），即 $\Delta W_I\approx F(\xi_i,\eta_i)\cdot\overrightarrow{M_{i-1}M_i}=P(\xi_i,\eta_i)\Delta x_i+Q(\xi_i,\eta_i)\Delta y_i$.

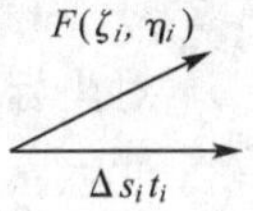

图 10-2-2

(3) **求和**：变力 F 沿曲线 L 从 A 移动到 B 所做的功

$$W=\sum_{i=1}^{n}\Delta W_i\approx\sum_{i=1}^{n}[P(\xi_i,\eta_i)\Delta x_i+Q(\xi_i,\eta_i)\Delta y_i].$$

(4) **逼近**：把所有小弧段长度的最大值记作 λ，令 $\lambda\to 0$，所得上述和式的极限为

$$\lim_{\lambda\to 0}\sum_{i=1}^{n}[P(\xi_i,\eta_i)\Delta x_i+Q(\xi_i,\eta_i)\Delta y_i]$$

即为变力 F 沿有向曲线 L 所做的功.

二、对坐标的曲线积分的定义与性质

定义 10.2 设 L 为 xOy 面上从点 A 到点 B 的一条光滑的有向曲线弧，函数 $P(x,y)$，

$Q(x,y)$ 在 L 上有界，沿 L 的方向依次取分点 $A=M_0,M_1,\cdots,M_{n-1},M_n=B$，把 L 分成 n 个有向小弧段 $\widehat{M_{i-1}M_i}\,(i=1,2,\cdots,n)$，设 $\overrightarrow{M_{i-1}M_i}=\Delta x_i\boldsymbol{i}+\Delta y_i\boldsymbol{j}$，并记 λ 为所有小弧段长度的最大值，在 $\widehat{M_{i-1}M_i}$ 上任意取一点 (ξ_i,η_i)，如果极限

$$\lim_{\lambda\to 0}\sum_{i=1}^{n}P(\xi_i,\eta_i)\Delta x_i$$

存在，那么这个极限称为**函数 $P(x,y)$ 在有向弧段 L 上对坐标 x 的曲线积分**，记作 $\int_L P(x,y)\mathrm{d}x$.

类似地，如果极限

$$\lim_{\lambda\to 0}\sum_{i=1}^{n}Q(\xi_i,\eta_i)\Delta y_i$$

存在，那么这个极限称为**函数 $Q(x,y)$ 在有向弧段 L 上对坐标 y 的曲线积分**，记作 $\int_L Q(x,y)\mathrm{d}y$.

即

$$\int_L P(x,y)\mathrm{d}x=\lim_{\lambda\to 0}\sum_{i=1}^{n}P(\xi_i,\eta_i)\Delta x_i \tag{10.15}$$

$$\int_L Q(x,y)\mathrm{d}y=\lim_{\lambda\to 0}\sum_{i=1}^{n}Q(\xi_i,\eta_i)\Delta y_i \tag{10.16}$$

其中 $P(x,y),Q(x,y)$ 称为**被积函数**，$P(x,y)\mathrm{d}x$ 及 $Q(x,y)\mathrm{d}y$ 称为**被积表达式**，L 称为**(有向)积分弧**，$\mathrm{d}x,\mathrm{d}y$ 称为**有向弧 L 的投影元素**.

在应用上写成

$$\int_L P(x,y)\mathrm{d}x+\int_L Q(x,y)\mathrm{d}y$$

这种合并起来的形式.为简便起见，把上式写成

$$\int_L P(x,y)\mathrm{d}x+Q(x,y)\mathrm{d}y \tag{10.17}$$

对坐标的曲线积分也常称为**第二类曲线积分**

注意：(1) 对坐标的曲线积分是两部分的和，而有时也会单独出现，对坐标 x 的曲线积分为 $\int_L P(x,y)\mathrm{d}x$，对坐标 y 的曲线积分为 $\int_L Q(x,y)\mathrm{d}y$.

(2) 当路径为封闭曲线时，规定逆时针方向为正方向，记作 $\oint_L P\mathrm{d}x+Q\mathrm{d}y$.

根据第二类曲线积分的定义，可以证明第二类曲线积分具有下列性质：

性质 1　设 L 是有向曲线弧，k 为非零实数，则

$$\int_L k(P\mathrm{d}x+Q\mathrm{d}y)=k\int_L(P\mathrm{d}x+Q\mathrm{d}y).$$

性质 2　设 L 是有向曲线弧，则

$$\int_L P_1\mathrm{d}x+Q_1\mathrm{d}y+\int_L P_2\mathrm{d}x+Q_2\mathrm{d}y=\int_L(P_1+P_2)\mathrm{d}x+(Q_1+Q_2)\mathrm{d}y.$$

性质 3　设 L 由 L_1 和 L_2 两段光滑有向曲线组成，则

$$\int_{L} P\mathrm{d}x + Q\mathrm{d}y = \int_{L_1} P\mathrm{d}x + Q\mathrm{d}y + \int_{L_2} P\mathrm{d}x + Q\mathrm{d}y$$

性质 4 设 L^- 是与 L 方向相反的有向弧,则

$$\int_{L^-} P\mathrm{d}x + Q\mathrm{d}y = -\int_{L} P\mathrm{d}x + Q\mathrm{d}y$$

三、对坐标的曲线积分的计算

若给定曲线弧 L 的参数方程,那么第二类曲线积分就可化为定积分来计算.

设 $P(x,y)$,$Q(x,y)$ 在有向光滑曲线弧 L 上连续,L 的参数方程为 $\begin{cases} x = x(t) \\ y = y(t) \end{cases}$,当参数 t 单调地由 α 变到 β 时,点 $M(x,y)$ 从 L 的起点 A 沿 L 移动到终点 B,则有

$$\int_{L} P(x,y)\mathrm{d}x + Q(x,y)\mathrm{d}y = \int_{\alpha}^{\beta} \{P[\varphi(t),\psi(t)]\varphi'(t) + Q[\varphi(t),\psi(t)]\psi'(t)\}\mathrm{d}t \tag{10.18}$$

注意:在式(10.18)右端定积分中,下限 α 对应于 L 的起点,上限 β 对应于 L 的终点,α 未必小于 β.

如果 L 由方程 $y=y(x)$,起点为 a,终点为 b 确定的曲线弧,则

$$\int_{L} P\mathrm{d}x + Q\mathrm{d}y = \int_{a}^{b} \{P[x,y(x)] + Q[x,y(x)]y'(x)\}\mathrm{d}x \tag{10.19}$$

如果 L 由方程 $x=x(y)$,起点为 c,终点为 d 确定的曲线弧,则

$$\int_{L} P\mathrm{d}x + Q\mathrm{d}y = \int_{c}^{d} \{P[x(y),y]x'(y) + Q[x(y),y]\}\mathrm{d}y \tag{10.20}$$

【例 10-4】 计算 $\int_{L} xy\mathrm{d}x$,其中 L 为抛物线 $y^2=x$ 上从点 $A(1,-1)$ 到点 $B(1,1)$ 的一段弧(图 10-2-3).

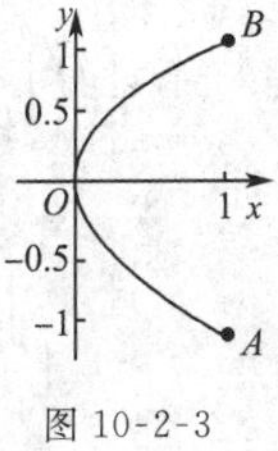

图 10-2-3

解 **解法一** 将所给曲线积分化为对 x 的定积分来计算,即以 x 为参数,把 L 分为 $\overset{\frown}{AO}$ 和 $\overset{\frown}{OB}$ 两部分,其中

$\overset{\frown}{AO}$:$y=-\sqrt{x}$,x 从 1 变到 0,

$\overset{\frown}{OB}$:$y=\sqrt{x}$,x 从 0 变到 1,

因此,

$$\begin{aligned} \int_{L} xy\mathrm{d}x &= \int_{\overset{\frown}{AO}} xy\mathrm{d}x + \int_{\overset{\frown}{OB}} xy\mathrm{d}x = \int_{1}^{0} x(-\sqrt{x})\mathrm{d}x + \int_{0}^{1} x\sqrt{x}\mathrm{d}x \\ &= 2\int_{0}^{1} x^{\frac{3}{2}}\mathrm{d}x = 2\times\frac{2}{5}x^{\frac{5}{2}}\Big|_{0}^{1} = \frac{4}{5} \end{aligned}$$

解法二 将所给曲线积分化为对 y 的定积分来计算,即以 y 为参数,由于 L:$x=y^2$,y 从 -1 变到 1,因此,

$$\int_{L} xy\mathrm{d}x = \int_{-1}^{1} y^2\cdot y\cdot(y^2)'\mathrm{d}y = 2\int_{-1}^{1} y^4\mathrm{d}y = \frac{2}{5}y^5\Big|_{-1}^{1} = \frac{4}{5}$$

对于定义在空间有向曲线 Γ 上的三元函数,可以类似地定义下列三个对坐标的曲线积分

$$\int_{\Gamma} P(x,y,z)\mathrm{d}x, \int_{\Gamma} Q(x,y,z)\mathrm{d}y, \int_{\Gamma} R(x,y,z)\mathrm{d}z$$

若Γ的参数方程为$x=x(t)$，$y=y(t)$，$z=z(t)$，则有

$$\begin{aligned}&\int_{\Gamma}P(x,y,z)\mathrm{d}x+Q(x,y,z)\mathrm{d}y+R(x,y,z)\mathrm{d}z\\=&\int_{\alpha}^{\beta}\{P[x(t),y(t),z(t)]x'(t)+Q[x(t),y(t),z(t)]y'(t)+\\&R[x(t),y(t),z(t)]z'(t)\}\mathrm{d}t\end{aligned}$$

其中下限α对应Γ的起点，上限β对应Γ的终点.

习题 10-2

1.计算$\int_L(x^2-y^2)\mathrm{d}x$，其中$L$是抛物线$y=x^2$上从点(0,0)到点(2,4)的一段弧.

2.计算$I=\int_L(x^2-y)\mathrm{d}x+(y^2+x)\mathrm{d}y$(按逆时针方向绕行)其中$L$分别为：

(1) 从$A(0,1)$到$C(1,2)$的直线；

(2) 从$A(0,1)$到$B(1,1)$，再从$B(1,1)$到$C(1,2)$的折线；

(3) 从$A(0,1)$沿抛物线$y=x^2+1$到$C(1,2)$的有向曲线.

3.计算$\int_L 2xy\mathrm{d}x+x^2\mathrm{d}y$(按逆时针方向绕行)，其中$L$分别为：

(1) 抛物线$y=x^2$上从$O(0,0)$到$B(1,1)$的一段弧；

(2) 抛物线$x=y^2$上从$O(0,0)$到$B(1,1)$的一段弧；

(3) 从$O(0,0)$到$A(1,0)$再到$B(1,1)$的有向曲线.

4.计算$\int_{\Gamma}x\mathrm{d}x+y\mathrm{d}y+(x+y-1)\mathrm{d}z$，其中$\Gamma$为点$A(2,3,4)$到点$B(1,1,1)$的空间有向曲线.

5.计算$\int_{\Gamma}y\mathrm{d}x+z\mathrm{d}y+x\mathrm{d}z$，其中$\Gamma$为从点$A(0,0,0)$到点$B(3,4,5)$，再到点$C(3,4,0)$的一条有向折线.

6.求质点在力$\vec{F}=x^2\vec{i}-xy\vec{j}$的作用下沿曲线$L$:$x=\cos\theta$，$y=\sin\theta$从点$A(1,0)$移动到点$B(0,1)$时所做的功.

7.设有一质量为m的质点受力的作用在铅直平面上沿某一曲线弧从点A到点B，求重力所做的功.

10.3 格林公式

一、平面区域连通性的概念

设D为平面区域，如果区域D内任一闭曲线所围成的部分都属于D，则称为平面单连通区域，否则称为复连通区域.从几何角度看，平面单连通区域就是不含有“洞”(包括点

“洞”）的区域.复连通区域就是含有“洞”（包括点“洞”）的区域.例如，平面上的圆形区域 $\{(x,y)\,|\,x^2+y^2<4\}$、半平面 $\{(x,y)\,|\,x>0\}$ 都是单连通区域，而圆环形区域 $\{(x,y)\,|\,1<x^2+y^2<4\}$、$\{(x,y)\,|\,0<x^2+y^2<1\}$ 都是复连通区域.

设平面区域 D 由曲线 L 所围成，我们规定 L 的正向如下：当观察者沿着曲线 L 的这个方向前进时，能保持区域 D 总在它的左侧，称**曲线 L 为正向**.当观察者沿着曲线 L 的这个方向前进时，能保持区域 D 总在它的右侧，称**曲线 L 为负向**.

例如，如图10-3-1所示的复连通区域中，作为 D 的正向边界，L 应选逆时针方向，而 l 应选顺时针方向.

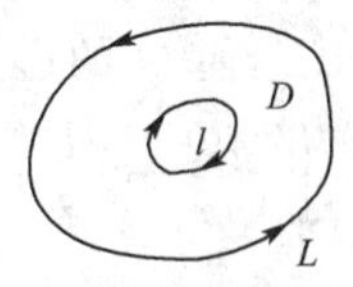

图 10-3-1

定理 10.1　设闭区域 D 由分段光滑的曲线 L 围成，函数 $P(x,y)$ 及 $Q(x,y)$ 在 D 上具有一阶连续偏导数，则有

$$\iint_D\left(\frac{\partial Q}{\partial x}-\frac{\partial P}{\partial y}\right)\mathrm{d}x\,\mathrm{d}y=\oint_L P\,\mathrm{d}x+Q\,\mathrm{d}y \tag{10.21}$$

其中 L 是 D 的取正向的边界曲线.

公式(10.21)称为**格林公式**.

证明　根据区域 D 的不同形状，分三种情形来证明.

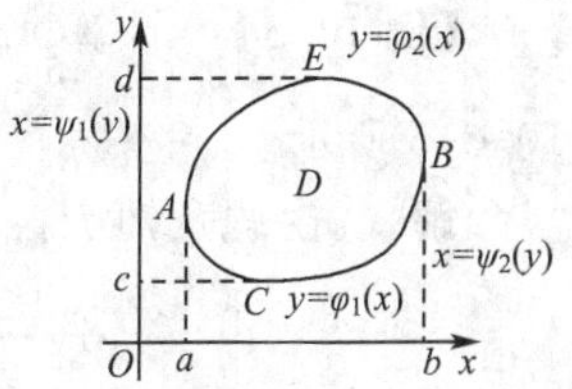

(1) 若区域 D 既是X-型的又是Y-型的(图10-3-2)，这时区域 D 可表示为

$$a\leqslant x\leqslant b,\varphi_1(x)\leqslant y\leqslant\varphi_2(x),$$

或

$$c\leqslant y\leqslant d,\psi_1(y)\leqslant x\leqslant\psi_2(y),$$

图 10-3-2

于是根据二重积分的计算方法，有

$$\begin{aligned}\iint_D\frac{\partial Q}{\partial x}\mathrm{d}x\,\mathrm{d}y&=\int_c^d\mathrm{d}y\int_{\psi_1(y)}^{\psi_2(y)}\frac{\partial Q}{\partial x}\mathrm{d}x=\int_c^d Q(\psi_2(y),y)\,\mathrm{d}y-\int_c^d Q(\psi_1(y),y)\,\mathrm{d}y\\&=\int_{CBE}Q(x,y)\mathrm{d}y-\int_{CAE}Q(x,y)\mathrm{d}y\\&=\int_{CBE}Q(x,y)\mathrm{d}y+\int_{EAC}Q(x,y)\mathrm{d}y=\oint_L Q(x,y)\mathrm{d}y\end{aligned}$$

同理可证

$$-\iint_D\frac{\partial P}{\partial y}\mathrm{d}x\,\mathrm{d}y=\oint_L P\,\mathrm{d}x$$

两式相加，得

$$\iint_D\left(\frac{\partial Q}{\partial x}-\frac{\partial P}{\partial y}\right)\mathrm{d}x\,\mathrm{d}y=\oint_L P\,\mathrm{d}x+Q\,\mathrm{d}y$$

(2) 若区域 D 由一条分段光滑的闭曲线 L 所围成，则可用几段辅助曲线将 D 分成有限个既是X-型的又是Y-型的区域，然后逐个应用(1)中的方法证得格林公式，再将它们相加，并抵消沿几条辅助曲线的积分(因取向相反，它们的积分值正好互相抵消)，就可证得格林公式.如图10-3-3所示，可将区域 D 分成三个既是X-型的又是Y-型的区域 D_1,D_2,D_3，于是

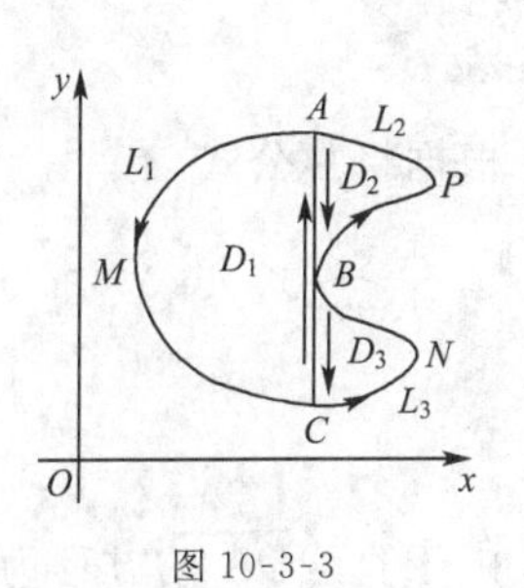

图 10-3-3

$$\iint_D\left(\frac{\partial Q}{\partial x}-\frac{\partial P}{\partial y}\right)\mathrm{d}x\,\mathrm{d}y=\iint_{D_1+D_2+D_3}\left(\frac{\partial Q}{\partial x}-\frac{\partial P}{\partial y}\right)\mathrm{d}x\,\mathrm{d}y=\left(\iint_{D_1}+\iint_{D_2}+\iint_{D_3}\right)\left(\frac{\partial Q}{\partial x}-\frac{\partial P}{\partial y}\right)\mathrm{d}x\,\mathrm{d}y$$
$$=\oint_{\overset{\frown}{MCBAM}}P\,\mathrm{d}x+Q\mathrm{d}y+\oint_{\overset{\frown}{ABPA}}P\,\mathrm{d}x+Q\mathrm{d}y+\oint_{\overset{\frown}{BCNB}}P\,\mathrm{d}x+Q\mathrm{d}y$$
$$=\oint_{L_1+L_2+L_3}P\,\mathrm{d}x+Q\mathrm{d}y=\oint_L P\,\mathrm{d}x+Q\mathrm{d}y$$

(3) 一般地,如果区域 D 由几条闭曲线所围成,如图 10-3-4 所示,可添加直线段 AB,CE,使 D 的边界曲线由 AB,L_2,BA,AFC,CE,L_3,EC 及 CGA 构成.于是,由(2) 知

$$\iint_D\left(\frac{\partial Q}{\partial x}-\frac{\partial P}{\partial y}\right)\mathrm{d}x\,\mathrm{d}y=\left(\int_{AB}+\int_{L_2}+\int_{BA}+\int_{AFC}+\int_{CE}+\int_{L_3}+\int_{EC}+\int_{CGA}\right)(P\,\mathrm{d}x+Q\mathrm{d}y)$$
$$=\left(\oint_{L_1}+\oint_{L_2}+\oint_{L_3}\right)(P\,\mathrm{d}x+Q\mathrm{d}y)=\oint_L P\,\mathrm{d}x+Q\mathrm{d}y$$

L_1,L_2,L_3 对 D 来说为正向.

综上所述,我们就证明了格林公式(10.21)

格林公式建立了曲线积分与二重积分之间的联系.

【例 10-5】 计算$\oint_L xy^2\mathrm{d}y+x^2y\mathrm{d}x$,其中 L 为圆周 $x^2+y^2=R^2$,依逆时针方向,如图 10-3-5 所示.

解 由题意知 $P=x^2y,Q=xy^2,L$ 为区域边界的正向,故根据格林公式,有

$$\oint_L xy^2\mathrm{d}y+x^2y\mathrm{d}x=\iint_D(x^2+y^2)\mathrm{d}x\,\mathrm{d}y=\int_0^{2\pi}\mathrm{d}\theta\int_0^R r^2r\,\mathrm{d}r=\frac{\pi R^4}{2}.$$

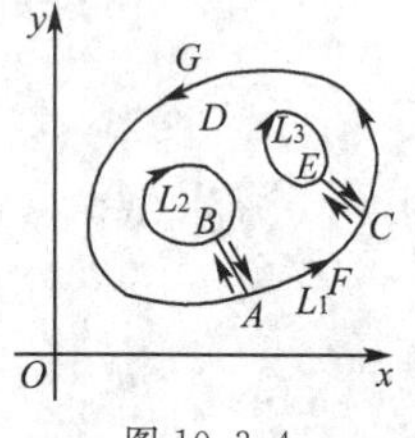

图 10-3-4

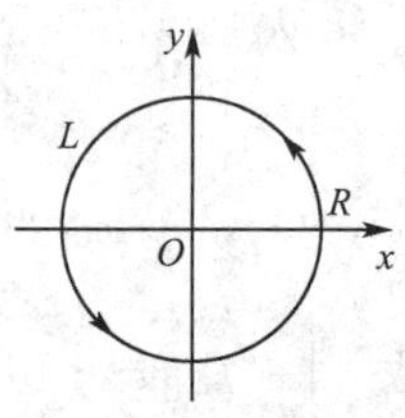

图 10-3-5

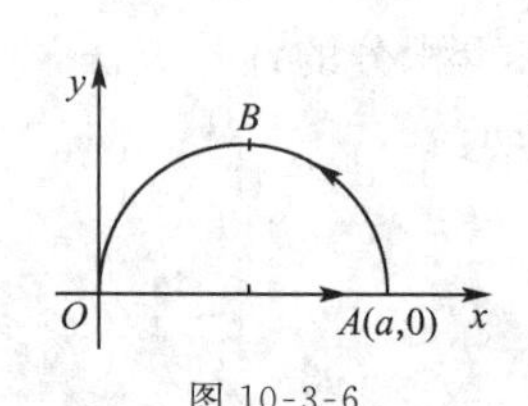

图 10-3-6

【例 10-6】 计算$\oint_{\overset{\frown}{ABO}}(\mathrm{e}^x\sin y-my)\,\mathrm{d}x+(\mathrm{e}^x\cos y-m)\,\mathrm{d}y$,其中 $\overset{\frown}{ABO}$ 为由点 $A(a,0)$ 到点 $O(0,0)$ 的上半圆周 $x^2+y^2=ax$,如图 10-3-6 所示.

解 在 x 轴做连接点 $O(0,0)$ 与点 $A(a,0)$ 的辅助线,它与上半圆周便构成封闭的半圆形 $ABOA$,于是

$$\int_{\overset{\frown}{ABO}}=\oint_{ABOA}-\int_{OA},$$

根据格林公式,有

$$\oint_{\overset{\frown}{ABOA}}(\mathrm{e}^x\sin y-my)\,\mathrm{d}x+(\mathrm{e}^x\cos y-m)\,\mathrm{d}y=\iint_D[\mathrm{e}^x\cos y-(\mathrm{e}^x\cos y-m)]\,\mathrm{d}x\,\mathrm{d}y$$
$$=\iint_D m\,\mathrm{d}x\,\mathrm{d}y=m\cdot\frac{1}{2}\cdot\pi\left(\frac{a}{2}\right)^2=\frac{\pi ma^2}{8},$$

由于直线$\overline{OA}$ 的方程为 $y=0$,所以

$$\int_{OA}(\mathrm{e}^x\sin y-my)\,\mathrm{d}x+(\mathrm{e}^x\cos y-m)\,\mathrm{d}y=0,$$

综上所述，得

$$\int_{\overset{\frown}{ABO}} (e^x \sin y - my)\,dx + (e^x \cos y - m)\,dy = \frac{\pi m a^2}{8}$$

注意：本例中，我们通过添加一段简单的辅助曲线，使它与所给曲线构成一条封闭曲线，然后利用格林公式把所求曲线积分化为二重积分来计算.利用格林公式计算曲线积分，这是一种常用的方法.

【例 10-7】 计算$\oint_L \frac{x\,dy - y\,dx}{x^2 + y^2}$，其中 L 为一条无重点、分段光滑且不经过原点的连续闭曲线，L 的方向为逆时针方向.

解 记 L 所围成的闭区域为 D，令

$$P = \frac{-y}{x^2 + y^2},\ Q = \frac{x}{x^2 + y^2},$$

则当 $x^2 + y^2 \neq 0$ 时，有

$$\frac{\partial Q}{\partial x} = \frac{y^2 - x^2}{(x^2 + y^2)^2} = \frac{\partial P}{\partial y}.$$

情形 1 当$(0,0) \notin D$ 时，由格林公式，得

$$\oint_L \frac{x\,dy - y\,dx}{x^2 + y^2} = \iint_D \left(\frac{\partial Q}{\partial x} - \frac{\partial P}{\partial y}\right) dx\,dy = 0.$$

情形 2 当$(0,0) \in D$ 时，做位于 D 内的圆周 $l: x^2 + y^2 = r^2$，记由 L 和 l 所围成的区域为 D_1（图 10-3-7），则由格林公式，得

$$\oint_L \frac{x\,dy - y\,dx}{x^2 + y^2} - \oint_l \frac{x\,dy - y\,dx}{x^2 + y^2} = \iint_{D_1} \left(\frac{\partial Q}{\partial x} - \frac{\partial P}{\partial y}\right) dx\,dy = 0.$$

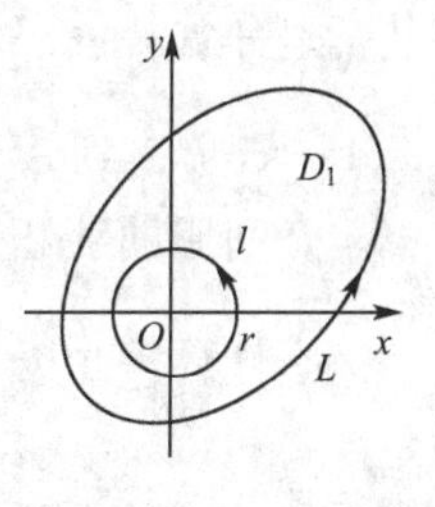

图 10-3-7

所以，利用 l 的参数方程 $x = r\cos t, y = r\sin t\,(0 \leqslant t \leqslant 2\pi)$ 得

$$\oint_L \frac{x\,dy - y\,dx}{x^2 + y^2} = \oint_l \frac{x\,dy - y\,dx}{x^2 + y^2} = \int_0^{2\pi} \frac{r^2 \cos^2 t + r^2 \sin^2 t}{r^2} dt = 2\pi$$

若在格林公式(10.21) 中，令 $P = -y, Q = x$，得

$$2\iint_D dx\,dy = \oint_L x\,dy - y\,dx$$

上式左端是闭区域 D 的面积 A 的两倍，因此有

$$A = \frac{1}{2}\oint_L x\,dy - y\,dx. \tag{10.22}$$

【例 10-8】 求椭圆 $x = a\cos\theta, y = b\sin\theta$ 所围成图形的面积 A.

解 由公式(10.21)，有

$$A = \frac{1}{2}\oint_L x\,dy - y\,dx = \frac{1}{2}\int_0^{2\pi} (ab\cos^2\theta + ab\sin^2\theta)\,d\theta = \frac{1}{2}ab\int_0^{2\pi} d\theta = \pi ab$$

习题 10-3

1.设 L 是任意一条有向闭曲线，证明$\oint_L 2xy\,dx + x^2\,dy = 0$.

2.利用格林公式计算下列曲线积分.

(1)$\oint_L (2x-y+4)\,\mathrm{d}x+(5y-3x-6)\,\mathrm{d}y$，其中 L 是顶点分别为(0,0)，(3,0) 和(3,2) 的三角形正向边界；

(2)$\oint_L \frac{1}{x}\arctan\frac{y}{x}\mathrm{d}x+\frac{2}{y}\arctan\frac{x}{y}\mathrm{d}y$，其中 L 为圆周 $x^2+y^2=1$，$x^2+y^2=4$ 与直线 $y=x$，$y=\sqrt{3}x$ 在第一象限所围成区域的正向边界；

(3)$\int_L \left(y+\frac{\mathrm{e}^y}{x}\right)\mathrm{d}x+\mathrm{e}^y\ln x\,\mathrm{d}y$，其中 L 是在半圆周 $(x-1)^2+(y-1)^2=1(x\geqslant 1)$ 上从点(1,0) 到点(2,1) 的一段弧；

(4)$\oint_L (yx^3+\mathrm{e}^y)\,\mathrm{d}x+(xy^3+x\mathrm{e}^y-2y)\,\mathrm{d}y$，其中 L 为正向圆周曲线 $x^2+y^2=a^2$；

(5)$\oint_L (x^2-xy^3)\,\mathrm{d}x+(y^2-2xy)\,\mathrm{d}y$，其中 L 是顶点分别为(0,0)，(2,0)，(2,2) 和(0,2) 的正方形区域的正向边界.

3.利用格林公式计算曲线积分 $\oint_L (x^2-y)\mathrm{d}x-(x+\sin^2 y)\mathrm{d}y$，其中 L 是圆周 $y=\sqrt{2x-y^2}$ 上由(0,0) 到(1,1) 的一段弧.

4.计算 $\int_L \mathrm{e}^x\cos y\mathrm{d}y+\mathrm{e}^x\sin y\mathrm{d}x$，其中 L 是从 $O(0,0)$ 沿摆线 $x=a(t-\sin t)$，$y=a(1-\cos t)$ 到 $A(\pi a,2a)$ 的一段弧.

5.利用曲线积分，求星形线 $x=a\cos^3 t$，$y=a\sin^3 t$ 所围图形的面积.

6.计算 $\oint_L \frac{xy^2\mathrm{d}y-x^2y\mathrm{d}x}{x^2+y^2}$，其中 L 为正向圆周曲线 $x^2+y^2=a^2$.

10.4　平面曲线积分与路径的关系

一、平面曲线积分与路径无关

我们知道，沿着具有相同起点和终点但积分路径不同的第二类曲线积分，其积分值可能相等，也可能不相等.本节我们将讨论在怎样的条件下平面曲线积分与积分路径无关.为此首先给出平面曲线积分与路径无关的概念.

设函数 $P(x,y)$ 及 $Q(x,y)$ 在平面区域 G 连续.如果对于 G 内任意指定的两个点 A，B 以及 G 内从点 A 到点 B 的任意两条曲线 L_1，L_2(图 10-4-1)，

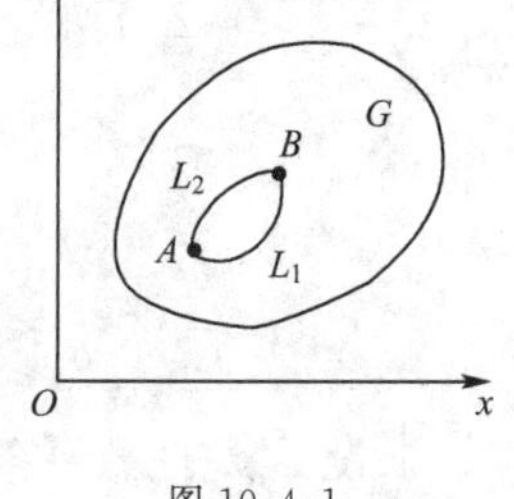

图 10-4-1

有

$$\int_{L_1} P\mathrm{d}x+Q\mathrm{d}y=\int_{L_2} P\mathrm{d}x+Q\mathrm{d}y,$$

则称曲线积分$\int_L P\mathrm{d}x+Q\mathrm{d}y$在平面区域$G$内与路径无关,否则称为与路径有关.

如果曲线积分与路径无关,那么

$$\int_{L_1} P\mathrm{d}x+Q\mathrm{d}y=\int_{L_2} P\mathrm{d}x+Q\mathrm{d}y=-\int_{L_2^-} P\mathrm{d}x+Q\mathrm{d}y,$$

所以

$$\int_{L_2} P\mathrm{d}x+Q\mathrm{d}y+\int_{L_2^-} P\mathrm{d}x+Q\mathrm{d}y=0,$$

即

$$\int_{L_1+L_2^-} P\mathrm{d}x+Q\mathrm{d}y=0,$$

这里,由点A、点B的任意性及L_1、L_2的任意性,可知$L_1+L_2^-$可表示G内任意一条有向闭曲线.因此,在区域G内由曲线积分与路径无关,即可推知在G内沿任何闭曲线的曲线积分为零.反过来,如果在G内沿任何闭曲线的曲线积分为零,也可推得在G内曲线积分与路径无关,总之,**曲线积分$\int_L P\mathrm{d}x+Q\mathrm{d}y$在$G$内与路径无关,相当于沿$G$内任何闭曲线$C$的曲线积分$\int_C P\mathrm{d}x+Q\mathrm{d}y$都等于零.**

那么,函数$P(x,y)$,$Q(x,y)$及区域G满足什么条件时,曲线积分$\int_L P\mathrm{d}x+Q\mathrm{d}y$在$G$内与路径无关呢?下面的定理回答这个问题.

二、平面曲线积分与路径无关的条件

定理10.2　设G为平面单连通区域,函数$P(x,y)$,$Q(x,y)$在G内具有连续的一阶偏导数,那么曲线积分$\int_L P\mathrm{d}x+Q\mathrm{d}y$在$G$内与路径无关的充要条件是等式

$$\frac{\partial P}{\partial y}=\frac{\partial Q}{\partial x}$$

在G内每点处成立.

证　这里我们仅证明充分性,必要性的证明从略.

设在G内每点处$\frac{\partial P}{\partial y}=\frac{\partial Q}{\partial x}$,于是对于$G$内任何有向闭曲线$C$,按格林公式有

$$\oint_C P\mathrm{d}x+Q\mathrm{d}y=\pm\iint_D\left(\frac{\partial Q}{\partial x}-\frac{\partial P}{\partial y}\right)\mathrm{d}x\mathrm{d}y,$$

其中D为由C所围的闭区域.由于G是单连通的,故$D\subset G$,从而在D上$\frac{\partial Q}{\partial x}-\frac{\partial P}{\partial y}\equiv 0$,所以上列积分等于零.也就是曲线积分$\int_L P\mathrm{d}x+Q\mathrm{d}y$在$G$内与路径无关.充分性得证.

当曲线积分$\int_{\overset{\frown}{AB}} P\mathrm{d}x+Q\mathrm{d}y$在区域$G$内与路径无关时,由于曲线积分的值仅与积分弧段$\overset{\frown}{AB}$的起点$A(x_0,y_0)$和终点$B(x_1,y_1)$的位置有关,因此可把此积分记作:

$$\int_{(x_0,y_0)}^{(x_1,y_1)} P\mathrm{d}x + Q\mathrm{d}y.$$

实际计算时,可取一条从 A 到 B 的便于计算的积分路径.通常可取如图 10-4-2 所示的有向折线路径$\overline{AC}+\overline{CB}$,其中 C 为点(x_1, y_0)(当然还要假定此路径位于 G 内).此时在水平线段$\overline{AC}$上,$y=y_0$(x 自 x_0 变到 x_1),因此 $\mathrm{d}y=0\cdot\mathrm{d}x$;而在铅直线段$\overline{CB}$上,$x=x_1$($y$ 自 y_0 变到 y_1),因此 $\mathrm{d}x=0\cdot\mathrm{d}y$,从而由上节对坐标的曲线积分公式得

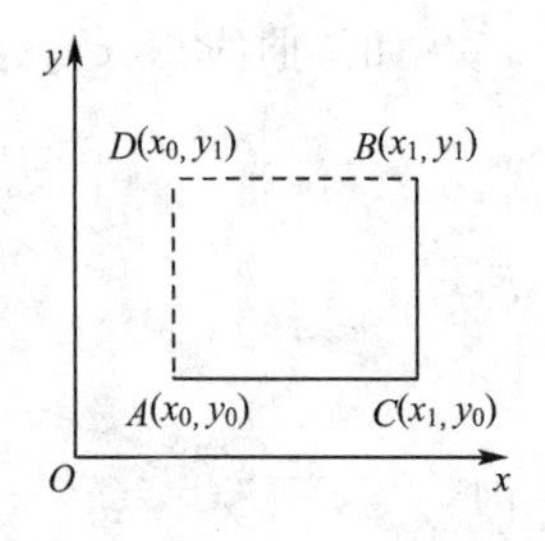

图 10-4-2

$$\int_{(x_0,y_0)}^{(x_1,y_1)} P\mathrm{d}x + Q\mathrm{d}y = \int_{x_0}^{x_1} P(x,y_0)\mathrm{d}x + \int_{y_0}^{y_1} Q(x_1,y)\mathrm{d}y.$$

类似地,若取有向折线$\overline{AD}+\overline{DB}$(其中 D 为点(x_0,y_1))为积分路径,则得

$$\int_{(x_0,y_0)}^{(x_1,y_1)} P\mathrm{d}x + Q\mathrm{d}y = \int_{y_0}^{y_1} Q(x_0,y)\mathrm{d}y + \int_{x_0}^{x_1} P(x,y_1)\mathrm{d}x \tag{10.23}$$

【例 10-9】 证明:在整个 xOy 平面内,曲线积分

$$\int_L xy^2\mathrm{d}x + x^2y\mathrm{d}y$$

与路径无关,并计算曲线积分

$$\int_{(1,1)}^{(2,3)} xy^2\mathrm{d}x + x^2y\mathrm{d}y.$$

证 这里,$P=xy^2, \dfrac{\partial P}{\partial y}=2xy$;

$$Q=x^2y, \frac{\partial Q}{\partial x}=2xy.$$

所以在整个 xOy 平面(这是一个单连通区域)内,等式$\dfrac{\partial P}{\partial y}=\dfrac{\partial Q}{\partial x}$恒成立.根据定理,在整个 xOy 平面内,所给的曲线积分与路径无关.

利用公式(10.23),可得

$$\int_{(1,1)}^{(2,3)} xy^2\mathrm{d}x + x^2y\mathrm{d}y = \int_1^2 x\cdot 1^2\mathrm{d}x + \int_1^3 2^2\cdot y\mathrm{d}y = \frac{3}{2}+16=\frac{35}{2}.$$

【例 10-10】 计算曲线积分

$$\int_L (x^2-y)\mathrm{d}x - (x+\sin^2 y)\mathrm{d}y,$$

其中 L 是圆周 $y=\sqrt{2x-x^2}$ 自 $O(0,0)$ 到 $A(2,0)$ 的一段弧(图 10-4-3).

解 这里,$P=x^2-y, Q=-(x+\sin^2 y)$,在整个 xOy 平面这个单连通区域的每点处,有

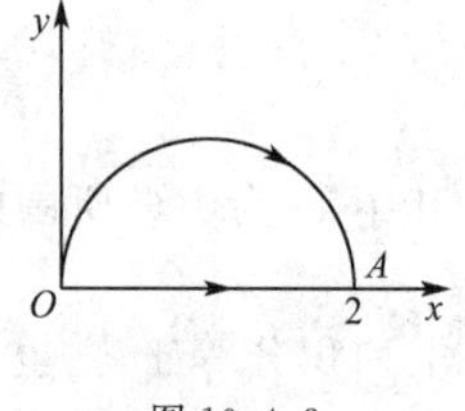

图 10-4-3

$$\frac{\partial Q}{\partial x}=-1=\frac{\partial P}{\partial y}.$$

因此所给的曲线积分与路径无关.

为方便计算,改取有向线段$\overline{OA}$为积分路径.在$\overline{OA}$上,$y=0$,x 自 0 至 2,于是

$$\int_L (x^2 - y)\,dx - (x + \sin^2 y)\,dy = \int_{OA} (x^2 - y)\,dx - (x + \sin^2 y)\,dy$$
$$= \int_0^2 [(x^2 - 0) - (x + \sin^2 0)\cdot 0]\,dx$$
$$= \int_0^2 x^2\,dx = \frac{8}{3}.$$

本例通过改变积分路径，简化了运算.

上面例题中曲线积分都与路径无关.我们指出，这两个积分的被积表达式都是某个二元函数的全微分.比如，取 $u(x,y) = \frac{1}{2}x^2y^2$，则有 $du(x,y) = xy^2dx + x^2ydy$.这个事实不是偶然的，事实上，我们可以证明如下的一般性结论：

如果函数 $P(x,y)$，$Q(x,y)$ 在平面单连通域 G 内有连续的偏导数，则下列命题等价：

(1) 曲线积分 $\int_L P\,dx + Q\,dy$ 在 G 内与路径无关；

(2) $\frac{\partial Q}{\partial x} = \frac{\partial P}{\partial y}$ 在 G 内每点处成立；

(3) 存在 $u(x,y)$，使被积表达式在 G 内为 $u(x,y)$ 的全微分，即有 $du = P\,dx + Q\,dy$.

我们称 $u(x,y)$ 为全微分 $P\,dx + Q\,dy$ 的原函数，此时对 G 内的任一有向曲线弧 $\overset{\frown}{AB}$，有如下的计算公式：

$$\int_{\overset{\frown}{AB}} P\,dx + Q\,dy = \int_{\overset{\frown}{AB}} du(x,y) = u(B) - u(A) = [u(x,y)]\Big|_{(x_1,y_1)}^{(x_2,y_2)}$$

其中 (x_1,y_1)，(x_2,y_2) 分别是点 A 和点 B 的坐标，这个公式类似于定积分中的牛顿 - 莱布尼茨公式.

【例 10-11】 求 $\int_L \frac{x\,dx + y\,dy}{x^2 + y^2}$，其中 L 为 $y = x^2 - 1$ 自点 $(-1,0)$ 至点 $(2,3)$ 的曲线.

解 由于 L 不通过原点，而当 $x^2 + y^2 \neq 0$ 时，

$$d\left[\frac{1}{2}\ln(x^2 + y^2)\right] = \frac{1}{2}\,\frac{d(x^2 + y^2)}{x^2 + y^2} = \frac{x\,dx + y\,dy}{x^2 + y^2}$$

所以

$$\int_L \frac{x\,dx + y\,dy}{x^2 + y^2} = \left[\frac{1}{2}\ln(x^2 + y^2)\right]\Big|_{(-1,0)}^{(2,3)} = \frac{1}{2}\ln 13$$

习题 10-4

1.计算 $\int_{(0,0)}^{(1,2)} (x^4 + 4xy^3)\,dx + (6x^2y^2 - 5y^4)\,dy$.

2.证明曲线积分在整个 xOy 面内与路径无关，并计算积分值.

(1) $\int_{(1,1)}^{(2,3)} (x + y)\,dx + (x - y)\,dy$；

(2) $\int_{(1,2)}^{(3,4)} (6xy^2 - y^3)\,dx + (6x^2y - 3xy^2)\,dy$；

(3)$\int_{(1,0)}^{(2,1)}(2xy-y^4+3)\mathrm{d}x+(x^2-4xy^3)\mathrm{d}y$.

3.设有一变力 $\boldsymbol{F}=(x+y^2)\boldsymbol{i}+(2xy-8)\boldsymbol{j}$,证明:质点在此变力作用下运动时,变力所做的功与运动路径无关.

10.5 曲面积分

本节介绍曲面积分.与曲线积分一样,由不同的实际背景也可引出两类不同的曲面积分:对面积的曲面积分和对坐标的曲面积分.下面分别讨论这两类曲面积分的概念和计算方法.

一、对面积的曲面积分

1.对面积的曲面积分的概念

在本章第一节关于如何计算曲线弧状构件的质量的讨论中,如果把曲线改成曲面,并相应地把线密度 $\mu(x,y)$ 改为面密度 $\mu(x,y,z)$(即单位面积曲面的质量),分割时将曲线弧上的分点改为曲面上的曲线网,小曲线弧段的长度 Δs_i 改为小块曲面的面积 ΔS_i,而第 i 个小弧段上的一点(ξ_i,η_i) 改为第 i 小块曲面上的一点(ξ_i,η_i,ζ_i),那么当面密度 $\mu(x,y,z)$ 连续时,曲面的质量 M 就是下列和式的极限

$$M=\lim_{\lambda\to 0}\sum_{i=1}^{n}f(\xi_i,\eta_i,\zeta_i)\Delta S_i,$$

其中 λ 表示 n 块小曲面的直径的最大值.

这类和式的极限在研究其他问题时还会遇到,故引入如下定义.

定义 10.3 设 Σ 是一片光滑曲面,函数 $f(x,y,z)$ 在 Σ 上有界,将 Σ 任意分成 n 小块 $\Delta S_1,\Delta S_2,\cdots,\Delta S_n$,其中 ΔS_i 同时也表示第 i 小块曲面的面积,在 ΔS_i 上任取一点$(\xi_i,\eta_i,\zeta_i)(i=1,2,\cdots,n)$,做乘积

$$f(\xi_i,\eta_i,\zeta_i)\cdot\Delta S_i\ (i=1,2,\cdots,n)$$

并做和 $\sum\limits_{i=1}^{n}f(\xi_i,\eta_i,\zeta_i)\cdot\Delta S_i$,如果当各小块曲面的直径的最大值 $\lambda\to 0$ 时,这个和式的极限存在,则称此极限值为 $f(x,y,z)$ 在 Σ 上**对面积的曲面积分**或**第一类曲面积分**,记为

$$\iint_{\Sigma}f(x,y,z)\mathrm{d}S=\lim_{\lambda\to 0}\sum_{i=1}^{n}f(\xi_i,\eta_i,\zeta_i)\Delta S_i \tag{10.24}$$

其中 $f(x,y,z)$ 称为**被积函数**,$f(x,y,z)\mathrm{d}S$ 称为**被积表达式**,Σ 称为**积分曲面**,$\mathrm{d}S$ 称为**曲面面积元素**.

由定义可知,前述曲面的质量可表示为 $M=\iint\limits_{\Sigma}f(x,y,z)\mathrm{d}S$.显然,当被积函数为常数 1

时，$\iint\limits_{\Sigma}\mathrm{d}S$ 等于曲面 Σ 的面积.

如果 Σ 是分片光滑的(即 Σ 由有限片光滑曲面所组成)，则规定函数在 Σ 上的曲面积分等于函数在 Σ 的各光滑片上的曲面积分的和.若 Σ 为闭曲面，则曲面积分的积分号常写作 $\oiint\limits_{\Sigma}$.

与对弧长的曲线积分存在的条件相类似，当函数 $f(x,y,z)$ 在曲面 Σ 上连续时，对面积的曲面积分 $\iint\limits_{\Sigma}f(x,y,z)\mathrm{d}S$ 存在(以下总假定 $f(x,y,z)$ 在 Σ 上连续)，并且，对面积的曲面积分也有与对弧长的曲线积分相类似的性质，这里就不再列举了.

2.对面积的曲面积分的计算法

如果给定了积分曲面 Σ 的方程，那么对面积的曲面积分就可化为二重积分来计算.具体方法如下：

设曲面 Σ 的方程 $z=z(x,y)$，Σ 在 xOy 面的投影 D_{xy}，若 $f(x,y,z)$ 在 D_{xy} 上具有一阶连续偏导数且在 Σ 上连续，则

$$\iint\limits_{\Sigma}f(x,y,z)\mathrm{d}S=\iint\limits_{D_{xy}}f[x,y,z(x,y)]\sqrt{1+z_x^2(x,y)+z_y^2(x,y)}\,\mathrm{d}x\,\mathrm{d}y \tag{10.25}$$

即若 Σ 的方程为 $z=z(x,y)$，计算 $\iint\limits_{\Sigma}f(x,y,z)\mathrm{d}S$ 时，只要把 $\mathrm{d}S$ 换为 $\sqrt{1+z_x^2+z_y^2}\,\mathrm{d}x\,\mathrm{d}y$，$z$ 用 Σ 的方程为 $z=z(x,y)$ 代入，在 Σ 的投影区域 D_{xy} 上计算二重积分.若 Σ 的方程由 $x=x(y,z)$ 或 $y=y(x,z)$ 给出，也可以类似地把对面积的曲面积分化为相应的二重积分.

【例 10-12】　计算曲面积分 $\iint\limits_{\Sigma}\dfrac{\mathrm{d}S}{z}$，其中 Σ 是球面 $x^2+y^2+z^2=a^2$ 被平面 $z=h(0<h<a)$ 截出的顶部(图 10-5-1).

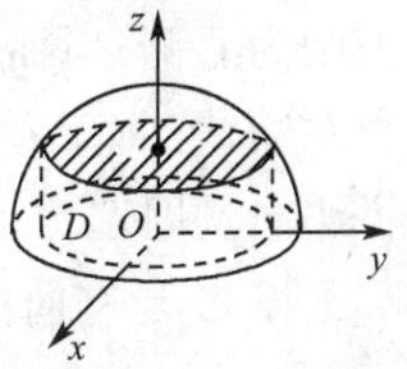

图 10-5-1

解　Σ 的方程为 $z=\sqrt{a^2-x^2-y^2}$.

Σ 在 xOy 面上的投影区域 D_{xy}：$\{(x,y)\mid x^2+y^2\leqslant a^2-h^2\}$.

又 $\sqrt{1+z_x^2+z_y^2}=\dfrac{a}{\sqrt{a^2-x^2-y^2}}$，利用极坐标

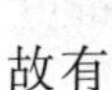

故有

$$\iint\limits_{\Sigma}\frac{\mathrm{d}S}{z}=\iint\limits_{D_{xy}}\frac{a\,\mathrm{d}x\,\mathrm{d}y}{a^2-r^2}=\iint\limits_{D_{xy}}\frac{ar\,\mathrm{d}r\,\mathrm{d}\theta}{a^2-r^2}=a\int_0^{2\pi}\mathrm{d}\theta\int_0^{\sqrt{a^2-h^2}}\frac{r\,\mathrm{d}r}{a^2-r^2}$$

$$=2\pi a\left[-\frac{1}{2}\ln(a^2-r^2)\right]\Bigg|_0^{\sqrt{a^2-h^2}}=2\pi a\ln\frac{a}{h}.$$

【例 10-13】　计算 $\oiint\limits_{\Sigma}xyz\,\mathrm{d}S$，其中 Σ 是由平面 $x=0,y=0,z=0$ 及 $x+y+z=1$ 所围四面体的整个边界曲面(图 10-5-2).

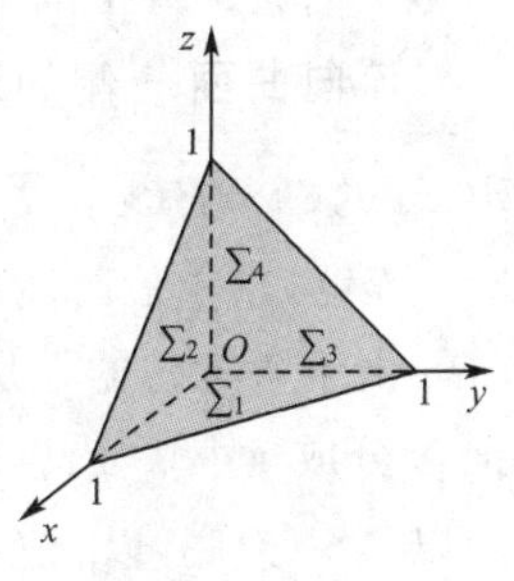

图 10-5-2

解　$$\oiint\limits_{\Sigma}xyz\,\mathrm{d}S=\left(\iint\limits_{\Sigma_1}+\iint\limits_{\Sigma_2}+\iint\limits_{\Sigma_3}+\iint\limits_{\Sigma_4}\right)xyz\,\mathrm{d}S.$$

注意到在 $\Sigma_1,\Sigma_2,\Sigma_3$ 上，被积函数 $f(x,y,z)=xyz=0$，故上式右端前三项积分等于零.

在 Σ_4 上，$z=1-x-y$，所以

$$\sqrt{1+z_x^2+z_y^2}=\sqrt{1+(-1)^2+(-1)^2}=\sqrt{3},$$

从而 $\oiint\limits_{\Sigma} xyz\mathrm{d}S=\oiint\limits_{\Sigma_4} xyz\mathrm{d}S=\iint\limits_{D_{xy}}\sqrt{3}xy(1-x-y)\mathrm{d}x\mathrm{d}y$，其中 D_{xy} 是 Σ_4 在 xOy 面上的投影区域.

$$\oiint\limits_{\Sigma} xyz\mathrm{d}S=\sqrt{3}\int_0^1 x\mathrm{d}x\int_0^{1-x} y(1-x-y)\mathrm{d}y=\sqrt{3}\int_0^1 x\left[(1-x)\frac{y^2}{2}-\frac{y^3}{3}\right]\Big|_0^{1-x}\mathrm{d}x$$

$$=\sqrt{3}\int_0^1 x\cdot\frac{(1-x^3)}{6}\mathrm{d}x=\frac{\sqrt{3}}{6}\int_0^1(x-3x^2+3x^3-x^4)\mathrm{d}x$$

$$=\frac{\sqrt{3}}{120}.$$

二、对坐标的曲面积分

1.对坐标的曲面积分的概念

由于对坐标的曲面积分的实际背景涉及流体经过曲面流向指定一侧的流量，故积分时需要指定积分曲面的侧.现在先对所谓“曲面的侧”稍做说明.这里假定曲面是光滑的.

设曲面 $z=z(x,y)$，若取法向量朝上（$\vec{n}$ 与 z 轴正向的夹角为锐角），则取定曲面为上侧，否则为下侧；对曲面 $x=x(y,z)$，若 $\vec{n}$ 的方向与 x 轴正向夹角为锐角，取定曲面为前侧，否则为后侧；对曲面 $y=y(x,z)$，若 $\vec{n}$ 的方向与 y 轴正向夹角为锐角，取定曲面为右侧，否则为左侧；若曲面为闭曲面，取法向量的指向朝外，则此时取定曲面的外侧，否则为内侧.取定了法向量即选定了曲面的侧，这种曲面称为有向曲面.

设 Σ 是有向曲面，在 Σ 上取一小块曲面 ΔS，把 ΔS 投影到 xOy 面上，得一投影域 $\Delta\sigma_{xy}$（$\Delta\sigma_{xy}$ 表示区域，又表示面积），假定 ΔS 上任一点的法向量与 z 轴夹角 γ 的余弦同号，则规定投影 ΔS_{xy} 为 $\Delta S_{xy}=\begin{cases}\Delta\sigma_{xy} & \cos\gamma>0\\ -\Delta\sigma_{xy} & \cos\gamma<0\\ 0 & \cos\gamma=0\end{cases}$，实质将投影面积附以一定的符号，同理可以定义 ΔS 在 yOz 面，zOx 面上的投影 ΔS_{yz}，ΔS_{zx}.

下面讨论一个例子，然后引进对坐标的曲面积分的定义.

流向曲面一侧的流量　设稳定流动的不可压缩的流体（设密度为 1）的速度场为 $\vec{v}(x,y,z)=P(x,y,z)\vec{i}+Q(x,y,z)\vec{j}+R(x,y,z)\vec{k}$，$\Sigma$ 为其中一片有向曲面，P,Q,R 在 Σ 上连续，求单位时间内流向 Σ 指定侧的流体的质量，即流量 Φ.

由于所考虑的不是平面闭区域，而是一片曲面，且流速 $\vec{v}$ 也不是常向量，故采用元素法.把 Σ 分成 n 小块 ΔS_i，设 Σ 光滑，且 P,Q,R 连续，当 ΔS_i 很小时，流过 ΔS_i 的流量的近似值为以 ΔS_i 为底，以 $|\vec{v}(\xi_i,\eta_i,\zeta_i)|$ 为斜高的柱体体积，任意 $(\xi_i,\eta_i,\zeta_i)\in\Delta S_i$，$\vec{n}_i$ 为 (ξ_i,η_i,ζ_i) 处的单位法向量，$\vec{n}_i=\{\xi_i,\eta_i,\zeta_i\}$，故流量

$$\Phi_i\approx\vec{v}(\xi_i,\eta_i,\zeta_i)\cdot\vec{n}_i\cdot\Delta S_i,$$

$$\Phi \approx \sum_{i=1}^{n} \vec{v} \cdot \vec{n}_i \Delta S_i = \sum_{i=1}^{n} [P\cos\alpha_i + Q\cos\beta_i + R\cos\gamma_i]\Delta S_i.$$

又

$$\cos\alpha_i \cdot \Delta S_i = (\Delta S_i)_{zy},$$
$$\cos\beta_i \cdot \Delta S_i = (\Delta S_i)_{zx},$$
$$\cos\gamma_i \cdot \Delta S_i = (\Delta S_i)_{xy},$$

所以

$$\Phi \approx \sum_{i=1}^{n} [P\ (\Delta S_i)_{yz} + Q\ (\Delta S_i)_{zx} + R\ (\Delta S_i)_{xy}],$$

故 $\Phi = \lim\limits_{\lambda \to 0} \sum\limits_{i=1}^{n} [P\ (\Delta S_i)_{yz} + Q\ (\Delta S_i)_{zx} + R\ (\Delta S_i)_{xy}]$，其中 λ 为最大曲面直径.

由于这类和式的极限在研究其他问题时还会遇到，故引入如下定义：

定义 10.4 设 Σ 为光滑的有向曲面，$R(x,y,z)$ 在 Σ 上有界，把 Σ 分成 n 块 ΔS_i，ΔS_i 在 xOy 面上投影为 $(\Delta S_i)_{xy}$，(ξ_i,η_i,ζ_i) 是 ΔS_i 上的任意一点，若 $\lambda \to 0$，$\lim\limits_{\lambda\to 0}\sum\limits_{i=1}^{n} R(\xi_i,\eta_i,\zeta_i)(\Delta S_i)_{xy}$ 存在，称此极限值为 $R(x,y,z)$ 在 Σ 上**对坐标 x，y 的曲面积分**，或 $R(x,y,z)\mathrm{d}x\mathrm{d}y$ 在有向曲面 Σ 上的**第二类曲面积分**，记为 $\iint\limits_{\Sigma} R(x,y,z)\mathrm{d}x\mathrm{d}y$，即

$$\iint\limits_{\Sigma} R(x,y,z)\mathrm{d}x\mathrm{d}y = \lim_{\lambda\to 0}\sum_{i=1}^{n} R(\xi_i,\eta_i,\zeta_i)(\Delta S_i)_{xy},$$

其中 $R(x,y,z)$ 称为**被积函数**，Σ 称为**积分曲面**，$R(x,y,z)\mathrm{d}x\mathrm{d}y$ 称为**被积表达式**，$\mathrm{d}x\mathrm{d}y$ 称为**有向曲面 Σ 在 xOy 面上的投影元素**.

类似地可以定义函数 $P(x,y,z)$ 在 Σ 上对坐标 y，z 的曲面积分，及函数 $Q(x,y,z)$ 在 Σ 上对坐标 z，x 的曲面积分分别为

$$\iint\limits_{\Sigma} P(x,y,z)\mathrm{d}y\mathrm{d}z = \lim_{\lambda\to 0}\sum_{i=1}^{n} P(\xi_i,\eta_i,\zeta_i)\ (\Delta S_i)_{yz},$$

$$\iint\limits_{\Sigma} Q(x,y,z)\mathrm{d}x\mathrm{d}z = \lim_{\lambda\to 0}\sum_{i=1}^{n} Q(\xi_i,\eta_i,\zeta_i)\ (\Delta S_i)_{xz}.$$

关于对坐标的曲面积分的存在性，也有与其他各种积分的存在性相类似的条件，即当函数 $P(x,y,z)$、$Q(x,y,z)$、$R(x,y,z)$ 在有向光滑曲面 Σ 上连续时，对坐标的曲面积分是存在的，以后总假定 P，Q，R 在 Σ 上连续.

应用上出现较多的是：$\iint\limits_{\Sigma} P(x,y,z)\mathrm{d}y\mathrm{d}z + \iint\limits_{\Sigma} Q(x,y,z)\mathrm{d}x\mathrm{d}z + \iint\limits_{\Sigma} R(x,y,z)\mathrm{d}x\mathrm{d}y$ 的情形，一般上式可简记为 $\iint\limits_{\Sigma} P(x,y,z)\mathrm{d}y\mathrm{d}z + Q(x,y,z)\mathrm{d}x\mathrm{d}z + R(x,y,z)\mathrm{d}x\mathrm{d}y$.

例如，上述流向 Σ 指定侧的流量 Φ 可表示为

$$\Phi = \iint\limits_{\Sigma} P(x,y,z)\mathrm{d}y\mathrm{d}z + Q(x,y,z)\mathrm{d}x\mathrm{d}z + R(x,y,z)\mathrm{d}x\mathrm{d}y.$$

对坐标的曲面积分具有与对坐标的曲线积分相类似的一些性质，例如：

(1) 如果把 Σ 分成 Σ_1 和 Σ_2,则

$$\iint_{\Sigma} P(x,y,z)\mathrm{d}y\mathrm{d}z+Q(x,y,z)\mathrm{d}x\mathrm{d}z+R(x,y,z)\mathrm{d}x\mathrm{d}y$$
$$=\iint_{\Sigma_1} P\mathrm{d}y\mathrm{d}z+Q\mathrm{d}x\mathrm{d}z+R\mathrm{d}x\mathrm{d}y+\iint_{\Sigma_2} P\mathrm{d}y\mathrm{d}z+Q\mathrm{d}x\mathrm{d}z+R\mathrm{d}x\mathrm{d}y$$

(2) 设 Σ 为有向曲面,其反侧曲面记为 Σ^-,则:

$$\iint_{\Sigma^-} P(x,y,z)\mathrm{d}y\mathrm{d}z=-\iint_{\Sigma} P(x,y,z)\mathrm{d}y\mathrm{d}z,$$
$$\iint_{\Sigma^-} Q(x,y,z)\mathrm{d}z\mathrm{d}x=-\iint_{\Sigma} Q(x,y,z)\mathrm{d}z\mathrm{d}x,$$
$$\iint_{\Sigma^-} R(x,y,z)\mathrm{d}x\mathrm{d}y=-\iint_{\Sigma} R(x,y,z)\mathrm{d}x\mathrm{d}y.$$

上式表示当积分曲面改变为相反侧时,对坐标的曲面积分要改变符号,**因此关于对坐标的曲面积分,我们必须注意积分曲面所取的侧.**

(3) 若 Σ 是封闭曲面,则在 Σ 上对坐标的曲面积分记为:

$$\oiint_{\Sigma} P(x,y,z)\mathrm{d}y\mathrm{d}z+Q(x,y,z)\mathrm{d}x\mathrm{d}z+R(x,y,z)\mathrm{d}x\mathrm{d}y$$

2.对坐标的曲面积分的计算法

对坐标的曲面积分可以化为二重积分计算.

设有向光滑曲面 Σ 是由方程 $z=z(x,y)$ 给出的曲面的上侧,Σ 在 xOy 面上的投影区域为 D_{xy},函数 $R(x,y,z)$ 在 Σ 上连续,则有

$$\iint_{\Sigma} R(x,y,z)\mathrm{d}x\mathrm{d}y=\iint_{D_{xy}} R[x,y,z(x,y)]\mathrm{d}x\mathrm{d}y$$

若 Σ 是方程 $z=z(x,y)$ 给出的曲面的下侧,则有

$$\iint_{\Sigma} R(x,y,z)\mathrm{d}x\mathrm{d}y=-\iint_{D_{xy}} R[x,y,z(x,y)]\mathrm{d}x\mathrm{d}y.$$

事实上,按对坐标的曲面积分的定义,有 $\iint_{\Sigma} R(x,y,z)\mathrm{d}x\mathrm{d}y=\lim\limits_{\lambda\to 0}\sum\limits_{i=1}^{n} R(\xi_i,\eta_i,\zeta_i)(\Delta S_i)_{xy}$.如果 Σ 取上侧,则在 Σ 上各点处的法向量的指向均朝上,故有 $\cos\gamma>0$,所以 $(\Delta S_i)_{xy}=(\Delta\sigma_i)_{xy}$,又 (ξ_i,η_i,ζ_i) 为 Σ 上的点,则 $\zeta_i=z(\zeta_i,\eta_i)$,从而有

$$\sum_{i=1}^{n} R(\xi_i,\eta_i,\zeta_i)(\Delta S_i)_{xy}=\sum_{i=1}^{n} R(\xi_i,\eta_i,z(\xi_i,\eta_i))(\Delta\sigma_i)_{xy},$$

令 $\lambda\to 0$,取上式两端的极限,则 $\iint_{\Sigma} R(x,y,z)\mathrm{d}x\mathrm{d}y=\iint_{D_{xy}} R[x,y,z(x,y)]\mathrm{d}x\mathrm{d}y.$

如果 Σ 取下侧,则在 Σ 上各点处的法向量的指向均朝下,故有 $\cos\gamma<0$,所以 $(\Delta S_i)_{xy}=-(\Delta\sigma_i)_{xy}$,从而有

$$\sum_{i=1}^{n} R(\xi_i,\eta_i,\zeta_i)(\Delta S_i)_{xy}=-\sum_{i=1}^{n} R(\xi_i,\eta_i,z(\xi_i,\eta_i))(\Delta\sigma_i)_{xy},$$

令 $\lambda\to 0$,取上式两端的极限,则 $\iint_{\Sigma} R(x,y,z)\mathrm{d}x\mathrm{d}y=-\iint_{D_{xy}} R[x,y,z(x,y)]\mathrm{d}x\mathrm{d}y.$

类似地，如果 Σ 是由方程 $x=x(y,z)$ 给出，则有

$$\iint_{\Sigma}P(x,y,z)\mathrm{d}y\mathrm{d}z=\pm\iint_{D_{yz}}P[x(y,z),y,z]\mathrm{d}y\mathrm{d}z.$$

等式右端的符号这样决定：如果曲面积分 Σ 是由方程 $x=x(y,z)$ 所给出的曲面的前侧，即 $\cos\alpha>0$，应取正号；反之，如果 Σ 取后侧，即 $\cos\alpha<0$，应取负号.

如果 Σ 是由方程 $y=y(z,x)$ 给出，则有

$$\iint_{\Sigma}Q(x,y,z)\mathrm{d}z\mathrm{d}x=\pm\iint_{D_{zx}}Q[x,y(z,x),z]\mathrm{d}z\mathrm{d}x.$$

等式右端的符号这样决定：如果曲面积分 Σ 是由方程 $y=y(z,x)$ 所给出的曲面的右侧，即 $\cos\beta>0$，应取正号；反之，如果 Σ 取左侧，即 $\cos\beta<0$，应取负号.

【例 10-14】 计算 $\iint_{\Sigma}xyz\mathrm{d}x\mathrm{d}y$，其中 Σ 是球面 $x^2+y^2+z^2=1$ 外侧在 $x\geqslant0,y\geqslant0$ 的部分.

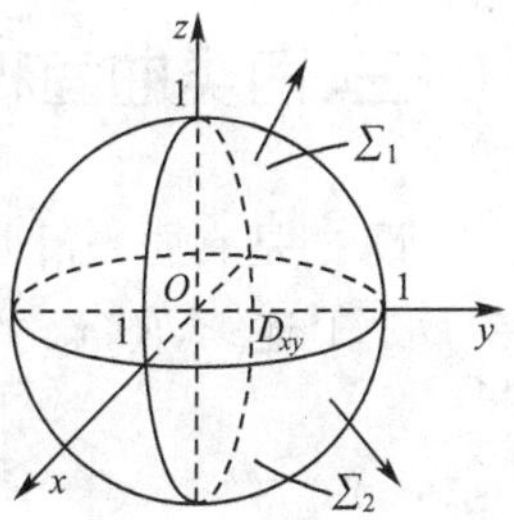

图 10-5-3

解 如图 10-5-3 所示，把 Σ 外侧分成 Σ_1（上侧）和 Σ_2（下侧）两部分

$$\Sigma_1:z_1=\sqrt{1-x^2-y^2},\Sigma_2:z_2=-\sqrt{1-x^2-y^2},$$

$$\begin{aligned}\iint_{\Sigma}xyz\mathrm{d}x\mathrm{d}y&=\iint_{\Sigma_1}xyz\mathrm{d}x\mathrm{d}y+\iint_{\Sigma_2}xyz\mathrm{d}x\mathrm{d}y\\&=\iint_{D_{xy}}xy\sqrt{1-x^2-y^2}\mathrm{d}x\mathrm{d}y-\iint_{D_{xy}}xy(-\sqrt{1-x^2-y^2})\mathrm{d}x\mathrm{d}y\\&=2\iint_{D_{xy}}xy\sqrt{1-x^2-y^2}\mathrm{d}x\mathrm{d}y\\&=2\iint_{D_{xy}}r^2\sin\theta\cos\theta\sqrt{1-r^2}\,r\mathrm{d}r\mathrm{d}\theta\\&=\int_0^{\frac{\pi}{2}}\sin2\theta\mathrm{d}\theta\int_0^1\rho^3\sqrt{1-\rho^2}\mathrm{d}\rho\\&=\frac{2}{15}.\end{aligned}$$

【例 10-15】 计算曲面积分 $\oiint_{\Sigma}x^2\mathrm{d}y\mathrm{d}z+y^2\mathrm{d}z\mathrm{d}x+z^2\mathrm{d}x\mathrm{d}y$，其中 Σ 是长方体 $\Omega=\{(x,y,z)\mid0\leqslant x\leqslant a,0\leqslant y\leqslant b,0\leqslant z\leqslant c\}$ 的整个表面的外侧.

解 把有向曲面 Σ 分成六部分：

$\Sigma_1:z=c(0\leqslant x\leqslant a,0\leqslant y\leqslant b)$ 的上侧；

$\Sigma_2:z=0(0\leqslant x\leqslant a,0\leqslant y\leqslant b)$ 的下侧；

$\Sigma_3:x=a(0\leqslant y\leqslant b,0\leqslant z\leqslant c)$ 的前侧；

$\Sigma_4:x=0(0\leqslant y\leqslant b,0\leqslant z\leqslant c)$ 的后侧；

$\Sigma_5:y=b(0\leqslant x\leqslant a,0\leqslant z\leqslant c)$ 的右侧；

$\Sigma_6:y=0(0\leqslant x\leqslant a,0\leqslant z\leqslant c)$ 的左侧；

除 Σ_3,Σ_4 外，其余四个曲面在 yOz 面上的投影值为零，因此

$$\iint_{\Sigma} x^2 \mathrm{d}y\mathrm{d}z = \iint_{\Sigma_3} x^2 \mathrm{d}y\mathrm{d}z + \iint_{\Sigma_4} x^2 \mathrm{d}y\mathrm{d}z = \iint_{D_{yz}} a^2 \mathrm{d}y\mathrm{d}z - \iint_{D_{yz}} 0^2 \mathrm{d}y\mathrm{d}z = a^2 bc.$$

类似地可得

$$\iint_{\Sigma} y^2 \mathrm{d}z\mathrm{d}x = b^2 ac,$$

$$\iint_{\Sigma} z^2 \mathrm{d}x\mathrm{d}y = c^2 ab.$$

于是所求曲面积分

$$\oiint_{\Sigma} x^2 \mathrm{d}y\mathrm{d}z + y^2 \mathrm{d}z\mathrm{d}x + z^2 \mathrm{d}x\mathrm{d}y = (a+b+c)abc.$$

三、两类曲面积分的联系

设 Σ 是有向光滑曲面，方程为 $z=z(x,y)$，Σ 在 xOy 平面上的投影区域为 D_{xy}，z_x、z_y 在 D_{xy} 上连续，$R(x,y,z)$ 在 Σ 上连续，若 Σ 取上侧，则有

$$\iint_{\Sigma} R(x,y,z)\mathrm{d}x\mathrm{d}y = \iint_{D_{xy}} R(x,y,z(x,y))\mathrm{d}x\mathrm{d}y$$

$\vec{n}$ 与 z 轴正向夹角为 γ：$0 \leqslant \gamma \leqslant \frac{\pi}{2}$，$\cos\gamma > 0$，$\cos\gamma = \frac{1}{\sqrt{1+z_x^2+z_y^2}}$.

$$\begin{aligned}\iint_{\Sigma} R(x,y,z)\cos\gamma \mathrm{d}S &= \iint_{D_{xy}} R(x,y,z(x,y)) \frac{1}{\sqrt{1+z_x^2+z_y^2}} \sqrt{1+z_x^2+z_y^2}\,\mathrm{d}x\mathrm{d}y \\ &= \iint_{D_{xy}} R(x,y,z(x,y))\mathrm{d}x\mathrm{d}y\end{aligned}$$

若 Σ 取下侧，则有

$$\iint_{\Sigma} R(x,y,z)\mathrm{d}x\mathrm{d}y = -\iint_{D_{xy}} R(x,y,z(x,y))\mathrm{d}x\mathrm{d}y,$$

而此时 $\cos\gamma < 0$，$\cos\gamma = -\frac{1}{\sqrt{1+z_x^2+z_y^2}}$.

$$\begin{aligned}\iint_{\Sigma} R(x,y,z)\cos\gamma \mathrm{d}S &= \iint_{D_{xy}} R(x,y,z(x,y)) \frac{-1}{\sqrt{1+z_x^2+z_y^2}} \sqrt{1+z_x^2+z_y^2}\,\mathrm{d}x\mathrm{d}y \\ &= -\iint_{D_{xy}} R(x,y,z(x,y))\mathrm{d}x\mathrm{d}y.\end{aligned}$$

于是有

$$\iint_{\Sigma} R(x,y,z)\mathrm{d}x\mathrm{d}y = \iint_{\Sigma} R(x,y,z)\cos\gamma \mathrm{d}S.$$

同理可得

$$\iint_{\Sigma} P(x,y,z)\mathrm{d}y\mathrm{d}z = \iint_{\Sigma} P(x,y,z)\cos\alpha \mathrm{d}S.$$

$$\iint_{\Sigma} Q(x,y,z)\mathrm{d}z\mathrm{d}x = \iint_{\Sigma} Q(x,y,z)\cos\beta \mathrm{d}S.$$

从而得**两类曲面积分之间的联系**：

$$\begin{aligned}&\iint_{\Sigma}P(x,y,z)\mathrm{d}y\mathrm{d}z+Q(x,y,z)\mathrm{d}x\mathrm{d}z+R(x,y,z)\mathrm{d}x\mathrm{d}y\\=&\iint_{\Sigma}[P(x,y,z)\cos\alpha+Q(x,y,z)\cos\beta+R(x,y,z)\cos\gamma]\mathrm{d}S\\=&\iint_{\Sigma}\boldsymbol{A}\cdot\boldsymbol{n}\mathrm{d}S.\end{aligned}$$

其中 $\boldsymbol{A}=P(x,y,z)\boldsymbol{i}+Q(x,y,z)\boldsymbol{j}+R(x,y,z)\boldsymbol{k}$，$\boldsymbol{n}$ 是 Σ 上任一点的法向量 $(\cos\alpha)\boldsymbol{i}+(\cos\beta)\boldsymbol{j}+(\cos\gamma)\boldsymbol{k}$.

【例 10-16】 计算 $\iint_{\Sigma}(z^2+x)\mathrm{d}y\mathrm{d}z-z\mathrm{d}x\mathrm{d}y$，$\Sigma$ 是 $z=\frac{1}{2}(x^2+y^2)$ 介于 $z=0$ 和 $z=2$ 部分的下侧.

解 $\iint_{\Sigma}(z^2+x)\mathrm{d}y\mathrm{d}z=\iint_{\Sigma}(z^2+x)\cos\alpha\mathrm{d}s$

在曲面 Σ 上，有

$$\mathrm{d}s=\frac{1}{\cos r}\mathrm{d}x\mathrm{d}y=-\sqrt{1+x^2+y^2}\mathrm{d}x\mathrm{d}y,\cos\alpha=\frac{x}{\sqrt{1+x^2+y^2}}.$$

于是
$$\begin{aligned}\iint_{\Sigma}(z^2+x)\mathrm{d}y\mathrm{d}z&=-\iint_{\Sigma}(z^2+x)\frac{x}{\sqrt{1+x^2+y^2}}\sqrt{1+x^2+y^2}\mathrm{d}x\mathrm{d}y\\&=-\iint_{\Sigma}(z^2+x)x\mathrm{d}x\mathrm{d}y=\iint_{D_{xy}}\left[\frac{x\ (x^2+y^2)^2}{4}+x^2\right]\mathrm{d}x\mathrm{d}y\\&=\iint_{D_{xy}}x^2\mathrm{d}x\mathrm{d}y.\end{aligned}$$

而
$$\iint_{\Sigma}-z\mathrm{d}x\mathrm{d}y=\iint_{D_{xy}}\frac{1}{2}(x^2+y^2)\mathrm{d}x\mathrm{d}y$$

故，原式
$$\begin{aligned}&=\iint_{D_{xy}}\left[x^2+\frac{1}{2}(x^2+y^2)\right]\mathrm{d}x\mathrm{d}y=\int_0^{2\pi}\mathrm{d}\theta\int_0^2\left[r^2\cos^2\theta+\frac{r^2(\cos^2\theta+\sin^2\theta)}{2}\right]r\mathrm{d}r\\&=\int_0^{2\pi}\mathrm{d}\theta\int_0^2\left(r^3\cos^2\theta+\frac{1}{2}r^3\right)\mathrm{d}r=8\pi\end{aligned}$$

习题 10-5

1.当 Σ 是 xOy 面内的一个闭区域时，对面积的曲面积分 $\iint_{\Sigma}f(x,y,z)\mathrm{d}S$ 与二重积分有什么关系？对坐标的曲面积分 $\iint_{\Sigma}R(x,y,z)\mathrm{d}x\mathrm{d}y$ 与二重积分有什么关系？

2.计算下列对面积的曲面积分.

(1) $\iint_{\Sigma}z\mathrm{d}S$，其中 Σ 为抛物面 $z=2-(x^2+y^2)$ 在 xOy 面上方的部分；

(2) $\oiint_{\Sigma}(x^2+y^2)\mathrm{d}S$，其中 Σ 为锥面 $z=\sqrt{x^2+y^2}$ 及平面 $z=1$ 所围成的区域的整个边界

曲面；

(3) $\iint\limits_{\Sigma} y\mathrm{d}S$，其中 Σ 为平面 $3x+2y+z=6$ 位于第一卦限的部分；

(4) $\oiint\limits_{\Sigma} \dfrac{1}{(1+x+y)^2}\mathrm{d}S$，其中 Σ 为以点 $(0,0,0)$，$(1,0,0)$，$(0,1,0)$，$(0,0,1)$ 为顶点的四面体的整个边界曲面；

(5) $\iint\limits_{\Sigma}(x+y+z)\mathrm{d}S$，其中 Σ 为球面 $x^2+y^2+z^2=a^2$ 上 $z\geqslant h(0<h<a)$ 的部分.

3.计算下列对坐标的曲面积分.

(1) $\iint\limits_{\Sigma} z^2\mathrm{d}x\mathrm{d}y$，其中 Σ 是球面 $x^2+y^2+z^2=a^2$ 的下半部的下侧；

(2) $\iint\limits_{\Sigma} x\mathrm{d}y\mathrm{d}z+y\mathrm{d}z\mathrm{d}x+z\mathrm{d}x\mathrm{d}y$，$\Sigma$ 是柱面 $x^2+y^2=1$ 被平面 $z=0$ 及 $z=3$ 所截得的部分在第一卦限的部分的前侧；

(3) $\oiint\limits_{\Sigma} xy\mathrm{d}y\mathrm{d}z+yz\mathrm{d}z\mathrm{d}x+xz\mathrm{d}x\mathrm{d}y$，$\Sigma$ 是平面 $x=0,y=0,z=0,x+y+z=1$ 所围成的空间区域的整个边界曲面的外侧.

4.利用两类曲面积分的联系计算下列对坐标的曲面积分.

(1) $\iint\limits_{\Sigma}(x^2+y^2)\mathrm{d}z\mathrm{d}x+z\mathrm{d}x\mathrm{d}y$，$\Sigma$ 为锥面 $z=\sqrt{x^2+y^2}$ 上满足 $x\geqslant 0,z\leqslant 1$ 的那一部分的下侧；

(2) $\iint\limits_{\Sigma} \mathrm{e}^y\mathrm{d}y\mathrm{d}z+y\mathrm{e}^x\mathrm{d}z\mathrm{d}x+x^2y\mathrm{d}x\mathrm{d}y$，其中 Σ 是抛物面 $z=x^2+y^2$ 被平面 $x=0$，$x=1,y=0,y=1$ 所截的有限部分的上侧.

10.6　高斯公式与斯托克斯公式

多元函数积分学中有三个基本公式.本章第三节中已经讨论了其中之一的格林公式，本节将接着讨论其他两个公式 —— 高斯公式和斯托克斯公式.

一、高斯公式

格林公式建立了平面闭区域上的二重积分与其边界曲线上的曲线积分之间的关系，而空间闭区域上的三重积分与其边界曲面上的曲面积分之间也有类似的关系，这就是下面所要讨论的高斯(Gauss)公式.

定理 10.3　设空间闭区域 Ω 由分片光滑的闭曲面 Σ 围成，函数 $P(x,y,z)$、$Q(x,y,z)$、$R(x,y,z)$ 在 Ω 上具有一阶连续偏导数，则有公式

$$\iiint\limits_{\Omega}\left(\frac{\partial P}{\partial x}+\frac{\partial Q}{\partial y}+\frac{\partial R}{\partial z}\right)\mathrm{d}v=\oiint\limits_{\Sigma} P\mathrm{d}y\mathrm{d}z+Q\mathrm{d}z\mathrm{d}x+R\mathrm{d}x\mathrm{d}y \tag{10.26}$$

这里Σ是Ω的整个边界曲面的外侧.$\cos\alpha$,$\cos\beta$,$\cos\gamma$是Σ上点(x,y,z)处的法向量的方向余弦.式(10.26)称为**高斯公式**.

若曲面Σ与平行于坐标轴的直线的交点多余两个,可用光滑曲面将有界闭区域Ω分割成若干个小区域,使得围成每个小区域的闭曲面满足定理的条件,从而高斯公式仍是成立的.

此外,根据两类曲面积分之间的关系,高斯公式也可表示为

$$\iiint_{\Omega}\left(\frac{\partial P}{\partial x}+\frac{\partial Q}{\partial y}+\frac{\partial R}{\partial z}\right)\mathrm{d}v=\oiint_{\Sigma}(P\cos\alpha+Q\cos\beta+R\cos\gamma)\mathrm{d}S.$$

证 设Ω在xOy面上的投影域为D_{xy},过Ω内部且平行于z轴的直线与Ω的边界曲面Σ的交点恰好有两个,则Σ由Σ_1,Σ_2,Σ_3组成,$\Sigma_1:z=z_1(x,y)$取下侧,$\Sigma_2:z=z_2(x,y)$取上侧,$z_1(x,y)\leqslant z_2(x,y)$,$\Sigma_3$是以$D_{xy}$的边界曲线为准线,母线平行于$z$轴柱面的一部分,取外侧.

$$\begin{aligned}\iiint_{\Omega}\frac{\partial R}{\partial z}\mathrm{d}v&=\iint_{D_{xy}}\left\{\int_{z_1(x,y)}^{z_2(x,y)}\frac{\partial R}{\partial z}\mathrm{d}z\right\}\mathrm{d}x\,\mathrm{d}y\\&=\iint_{D_{xy}}\{R[x,y,z_2(x,y)]-R[x,y,z_1(x,y)]\}\mathrm{d}x\,\mathrm{d}y.\end{aligned}$$

$$\iint_{\Sigma_1}R(x,y,z)\mathrm{d}x\,\mathrm{d}y=-\iint_{D_{xy}}R[x,y,z_1(x,y)]\mathrm{d}x\,\mathrm{d}y.$$

$$\iint_{\Sigma_2}R(x,y,z)\mathrm{d}x\,\mathrm{d}y=\iint_{D_{xy}}R[x,y,z_2(x,y)]\mathrm{d}x\,\mathrm{d}y.$$

$$\iint_{\Sigma_3}R(x,y,z)\mathrm{d}x\,\mathrm{d}y=0.$$

$$\iiint_{\Omega}\frac{\partial R}{\partial z}\mathrm{d}v=\iint_{\Sigma}R(x,y,z)\mathrm{d}x\,\mathrm{d}y.$$

类似可得,若过Ω内部且平行于x轴,y轴的直线与Ω的边界曲面Σ的交点也有两个时,有

$$\iiint_{\Omega}\frac{\partial P}{\partial x}\mathrm{d}v=\iint_{\Sigma}P(x,y,z)\mathrm{d}y\,\mathrm{d}z.$$

$$\iiint_{\Omega}\frac{\partial Q}{\partial y}\mathrm{d}v=\iint_{\Sigma}Q(x,y,z)\mathrm{d}z\,\mathrm{d}x.$$

以上三式相加即可证得高斯公式.

若Ω不满足上述条件,可添加辅助面将其分成符合条件的若干块,且在辅助面两侧积分之和为零.

【例 10-17】 利用高斯公式重新计算例 10-15.

解 由高斯公式,

$$\begin{aligned}\oiint_{\Sigma}x^2\mathrm{d}y\mathrm{d}z+y^2\mathrm{d}z\mathrm{d}x+z^2\mathrm{d}x\mathrm{d}y&=\iiint_{\Omega}\left[\frac{\partial}{\partial x}(x^2)+\frac{\partial}{\partial y}(y^2)+\frac{\partial}{\partial z}(z^2)\right]\mathrm{d}V\\&=2\iiint_{\Omega}(x+y+z)\mathrm{d}V,\end{aligned}$$

而

$$\iiint_{\Omega} x\,\mathrm{d}V=\int_0^c \mathrm{d}z\int_0^b \mathrm{d}y\int_0^a x\,\mathrm{d}x=\frac{1}{2}a^2bc,$$

$$\iiint_{\Omega} y\,\mathrm{d}V=\int_0^c \mathrm{d}z\int_0^a \mathrm{d}x\int_0^b y\,\mathrm{d}y=\frac{1}{2}ab^2c,$$

$$\iiint_{\Omega} z\,\mathrm{d}V=\int_0^a \mathrm{d}x\int_0^b \mathrm{d}y\int_0^c z\,\mathrm{d}z=\frac{1}{2}abc^2,$$

从而得

$$\oiint_{\Sigma} x^2\mathrm{d}y\mathrm{d}z+y^2\mathrm{d}z\mathrm{d}x+z^2\mathrm{d}x\mathrm{d}y=(a+b+c)abc.$$

【例 10-18】 计算$\iint_{\Sigma} x\,\mathrm{d}y\mathrm{d}z+y\,\mathrm{d}x\mathrm{d}z+z\,\mathrm{d}x\mathrm{d}y$，$\Sigma: x^2+y^2+z^2=a^2, z\geqslant 0$ 的上侧.

解 由于 Σ 不是封闭曲面，故不能直接利用高斯公式，现补一个底面 $\Sigma_1:\begin{cases}x^2+y^2\leqslant a^2\\ z=0\end{cases}$，取下侧，与 Σ 构成一个取外侧的有向闭曲面，记为 $\Sigma+\Sigma_1$，并记闭曲面所围成的空间闭区域为 Ω，利用高斯公式，令 $P=x,Q=y,R=z$，则$\dfrac{\partial P}{\partial x}+\dfrac{\partial Q}{\partial y}+\dfrac{\partial R}{\partial z}=3$.

$$\oiint_{\Sigma_1+\Sigma} x\,\mathrm{d}y\mathrm{d}z+y\,\mathrm{d}x\mathrm{d}z+z\,\mathrm{d}x\mathrm{d}y=\iiint_{\Omega} 3\mathrm{d}V=3\cdot\frac{2}{3}\pi a^3=2\pi a^3.$$

注意到 Σ_1 在 yOz 面和 xOz 面上的投影为零，并且在 Σ_1 上 $z=0$，故

$$\iint_{\Sigma_1} x\,\mathrm{d}y\mathrm{d}z+y\,\mathrm{d}x\mathrm{d}z+z\,\mathrm{d}x\mathrm{d}y=\iint_{\Sigma_1} x\,\mathrm{d}y\mathrm{d}z+\iint_{\Sigma_1} y\,\mathrm{d}x\mathrm{d}z+\iint_{\Sigma_1} z\,\mathrm{d}x\mathrm{d}y=0,$$

于是

$$\begin{aligned}\iint_{\Sigma} x\,\mathrm{d}y\mathrm{d}z+y\,\mathrm{d}x\mathrm{d}z+z\,\mathrm{d}x\mathrm{d}y&=2\pi a^3-\iint_{\Sigma_1} x\,\mathrm{d}y\mathrm{d}z+y\,\mathrm{d}x\mathrm{d}z+z\,\mathrm{d}x\mathrm{d}y\\&=2\pi a^3-0=2\pi a^3.\end{aligned}$$

二、斯托克斯公式

将平面区域上的格林公式推广到空间曲面上，就得到了斯托克斯(Stokes) 公式。斯托克斯公式表达了有向曲面 Σ 上的曲面积分与沿着 Σ 的有向边界曲线的曲线积分之间的关系.

设有向曲面 Σ 的边界曲线为 Γ，规定 Γ 的正向如下：当人站立于 Σ 指定的一侧上，并沿 Γ 的这一方向行进时，邻近处的 Σ 总是位于他的左方。如此定向的边界曲线 Γ 称为有向曲面 Σ 的正向边界曲线。如：设 Σ 是上半球面 $z=\sqrt{1-x^2-y^2}$ 的上侧，则 Σ 的正向边界就是 xOy 面上逆时针走向的单位圆周.

定理 10.4 设 Γ 为分段光滑的空间有向闭曲线，Σ 是以 Γ 为边界的分片光滑的有向曲面，Γ 的正向与 Σ 的侧符合右手规则，函数 $P(x,y,z),Q(x,y,z),R(x,y,z)$ 在包含曲面 Σ 在内的一个空间区域内具有一阶连续偏导数，则有公式

$$\iint_{\Sigma}\left(\frac{\partial R}{\partial y}-\frac{\partial Q}{\partial z}\right)\mathrm{d}y\,\mathrm{d}z+\left(\frac{\partial P}{\partial z}-\frac{\partial R}{\partial x}\right)\mathrm{d}z\,\mathrm{d}x+\left(\frac{\partial Q}{\partial x}-\frac{\partial P}{\partial y}\right)\mathrm{d}x\,\mathrm{d}y=\oint_{L}P\,\mathrm{d}x+Q\mathrm{d}y+R\mathrm{d}z. \tag{10.27}$$

式(10.27)称为**斯托克斯公式**.

为了便于记忆,斯托克斯公式常写成如下形式：

$$\iint_{\Sigma}\begin{vmatrix}\mathrm{d}y\,\mathrm{d}z & \mathrm{d}z\,\mathrm{d}x & \mathrm{d}x\,\mathrm{d}y\\ \dfrac{\partial}{\partial x} & \dfrac{\partial}{\partial y} & \dfrac{\partial}{\partial z}\\ P & Q & R\end{vmatrix}=\oint_{\Gamma}P\,\mathrm{d}x+Q\mathrm{d}y+R\mathrm{d}z$$

利用两类曲面积分之间的关系,斯托克斯公式也可写为

$$\iint_{\Sigma}\begin{vmatrix}\cos\alpha & \cos\beta & \cos\gamma\\ \dfrac{\partial}{\partial x} & \dfrac{\partial}{\partial y} & \dfrac{\partial}{\partial z}\\ P & Q & R\end{vmatrix}\mathrm{d}S=\oint_{\Gamma}P\,\mathrm{d}x+Q\mathrm{d}y+R\mathrm{d}z.$$

证明　略.

容易看到,如果 Σ 位于 xOy 面上并取上侧,斯托克斯公式就变成格林公式了.因此,格林公式是斯托克斯公式的一个特殊情形.

【例 10-19】　利用斯托克斯公式计算 $\oint_{\Gamma}z\,\mathrm{d}x+x\,\mathrm{d}y+y\,\mathrm{d}z$,其中 Γ 是平面 $x+y+z=1$ 被三坐标面所截成的三角形的整个边界,它的正向与这个三角形上侧的法向量之间符合右手规则(图 10-6-1).

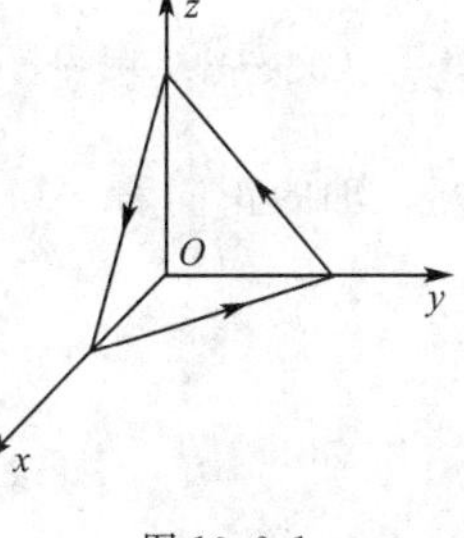

图 10-6-1

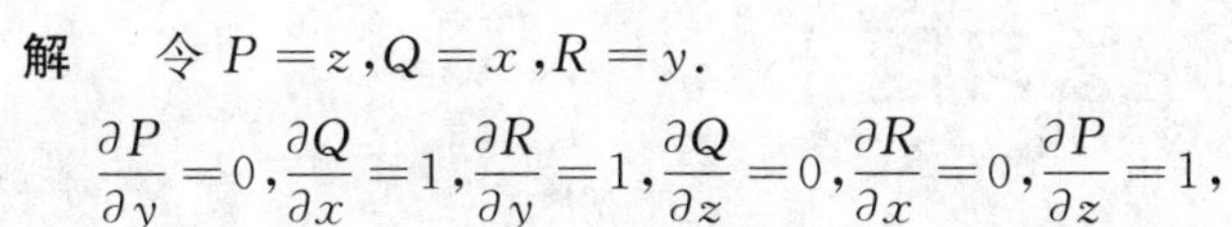

解　令 $P=z,Q=x,R=y$.

$$\frac{\partial P}{\partial y}=0,\frac{\partial Q}{\partial x}=1,\frac{\partial R}{\partial y}=1,\frac{\partial Q}{\partial z}=0,\frac{\partial R}{\partial x}=0,\frac{\partial P}{\partial z}=1,$$

由斯托克斯公式,

$$\oint_{\Gamma}z\,\mathrm{d}x+x\,\mathrm{d}y+y\,\mathrm{d}z=\iint_{\Sigma}\mathrm{d}y\,\mathrm{d}z+\mathrm{d}z\,\mathrm{d}x+\mathrm{d}x\,\mathrm{d}y$$

由于 Σ 的法向量的三个方向余弦都为正,再由对称性知：

$$\iint_{\Sigma}\mathrm{d}y\,\mathrm{d}z+\mathrm{d}z\,\mathrm{d}x+\mathrm{d}x\,\mathrm{d}y=3\iint_{D_{xy}}\mathrm{d}\sigma,$$

所以 $\oint_{\Gamma}z\,\mathrm{d}x+x\,\mathrm{d}y+y\,\mathrm{d}z=\frac{3}{2}$.

习题 10-6

1.利用高斯公式计算曲面积分.

(1) $\oiint_{\Sigma}(x+y)\mathrm{d}y\,\mathrm{d}z+(y+z)\mathrm{d}z\,\mathrm{d}x+(z+x)\mathrm{d}x\,\mathrm{d}y$,其中 Σ 是正方体 Ω 的整个表面的外

侧,$\Omega=\left\{(x,y,z)\,\middle|\,|x|\leqslant\frac{a}{2},|y|\leqslant\frac{a}{2},|z|\leqslant\frac{a}{2}\right\}$;

(2)$\oint\!\!\!\oint_{\Sigma}3xy\mathrm{d}y\mathrm{d}z+y^2\mathrm{d}z\mathrm{d}x-x^2y^4\mathrm{d}x\mathrm{d}y$,其中$\Sigma$是以点(0,0,0),(1,0,0),(0,1,0),(0,0,1)为顶点的四面体的表面的外侧;

(3)$\oint\!\!\!\oint_{\Sigma}2xy\mathrm{d}y\mathrm{d}z+yz\mathrm{d}z\mathrm{d}x-z^2\mathrm{d}x\mathrm{d}y$,其中$\Sigma$是由锥面$z=\sqrt{x^2+y^2}$与半球面$z=\sqrt{2-x^2-y^2}$所围成的区域的边界曲面的外侧;

(4)$\iint_{\Sigma}x^3\mathrm{d}y\mathrm{d}z+2xz^2\mathrm{d}z\mathrm{d}x+3y^2z\mathrm{d}x\mathrm{d}y$,其中$\Sigma$为抛物面$z=4-x^2-y^2$被平面$z=0$所截下半部分的下侧;

(5)$\iint_{\Sigma}(x^2\cos\alpha+y^2\cos\beta+z^2\cos\gamma)\mathrm{d}S$,其中$\Sigma$为锥面$z=\sqrt{x^2+y^2}\,(z\leqslant h)$,$\cos\alpha$,$\cos\beta$,$\cos\gamma$是$\Sigma$上点$(x,y,z)$处指向朝下的法向量的方向余弦.

2.利用斯托克斯公式计算曲线积分.

(1)$\oint_{\Gamma}xy\mathrm{d}x+yz\mathrm{d}y+zx\mathrm{d}z$,$\Gamma$是以点(1,0,0),(0,3,0),(0,0,3)为顶点的三角形的边界,从z轴的正向看去,Γ取逆时针方向;

(2)$\oint_{\Gamma}z^2\mathrm{d}z+x^2\mathrm{d}y+y^2\mathrm{d}z$,$\Gamma$是球面$x^2+y^2+z^2=4$位于第一卦限那部分的边界曲线,从$z$轴的正向看去,$\Gamma$取逆时针方向.

总习题十

一、概念复习

1.填空题与选择题.

(1) 对弧长的曲线积分$\int_L f(x,y)\mathrm{d}s$的积分弧段L是________的,利用L的参数方程将它化为定积分时,下限α必须________上限β.

(2) 对坐标的曲线积分$\int_L P\mathrm{d}x+Q\mathrm{d}y$的积分弧段$L$是________的,利用$L$的参数方程将它化为定积分时,下限$\alpha$对应________,上限$\beta$对应________,$\alpha$未必小于$\beta$.

(3) 对面积的曲面积分$\iint_{\Sigma}f(x,y,z)\mathrm{d}S$的积分曲面是________的,利用$\Sigma$的方程$z=z(x,y)$将它化为二重积分时,$\iint_{\Sigma}f(x,y,z)\mathrm{d}S=$________.

(4) 对坐标的曲面积分$\iint_{\Sigma}R(x,y,z)\mathrm{d}x\mathrm{d}y$的积分曲面是________的,利用$\Sigma$的方程$z=$

$z(x,y)$ 将它化为二重积分时，$\iint\limits_{\Sigma} R(x,y,z)\mathrm{d}x\mathrm{d}y$ ________，符号选取的规则是________.

(5) 设 P，Q 均具有连续偏导数，则在平面________区域内，曲线积分$\int_L P\mathrm{d}x + Q\mathrm{d}y$ 与路径无关的判别条件是________.

(6) 格林公式、高斯公式和斯托克斯公式都是将某个几何形体(平面闭区域、空间闭区域、曲面)上的积分化为在该几何形体的________上的积分，因此可看成是定积分中的________公式的推广.

(7) 设 Σ 是有向光滑闭曲面，a，b，c 是常数，则$\oint\!\!\!\oint_{\Sigma} a\mathrm{d}y\mathrm{d}z + b\mathrm{d}z\mathrm{d}x + c\mathrm{d}x\mathrm{d}y =$________.

(8) 设曲面 Σ 的方程为 $x^2+y^2+z^2=a^2(z\geqslant 0)$，$\Sigma_1$ 为 Σ 在第一卦限中的部分，则下列选项中正确的是(　　).

A. $\iint\limits_{\Sigma} x\mathrm{d}S = 4\iint\limits_{\Sigma_1} x\mathrm{d}S$　　B. $\iint\limits_{\Sigma} y\mathrm{d}S = 4\iint\limits_{\Sigma} x\mathrm{d}S$

C. $\iint\limits_{\Sigma} z\mathrm{d}S = 4\iint\limits_{\Sigma_1} x\mathrm{d}S$　　D. $\iint\limits_{\Sigma} xyz\mathrm{d}S = 4\iint\limits_{\Sigma_1} xyz\mathrm{d}S$

2.是非题(回答时需说明理由).

(1) 在任何平面区域 D 内，如果 P，Q 均有连续偏导数且$\dfrac{\partial Q}{\partial x}=\dfrac{\partial P}{\partial y}$，那么对 D 内的任一闭曲线 c 有$\oint_c P\mathrm{d}x + Q\mathrm{d}y = 0$.

(2) 设闭曲线 L 是圆周 $x^2+y^2=a^2$，D 是 L 所围区域，则以下两式：

$$\iint\limits_{D}(x^2+y^2)\mathrm{d}\sigma = \iint\limits_{D} a^2\mathrm{d}\sigma = \pi a^4 \text{ 和 } \oint_L (x^2+y^2)\mathrm{d}S = \oint_L a^2\mathrm{d}S = 2\pi a^2$$

都是正确的.

(3) 对第二类曲线积分 $I_1=\int_L P(x,y)\mathrm{d}x$ 和 $I_2=\int_L Q(x,y)\mathrm{d}y$，如果 L 是垂直于 x 轴的直线段，则 $I_1=0$；如果 L 是垂直于 y 轴的直线段，则 $I_2=0$.

(4) 设 Σ 是柱面 $x^2+y^2=a^2$ 介于平面 $z=0$ 和 $z=h(h>0)$ 的部分，则由于 Σ 在 xOy 面上的投影为零，故曲面积分$\iint\limits_{\Sigma} f(x,y,z)\mathrm{d}S = 0$.

二、综合练习

1.利用曲线积分计算圆柱面 $x^2+y^2=ax$ 夹在 xOy 面与上半球面 $z=\sqrt{a^2-x^2-y^2}$ 之间的那部分面积.

2.计算$\int_L (2a-y)\mathrm{d}x + x\mathrm{d}y$，其中 L 为摆线 $x=a(t-\sin t)$，$y=a(1-\cos t)$ 上对应 t 从 0 到 2π 的一段有向弧.

3.利用格林公式计算$\int_L (\mathrm{e}^x\sin y - 2y)\mathrm{d}x + (\mathrm{e}^x\cos y - 2)\mathrm{d}y$，其中 L 为上半圆周$(x-$

$a)^2+y^2=a^2, y\geqslant 0$,沿逆时针方向.

4.设力 $\vec{F}=-\frac{k}{r^3}(x\boldsymbol{i}+y\boldsymbol{j})$,其中 k 为常数,$r=\sqrt{x^2+y^2}$.证明:质点在力 $\vec{F}$ 的作用下在右半平面 $x>0$ 内运动时,力 $\vec{F}$ 所做的功与运动路径无关.

5.求 $\frac{x\,\mathrm{d}x+y\,\mathrm{d}y}{x^2+y^2}$ 在整个 xOy 平面除去 y 的负半轴及原点的区域 G 内的某个二元函数的全微分,并求出一个这样的二元函数.

6.计算 $\oint_{\Gamma} xyz\,\mathrm{d}z$,其中 Γ 是用平面 $y=z$ 截球面 $x^2+y^2+z^2=1$ 所得截痕,从 z 轴的正向看去,沿逆时针方向.

7.计算 $\iint_{\Sigma}\frac{\mathrm{d}S}{x^2+y^2+z^2}$,其中 Σ 是介于平面 $z=0$ 和 $z=H(H>0)$ 之间的圆柱面 $x^2+y^2=R^2$.

8.利用高斯公式计算 $\iint_{\Sigma}(y^2-z)\mathrm{d}y\mathrm{d}z+(z^2-x)\mathrm{d}z\mathrm{d}x+(x^2-y)\mathrm{d}x\mathrm{d}y$,其中 Σ 为锥面 $z=\sqrt{x^2+y^2}(0\leqslant z\leqslant h)$ 的下侧.

9.利用两类曲面积分的联系计算第二类曲面积分.

$$\iint_{\Sigma}[f(x,y,z)+x]\mathrm{d}y\mathrm{d}z+[2f(x,y,z)+y]\mathrm{d}z\mathrm{d}x+[f(x,y,z)+z]\mathrm{d}x\mathrm{d}y$$

其中 $f(x,y,z)$ 为连续函数,Σ 为平面 $x-y+z=1$ 在第四卦限部分的上侧.

第11章 无穷级数

无穷级数是逼近理论中的重要内容之一，也是微积分理论研究与实际应用中极其有效的工具.本章将分别讨论常数项级数和函数项级数，前者是后者的基础.在函数项级数中，将分别讨论幂级数和傅里叶级数.这两类级数在科学技术中有非常广泛的应用.

11.1 常数项级数的概念与性质

一、常数项级数的概念

定义 11.1 形如$a_1+a_2+\cdots+a_n+\cdots$(其中$a_n$是实数)的式子叫作**常数项无穷级数**，简称**常数项级数**或**级数**，简记为$\sum_{n=1}^{\infty}a_n$，即

$$\sum_{n=1}^{\infty}a_n=a_1+a_2+\cdots+a_n+\cdots, \tag{11.1}$$

其中a_n叫作级数的**一般项**.

级数的前n项和$s_n=a_1+a_2+\cdots+a_n+\cdots$称为级数$\sum_{n=1}^{\infty}a_n$的**前$n$项部分和**；$s_1=a_1$，$s_2=a_1+a_2$，$s_3=a_1+a_2+a_3$，…，$s_n=a_1+a_2+\cdots+a_n$，…称为**部分和数列**，记为$\{s_n\}$.

如果级数$\sum_{n=1}^{\infty}a_n$的部分和数列$\{s_n\}$有极限s，即$\lim\limits_{n\to\infty}s_n=s$，则称无穷级数$\sum_{n=1}^{\infty}a_n$收敛，这时极限$s$叫作级数$\sum_{n=1}^{\infty}a_n$的和，并写成$s=\sum_{n=1}^{\infty}a_n$.如果$\{s_n\}$没有极限，则称无穷级数$\sum_{n=1}^{\infty}a_n$发散.

【例 11-1】 证明级数$1+2+3+\cdots+n+\cdots$是发散的.

证 级数的部分和为$s_n=1+2+3+\cdots+n=\dfrac{n(n+1)}{2}$，

显然，$\lim\limits_{n\to\infty}s_n=\infty$，故题设级数发散.

【例 11-2】 证明级数$\dfrac{1}{1\cdot 2}+\dfrac{1}{2\cdot 3}+\cdots+\dfrac{1}{n\cdot(n+1)}+\cdots$是收敛的.

解 由$a_n=\dfrac{1}{n(n+1)}=\dfrac{1}{n}-\dfrac{1}{n+1}$，

则 $s_n=\frac{1}{1\cdot 2}+\frac{1}{2\cdot 3}+\cdots+\frac{1}{n\cdot(n+1)}$

$$=\left(1-\frac{1}{2}\right)+\frac{1}{2}\left(\frac{1}{2}-\frac{1}{3}\right)+\cdots+\left(\frac{1}{n}-\frac{1}{n+1}\right)=\left(1-\frac{1}{n+1}\right),$$

于是 $\lim\limits_{n\to\infty}s_n=\lim\limits_{n\to\infty}\left(1-\frac{1}{n+1}\right)=1$，故级数收敛，且和为 1.

【例 11-3】 讨论等比级数(几何级数).

$$\sum_{n=0}^{\infty}aq^n=a+aq+aq^2+\cdots+aq^n+\cdots\ (a\neq 0)\tag{11.2}$$

的收敛性.

解 如果 $q\neq 1$ 时，$s_n=a+aq+aq^2+\cdots+aq^{n-1}=\frac{a-aq^n}{1-q}=\frac{a}{1-q}-\frac{aq^n}{1-q}$；

当 $|q|<1$ 时，由于 $\lim\limits_{n\to\infty}q^n=0$，于是 $\lim\limits_{n\to\infty}s_n=\frac{a}{1-q}$，即等比级数收敛；

当 $|q|>1$ 时，由于 $\lim\limits_{n\to\infty}q^n=\infty$，于是 $\lim\limits_{n\to\infty}s_n=\infty$，即等比级数发散；

如果 $|q|=1$ 时，当 $q=1$ 时，$s_n=na\to\infty$，即等比级数发散；

当 $q=-1$ 时，级数变为 $a-a+a-a+\cdots$，$\lim\limits_{n\to\infty}s_n$ 不存在，故等比级数发散.

综上，等比级数 $\sum\limits_{n=0}^{\infty}aq^n$ 收敛的充要条件为 $|q|<1$，当级数收敛时，其和等于 $\frac{a}{1-q}$.

注意：几何级数是收敛级数中最著名的一个级数.阿贝尔曾经指出“除了几何级数之外，数学中不存在任何一种它的和已被严格确定的无穷级数”.几何级数在判断无穷级数的收敛性、无穷级数的求和以及将一个函数展开为无穷级数等方面都有广泛而重要的应用.

几何级数的增长速度令人震惊.有一个关于古波斯国王的传说，他对一种新近发明的象棋游戏留下深刻印象，以至于他要召见那个发明人而且以皇宫的财富相赠.当这个发明人——一个贫困但却十分精通数学的农民，被国王召见时，他只要求在棋盘的第一个方格里放一粒麦粒，第二个方格里放两粒麦粒，第三个方格里放四粒麦粒，如此继续下去，直到整个棋盘都被覆盖上为止.国王被这种朴素的要求所震惊，他立即命令拿来一袋小麦，他的仆人们开始耐心地在棋盘上放置麦粒，令他们十分吃惊的是，他们很快就发现袋子里的麦粒甚至整个王国的麦粒也不足以完成这项任务，因为级数 $1,2,2^2,2^3,2^4,\cdots$ 的第 64 项是一个十分大的数：$2^{63}=9223372036854775808$.如果我们设法把如此多的麦粒——假设每个麦粒直径仅 1 毫米，放在一条直线上，这条直线将长约两光年.

【例 11-4】 把一个球从 a 米高下落到地平面上.球每次落下距离 a 碰到地平面再跳起距离 ar，其中 r 是小于 1 的正数，求这个球上下的总距离(图 11-1-1).

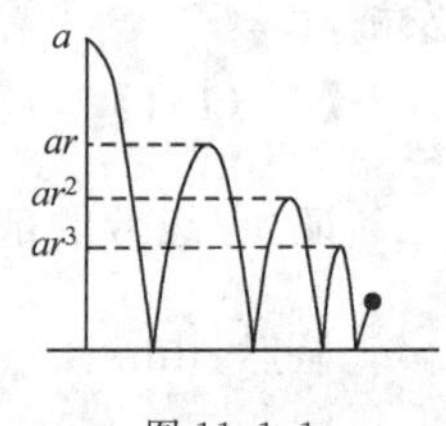

图 11-1-1

解 总距离是

$$s=a+2ar+2ar^2+2ar^3+\cdots=a+\frac{2ar}{1-r}=\frac{a(1+r)}{1-r}.$$

若 $a=6$，$r=2/3$，则总距离是

$$s=\frac{a(1+r)}{1-r}=\frac{6(1+2/3)}{1-2/3}=30(\text{米}).$$

【例 11-5】 把循环小数 5.232323… 表示成两个整数之比.

解 $5.232323\cdots=5+\frac{23}{100}+\frac{23}{100^2}+\frac{23}{100^3}+\cdots$

$$=5+\frac{23}{100}\left(1+\frac{1}{100}+\frac{1}{100^2}+\cdots\right)$$

$$=5+\frac{23}{100}\cdot\frac{1}{0.99}=\frac{518}{99}.$$

二、无穷级数的基本性质

性质 11.1 若级数 $\sum_{n=1}^{\infty}a_n$ 收敛,其和为 s,则 $\sum_{n=1}^{\infty}ka_n$ 亦收敛,且其和为 ks,k 为常数.

证 设 $\sum_{n=1}^{\infty}a_n$ 与 $\sum_{n=1}^{\infty}k\cdot a_n$ 的部分和分别为 s_n、σ_n,则

$$\sigma_n=k\cdot a_1+k\cdot a_2+\cdots+k\cdot a_n=k\cdot(a_1+a_2+\cdots+a_n)=k\cdot s_n$$

于是,

$$\lim_{n\to\infty}\sigma_n=\lim_{n\to\infty}k\cdot s_n=k\cdot\lim_{n\to\infty}s_n=k\cdot s$$

故级数 $\sum_{n=1}^{\infty}k\cdot a_n$ 收敛且和为 $k\cdot s$.

由关系式 $\sigma_n=k\cdot s_n$,有

如果 s_n 没有极限,且 $k\neq 0$,则 σ_n 也没有极限.

因此,我们得到如下**重要结论**:

级数的每一项同乘一个不为零的常数后,它的敛散性不变.

性质 11.2 若级数 $\sum_{n=1}^{\infty}a_n$、$\sum_{n=1}^{\infty}b_n$ 分别收敛于和 s、σ,即 $\sum_{n=1}^{\infty}a_n=s$,$\sum_{n=1}^{\infty}b_n=\sigma$,则级数 $\sum_{n=1}^{\infty}(a_n\pm b_n)$ 收敛,其和为 $s\pm\sigma$.

证 由于级数 $\sum_{n=1}^{\infty}a_n$、$\sum_{n=1}^{\infty}b_n$ 的部分和分别为 s、σ,则部分和

$$\begin{aligned}c_n&=(a_1\pm b_1)+(a_2\pm b_2)+\cdots+(a_n\pm b_n)\\&=(a_1+a_2+\cdots+a_n)\pm(b_1+b_2+\cdots+b_n)\\&=s_n\pm\sigma_n\end{aligned}$$

故

$$\lim_{n\to\infty}c_n=\lim_{n\to\infty}(s_n\pm\sigma_n)=\lim_{n\to\infty}s_n\pm\lim_{n\to\infty}\sigma_n=s\pm\sigma,$$

则级数 $\sum_{n=1}^{\infty}(a_n\pm b_n)$ 收敛且其和为 $s\pm\sigma$.

据性质 11.2,我们可得到如下**结论**:

(1) 若 $\sum_{n=1}^{\infty}a_n$ 收敛,而 $\sum_{n=1}^{\infty}b_n$ 发散,则 $\sum_{n=1}^{\infty}(a_n\pm b_n)$ 必发散.

证 假设 $\sum_{n=1}^{\infty}(a_n\pm b_n)$ 收敛,则 $\sum_{n=1}^{\infty}[(a_n\pm b_n)-a_n]$ 亦收敛,即 $\pm\sum_{n=1}^{\infty}b_n$ 收敛,这与条件相矛盾.

(2) 若$\sum_{n=1}^{\infty}a_n$、$\sum_{n=1}^{\infty}b_n$ 均发散，那么$\sum_{n=1}^{\infty}(a_n \pm b_n)$可能收敛，也可能发散.

证　如 $a_n=1$，$b_n=(-1)^n$，

$\sum_{n=1}^{\infty}(a_n \pm b_n)=\sum_{n=1}^{\infty}[1+(-1)^n]=2+2+\cdots+2+\cdots$，级数发散；

又如　$a_n=1$，$b_n=-1$，

$\sum_{n=1}^{\infty}(a_n \pm b_n)=\sum_{n=1}^{\infty}[1-1]=0+0+\cdots+0+\cdots$，级数收敛.

性质 11.3　对收敛级数的项加括号后所成的级数仍然收敛于原来的和.

证　设有收敛级数

$$s=a_1+a_2+\cdots+a_n+\cdots$$

它按照某一规律加括号后所成的级数为

$$a_1+(a_2+a_3)+a_4+(a_5+a_6+a_7+a_8)+\cdots$$

用 σ_m 表示这一新级数的前 m 项之和，它是由原级数中前 n 项之和 s_n 所构成的($m<n$)，即有

$$\sigma_1=s_1,\sigma_2=s_3,\sigma_3=s_4,\sigma_4=s_8,\cdots,\sigma_m=s_n,\cdots$$

显然，当 $m\to\infty$ 时，有 $n\to\infty$，因此

$$\lim_{m\to\infty}\sigma_m=\lim_{n\to\infty}s_n=s$$

注意：收敛级数去括号后所成的级数不一定收敛.

例如级数$(1-1)+(1-1)+\cdots$是收敛的，而去掉括号后的级数$1-1+1-1+\cdots$是发散的.

推论　如果加括号后所得的级数发散，则原来的级数也发散.

性质 11.4　(级数收敛的必要条件) 若级数$\sum_{n=1}^{\infty}a_n$ 收敛，则$\lim_{n\to\infty}a_n=0$.

证　由 $s=\sum_{n=1}^{\infty}a_n$，故$\lim_{n\to\infty}a_n=\lim_{n\to\infty}s_n-\lim_{n\to\infty}s_{n-1}=s-s=0$.

性质 11.4 的直接推论是，**如果当 $n\to\infty$ 时，级数的一般项不趋于零，那么级数发散.**

必须指出，级数的一般项趋向于零并不是级数收敛的充分条件.

性质 11.5　级数中去掉或加上有限项不改变级数的敛散性.

证　将级数

$$a_1+a_2+\cdots+a_k+a_{k+1}+a_{k+2}+\cdots+a_{k+n}+\cdots$$

的前 k 项去掉，得到新级数

$$a_{k+1}+a_{k+2}+\cdots+a_{k+n}+\cdots$$

新级数的部分和为

$$\sigma_n=a_{k+1}+a_{k+2}+\cdots+a_{k+n}=s_{k+n}-s_k$$

其中 s_{k+n} 是原级数前 $k+n$ 项的部分和，而 s_k 是原级数前 k 项之和(**它是一个常数**).故当 $n\to\infty$ 时，σ_n 与 s_{k+n} 具有相同的敛散性.在收敛时，其收敛的和有关系式 $\sigma=s-s_k$.

其中 $\sigma=\lim_{n\to\infty}\sigma_n$，$s=\lim_{n\to\infty}s_n$，$s_k=\sum_{i=1}^{k}a_i$.

类似地，可以证明在级数的前面**增加有限项**，不会影响级数的敛散性.

【例 11-6】 证明调和级数 $1+\frac{1}{2}+\frac{1}{3}+\cdots+\frac{1}{n}+\cdots$ 是发散的.

证 对题设级数按下列方式加括号

$$\left(1+\frac{1}{2}\right)+\left(\frac{1}{3}+\frac{1}{4}\right)+\left(\frac{1}{5}+\frac{1}{6}+\frac{1}{7}+\frac{1}{8}\right)+\left(\frac{1}{9}+\frac{1}{10}+\cdots+\frac{1}{16}\right)+\cdots$$
$$+\left(\frac{1}{2^m+1}+\frac{1}{2^m+2}+\cdots+\frac{1}{2^{m+1}}\right)+\cdots$$

设所得新级数为 $\sum_{m=1}^{\infty} b_m$，则易见其每一项均大于 $\frac{1}{2}$，从而当 $m\to\infty$ 时，b_m 不趋于零.

由性质 11.4 知 $\sum_{m=1}^{\infty} b_m$，发散，再由性质 11.3 的推论可知，调和级数 $\sum_{n=1}^{\infty}\frac{1}{n}$ 发散.

注意：对于调和级数，当 n 越来越大时，它的项变得越来越小，然而，它的和将慢慢地增大并超过任何有限值.调和级数的这种特性使一代又一代的数学家困惑并为之着迷.它的发散性是由法国学者尼古拉·奥雷姆在极限概念被完全理解之前约 400 年首次证明的.

下面的数字将有助于我们更好地理解这个级数，这个级数的前一千项相加约为 7.485；前一百万项相加约为 14.357；前十亿项相加约为 21；前一万亿项相加约为 28，等等.更有学者估计过，为了使调和级数的和等于 100，必须把 10^{43} 项加起来.

习题 11-1

1.写出下列级数的一般项.

(1) $\frac{2}{1}-\frac{3}{2}+\frac{4}{3}-\frac{5}{4}+\frac{6}{5}-\frac{7}{6}+\cdots$；　(2) $-\frac{3}{1}+\frac{4}{4}-\frac{5}{9}+\frac{6}{16}-\frac{7}{25}+\frac{8}{36}-\cdots$；

(3) $\frac{1}{2\ln 2}+\frac{1}{3\ln 3}+\frac{1}{4\ln 4}+\cdots$；　(4) $\frac{a^2}{3}-\frac{a^3}{5}+\frac{a^4}{7}-\frac{a^5}{9}+\cdots$；

(5) $1+\frac{1}{2}+3+\frac{1}{4}+5+\frac{1}{6}+\cdots$.

2.根据级数收敛与发散的定义判定下列级数的收敛性，并求出其中收敛级数的和.

(1) $\sum_{n=1}^{\infty}(\sqrt{n+1}-\sqrt{n})$；　(2) $\sum_{n=1}^{\infty}(\sqrt{n+2}-2\sqrt{n+1}+\sqrt{n})$；

(3) $\sum_{n=1}^{\infty}\ln\frac{n}{n+1}$；　(4) $\sum_{n=2}^{\infty}\frac{1}{(n-1)(n+1)}$.

3.判定下列级数的收敛性.

(1) $\sum_{n=1}^{\infty}(-1)^n\frac{3^n}{5^n}$；　(2) $\sum_{n=1}^{\infty}\frac{1}{5n}$；

(3) $\sum_{n=1}^{\infty}\frac{1}{\sqrt[n]{3}}$；　(4) $\sum_{n=1}^{\infty}\frac{3+(-1)^n}{2^n}$；

(5) $\sum_{n=1}^{\infty}\sin\frac{n\pi}{3}$；　(6) $\sum_{n=1}^{\infty}\left(\frac{\ln^n 2}{2^n}+\frac{1}{3^n}\right)$.

4.求级数$\sum_{n=1}^{\infty}\frac{1}{n(n+1)(n+2)}$的和.

11.2　正项级数的判别法

研究级数时,关键是讨论其敛散性.一般情况下,利用定义和准则来判断级数的收敛性是很困难的,能否找到更简单有效的判别方法呢?我们先从最简单的一类级数找到突破口,那就是正项级数.

一、正项级数

定义 11.2　如果级数$\sum_{n=1}^{\infty}a_n$中的每一项$a_n\geqslant 0,(n=1,2,\cdots)$,则称该级数为**正项级数**.

正项级数是数项级数中比较特殊的一类,许多级数的敛散性可归结为正项级数的敛散性来讨论,因此,正项级数的敛散性判定就显得十分重要.

设正项级数$\sum_{n=1}^{\infty}a_n$的部分和为s_n,由级数$\sum_{n=1}^{\infty}a_n$中各项均有$a_n\geqslant 0$,因此其部分和数列是递增数列,即$s_1\leqslant s_2\leqslant\cdots\leqslant s_n\leqslant\cdots$,若部分和数列$\{s_n\}$有界,则数列必收敛,于是得到下述定理.

定理 11.1　正项级数收敛的充要条件是它的部分和数列有界.

二、基本审敛法

定理 11.2 比较审敛法　设$\sum_{n=1}^{\infty}a_n$和$\sum_{n=1}^{\infty}b_n$是两个正项级数.

(1) 如果$\sum_{n=1}^{\infty}b_n$收敛,且自某项起$a_n\leqslant b_n$,则$\sum_{n=1}^{\infty}a_n$收敛;

(2) 若$\sum_{n=1}^{\infty}a_n$发散,且自某项起$a_n\leqslant b_n$,则$\sum_{n=1}^{\infty}b_n$发散.

证　(1) 设$\sigma=\sum_{n=1}^{\infty}b_n$,由于改变级数中有限项的值不会改变级数的收敛性,故不妨设从第一项起,就有$a_n\leqslant b_n$,于是级数$\sum_{n=1}^{\infty}a_n$的部分和

$$s_n=a_1+a_2+\cdots+a_n\leqslant b_1+b_2+\cdots+b_n\leqslant\sigma,(n=1,2,\cdots),$$

即部分和数列有界,故$\sum_{n=1}^{\infty}a_n$收敛.

(2) 设$\sum_{n=1}^{\infty}a_n$发散,于是它的部分和$\sigma_n=a_1+a_2+\cdots+a_n\to+\infty(n\to\infty)$,由$b_n\geqslant a_n$ $(n=1,2,\cdots)$,有$s_n=b_1+b_2+\cdots+b_n\geqslant a_1+a_2+\cdots+a_n=\sigma_n$,从而$s_n\to+\infty(n\to\infty)$,

即$\sum\limits_{n=1}^{\infty}b_n$发散.

利用比较审敛法证明级数敛散性时的关键是找到比较时所用的基本级数，这也是比较审敛法应用的不便之处.

【例 11-7】 判定级数$\sum\limits_{n=2}^{\infty}\dfrac{1}{\ln n}$的收敛性.

解 由于当$n\geqslant 2$时，$\dfrac{1}{\ln n}>\dfrac{1}{n}$，而级数$\sum\limits_{n=1}^{\infty}\dfrac{1}{n}$是发散的，根据比较审敛法，级数$\sum\limits_{n=2}^{\infty}\dfrac{1}{\ln n}$发散.

【例 11-8】 讨论p－级数$\sum\limits_{n=1}^{\infty}\dfrac{1}{n^p}=1+\dfrac{1}{2^p}+\dfrac{1}{3^p}+\dfrac{1}{4^p}+\cdots+\dfrac{1}{n^p}+\cdots$的收敛性.

解 设$p\leqslant 1$，因$\dfrac{1}{n^p}\geqslant\dfrac{1}{n}$，由于级数$\sum\limits_{n=1}^{\infty}\dfrac{1}{n}$发散，故由比较审敛法知级数$\sum\limits_{n=1}^{\infty}\dfrac{1}{n^p}$发散.设$p>1$，由图 11-2-1 可知$\dfrac{1}{n^p}<\int_{n-1}^{n}\dfrac{\mathrm{d}x}{x^p}$，而$\sum\limits_{n=1}^{\infty}\dfrac{1}{n^p}$级数的部分和

$$
\begin{aligned}
s_n&=1+\frac{1}{2^p}+\frac{1}{3^p}+\cdots+\frac{1}{n^p}\\
&\leqslant 1+\int_1^2\frac{\mathrm{d}x}{x^p}+\cdots+\int_{n-1}^{n}\frac{\mathrm{d}x}{x^p}\\
&=1+\int_1^n\frac{\mathrm{d}x}{x^p}\\
&=1+\frac{1}{p-1}\left(1-\frac{1}{n^{p-1}}\right)\\
&<1+\frac{1}{p-1}.
\end{aligned}
$$

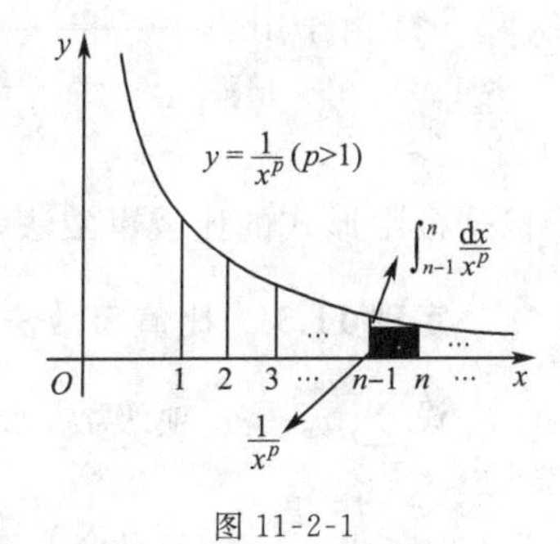

图 11-2-1

即部分和s_n有界，由定理 11.1，知p－级数收敛.这就说明级数$\sum\limits_{n=1}^{\infty}\dfrac{1}{n^p}$收敛的充要条件是$p>1$.

在用比较审敛法判别一个正项级数是否收敛时，需要与另外一个已知敛散性的正项级数进行比较，常用于作为比较用的级数有几何级数$\sum\limits_{n=1}^{\infty}aq^n$，$p$－级数$\sum\limits_{n=1}^{\infty}\dfrac{1}{n^p}$等.

【例 11-9】 判定级数$\sum\limits_{n=1}^{\infty}\dfrac{1}{\sqrt{n(n+1)}}$的敛散性.

证 因为$\dfrac{1}{\sqrt{n(n+1)}}>\dfrac{1}{n+1}$，而级数$\sum\limits_{n=1}^{\infty}\dfrac{1}{n+1}$发散，所以$\sum\limits_{n=1}^{\infty}\dfrac{1}{\sqrt{n(n+1)}}$发散.

定理 11.2′ 极限形式的比较审敛法

设$\sum\limits_{n=1}^{\infty}a_n$与$\sum\limits_{n=1}^{\infty}b_n$都是正项级数，如果$\lim\limits_{n\to\infty}\dfrac{a_n}{b_n}=l$有确定意义，

则(1) 当$0\leqslant l<+\infty$时，若$\sum\limits_{n=1}^{\infty}b_n$收敛，则$\sum\limits_{n=1}^{\infty}a_n$收敛；

(2) 当 $0 < l \leqslant +\infty$ 时，若 $\sum\limits_{n=1}^{\infty} b_n$ 发散，则 $\sum\limits_{n=1}^{\infty} a_n$ 发散；

(3) 当 $0 < l < +\infty$ 时，级数 $\sum\limits_{n=1}^{\infty} a_n$ 与 $\sum\limits_{n=1}^{\infty} b_n$ 有相同的敛散性.

证明 略.

【例 11-10】 判定下列级数的敛散性.

(1) $\sum\limits_{n=1}^{\infty} \ln\left(1+\dfrac{1}{n^2}\right)$；　　(2) $\sum\limits_{n=1}^{\infty} \sqrt{n+1}\left(1-\cos\dfrac{\pi}{n}\right)$.

解 (1) 由于 $\lim\limits_{n\to\infty} \dfrac{\ln\left(1+\dfrac{1}{n^2}\right)}{\dfrac{1}{n^2}} = \lim\limits_{n\to\infty} \dfrac{\dfrac{1}{n^2}}{\dfrac{1}{n^2}} = 1$，而级数 $\sum\limits_{n=1}^{\infty} \dfrac{1}{n^2}$ 收敛，根据极限形式的比较审敛法，知级数 $\sum\limits_{n=1}^{\infty} \ln\left(1+\dfrac{1}{n^2}\right)$ 收敛.

(2) 由于 $\lim\limits_{n\to\infty} \dfrac{\sqrt{n+1}\left(1-\cos\dfrac{\pi}{n}\right)}{\dfrac{1}{n^{\frac{3}{2}}}} = \lim\limits_{n\to\infty} \sqrt{\dfrac{n+1}{n}}\,\dfrac{\dfrac{1}{2}\left(\dfrac{\pi}{n}\right)^2}{\dfrac{1}{n^2}} = \dfrac{1}{2}\pi^2$，而级数 $\sum\limits_{n=1}^{\infty} \dfrac{1}{n^{\frac{3}{2}}}$ 收敛，根据极限形式的比较审敛法，知级数 $\sum\limits_{n=1}^{\infty} \sqrt{n+1}\left(1-\cos\dfrac{\pi}{n}\right)$ 收敛.

定理 11.3　比值审敛法(达朗贝尔 D'Alembert 判别法)

设 $\sum\limits_{n=1}^{\infty} a_n$ 是正项级数，如果 $\lim\limits_{n\to\infty} \dfrac{a_{n+1}}{a_n} = \rho$ 有确定意义，则当 $\rho < 1$ 时，级数 $\sum\limits_{n=1}^{\infty} a_n$ 收敛；当 $1 < \rho \leqslant +\infty$ 时，级数 $\sum\limits_{n=1}^{\infty} a_n$ 发散.

值得注意的是(1) 当 $\rho = 1$ 时，比值审敛法失效，级数是否收敛需要进一步审定；以 p－级数 $\sum\limits_{n=1}^{\infty} \dfrac{1}{n^p}$ 为例，$\rho = \lim\limits_{n\to\infty} \dfrac{a_{n+1}}{a_n} = \lim\limits_{n\to\infty} \dfrac{n^p}{(n+1)^p} = 1$，但例 11-8 告诉我们，当 $p > 1$ 时 p 级数收敛，而当 $p \leqslant 1$ 时 p 级数发散.这表明当 $\rho = 1$ 时，级数可能收敛也可能发散.

(2) 条件是充分的，而非必要.如 $a_n = \dfrac{2+(-1)^n}{2^n} \leqslant \dfrac{3}{2^n} = b_n$，而级数 $\sum\limits_{n=1}^{\infty} b_n = \sum\limits_{n=1}^{\infty} \dfrac{3}{2^n}$ 收敛，故级数 $\sum\limits_{n=1}^{\infty} a_n = \sum\limits_{n=1}^{\infty} \dfrac{2+(-1)^n}{2^n}$ 收敛，但 $\lim\limits_{n\to\infty} \dfrac{u_{n+1}}{u_n} = \lim\limits_{n\to\infty} \dfrac{2+(-1)^{n+1}}{2(2+(-1)^n)}$ 不存在.

【例 11-11】 判别下列级数的收敛性.

(1) $\sum\limits_{n=1}^{\infty} \dfrac{1}{n!}$；　　(2) $\sum\limits_{n=1}^{\infty} \dfrac{n!}{10^n}$；　　(3) $\sum\limits_{n=1}^{\infty} \dfrac{1}{(2n-1)\cdot 2n}$.

解 (1) 由 $\rho = \lim\limits_{n\to\infty} \dfrac{a_{n+1}}{a_n} = \lim\limits_{n\to\infty} \dfrac{\dfrac{1}{(n+1)!}}{\dfrac{1}{n!}} = \lim\limits_{n\to\infty} \dfrac{1}{n+1} = 0 < 1$，故级数 $\sum\limits_{n=1}^{\infty} \dfrac{1}{n!}$ 收敛.

(2) 由 $\rho = \lim\limits_{n\to\infty} \dfrac{a_{n+1}}{a_n} = \lim\limits_{n\to\infty} \dfrac{(n+1)!}{10^{n+1}} \cdot \dfrac{10^n}{n!} = \lim\limits_{n\to\infty} \dfrac{n+1}{10} = \infty$，故级数 $\sum\limits_{n=1}^{\infty} \dfrac{n!}{10^n}$ 发散.

(3) 由 $\lim\limits_{n\to\infty}\dfrac{a_{n+1}}{a_n}=\lim\limits_{n\to\infty}\dfrac{(2n-1)\cdot 2n}{(2n+1)\cdot(2n+2)}=1$,比值审敛法失效,改用比较审敛法

因为 $\dfrac{1}{(2n-1)\cdot 2n}<\dfrac{1}{n^2}$,而级数 $\sum\limits_{n=1}^{\infty}\dfrac{1}{n^2}$ 收敛,故级数 $\sum\limits_{n=1}^{\infty}\dfrac{1}{2n\cdot(2n-1)}$ 收敛.

定理 11.4 根值审敛法(柯西判别法) 设 $\sum\limits_{n=1}^{\infty}a_n$ 是正项级数,如果 $\lim\limits_{n\to\infty}\sqrt[n]{a_n}=\rho$ 有确定意义,则当 $\rho<1$ 时,级数 $\sum\limits_{n=1}^{\infty}a_n$ 收敛;当 $1<\rho\leqslant+\infty$ 时,级数 $\sum\limits_{n=1}^{\infty}a_n$ 发散.

【例 11-12】 判别级数 $\sum\limits_{n=1}^{\infty}\dfrac{1}{n^n}$ 的收敛性.

解 因为 $\sqrt[n]{a_n}=\sqrt[n]{\dfrac{1}{n^n}}=\dfrac{1}{n}\to 0(n\to\infty)$,故原级数收敛.

【例 11-13】 讨论级数 $\sum\limits_{n=1}^{\infty}\dfrac{a^n}{n^p}$ 的收敛性,其中 a,p 为常数,且 $a>0$.

解 因 $\lim\limits_{n\to\infty}\sqrt[n]{a_n}=\lim\limits_{n\to\infty}\sqrt[n]{\dfrac{a^n}{n^p}}=\lim\limits_{n\to\infty}\dfrac{a}{(\sqrt[n]{n})^p}=a$,

所以当 $a<1$ 时,原级数收敛;

当 $a=1$ 时,原级数为 p 级数,故当 $p>1$ 时原级数收敛.

习题 11-2

1.用比较判别法或极限判别法判别下列级数的收敛性.

(1) $\sum\limits_{n=1}^{\infty}\dfrac{1+n}{1+n^2}$; (2) $\sum\limits_{n=1}^{\infty}\dfrac{1}{n^2+1}$; (3) $\sum\limits_{n=1}^{\infty}\dfrac{1}{3n+2}$;

(4) $\sum\limits_{n=1}^{\infty}\dfrac{1}{n\sqrt{n+1}}$; (5) $\sum\limits_{n=1}^{\infty}\sin\dfrac{\pi}{2^n}$; (6) $\sum\limits_{n=1}^{\infty}\dfrac{a^n}{1+a^{2n}}$.

2.用比值判别法判别下列级数的收敛性.

(1) $\sum\limits_{n=1}^{\infty}\dfrac{3^n}{n\cdot 2^n}$; (2) $\sum\limits_{n=1}^{\infty}\dfrac{2^n n!}{n^n}$;

(3) $\dfrac{1}{2}+\dfrac{3}{2^2}+\dfrac{5}{2^3}+\dfrac{7}{2^4}+\cdots$; (4) $\dfrac{3}{1\cdot 2}+\dfrac{3^2}{2\cdot 3}+\dfrac{3^3}{3\cdot 4}+\dfrac{3^4}{4\cdot 5}+\cdots$;

(5) $\sum\limits_{n=1}^{\infty}n^2\sin\dfrac{\pi}{2^n}$; (6) $\sum\limits_{n=1}^{\infty}\dfrac{3^n}{5^n-2^n}$.

3.用根值判别法判别下列级数的收敛性.

(1) $\sum\limits_{n=1}^{\infty}\left(\dfrac{n}{2n-1}\right)^n$; (2) $\sum\limits_{n=1}^{\infty}\dfrac{1}{[\ln(n+1)]^n}$; (3) $\sum\limits_{n=1}^{\infty}\left(2n\sin\dfrac{1}{n}\right)^{\frac{n}{2}}$;

(4) $\sum\limits_{n=1}^{\infty}(\sqrt[n]{2}-1)^n$; (5) $\sum\limits_{n=1}^{\infty}\left(\dfrac{3n^2}{n^2+1}\right)^n$; (6) $\sum\limits_{n=1}^{\infty}\left(\dfrac{n}{n+1}\right)^{n^2}$.

4.若 $\sum_{n=1}^{\infty} a_n^2$ 及 $\sum_{n=1}^{\infty} b_n^2$ 收敛,证明下列级数也收敛.

(1) $\sum_{n=1}^{\infty} |a_n b_n|$;　　(2) $\sum_{n=1}^{\infty} (a_n + b_n)^2$;　　(3) $\sum_{n=1}^{\infty} \frac{|a_n|}{n}$.

11.3　一般常数项级数

上节我们讨论了关于正项级数收敛性的判别法,本节我们要进一步讨论关于一般常数项级数收敛性的判别法,这里所谓“一般常数项级数”是指级数的各项可以是正数、负数或零.先来讨论一种特殊的级数 —— 交错级数,然后再讨论一般常数项级数.

一、交错级数及其审敛法

定义 11.3　形如 $\sum_{n=1}^{\infty} (-1)^{n-1} a_n$ 正、负项相间的级数(其中 $a_n > 0$) 称为**交错级数**.

如级数 $\sum_{n=1}^{\infty} \frac{(-1)^{n-1}}{n} = 1 - \frac{1}{2} + \frac{1}{3} - \frac{1}{4} + \cdots$ 就是一个交错级数.

定理 11.5　**交错级数审敛法(莱布尼茨定理)**

如果交错级数 $\sum_{n=1}^{\infty} (-1)^{n-1} a_n (a_n > 0)$ 满足以下两个条件:

(1) $a_n \geqslant a_{n+1} (n = 1, 2, 3, \cdots)$,

(2) $\lim_{n \to \infty} a_n = 0$,

则级数 $\sum_{n=1}^{\infty} (-1)^{n-1} a_n$ 收敛,且其和 s 满足 $0 \leqslant s \leqslant a_1$.

证　记 s_n 为级数 $\sum_{n=1}^{\infty} (-1)^{n-1} a_n$ 的前 n 项部分和,先证明前 $2n$ 项部分和的极限存在.

由 $a_{n-1} - a_n \geqslant 0$,故 $s_{2n} = (a_1 - a_2) + (a_3 - a_4) + \cdots + (a_{2n-1} - a_{2n}) \geqslant 0$,即数列 s_{2n} 是单调增加的,又 $s_{2n} = a_1 - (a_2 - a_3) - \cdots - (a_{2n-2} - a_{2n-1}) - a_{2n} \leqslant a_1$,故数列 s_{2n} 是有界的,若记 $\lim_{n \to \infty} s_{2n} = s$,则 $0 \leqslant s \leqslant a_1$.下面证前 $2n+1$ 项和的极限 $\lim_{n \to \infty} s_{2n+1} = s$.因为 $s_{2n+1} = s_{2n} + a_{2n+1}$ 且 $\lim_{n \to \infty} a_{2n+1} = 0$,故 $\lim_{n \to \infty} s_{2n+1} = \lim_{n \to \infty} (s_{2n} + a_{2n+1}) = s$,于是级数收敛于和 s,且 $0 \leqslant s \leqslant a_1$.从而证明了级数 $\sum_{n=1}^{\infty} (-1)^{n-1} a_n$ 是收敛的,且其和 s 满足 $0 \leqslant s \leqslant a_1$.

【例 11-14】　判别级数 $\sum_{n=1}^{\infty} \frac{(-1)^{n-1}}{n^p} (p > 0)$ 的收敛性.

解　原级数为交错级数,$a_n = \frac{1}{n^p} > \frac{1}{(n+1)^p} = a_{n+1} > 0$ 且 $\lim_{n \to \infty} a_n = \lim_{n \to \infty} \frac{1}{n^p} = 0$,由交错级数审敛法知原级数收敛.

【例 11-15】 判别级数 $\sum_{n=2}^{\infty}\frac{(-1)^{n-1}}{\ln n}$ 的收敛性.

解 由于 $a_n=\frac{1}{\ln n}>\frac{1}{\ln(n+1)}=a_{n+1}>0(n>1)$，且 $\lim_{n\to\infty}a_n=\lim_{n\to\infty}\frac{1}{\ln n}=0$，由交错级数审敛法知原级数收敛.

二、绝对收敛与条件收敛

定义 11.4 若任意项级数 $\sum_{n=1}^{\infty}a_n$ 的每一项取绝对值后组成的正项级数 $\sum_{n=1}^{\infty}|a_n|$ 收敛，则称 $\sum_{n=1}^{\infty}a_n$ **绝对收敛**；若 $\sum_{n=1}^{\infty}|a_n|$ 发散，而 $\sum_{n=1}^{\infty}a_n$ 收敛，则称 $\sum_{n=1}^{\infty}a_n$ **条件收敛**.

如，由例 11-14 知，级数 $\sum_{n=1}^{\infty}\frac{(-1)^{n-1}}{n^p}$ 收敛，而级数 $\sum_{n=1}^{\infty}\left|\frac{(-1)^{n-1}}{n^p}\right|=\sum_{n=1}^{\infty}\frac{1}{n^p}$ 当 $p>1$ 时收敛，当 $0<p\leqslant 1$ 时发散，因此，级数 $\sum_{n=1}^{\infty}\frac{(-1)^{n-1}}{n^p}$ 当 $p>1$ 时绝对收敛，当 $0<p\leqslant 1$ 时条件收敛.

定理 11.6 绝对收敛的级数必然收敛，即 若 $\sum_{n=1}^{\infty}|a_n|$ 收敛，则 $\sum_{n=1}^{\infty}a_n$ 收敛.但收敛的级数未必绝对收敛.

证 令 $b_n=\frac{1}{2}(a_n+|a_n|)(n=1,2,\cdots)$，显然 $b_n\geqslant 0$，且 $b_n\leqslant|a_n|$，所以 $\sum_{n=1}^{\infty}b_n$ 收敛，又因 $\sum_{n=1}^{\infty}a_n=\sum_{n=1}^{\infty}(2b_n-|a_n|)$，故 $\sum_{n=1}^{\infty}a_n$ 收敛.

【例 11-16】 判别级数 $\sum_{n=1}^{\infty}\frac{\sin n}{n^2}$ 的收敛性.

解 因 $\left|\frac{\sin n}{n^2}\right|\leqslant\frac{1}{n^2}$，而 $\sum_{n=1}^{\infty}\frac{1}{n^2}$ 收敛，所以 $\sum_{n=1}^{\infty}\left|\frac{\sin n}{n^2}\right|$ 收敛，
故由定理知原级数绝对收敛.

【例 11-17】 判别级数 $\sum_{n=1}^{\infty}\frac{(-1)^{n-1}}{\sqrt{n}}\ln\left(n+\frac{1}{n}\right)$ 的收敛性.

解 对于任意的 $x>0$，有 $\ln(1+x)<x$，

故 $\left|\frac{(-1)^n}{\sqrt{n}}\ln\left(1+\frac{1}{n}\right)\right|=\frac{1}{\sqrt{n}}\ln\left(1+\frac{1}{n}\right)<\frac{1}{\sqrt{n}}\cdot\frac{1}{n}=\frac{1}{n^{\frac{3}{2}}}$.

因级数 $\sum_{n=1}^{\infty}\frac{1}{n^{\frac{3}{2}}}$ 收敛，故由正项级数的比较审敛法，知级数 $\sum_{n=1}^{\infty}\left|\frac{(-1)^{n-1}}{\sqrt{n}}\ln\left(n+\frac{1}{n}\right)\right|$ 收敛，即原级数绝对收敛.

定理 11.7 设$\sum_{n=1}^{\infty}a_n$为任意项级数，若极限$\lim_{n\to\infty}\left|\frac{a_{n+1}}{a_n}\right|=\rho$（或$\lim_{n\to\infty}\sqrt[n]{|a_n|}=\rho$）有确定意义，那么当$\rho<1$时级数$\sum_{n=1}^{\infty}a_n$收敛，当$1<\rho<+\infty$时级数$\sum_{n=1}^{\infty}a_n$发散.

【例 11-18】 讨论级数$\sum_{n=1}^{\infty}\frac{r^n}{n}(r\in\mathbf{R})$的收敛性.

解 由于$\left|\frac{a_{n+1}}{a_n}\right|=\left|\frac{r^{n+1}}{n+1}\cdot\frac{n}{r^n}\right|\to|r|(n\to\infty)$，

当$|r|<1$时，级数绝对收敛；

当$|r|>1$时，级数发散；

当$|r|=1$时，如果$r=1$，则原级数为调和级数$\sum_{n=1}^{\infty}\frac{1}{n}$，故发散；

当$r=-1$时，得$\sum_{n=1}^{\infty}\frac{(-1)^n}{n}$，由交错级数审敛法知级数收敛.

习题 11-3

1.判别下列级数的收敛性，若收敛，是条件收敛还是绝对收敛？

(1) $\sum_{n=1}^{\infty}(-1)^{n-1}\frac{1}{\sqrt{n}}$；

(2) $\sum_{n=1}^{\infty}(-1)^n\frac{n}{3^{n-1}}$；

(3) $\sum_{n=1}^{\infty}\frac{\cos na}{(n+1)^2}$；

(4) $\sum_{n=1}^{\infty}(-1)^n\ln\left(1+\frac{1}{n}\right)$；

(5) $\frac{1}{2}-\frac{3}{5}+\frac{1}{2^2}-\frac{3}{5^2}+\frac{1}{2^3}-\frac{3}{5^3}+\cdots$；

(6) $\sum_{n=1}^{\infty}\sin\frac{n^2+1}{n}\pi$.

2.判别级数$\sum_{n=2}^{\infty}\frac{(-1)^n\sqrt{n}}{n-1}$的收敛性.

11.4 幂级数

在前文中我们讨论了数项级数，从本节起，我们将讨论两种常见且重要的函数项级数——幂级数与三角级数.下面先介绍函数项级数的一般概念.

一、函数项级数的概念

定义 11.5 设有定义在区间I上的函数列

$$u_1(x),u_2(x),\cdots,u_n(x),\cdots$$

则将由此函数列构成的表达式

$$u_1(x)+u_2(x)+\cdots+u_n(x)+\cdots$$

称为**函数项无穷级数**,简称为**函数项级数**,记为$\sum_{n=1}^{\infty} u_n(x)$,即

$$\sum_{n=1}^{\infty} u_n(x) = u_1(x) + u_2(x) + \cdots + u_n(x) + \cdots \tag{11.3}$$

例如级数$\sum_{n=0}^{\infty} x^n = 1 + x + x^2 + \cdots$,就是区间$(-\infty, +\infty)$上的函数项级数.

对于确定的值$x_0 \in I$,式(11.3)称为常数项级数.

$$\sum_{n=1}^{\infty} u_n(x_0) = u_1(x_0) + u_2(x_0) + \cdots + u_n(x_0) + \cdots \tag{11.4}$$

若式(11.4)收敛,则称点x_0是函数项级数的**收敛点**;若式(11.4)发散,则称点x_0是函数项级数的**发散点**;函数项级数的收敛点的全体称为它的**收敛域**;函数项级数的所有发散点的全体称为它的**发散域**.

例如级数$\sum_{n=0}^{\infty} x^n = 1 + x + x^2 + \cdots$的收敛域为$(-1,1)$.

对于函数项级数收敛域内任意一点x,级数$\sum_{n=1}^{\infty} u_n(x)$收敛,其收敛和自然应依赖于$x$的取值,故其收敛和应为$x$的函数,即为$s(x)$.通常称$s(x)$为函数项级数的**和函数**.它的定义域就是级数的收敛域,并记

$$s(x) = u_1(x) + u_2(x) + \cdots + u_n(x) + \cdots.$$

若将函数项级数的前n项之和(即部分和)记作$s_n(x)$,则在收敛域上有

$$\lim_{n\to\infty} s_n(x) = s(x),$$

若把$r_n(x) = s(x) - s_n(x)$叫作函数项级数的余项(这里x在收敛域上),则$\lim_{n\to\infty} r_n(x) = 0$.

例如级数$\sum_{n=0}^{\infty} x^n = 1 + x + x^2 + \cdots$的收敛域为$(-1,1)$,和函数是$\frac{1}{1-x}$,即

$$\sum_{n=0}^{\infty} x^n = 1 + x + x^2 + \cdots = \frac{1}{1-x}, x \in (-1,1).$$

二、幂级数及其收敛性

定义 11.6 函数项级数中常见的一类级数是幂级数,它的形式是

$$\sum_{n=0}^{\infty} a_n x^n = a_0 + a_1 x + a_2 x^2 + \cdots + a_n x^n + \cdots \tag{11.5}$$

或

$$\sum_{n=0}^{\infty} a_n (x - x_0)^n = a_0 + a_1(x - x_0) + a_2 (x - x_0)^2 + \cdots + a_n (x - x_0)^n + \cdots \tag{11.6}$$

其中常数$a_0, a_1, a_2, \cdots, a_n, \cdots$称作**幂级数系数**.式(11.6)是幂级数的一般形式,做变量代换$t = x - x_0$可以把它化为式(11.5)的形式.因此,在下述讨论中,如不做特殊说明,我们用式(11.5)作为讨论的对象.

先看一个例子,考察幂级数

$$\sum_{n=0}^{\infty} x^n = 1 + x + x^2 + \cdots + x^n + \cdots$$

的收敛性.将其看作公比为 x 的等比级数,显然有,

当 $|x| < 1$ 时,该级数收敛于和 $\dfrac{1}{1-x}$;

当 $|x| \geqslant 1$ 时,该级数发散.

因此,该幂级数的收敛域是开区间 $(-1,1)$,发散域是 $(-\infty,-1)$ 及 $(1,+\infty)$,如果在开区间 $(-1,1)$ 内取值,则

$$1 + x + x^2 + \cdots + x^n + \cdots = \frac{1}{1-x} = s(x).$$

由此例,我们观察到,这个幂级数的收敛域是一个区间.事实上,这一结论对一般的幂级数也是成立的.一般地,我们有下面的定理:

定理 11.8 幂级数 $\sum\limits_{n=0}^{\infty} a_n x^n$ 的收敛性必为下列三种情形之一:

(1) 仅在 $x=0$ 处收敛;

(2) 在 $(-\infty,+\infty)$ 内处处绝对收敛;

(3) 存在确定的正数 R,当 $|x| < R$ 时绝对收敛,当 $|x| > R$ 时发散.

证明 略.

定理 11.8 中的正数 R 通常称作幂级数 $\sum\limits_{n=0}^{\infty} a_n x^n$ 的**收敛半径**.$(-R,R)$ 称为**收敛区间**.在情形(1) 中,规定收敛半径 $R=0$,这时幂级数没有收敛区间,收敛域仅为一点 $x=0$.在情形(2) 中,规定收敛半径为 $+\infty$,收敛区间是 $(-\infty,+\infty)$.

如果求得幂级数的收敛半径 $R>0$,即得收敛区间为 $(-R,R)$.进一步只需讨论幂级数在 $x=\pm R$ 两点处的收敛性,就可得到幂级数的收敛域必为下列四种情况之一:$(-R,R)$,$[-R,R)$,$(-R,R]$ 或 $[-R,R]$.

如何求幂级数的收敛半径,下面定理给出了一种方便的方法.

三、收敛半径及其求法

定理 11.9 设有幂级数 $\sum\limits_{n=0}^{\infty} a_n x^n$,其收敛半径为 R,且

$$\lim_{n\to\infty}\left|\frac{a_{n+1}}{a_n}\right| = \rho\ (\rho \text{ 为常数或 } +\infty)$$

如果(1) 若 $\rho \neq 0$,则 $R = \dfrac{1}{\rho}$;

(2) 若 $\rho = 0$,则 $R = +\infty$;

(3) 若 $\rho = +\infty$,则 $R = 0$.

证 考察幂级数的各项取绝对值所成的级数

$$|a_0| + |a_1 x| + |a_2 x^2| + \cdots + |a_n x^n| + \cdots \tag{11.7}$$

该级数相邻两项之比为$\dfrac{|a_{n+1}x^{n+1}|}{|a_nx^n|}=\left|\dfrac{a_{n+1}}{a_n}\right|\cdot|x|$.

(1) 若$\lim\limits_{n\to\infty}\left|\dfrac{a_{n+1}}{a_n}\right|=\rho(\neq 0)$存在,则有

$$\lim_{n\to\infty}\frac{|a_{n+1}x^{n+1}|}{|a_nx^n|}=\lim_{n\to\infty}\left|\frac{a_{n+1}}{a_n}\right|\cdot|x|=\rho\cdot|x|$$

根据比值审敛法,当$\rho\cdot|x|<1$,即$|x|<\dfrac{1}{\rho}$时,式(11.7)收敛,从而原幂级数绝对收敛;当$\rho\cdot|x|>1$,即$|x|>\dfrac{1}{\rho}$时,当n适当大后,有$\dfrac{|a_{n+1}x^{n+1}|}{|a_nx^n|}>1$,即$|a_{n+1}x^{n+1}|>|a_nx^n|$,从而当$n\to\infty$时,$|a_nx^n|$不趋向于零,进而一般项$a_nx^n$也不趋向于零,因此幂级数$\sum\limits_{n=0}^{\infty}a_nx^n$发散.于是,收敛半径$R=\dfrac{1}{\rho}$;

(2) 若$\rho=0$,则对任何$x\neq 0$,有

$$\lim_{n\to\infty}\frac{|a_{n+1}x^{n+1}|}{|a_nx^n|}=\lim_{n\to\infty}\left|\frac{a_{n+1}}{a_n}\right|\cdot|x|=\rho\cdot|x|=0$$

从而式(11.7)收敛,故幂级数$\sum\limits_{n=0}^{\infty}a_nx^n$绝对收敛,这说明幂级数$\sum\limits_{n=0}^{\infty}a_nx^n$在$(-\infty,+\infty)$内处处收敛,即收敛半径$R=+\infty$;

(3) 若$\rho=+\infty$,则对任何$x\neq 0$,有

$$\lim_{n\to\infty}\frac{|a_{n+1}x^{n+1}|}{|a_nx^n|}=\lim_{n\to\infty}\left|\frac{a_{n+1}}{a_n}\right|\cdot|x|=+\infty$$

依极限理论知,当n适当大后,有

$$\frac{|a_{n+1}x^{n+1}|}{|a_nx^n|}>1,\text{即}|a_{n+1}x^{n+1}|>|a_nx^n|.$$

因此$\lim\limits_{n\to\infty}|a_nx^n|\neq 0$,从而$\lim\limits_{n\to\infty}a_nx^n\neq 0$,幂级数$\sum\limits_{n=0}^{\infty}a_nx^n$发散,所以幂级数只在$x=0$处收敛,于是,收敛半径$R=0$.

注意:根据幂级数的系数的形式,当幂级数的各项是依幂次n连续的时候,也可对其系数应用根值判别法直接求出收敛半径,即有$\lim\limits_{n\to\infty}\sqrt[n]{|a_n|}=\rho$.

求幂级数$\sum\limits_{n=0}^{\infty}a_nx^n$收敛域的基本步骤:

(1) 求出幂级数$\sum\limits_{n=0}^{\infty}a_nx^n$的收敛半径$R$,得收敛区间$(-R,R)$;

(2) 判别幂级数$\sum\limits_{n=0}^{\infty}a_nx^n$在$x=\pm R$处的敛散性,即常数项级数$\sum\limits_{n=0}^{\infty}a_nR^n$,$\sum\limits_{n=0}^{\infty}a_n(-R)^n$的收敛性;

(3) 根据前两步的结论写出幂级数的收敛域.

【例 11-19】 求下列幂级数的收敛半径与收敛域.

(1)$x-\frac{x^2}{2}+\frac{x^3}{3}-\cdots+(-1)^{n-1}\frac{x^n}{n}+\cdots$；　(2)$\sum_{n=1}^{\infty}(-nx)^n$；　(3)$\sum_{n=1}^{\infty}\frac{x^n}{n!}$.

解 (1) 由$\rho=\lim_{n\to\infty}\left|\frac{a_{n+1}}{a_n}\right|=\lim_{n\to\infty}\left|\frac{(-1)^n\frac{1}{n+1}}{(-1)^{n-1}\frac{1}{n}}\right|=\lim_{n\to\infty}\frac{n}{n+1}=1$,得$R=1$,即收敛域为$(-1,1)$.

在左端点$x=-1$处,幂级数成为$-1-\frac{1}{2}-\frac{1}{3}-\frac{1}{4}-\cdots-\frac{1}{n}-\cdots$,该级数发散；

在右端点$x=1$处,幂级数成为$1-\frac{1}{2}+\frac{1}{3}-\frac{1}{4}+\cdots+(-1)^{n-1}\frac{1}{n}+\cdots$,该级数收敛.

故幂级数的收敛域为$(-1,1]$.

(2) 因为$\rho=\lim_{n\to\infty}\sqrt[n]{|a_n|}=\lim_{n\to\infty}n=+\infty$,故收敛半径$R=0$,即题设级数只在$x=0$处收敛.

(3) 因为$\rho=\lim_{n\to\infty}\left|\frac{a_{n+1}}{a_n}\right|=\lim_{n\to\infty}\frac{\frac{1}{(n+1)!}}{\frac{1}{n!}}=\lim_{n\to\infty}\frac{1}{n+1}=0$,所以收敛半径$\rho=+\infty$,所求收敛域为$(-\infty,+\infty)$.

【例 11-20】 求函数项级数$\sum_{n=1}^{\infty}\frac{(x-1)^n}{\sqrt{n}}$的收敛区间.

解 令$t=x-1$,原级数变为$\sum_{n=1}^{\infty}\frac{1}{\sqrt{n}}t^n$,由

$$\rho=\lim_{n\to\infty}\left|\frac{a_{n+1}}{a_n}\right|=\lim_{n\to\infty}\frac{\frac{1}{\sqrt{n+1}}}{\frac{1}{\sqrt{n}}}=\lim_{n\to\infty}\left(\frac{n}{n+1}\right)^{\frac{1}{2}}=1,$$

则得级数$\sum_{n=1}^{\infty}\frac{1}{\sqrt{n}}t^n$的收敛区间为$t\in(-1,1)$,再由$t=x-1$,得$-1<x-1<1$,即原级数的收敛区间为$(0,2)$.

如果幂级数有缺项,如缺少奇数次幂的项等,则应将幂级数视为函数项级数,并利用比值判别法或根值判别法判断其收敛域.

【例 11-21】 求函数项级数$\sum_{n=1}^{\infty}\frac{2n-1}{2^n}x^{2n-2}$的收敛域.

解 此幂级数缺少奇次幂项,可根据比值审敛法的原理来求收敛半径.

$$\lim_{n\to\infty}\left|\frac{a_{n+1}(x)}{a_n(x)}\right|=\lim_{n\to\infty}\left|\frac{\frac{2n+1}{2^{n+1}}x^{2n}}{\frac{2n-1}{2^n}x^{2n-2}}\right|=\lim_{n\to\infty}\frac{2n+1}{4n-2}|x|^2=\frac{1}{2}|x|^2$$

当$\frac{1}{2}|x|^2<1$,即$|x|<\sqrt{2}$时,幂级数收敛；

当$\frac{1}{2}|x|^2>1$,即$|x|>\sqrt{2}$时,幂级数发散；

对于左端点 $x=-\sqrt{2}$，幂级数成为

$$\sum_{n=1}^{\infty}\frac{2n-1}{2^n}(-\sqrt{2})^{2n-2}=\sum_{n=1}^{\infty}\frac{2n-1}{2^n}\cdot 2^{n-1}=\sum_{n=1}^{\infty}\frac{2n-1}{2}$$

它是发散的；

对于右端点 $x=\sqrt{2}$，幂级数成为

$$\sum_{n=1}^{\infty}\frac{2n-1}{2^n}(\sqrt{2})^{2n-2}=\sum_{n=1}^{\infty}\frac{2n-1}{2^n}\cdot 2^{n-1}=\sum_{n=1}^{\infty}\frac{2n-1}{2}$$

它也是发散的.

故收敛域为 $(-\sqrt{2},\sqrt{2})$.

四、幂级数的运算与性质

对下述运算性质，我们不加证明地给出.

1.幂级数的加减运算

设幂级数 $\sum\limits_{n=1}^{\infty}a_nx^n$ 及 $\sum\limits_{n=1}^{\infty}b_nx^n$ 的收敛区间分别为 $(-R_1,R_1)$ 与 $(-R_2,R_2)$，记 $R=\min\{R_1,R_2\}$，当 $|x|<R$ 时，级数 $\sum\limits_{n=1}^{\infty}a_nx^n$ 与 $\sum\limits_{n=1}^{\infty}b_nx^n$ 均收敛，由此利用级数的逐项相加、相减的运算可定义幂级数的加减运算

$$\sum_{n=1}^{\infty}a_nx^n\pm\sum_{n=1}^{\infty}b_nx^n=\sum_{n=1}^{\infty}(a_n\pm b_n)x^n$$

上式在 $(-R,R)$ 内成立.

我们指出，若 $\sum\limits_{n=1}^{\infty}a_nx^n$ 与 $\sum\limits_{n=1}^{\infty}b_nx^n$ 的收敛半径分别是 R_1 与 R_2，当 $R_1\neq R_2$ 时，则幂级数 $\sum\limits_{n=1}^{\infty}(a_n\pm b_n)x^n$ 的收敛半径 $R=\min\{R_1,R_2\}$.

【例 11-22】 求幂级数 $\sum\limits_{n=1}^{\infty}\left[\frac{(-1)^{n-1}}{n}+\frac{1}{4^n}\right]x^n$ 的收敛区间.

解 由例 11-19 的(1) 知，级数 $\sum\limits_{n=1}^{\infty}\frac{(-1)^{n-1}}{n}x^n$ 的收敛区间为 $(-1,1)$.

对级数 $\sum\limits_{n=1}^{\infty}\frac{1}{4^n}x^n$，有 $\rho=\lim\limits_{n\to\infty}\left|\frac{a_{n+1}}{a_n}\right|=\lim\limits_{n\to\infty}\frac{1}{4^{n+1}}\cdot\frac{4^n}{1}=\frac{1}{4}$.

其收敛半径为 4，因此级数 $\sum\limits_{n=1}^{\infty}\frac{1}{4^n}x^n$ 的收敛区间为 $(-4,4)$.

因此，原级数的收敛区间为 $(-1,1)$.

2.幂级数和函数的性质

(1) 连续性

幂级数 $\sum\limits_{n=1}^{\infty}a_nx^n$ 的和函数 $s(x)$ 在收敛区间 $(-R,R)$ 内连续.

(2) 可导性

幂级数$\sum\limits_{n=1}^{\infty}a_nx^n$的和函数$s(x)$在收敛区间$(-R,R)$内可导,且有

$$s'(x)=\left(\sum_{n=0}^{\infty}a_nx^n\right)'=\sum_{n=0}^{\infty}(a_nx^n)'=\sum_{n=1}^{\infty}n\cdot a_nx^{n-1}$$

并且逐项求导后所得幂级数和原级数有相同的收敛半径和收敛区间.

(3) 可积性

幂级数$\sum\limits_{n=1}^{\infty}a_nx^n$的和函数$s(x)$在收敛区间$(-R,R)$内可积,且有

$$\int_0^x s(x)\mathrm{d}x=\int_0^x\left(\sum_{n=0}^{\infty}a_nx^n\right)\mathrm{d}x=\sum_{n=0}^{\infty}\int_0^x a_nx^n\mathrm{d}x=\sum_{n=0}^{\infty}\frac{a_n}{n+1}x^{n+1}$$

并且逐项积分后所得幂级数和原级数有相同的收敛半径和收敛区间.

反复应用和函数的可导性可知,幂级数的和函数在其收敛区间内有任意阶导数.利用如上性质可求出一些幂级数的和函数.

【例 11-23】 求幂级数$\sum\limits_{n=1}^{\infty}(-1)^{n-1}\dfrac{x^n}{n}$的和函数.

解 由例11-19 (1)的结果知,题设级数的收敛区间为$(-1,1)$,设其和函数为$s(x)$,即

$$s(x)=x-\frac{x^2}{2}+\frac{x^3}{3}-\frac{x^4}{4}+\cdots+(-1)^{n-1}\frac{x^n}{n}+\cdots$$

显然$s(0)=0$,且$s'(x)=1-x+x^2+\cdots+(-1)^{n-1}x^{n-1}+\cdots=\dfrac{1}{1+x}$,$-1<x<1$,由积分公式$\int_0^x s'(x)\mathrm{d}x=s(x)-s(0)$,得

$$s(x)=s(0)+\int_0^x s'(x)\mathrm{d}x=\int_0^x\frac{1}{1+x}\mathrm{d}x=\ln(1+x),$$

因题设级数在$x=1$时收敛,所以$\sum\limits_{n=1}^{\infty}(-1)^{n-1}\dfrac{x^n}{n}=\ln(1+x)$,$-1<x\leqslant 1$.

【例 11-24】 求幂级数$\sum\limits_{n=0}^{\infty}(n+1)^2x^n$的和函数.

解 因为$\left|\dfrac{a_{n+1}}{a_n}\right|=\dfrac{(n+2)^2}{(n+1)^2}\to 1(n\to\infty)$,故题设级数的收敛半径$R=1$,易见当$x=\pm 1$时,题设级数发散,所以题设级数的收敛域为$(-1,1)$,设$s(x)=\sum\limits_{n=0}^{\infty}(n+1)^2x^n$,$|x|<1$,则

$$\int_0^x s(x)\mathrm{d}x=\sum_{n=0}^{\infty}\int_0^x(n+1)^2x^n\mathrm{d}x=\sum_{n=0}^{\infty}(n+1)x^{n+1}$$

$$=x\sum_{n=0}^{\infty}(x^{n+1})'=x\left(\sum_{n=0}^{\infty}x^{n+1}\right)'=x\left(\frac{x}{1-x}\right)'=\frac{x}{(1-x)^2},$$

上式两端求导,得所求和函数

$$s(x)=\frac{1+x}{(1-x)^3}\quad(-1<x<1).$$

习题 11-4

1.求下列幂级数的收敛域.

(1) $\sum_{n=1}^{\infty}(-1)^n\frac{x^n}{n^2}$；　　(2) $\sum_{n=1}^{\infty}\frac{x^n}{n\cdot 3^n}$；

(3) $\sum_{n=1}^{\infty}(n+1)x^n$；　　(4) $\sum_{n=1}^{\infty}\frac{x^n}{n^n}$；

(5) $\sum_{n=1}^{\infty}\frac{2^n}{n^2+1}x^n$；　　(6) $\sum_{n=1}^{\infty}\frac{\ln(n+1)}{n+1}x^{n+1}$；

(7) $\sum_{n=1}^{\infty}\frac{(x-2)^n}{n^2}$；　　(8) $\sum_{n=1}^{\infty}\frac{(-1)^n}{\ln n}(x-1)^n$.

2.求下列幂级数的和函数.

(1) $\sum_{n=1}^{\infty}nx^{n-1}$；　　(2) $\sum_{n=1}^{\infty}\frac{x^{n-1}}{n\cdot 2^n}$；

(3) $\sum_{n=1}^{\infty}\frac{x^n}{n(n+1)}$；　　(4) $\sum_{n=1}^{\infty}\frac{(-1)^{n+1}}{2n-1}x^{2n-1}$.

3.求幂级数 $\sum_{n=0}^{\infty}\frac{1}{2n+1}x^{2n+1}$ 的和函数,并求级数 $\sum_{n=0}^{\infty}\frac{1}{(2n+1)2^n}$ 的和.

11.5　函数展开成幂级数

上一节我们讨论了幂级数的收敛域以及幂级数在收敛域上的和函数.现在我们要考虑相反的问题,即对给定的函数 $f(x)$,要确定它能否在某一区间上“表示成幂级数”,或者说,能否找到这样的幂级数,它在某一区间内收敛,且其和恰好等于给定的函数 $f(x)$.如果能找到这样的幂级数,我们就称**函数 $f(x)$ 在该区间内能展开成幂级数**,而这个幂级数在该区间内就表达了函数 $f(x)$.

一、泰勒级数的概念

定义 11.7　如果 $f(x)$ 在 x_0 的某邻域 $U(x_0)$ 内具有任意阶的导数,则将级数

$$f(x_0)+\frac{f'(x_0)}{1!}(x-x_0)+\frac{f''(x_0)}{2!}(x-x_0)^2+\cdots+\frac{f^{(n)}(x_0)}{n!}(x-x_0)^n+\cdots \tag{11.8}$$

称之为函数 $f(x)$ 在 $x=x_0$ 处的**泰勒级数**.它的前 $n+1$ 项部分和用 $s_{n+1}(x)$ 表示,且

$$s_{n+1}(x)=\sum_{k=0}^{n}\frac{f^{(k)}(x_0)}{k!}(x-x_0)^k$$

由上册第三章中介绍的泰勒公式,有

$$f(x)=s_{n+1}(x)+R_n(x)$$

这里 $R_n(x)$ 是**拉格朗日余项**，且

$$R_n(x)=\frac{f^{(n+1)}(\xi)}{(n+1)!}(x-x_0)^{n+1}\quad(\xi \text{ 在 } x \text{ 与 } x_0 \text{ 之间}).$$

由 $R_n(x)=f(x)-s_{n+1}(x)$ 有

$$\lim_{n\to\infty}R_n(x)=0 \Leftrightarrow \lim_{n\to\infty}s_{n+1}(x)=f(x).$$

因此，当 $\lim\limits_{n\to\infty}R_n(x)=0$ 时，函数 $f(x)$ 的泰勒级数

$$f(x_0)+\frac{f'(x_0)}{1!}(x-x_0)+\frac{f''(x_0)}{2!}(x-x_0)^2+\cdots+\frac{f^{(n)}(x_0)}{n!}(x-x_0)^n+\cdots$$

就是它的另一种精确的表达式.从而得以下定理：

定理 11.10　设函数 $f(x)$ 在 x_0 的某邻域 $U(x_0)$ 内具有任意阶的导数，其余项 $R_n(x)$ 满足 $\lim\limits_{n\to\infty}R_n(x)=0$，则幂级数

$$f(x_0)+\frac{f'(x_0)}{1!}(x-x_0)+\frac{f''(x_0)}{2!}(x-x_0)^2+\cdots+\frac{f^{(n)}(x_0)}{n!}(x-x_0)^n+\cdots$$

在该邻域内收敛于 $f(x)$，这时称**函数 $f(x)$ 在 $x=x_0$ 处可展开成泰勒级数**，即

$$f(x)=f(x_0)+\frac{f'(x_0)}{1!}(x-x_0)+\frac{f''(x_0)}{2!}(x-x_0)^2+\cdots+\frac{f^{(n)}(x_0)}{n!}(x-x_0)^n+\cdots$$

特别地，当 $x_0=0$ 时，

$$f(x)=f(0)+\frac{f'(0)}{1!}x+\frac{f''(0)}{2!}x^2+\cdots+\frac{f^{(n)}(0)}{n!}x^n+\cdots$$

上式右端的幂级数为函数 $f(x)$ 的**麦克劳林级数**，这时称**函数 $f(x)$ 可展开成麦克劳林级数**.

注意：如果函数 $f(x)$ 能在某个区间内展开成幂级数，则它必定在这个区间内的每一点处具有任意阶的导数.即，**没有任意阶导数的函数是不可能展开成幂级数的**.如果 $f(x)$ 能展开成 x 的幂级数，则这种展开式是唯一的，它一定等于 $f(x)$ 的麦克劳林级数.

下面我们介绍函数展开成幂级数的方法.

二、函数展开成幂级数的方法

1.直接展开法

通常将直接利用定理 11.10 把函数展开成幂级数的方法称为“直接展开法”，利用这种方法将函数展开成麦克劳林级数，可按如下几步进行：

(1) 求出函数的各阶导数及函数值 $f(0),f'(0),f''(0),\cdots,f^{(n)}(0),\cdots$ 若函数的某阶导数不存在，则函数不能展开；

(2) 写出麦克劳林级数 $f(0)+\frac{f'(0)}{1!}x+\frac{f''(0)}{2!}x^2+\cdots+\frac{f^{(n)}(0)}{n!}x^n+\cdots$ 并求其收敛半径 R；

(3) 考察当 $x\in(-R,R)$ 时，拉格朗日余项 $R_n(x)=\frac{f^{(n+1)}(\theta\cdot x)}{(n+1)!}x^{n+1}\quad(0<\theta<1)$ 当 $n\to\infty$ 时，是否趋向于零.若 $\lim\limits_{n\to\infty}R_n(x)=0$，则第二步写出的级数就是函数的麦克劳林展

开式;若$\lim\limits_{n\to\infty}R_n(x)\neq 0$,则函数无法展开成麦克劳林级数.

【例 11-25】 将函数 $f(x)=\mathrm{e}^x$ 展开成麦克劳林级数.

解 由 $f^{(n)}(x)=\mathrm{e}^x$,故 $f^{(n)}(0)=1\quad(n=0,1,2,\cdots)$

于是得麦克劳林级数

$$1+\frac{x}{1!}+\frac{x^2}{2!}+\cdots+\frac{x^n}{n!}+\cdots$$

而

$$\rho=\lim_{n\to\infty}\left|\frac{a_{n+1}}{a_n}\right|=\lim_{n\to\infty}\left|\frac{\dfrac{1}{(n+1)!}}{\dfrac{1}{n!}}\right|=\lim_{n\to\infty}\frac{1}{n+1}=0$$

故

$$R=+\infty$$

对于任意 $x\in(-\infty,+\infty)$,有

$$|R_n(x)|=\left|\frac{\mathrm{e}^{\theta x}}{(n+1)!}\cdot x^{n+1}\right|<\mathrm{e}^{|x|}\cdot\frac{|x|^{n+1}}{(n+1)!}\quad(0<\theta<1)$$

这里 $\mathrm{e}^{|x|}$ 是与 n 无关的有限数,考虑辅助幂级数$\sum\limits_{n=1}^{\infty}\dfrac{|x|^{n+1}}{(n+1)!}$的敛散性.

由比值法有

$$\lim_{n\to\infty}\left|\frac{a_{n+1}(x)}{a_n(x)}\right|=\lim_{n\to\infty}\left|\frac{\dfrac{|x|^{n+2}}{(n+2)!}}{\dfrac{|x|^{n+1}}{(n+1)!}}\right|=\lim_{n\to\infty}\frac{|x|}{n+2}=0$$

故辅助级数收敛,从而一般项趋向于零,即$\lim\limits_{n\to\infty}\dfrac{|x|^{n+1}}{(n+1)!}=0$.

因此$\lim\limits_{n\to\infty}R_n(x)=0$,故

$$\mathrm{e}^x=1+\frac{x}{1!}+\frac{x^2}{2!}+\cdots+\frac{x^n}{n!}+\cdots\quad(-\infty<x<+\infty).$$

【例 11-26】 将函数 $f(x)=\sin x$ 展开成 x 的幂级数.

解 由 $f^{(n)}(x)=\sin\left(x+n\cdot\dfrac{\pi}{2}\right)\quad(n=0,1,2,\cdots)$,则

$$f^{(n)}(0)=\sin\left(n\cdot\frac{\pi}{2}\right)=\begin{cases}0 & n=0,2,4,\cdots\\(-1)\dfrac{n-1}{2} & n=1,3,5,\cdots\end{cases}$$

于是得幂级数

$$\frac{x}{1!}-\frac{x^3}{3!}+\frac{x^5}{5!}-\cdots+(-1)^{n-1}\frac{x^{2n-1}}{(2n-1)!}+\cdots$$

容易求出,它的收敛半径为 $R=+\infty$.

对任意的 $x\in(-\infty,+\infty)$,有

$$|R_n(x)|=\left|\frac{\sin\left(\theta\cdot x+n\cdot\dfrac{\pi}{2}\right)}{(n+1)!}\cdot x^{n+!}\right|\leqslant\frac{|x|^{n+1}}{(n+1)!}(0<\theta<1)$$

由例 11-25 可知,$\lim\limits_{n\to\infty}\dfrac{|x|^{n+1}}{(n+1)!}=0$,故 $\lim\limits_{n\to\infty}R_n(x)=0$.因此,我们得到展开式

$$\sin x=\frac{x}{1!}-\frac{x^3}{3!}+\frac{x^5}{5!}-\cdots+(-1)^{n-1}\frac{x^{2n-1}}{(2n-1)!}+\cdots,x\in(-\infty,+\infty).$$

2.间接展开法

利用一些已知的函数展开式(七个基本函数的麦克劳林展开式),通过线性运算法则、变量代换、恒等变形、逐项求导或逐项积分等方法间接地求得幂级数的展开式.这种方法我们称为函数展开成幂级数的间接展开法.为应用间接展开法,需要熟记一些已知函数的幂级数展开式和成立区间:

$$\frac{1}{1-x}=\sum_{n=0}^{\infty}x^n\quad(-1<x<1);$$

$$e^x=\sum_{n=0}^{\infty}\frac{x^n}{n!}\quad(-\infty<x<+\infty);$$

$$\sin x=\sum_{n=1}^{\infty}(-1)^{n-1}\frac{x^{2n-1}}{(2n-1)!}\quad(-\infty<x<+\infty).$$

【例 11-27】 将函数 $f(x)=a^x(a>0,a\neq1)$ 展开成 x 的幂级数.

解 因为 $a^x=e^{x\ln a}$,令 $u=x\ln a$,由于 $e^u=\sum_{n=0}^{\infty}\frac{u^n}{n!}\quad(-\infty<u<+\infty)$,把 $u=x\ln a$ 代入上式得 $a^x=\sum_{n=0}^{\infty}\frac{\ln^n a}{n!}x^n\quad(-\infty<x<+\infty)$.

【例 11-28】 将函数 $f(x)=\cos x$ 展开成 x 的幂级数.

解 利用幂级数的运算性质,由 $\sin x$ 的展开式

$$\sin x=x-\frac{x^3}{3!}+\frac{x^5}{5!}-\cdots+(-1)^n\frac{x^{2n+1}}{(2n+1)!}+\cdots,x\in(-\infty,+\infty)$$

两边对 x 逐项求导,得

$$\cos x=1-\frac{x^2}{2!}+\frac{x^4}{4!}-\cdots+(-1)^n\frac{x^{2n}}{(2n)!}+\cdots,x\in(-\infty,+\infty).$$

【例 11-29】 将函数 $f(x)=\ln(1+x)$ 展开成 x 的幂级数.

解 因为 $f'(x)=\frac{1}{1+x}$,而

$$\frac{1}{1+x}=\frac{1}{1-(-x)}=1-x+x^2-x^3+\cdots+(-1)^nx^n+\cdots$$

$$=\sum_{n=0}^{\infty}(-1)^nx^n,x\in(-1,1)$$

将上式两端从 0 到 x 逐项积分,得

$$\ln(1+x)=\int_0^x\frac{1}{1+x}dx=\sum_{n=0}^{\infty}\int_0^x(-1)^nx^ndx=x-\frac{x^2}{2}+\frac{x^3}{3}-\cdots+(-1)^n\frac{x^{n+1}}{n+1}+\cdots$$

$$=\sum_{n=0}^{\infty}\frac{(-1)^n}{n+1}x^{n+1},x\in(-1,1)$$

当 $x=1$ 时,$\sum_{n=0}^{\infty}\frac{(-1)^n}{n+1}x^{n+1}=\sum_{n=0}^{\infty}\frac{(-1)^n}{n+1}=1-\frac{1}{2}+\frac{1}{3}-\cdots+(-1)^n\frac{1}{n+1}+\cdots$ 收敛,

当 $x=-1$ 时,$\sum_{n=0}^{\infty}\frac{(-1)^n}{n+1}x^{n+1}=\sum_{n=0}^{\infty}\frac{-1}{n+1}$ 发散,

故 $\ln(1+x)=x-\frac{x^2}{2}+\frac{x^3}{3}-\cdots+(-1)^n\frac{x^{n+1}}{n+1}+\cdots\quad(-1<x\leqslant 1)$.

【例 11-30】 将函数 $f(x)=(1+x)^\alpha(\alpha\in\mathbf{R})$ 展开成 x 的幂级数.

解 $f'(x)=a(1+x)^{a-1}$,

$f''(x)=a(a-1)(1+x)^{a-2},\cdots$

$f^{(n)}(x)=a(a-1)(a-2)\cdots(a-n+1)(1+x)^{a-n},\cdots$

所以 $f(0)=1,f'(0)=a,f''(0)=a(a-1),\cdots,f^{(n)}(0)=a(a-1)\cdots(a-n+1),\cdots$

于是 $f(x)$ 的麦克劳林级数为

$$1+ax+\frac{a(a-1)}{2!}x^2+\cdots+\frac{a(a-1)\cdots(a-n+1)}{n!}x^n+\cdots \tag{11.9}$$

该级数相邻两项的系数之比的绝对值 $\left|\frac{a_{n+1}}{a_n}\right|=\left|\frac{a-n}{n+1}\right|\to 1(n\to\infty)$,

因此,该级数的收敛半径 $R=1$,收敛区间为 $(-1,1)$.

设该级数的和函数为 $s(x)$,则可求得 $s(x)=(1+x)^n,x\in(-1,1)$

即

$$(1+x)^a=1+ax+\cdots+\frac{a(a-1)\cdots(a-n+1)}{n!}x^n+\cdots,x\in(-1,1) \tag{11.10}$$

在区间的端点 $x=\pm 1$ 处,式(11.10)是否成立要看 a 的取值而定.

可证明:当 $a\leqslant -1$ 时,收敛域为 $(-1,1)$;当 $-1<a<0$ 时,收敛域为 $(-1,1]$;当 $a>0$ 时,收敛域为 $[-1,1]$.式(11.10)称为二项展开式.

特别地,当 a 为正整数时,级数成为 x 的 a 次多项式,它就是初等代数中的二项式定理.

例如,对应 $a=\frac{1}{2}$、$a=-\frac{1}{2}$ 的二项展开式分别为

$$\sqrt{1+x}=1+\frac{1}{2}x-\frac{1}{2\cdot 4}x^2+\frac{1\cdot 3}{2\cdot 4\cdot 6}x^3+\cdots,x\in[-1,1];$$

$$\frac{1}{\sqrt{1+x}}=1-\frac{1}{2}x+\frac{1\cdot 3}{2\cdot 4}x^2-\frac{1\cdot 3\cdot 5}{2\cdot 4\cdot 6}x^3+\cdots,x\in(-1,1].$$

【例 11-31】 将函数 $f(x)=\arctan x$ 展开成 x 的幂级数.

解
$$\begin{aligned}\arctan x&=\int_0^x\frac{\mathrm{d}x}{1+x^2}\\&=\int_0^x[1-x^2+x^4-\cdots+(-1)^nx^{2n}+\cdots]\mathrm{d}x\\&=x-\frac{1}{3}x^3+\frac{1}{5}x^5-\cdots+(-1)^n\frac{x^{2n+1}}{2n+1}+\cdots,x\in(-1,1).\end{aligned}$$

当 $x=1$ 时,级数 $\sum\limits_{n=0}^{\infty}\frac{(-1)^n}{2n+1}$ 收敛;当 $x=-1$ 时,级数 $\sum\limits_{n=0}^{\infty}\frac{(-1)^{n+1}}{2n+1}$ 收敛.且当 $x=\pm 1$ 时,函数 $\arctan x$ 连续,所以

$$\arctan x=x-\frac{1}{3}x^3+\frac{1}{5}x^5-\cdots+(-1)^n\frac{x^{2n+1}}{2n+1}+\cdots,x\in[-1,1].$$

【例 11-32】 将函数 $f(x)=\frac{1}{x^2+4x+3}$ 展开成 $(x-1)$ 的幂级数.

解 做变量替换 $t=x-1$,则 $x=t+1$,有

$$f(x)=\frac{1}{(x+3)(x+1)}=\frac{1}{(t+4)(t+2)}=\frac{1}{2(t+2)}-\frac{1}{2(t+4)}$$

$$=\frac{1}{4\left(1+\frac{t}{2}\right)}-\frac{1}{8\left(1+\frac{t}{4}\right)}$$

而

$$\frac{1}{4\left(1+\frac{t}{2}\right)}=\frac{1}{4}\sum_{n=0}^{\infty}(-1)^n\left(\frac{t}{2}\right)^n \quad \left(-1<\frac{t}{2}<1\right)$$

$$\frac{1}{8\left(1+\frac{t}{4}\right)}=\frac{1}{8}\sum_{n=0}^{\infty}(-1)^n\left(\frac{t}{4}\right)^n \quad \left(-1<\frac{t}{4}<1\right)$$

于是

$$f(x)=\frac{1}{4}\sum_{n=0}^{\infty}(-1)^n\left(\frac{t}{2}\right)^n-\frac{1}{8}\sum_{n=0}^{\infty}(-1)^n\left(\frac{t}{4}\right)^n \quad (-2<t<2)$$

$$=\sum_{n=0}^{\infty}(-1)^n\left[\frac{1}{2^{n+2}}-\frac{1}{2^{2n+3}}\right]\cdot(x-1)^n \quad (-1<x<3)$$

习题 11-5

1.将下列函数展开成 x 的幂级数,并求其成立的区间.

(1)$\ln(x+3)$; (2)$\dfrac{1}{4+x^2}$; (3)e^{-x^2};

(4)$\sin^2 x$; (5)$\dfrac{x}{\sqrt{1+x^2}}$; (6)$\dfrac{1}{x^2-5x+6}$.

2.将下列函数在指定点 x_0 处展开成$(x-x_0)$的幂级数并指出展开式成立的区间.

(1)$\lg x, x_0=1$; (2)$\dfrac{1}{x^2+3x+2}, x_0=-4$; (3)$\dfrac{1}{1+x}, x_0=3$.

11.6 幂级数的应用举例

通过上几节的学习可以看到,幂级数的部分和是一个 x 的 n 次多项式,它的性质为我们熟知,且其值也易于计算,因此当用它来近似表达一个函数时,无疑就是为函数性质的研究以及函数值的计算带来很大方便.本节我们再举些例子,说明幂级数在这方面的应用.

一、函数值的近似计算

首先我们介绍在利用幂级数做近似计算时要用到的两种误差.

1.截断误差(或方法误差)

函数 $f(x)$ 用泰勒多项式

$$P_n(x)=f(0)+\frac{f'(0)}{1!}x+\frac{f''(0)}{2!}x^2+\cdots+\frac{f^{(n)}(0)}{n!}x^n$$

来近似代替,这时用该数值计算方法产生的误差(称为**截断误差**)是

$$R_n(x)=f(x)-P_n(x)=\frac{f^{(n+1)}(\theta\cdot x)}{(n+1)!}x^{n+1}\quad(0<\theta<1).$$

2.舍入误差

用计算机作为数值计算,由于计算机的字长有限,原始数据在计算机上表示会产生误差,用这些近似表示的数据作为计算,又可能造成新的误差,这种误差称为舍入误差.

例如,用3.14159近似代替 π,产生的误差

$$\delta=\pi-3.14159=0.0000026\cdots$$

就是舍入误差.

【例11-33】 计算 $\sqrt[5]{240}$ 的近似值(用小数表示),要求误差不超过0.0001.

解 $\sqrt[5]{240}=\sqrt[5]{243-3}=3(1-1/3^4)^{1/5}$,利用二项展开式,并取 $m=1/5,x=-1/3^4$,即得

$$\sqrt[5]{240}=3\left(1-\frac{1}{5}\cdot\frac{1}{3^4}-\frac{1\cdot4}{5^2\cdot2!}\cdot\frac{1}{3^8}-\frac{1\cdot4\cdot9}{5^3\cdot3!}\frac{1}{3^{12}}-\cdots\right).$$

这个级数收敛很快.取前两项的和作为 $\sqrt[5]{240}$ 的近似值,其截断误差为

$$\begin{aligned}|r_2|&=3\left(\frac{1\cdot4}{5^2\cdot2!}\cdot\frac{1}{3^8}+\frac{1\cdot4\cdot9}{5^3\cdot3!}\cdot\frac{1}{3^{12}}+\frac{1\cdot4\cdot9\cdot14}{5^4\cdot4!}\cdot\frac{1}{3^{16}}+\cdots\right)\\&<3\cdot\frac{1\cdot4}{5^2\cdot2!}\cdot\frac{1}{3^8}\left[1+\frac{1}{81}+\left(\frac{1}{81}\right)^2+\cdots\right]\\&=\frac{6}{25}\cdot\frac{1}{3^8}\cdot\frac{1}{1-1/81}=\frac{1}{25\cdot27\cdot40}<\frac{1}{20000}.\end{aligned}$$

故取近似式为 $\sqrt[5]{240}\approx3\left(1-\frac{1}{5}\cdot\frac{1}{3^4}\right)$.

为了使舍入误差与截断误差之和不超过 10^{-4},计算时应取五位小数,然后再四舍五入.因此最后得 $\sqrt[5]{240}\approx2.9926$.

【例11-34】 求 $\sin9^\circ$ 的近似值,并估计误差.

解 利用 $\sin x$ 展开式的前两项来做近似,

$$\sin9^\circ=\sin\frac{\pi}{20}\approx\frac{\pi}{20}-\frac{1}{3!}\left(\frac{\pi}{20}\right)^3,$$

因为 $\sin x$ 的展开式是收敛的交错级数,且各项的绝对值单调减少,所以

$$|r_2|\leqslant\frac{1}{5!}\left(\frac{\pi}{20}\right)^5<\frac{1}{120}(0.2)^5<\frac{1}{300000}<10^{-5},$$

因此,若取 $\frac{\pi}{20}\approx0.157080,\left(\frac{\pi}{20}\right)^3\approx0.003876$,则得 $\sin9^\circ\approx0.157080-0.000646=0.156434$,其误差不超过 10^{-6}.

二、函数值的近似计算应用

利用幂级数的展开式,还可以算出某些用牛顿 - 莱布尼茨公式无法计算的定积分的近似值,这是幂级数的又一重要应用.

【例 11-35】 计算$\int_0^1 \frac{\sin x}{x}\mathrm{d}x$ 的近似值,精确到 10^{-4}.

解 利用 $\sin x$ 的麦克劳林展开式,得

$$\frac{\sin x}{x}=1-\frac{1}{3!}x^2+\frac{1}{5!}x^4-\frac{1}{7!}x^6+\cdots,x\in(-\infty,+\infty),$$

所以

$$\int_0^1 \frac{\sin x}{x}\mathrm{d}x=1-\frac{1}{3\cdot 3!}+\frac{1}{5\cdot 5!}-\frac{1}{7\cdot 7!}+\cdots.$$

收敛的交错级数因其第四项$\frac{1}{7\cdot 7!}<\frac{1}{30000}<10^{-4}$,故取前三项作为积分的近似值,得

$$\int_0^1 \frac{\sin x}{x}\mathrm{d}x\approx 1-\frac{1}{3\cdot 3!}+\frac{1}{5\cdot 5!}\approx 0.9461.$$

【例 11-36】 计算定积分$\frac{2}{\sqrt{\pi}}\int_0^{1/2}\mathrm{e}^{-x^2}\mathrm{d}x$ 的近似值,要求误差不超过 0.0001(取 $1/\sqrt{\pi}\approx$ 0.56419).求常数项级数的和.

解 利用指数函数的幂级数展开式得:

$$\mathrm{e}^{-x^2}=\sum_{n=0}^{\infty}\frac{(-1)^n}{n!}x^{2n}\quad(-\infty<x<+\infty).$$

于是,根据幂级数在收敛区间内逐项可积,得

$$\begin{aligned}\frac{2}{\sqrt{\pi}}\int_0^{1/2}\mathrm{e}^{-x^2}\mathrm{d}x&=\frac{2}{\sqrt{\pi}}\int_0^{1/2}\left[\sum_{n=0}^{\infty}\frac{(-1)^n}{n!}x^{2n}\right]\mathrm{d}x=\frac{2}{\sqrt{\pi}}\sum_{n=0}^{\infty}\frac{(-1)^n}{n!}\int_0^{1/2}x^{2n}\mathrm{d}x\\&=\frac{1}{\sqrt{\pi}}\left(1-\frac{1}{2^2\cdot 3}+\frac{1}{2^4\cdot 5\cdot 2!}-\frac{1}{2^6\cdot 7\cdot 3!}+\cdots\right).\end{aligned}$$

取前四项的和作为近似值,则其误差为

$$|r_4|\leqslant\frac{1}{\sqrt{\pi}}\frac{1}{2^8\cdot 9\cdot 4!}<\frac{1}{90000},$$

而所求近似值为

$$\frac{2}{\sqrt{\pi}}\int_0^{1/2}\mathrm{e}^{-x^2}\mathrm{d}x\approx\frac{1}{\sqrt{\pi}}\left(1-\frac{1}{2^2\cdot 3}+\frac{1}{2^4\cdot 5\cdot 2!}-\frac{1}{2^6\cdot 7\cdot 3!}\right)\approx 0.5205.$$

习题 11-6

1.利用函数的幂级数展开式求下列各数的近似值.

(1)$\sqrt{\mathrm{e}}$(误差不超过 0.001); (2)ln3(误差不超过10^{-4});

(3) $\frac{1}{\sqrt[5]{36}}$(误差不超过10^{-5})；　　　(4)$\cos 2°$(误差不超过 0.0001).

2.利用被积函数的幂级数展开式求定积分$\int_0^{\frac{1}{2}} \frac{\arctan x}{x} \mathrm{d}x$ 的近似值(精确到10^{-3}).

3.求级数$\sum\limits_{n=1}^{\infty} \frac{n(n+1)}{2^n}$的和.

4.求级数$\sum\limits_{n=1}^{\infty} \frac{1}{n2^n}$ 的和函数.

11.7　傅里叶级数

在本节中,我们讨论由三角函数组成的函数项级数,即所谓的三角级数,并给出将周期函数展开成三角级数的方法.

一、以 2π 为周期的周期函数的傅里叶级数

1.三角级数与三角函数系的正交性

周期运动是自然界中广泛存在着的运动,周期过程可以用周期函数来近似描述.如简谐振动的函数

$$y = A\sin(\omega t + \varphi)$$

就是一个以$\frac{2\pi}{\omega}$为周期的正弦函数,其中 y 表示动点的位置,t 表示时间 A 为振幅,ω 为角频率,φ 为初相.

在实际问题中,还会遇到一些更复杂的周期函数,如电子技术中常用的周期为 T 的矩形波,如图 11-7-1 所示.

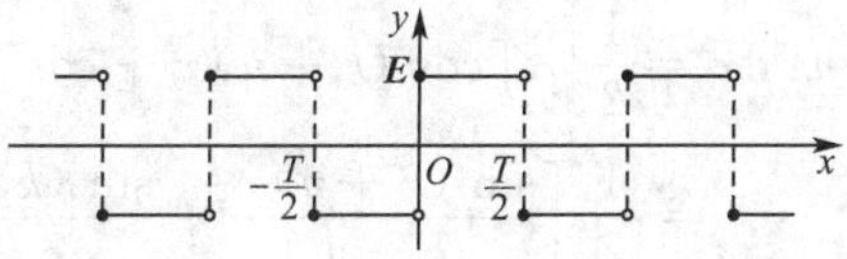

图 11-7-1

如何深入研究非正弦周期函数呢？由前面介绍过的用函数的幂级数展开式表示与讨论函数,我们也想将周期函数展开成由简单的周期函数例如三角函数组成的级数,具体来说,将周期为 $T=\frac{2\pi}{\omega}$ 的周期函数用一系列三角函数 $A_n\sin(n\omega t+\varphi_n)$ 组成的级数来表示,记为

$$f(t) = A_0 + \sum_{n=1}^{\infty} A_n \sin(n\omega t + \varphi_n) \tag{11.11}$$

式中,$A_0, A_n, \varphi_n (n=1,2,3,\cdots)$ 都是常数.

为了讨论的方便,我们将正弦函数 $A_n\sin(n\omega t+\varphi_n)$ 变形为

$$A_n\sin(n\omega t+\varphi_n) = A_n\sin\varphi_n\cos n\omega t + A_n\cos\varphi_n\sin n\omega t$$

并且令$\frac{a_0}{2}=A_0, a_n=A_n\sin\varphi_n, b_n=A_n\cos\varphi_n, \omega t=x$，则式(11.11)右端的级数就可以改写为

$$\frac{a_0}{2}+\sum_{n=1}^{\infty}(a_n\cos nx+b_n\sin nx) \tag{11.12}$$

一般地，形如式(11.12)的级数叫作**三角级数**，其中$a_0, a_n, b_n(n=1,2,3,\cdots)$都是常数.

如同讨论幂级数时一样，我们必须讨论三角级数的收敛问题，以及给定周期为2π的周期函数如何把它展开成三角级数.

我们首先介绍三角函数系的正交性.

所谓三角函数系

$$1,\cos x,\sin x,\cos 2x,\sin 2x,\cdots,\cos nx,\sin nx,\cdots \tag{11.13}$$

在区间$[-\pi,\pi]$上正交，就是指在三角函数系中任何两个不同函数乘积在区间$[-\pi,\pi]$上的积分等于零，即

$$\int_{-\pi}^{\pi}\cos nx\,\mathrm{d}x=0 \quad (n=1,2,3,\cdots)$$

$$\int_{-\pi}^{\pi}\sin nx\,\mathrm{d}x=0 \quad (n=1,2,3,\cdots)$$

$$\int_{-\pi}^{\pi}\sin kx\cos nx\,\mathrm{d}x=0 \quad (k,n=1,2,3,\cdots)$$

$$\int_{-\pi}^{\pi}\cos kx\cos nx\,\mathrm{d}x=0 \quad (k,n=1,2,3,\cdots,k\neq n)$$

$$\int_{-\pi}^{\pi}\sin kx\sin nx\,\mathrm{d}x=0 \quad (k,n=1,2,3,\cdots,k\neq n)$$

以上等式都可以通过计算定积分来验证，现将第四式验证如下.利用三角学中的积化和差公式

$$\cos kx\cos nx=\frac{1}{2}[\cos(k+n)x+\cos(k-n)x],$$

当$k\neq n$时，有

$$\begin{aligned}\int_{-\pi}^{\pi}\cos kx\cos nx\,\mathrm{d}x&=\frac{1}{2}\int_{-\pi}^{\pi}[\cos(k+n)x+\cos(k-n)x]\mathrm{d}x\\&=\frac{1}{2}\left[\frac{\sin(k+n)x}{k+n}+\frac{\sin(k-n)x}{k-n}\right]\Bigg|_{-\pi}^{\pi}\\&=0(k,n=1,2,3,\cdots,k\neq n)\end{aligned}$$

在三角函数系中，两个相同函数的乘积在区间$[-\pi,\pi]$上的积分不等于零，且有

$$\int_{-\pi}^{\pi}1^2\,\mathrm{d}x=2\pi;$$

$$\int_{-\pi}^{\pi}\sin^2 nx\,\mathrm{d}x=\pi \quad (n=1,2,3,\cdots);$$

$$\int_{-\pi}^{\pi}\cos^2 nx\,\mathrm{d}x=\pi \quad (n=1,2,3,\cdots).$$

2.函数展开成傅里叶级数

设$f(x)$是以2π为周期的周期函数，且能展开成三角级数

$$f(x)=\frac{a_0}{2}+\sum_{k=1}^{\infty}(a_k\cos kx+b_k\sin kx) \tag{11.14}$$

这里系数 $a_0,a_k,b_k,\cdots$ 与函数 $f(x)$ 之间存在怎样的关系呢？换句话说，应该如何利用 $f(x)$ 把 $a_0,a_k,b_k,\cdots$ 表达出来？

为此，我们进一步假设三角级数可以逐项积分.

先求 a_0，对式(11.14)从 $-\pi$ 到 π 逐项积分有

$$\int_{-\pi}^{\pi}f(x)\mathrm{d}x=\int_{-\pi}^{\pi}\frac{a_0}{2}\mathrm{d}x+\sum_{k=1}^{\infty}\left[a_k\int_{-\pi}^{\pi}\cos kx\,\mathrm{d}x+b_k\int_{-\pi}^{\pi}\sin kx\,\mathrm{d}x\right]$$

根据三角函数系的正交性，等式右端除第一项外，其余各项均为零，故

$$\int_{-\pi}^{\pi}f(x)\mathrm{d}x=\frac{a_0}{2}\cdot 2\pi$$

于是得

$$a_0=\frac{1}{\pi}\int_{-\pi}^{\pi}f(x)\mathrm{d}x.$$

其次求 a_n，用 $\cos nx$ 乘式(11.14)两端，再从 $-\pi$ 到 π 逐项积分，我们得到

$$\int_{-\pi}^{\pi}f(x)\cos nx\,\mathrm{d}x=\frac{a_0}{2}\int_{-\pi}^{\pi}\cos nx\,\mathrm{d}x+\sum_{k=1}^{\infty}\left[a_k\int_{-\pi}^{\pi}\cos kx\cos nx\,\mathrm{d}x+\right.$$
$$\left.b_k\int_{-\pi}^{\pi}\sin kx\cos nx\,\mathrm{d}x\right].$$

根据三角函数系的正交性，等式右端除 $k=n$ 一项外，其余各项均为零，故

$$\int_{-\pi}^{\pi}f(x)\cos nx\,\mathrm{d}x=a_n\int_{-\pi}^{\pi}\cos^2 nx\,\mathrm{d}x=a_n\pi.$$

于是得

$$a_n=\frac{1}{\pi}\int_{-\pi}^{\pi}f(x)\cos nx\,\mathrm{d}x\quad(n=1,2,3,\cdots).$$

类似地，用 $\sin nx$ 乘式(11.14)的两端，再从 $-\pi$ 到 π 逐项积分，可得

$$b_n=\frac{1}{\pi}\int_{-\pi}^{\pi}f(x)\sin nx\,\mathrm{d}x\quad(n=1,2,3,\cdots).$$

由于当 $n=0$ 时，a_n 的表达式正好为 a_0，因此，已得结果可以合并写成

$$\left.\begin{aligned}a_n&=\frac{1}{\pi}\int_{-\pi}^{\pi}f(x)\cos nx\,\mathrm{d}x\quad(n=0,1,2,3,\cdots)\\b_n&=\frac{1}{\pi}\int_{-\pi}^{\pi}f(x)\sin nx\,\mathrm{d}x\quad(n=1,2,3,\cdots)\end{aligned}\right\} \tag{11.15}$$

如果式(11.15)中的积分都存在，则系数 $a_0,a_n,b_n,\cdots$ 叫作函数 $f(x)$ 的**傅里叶系数**，将这些系数代入式(11.14)右端，所得的三角级数

$$\frac{a_0}{2}+\sum_{n=1}^{\infty}(a_n\cos nx+b_n\sin nx) \tag{11.16}$$

叫作函数 $f(x)$ 的傅里叶级数.

一个定义在$(-\infty,+\infty)$上，周期为 2π 的函数 $f(x)$，如果它在一个周期上可积，则一定可以做出 $f(x)$ 的傅里叶级数，但傅里叶级数不一定收敛，即使它收敛，其和函数也不一定是 $f(x)$，这就产生了一个问题：

$f(x)$ 需满足怎样的条件,它的傅里叶级数收敛,且收敛于 $f(x)$？换句话说,$f(x)$ 满足什么条件才能展开成傅里叶级数?

下面我们叙述一个收敛定理(不加证明),它给出了关于上述问题的一个重要结论.

定理 11.11(收敛定理,狄利克雷充分条件)

设 $f(x)$ 是周期为 2π 的周期函数,如果它满足:

(1) 在一个周期内连续或只有有限个第一类间断点;

(2) 在一个周期内至多有有限个极值点,则 $f(x)$ 的傅里叶级数收敛,并且

当 x 是 $f(x)$ 的连续点时,级数收敛于 $f(x)$;

当 x 是 $f(x)$ 的间断点时,级数收敛于$\frac{1}{2}[f(x-0)+f(x+0)]$.

亦即:$\frac{a_0}{2}+\sum_{n=1}^{\infty}(a_n\cos nx+b_n\sin nx)=\frac{1}{2}[f(x-0)+f(x+0)] \quad x\in(-\infty,+\infty)$.

收敛定理告诉我们:只要函数在$[-\pi,\pi]$上至多有有限个第一类间断点,并且不做无限次振动,函数的傅里叶级数在连续点处就收敛于该点的函数值,在间断点处收敛于该点左右极限的算术平均值,可见,函数展开成傅里叶级数的条件比展开成幂级数的条件要低得多.

【例 11-37】 设 $f(x)$ 是以 2π 为周期的周期函数,它在$[-\pi,\pi)$上的表达式为

$$f(x)=\begin{cases}-1, & -\pi\leqslant x<0\\ 1, & 0\leqslant x<\pi\end{cases}$$

将 $f(x)$ 展开成傅里叶级数.

解 函数的图形如图 11-7-2 所示.

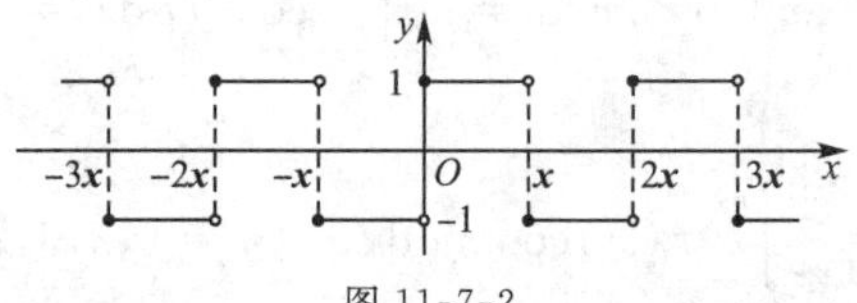

图 11-7-2

函数仅在 $x=k\pi(k=0,\pm1,\pm2,\cdots)$ 处是跳跃间断点,满足收敛定理的条件,由收敛定理,$f(x)$ 的傅里叶级数收敛,并且当 $x=k\pi$ 时,级数收敛于

$$\frac{-1+1}{2}=\frac{1+(-1)}{2}=0$$

当 $x\neq k\pi$ 时,级数收敛于 $f(x)$.

计算傅里叶系数如下:

$$a_n=\frac{1}{\pi}\int_{-\pi}^{\pi}f(x)\cos nx\,\mathrm{d}x=\frac{1}{\pi}\int_{-\pi}^{0}(-1)\cos nx\,\mathrm{d}x+\frac{1}{\pi}\int_{0}^{\pi}1\cdot\cos nx\,\mathrm{d}x=0$$

$$\begin{aligned}b_n&=\frac{1}{\pi}\int_{-\pi}^{\pi}f(x)\sin nx\,\mathrm{d}x=\frac{1}{\pi}\int_{-\pi}^{0}(-1)\sin nx\,\mathrm{d}x+\frac{1}{\pi}\int_{0}^{\pi}1\cdot\sin nx\,\mathrm{d}x\\&=\frac{1}{\pi}\left[\frac{\cos nx}{n}\right]\Big|_{-\pi}^{0}+\frac{1}{\pi}\left[-\frac{\cos nx}{n}\right]\Big|_{0}^{\pi}=\frac{1}{n\pi}[1-\cos n\pi-\cos n\pi+1]\\&=\frac{2}{n\pi}[1-(-1)^n]\end{aligned}$$

$f(x)$ 的傅里叶级数展开式为

$$f(x)=\sum_{n=1}^{\infty}\frac{2}{n\pi}[1-(-1)^n]\cdot\sin nx$$
$$=\frac{4}{\pi}\left[\sin x+\frac{1}{3}\sin 3x+\cdots+\frac{1}{2k-1}\sin(2k-1)x+\cdots\right]$$
$$(-\infty<x<+\infty;x\neq 0,\pm\pi,\pm 2\pi,\cdots).$$

【例 11-38】 设 $f(x)$ 是周期为 2π 的周期函数，它在$[-\pi,\pi]$上的表达式为

$$f(x)=\begin{cases}x & -\pi\leqslant x<0\\ 0 & 0\leqslant x<\pi\end{cases}$$

将 $f(x)$ 展开成傅里叶级数.

解 函数的图形如图 11-7-3 所示.

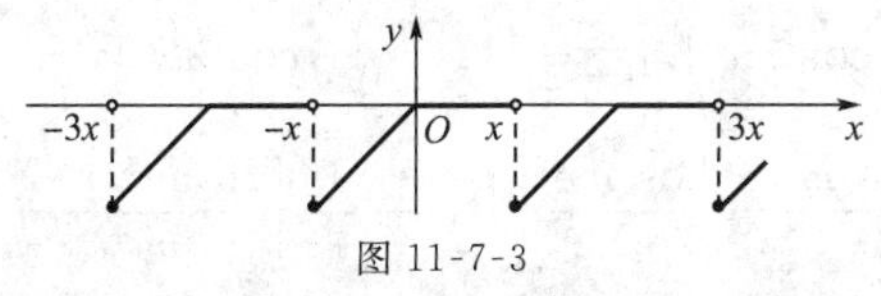

图 11-7-3

可知，$f(x)$ 满足收敛定理条件，在间断点 $x=(2k+1)\pi(k=0,\pm1,\cdots)$ 处，$f(x)$ 的傅里叶级数收敛于

$$\frac{f(\pi-0)+f(-\pi+0)}{2}=\frac{0-\pi}{2}=-\frac{\pi}{2}$$

在连续点 $x(x\neq(2k+1)\pi)$ 处收敛于 $f(x)$.

计算傅里叶系数如下：

$$a_n=\frac{1}{\pi}\int_{-\pi}^{\pi}f(x)\cos nx\,\mathrm{d}x=\frac{1}{\pi}\int_{-\pi}^{0}x\cos nx\,\mathrm{d}x=\frac{1}{\pi}\left[\frac{x\sin nx}{n}+\frac{\cos nx}{n^2}\right]\Big|_{-\pi}^{0}$$
$$=\frac{1}{n^2\pi}(1-\cos n\pi)=\frac{1}{n^2\pi}\cdot[1-(-1)^n]$$
$$a_0=\frac{1}{\pi}\int_{-\pi}^{\pi}f(x)\,\mathrm{d}x=\frac{1}{\pi}\int_{-\pi}^{0}x\,\mathrm{d}x=\frac{1}{\pi}\left[\frac{x^2}{2}\right]\Big|_{-\pi}^{0}=-\frac{\pi}{2}$$
$$b_n=\frac{1}{\pi}\int_{-\pi}^{\pi}f(x)\sin nx\,\mathrm{d}x=\frac{1}{\pi}\int_{-\pi}^{0}x\sin nx\,\mathrm{d}x$$
$$=\frac{1}{\pi}\left[-\frac{x\cos nx}{n}+\frac{\sin nx}{n^2}\right]\Big|_{-\pi}^{0}=-\frac{\cos n\pi}{n}=\frac{(-1)^{n+1}}{n}$$

$f(x)$ 的傅里叶级数展开式为

$$f(x)=-\frac{\pi}{4}+\sum_{n=1}^{\infty}\frac{1-(-1)^n}{n^2\pi}\cdot\cos nx+\frac{(-1)^{n+1}}{n}\cdot\sin nx$$
$$(-\infty<x<\infty,x\neq\pm\pi,\pm3\pi,\cdots)$$

如果函数 $f(x)$ 仅仅只在$[-\pi,\pi]$上有定义，并且满足收敛定理的条件，$f(x)$ 仍可以展开成傅里叶级数，做法如下：

(1) 在$[-\pi,\pi)$或$(-\pi,\pi]$外补充函数 $f(x)$ 的定义，使它被拓展成周期为 2π 的周期函数 $F(x)$，按这种方式拓展函数定义域的过程称为周期延拓.

(2) 将 $F(x)$ 展开成傅里叶级数.

(3) 限制 $x\in(-\pi,\pi)$，此时 $F(x)\equiv f(x)$，这样便得到 $f(x)$ 的傅里叶级数展开式.根

据收敛定理,该级数在区间端点 $x=\pm\pi$ 处收敛于$\frac{1}{2}[f(\pi-0)+f(-\pi+0)]$.

【例 11-39】 将函数 $f(x)=\begin{cases}-x, & -\pi\leqslant x<0\\ x, & 0\leqslant x\leqslant\pi\end{cases}$ 展开成傅里叶级数.

解 将 $f(x)$ 在$(-\infty,\infty)$上以 2π 为周期做周期延拓,其函数图形如图 11-7-4 所示.

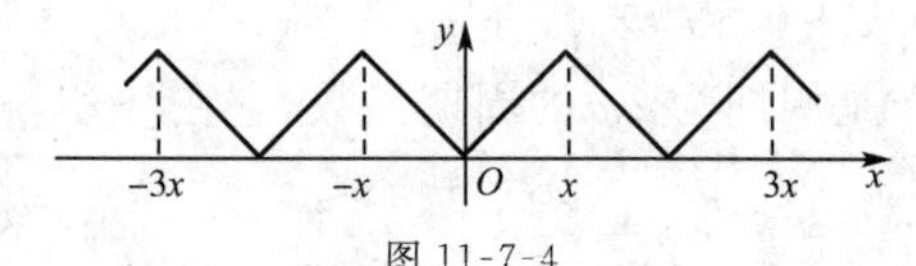

图 11-7-4

因此拓展后的周期函数 $F(x)$ 在$(-\infty,\infty)$上连续,故它的傅里叶级数在$[-\pi,\pi]$上收敛于 $f(x)$,计算傅里叶系数如下

$$
\begin{aligned}
a_n&=\frac{1}{\pi}\int_{-\pi}^{\pi}f(x)\cos nx\,\mathrm{d}x=\frac{1}{\pi}\int_{-\pi}^{0}(-x)\cos nx\,\mathrm{d}x+\frac{1}{\pi}\int_{0}^{\pi}x\cos nx\,\mathrm{d}x\\
&=-\frac{1}{\pi}\left[\frac{x\sin nx}{n}+\frac{\cos nx}{n^2}\right]\Bigg|_{-\pi}^{0}+\frac{1}{\pi}\left[\frac{x\sin nx}{n}+\frac{\cos nx}{n^2}\right]\Bigg|_{0}^{\pi}\\
&=\frac{2}{n^2\pi}(\cos n\pi-1)\\
&=\begin{cases}-\dfrac{4}{n^2\pi} & n=1,3,5,\cdots\\ 0 & n=2,4,6,\cdots\end{cases}
\end{aligned}
$$

$$
\begin{aligned}
a_0&=\frac{1}{\pi}\int_{-\pi}^{\pi}f(x)\,\mathrm{d}x=\frac{1}{\pi}\int_{-\pi}^{0}(-x)\,\mathrm{d}x+\frac{1}{\pi}\int_{0}^{\pi}x\,\mathrm{d}x\\
&=\frac{1}{\pi}\left[-\frac{x^2}{2}\right]\Bigg|_{-\pi}^{0}+\frac{1}{\pi}\left[\frac{x^2}{2}\right]\Bigg|_{0}^{\pi}\\
&=\pi
\end{aligned}
$$

$$
\begin{aligned}
b_n&=\frac{1}{\pi}\int_{-\pi}^{\pi}f(x)\sin nx\,\mathrm{d}x=\frac{1}{\pi}\int_{-\pi}^{0}(-x)\sin nx\,\mathrm{d}x+\frac{1}{\pi}\int_{0}^{\pi}x\sin nx\,\mathrm{d}x\\
&=-\frac{1}{\pi}\left[-\frac{x\cos nx}{n}+\frac{\sin nx}{n^2}\right]\Bigg|_{-\pi}^{0}+\frac{1}{\pi}\left[-\frac{x\cos nx}{n}+\frac{\sin nx}{n^2}\right]\Bigg|_{0}^{\pi}\\
&=0(n=1,2,3,\cdots).
\end{aligned}
$$

故 $f(x)$ 的傅里叶级数展开式为

$$f(x)=\frac{\pi}{2}-\frac{4}{\pi}\left(\cos x+\frac{1}{3^2}\cos 3x+\frac{1}{5^2}\cos 5x+\cdots\right)\quad(-\pi\leqslant x\leqslant\pi).$$

利用这个展开式,我们可以导出一个著名的级数和.

令 $x=0$,有 $f(0)=0$,于是有

$$0=\frac{\pi}{4}-\frac{2}{\pi}\left(1+\frac{1}{3^2}+\frac{1}{5^2}+\cdots\right).$$

$$\frac{\pi^2}{8}=1+\frac{1}{3^2}+\frac{1}{5^2}+\cdots$$

若记 $\sigma=1+\frac{1}{2^2}+\frac{1}{3^2}+\frac{1}{4^2}+\cdots,\tau=1-\frac{1}{2^2}+\frac{1}{3^2}-\frac{1}{4^2}+\cdots,$

$$\sigma_1=1+\frac{1}{3^2}+\frac{1}{5^2}+\cdots,\quad \sigma_2=\frac{1}{2^2}+\frac{1}{4^2}+\frac{1}{6^2}+\cdots$$

而
$$\sigma_2=\frac{1}{4}\cdot\left(1+\frac{1}{2^2}+\frac{1}{3^2}+\cdots\right)=\frac{1}{4}\sigma$$

$$\sigma=\sigma_1+\sigma_2=\sigma_1+\frac{1}{4}\sigma$$

故
$$\sigma=\frac{4}{3}\sigma_1=\frac{4}{3}\cdot\frac{\pi^2}{8}=\frac{\pi^2}{6}$$

又
$$\tau=\sigma_1-\sigma_2=\sigma_1-\frac{1}{4}\sigma$$

故
$$\tau=\frac{\pi^2}{8}-\frac{1}{4}\cdot\frac{\pi^2}{6}=\frac{\pi^2}{12}$$

一般地，一个函数的傅里叶级数既含有正弦项，又含有余弦项，但是，也有一些函数的傅里叶级数只含有正弦项或者只含有常数项和余弦项，导致这种现象的原因与所给函数的奇偶性有关.即：奇函数的傅里叶级数是只含有正弦项的**正弦级数**；偶函数的傅里叶级数是只含有余弦项的**余弦级数**.

在研究波动问题和热扩散等实际问题时，有时还需要把定义在$(0,\pi]$上的函数$f(x)$展开成正弦级数或余弦级数.可令

$$F(x)=\begin{cases}f(x), & 0<x\leqslant\pi\\ 0, & x=0\\ -f(-x), & -\pi<x<0\end{cases}$$

则$F(x)$是定义在$(-\pi,\pi]$上的奇函数，这一步称为对$f(x)$做**奇延拓**，再将$F(x)$在$(-\pi,\pi]$上展开成傅里叶级数，所得级数必是正弦级数.再限制x在$(0,\pi]$上，就得到$f(x)$的正弦级数展开式.

或令

$$F(x)=\begin{cases}f(x), & 0\leqslant x\leqslant\pi\\ f(-x), & -\pi<x<0\end{cases}$$

则$F(x)$是定义在$(-\pi,\pi]$上的偶函数，这一步称为对$f(x)$做**偶延拓**，将$F(x)$在$(-\pi,\pi]$上展开成傅里叶级数，所得级数必是余弦级数.再限制x在$(0,\pi]$上，就得到$f(x)$的余弦级数展开式.

【例 11-40】 将函数$f(x)=x+1\ (0\leqslant x\leqslant\pi)$分别展开成正弦级数和余弦级数.

解 先求正弦级数.为此对$f(x)$进行奇延拓，则

$$\begin{aligned}b_n&=\frac{2}{\pi}\int_0^\pi f(x)\sin nx\,\mathrm{d}x=\frac{2}{\pi}\int_0^\pi(x+1)\sin nx\,\mathrm{d}x\\&=\frac{2}{\pi}\left[-\frac{(x+1)\cos nx}{n}+\frac{\sin nx}{n^2}\right]\Bigg|_0^\pi\\&=\frac{2}{n\pi}[1-(\pi+1)\cos n\pi]\end{aligned}$$

$$=\begin{cases}\frac{2}{\pi}\cdot\frac{\pi+2}{n}, n=1,3,5,\cdots\\ -\frac{2}{n}, \quad n=2,4,6,\cdots\end{cases}$$

于是 $x+1=\frac{2}{\pi}[(\pi+2)\sin x-\frac{2}{\pi}\sin 2x+\frac{1}{3}(\pi+2)\sin 3x-\cdots](0<x<\pi)$.

再求余弦级数.为此对 $f(x)$ 进行偶延拓,则

$$a_0=\frac{2}{\pi}\int_0^{\pi}(x+1)\mathrm{d}x=\pi+2$$

$$a_n=\frac{2}{\pi}\int_0^{\pi}(x+1)\cos nx\,\mathrm{d}x=\frac{2}{\pi}\left[\frac{(x+1)\sin nx}{n}+\frac{\cos nx}{n^2}\right]\Big|_0^{\pi}$$

$$=\frac{2}{n^2\pi}(\cos n\pi-1)=\begin{cases}0, n=2,4,6,\cdots\\ -\frac{4}{n^2\pi}, n=1,3,5,\cdots\end{cases}$$

故 $x+1=\frac{\pi}{2}+1-\frac{4}{\pi}\left(\cos x+\frac{1}{3^2}\cos 3x+\frac{1}{5^2}\cos 5x+\cdots\right)(0\leqslant x\leqslant\pi)$.

二、 周期为 2*l* 的周期函数的傅里叶级数

前面我们讨论了周期为 2π 的函数在满足收敛定理的条件下展开成傅里叶级数的方法.对于周期为 $2l$ 的周期函数的傅里叶级数展开,根据已有的结论,借助变量替换,可得到下面定理.

定理 11.12 设周期为 $2l$ 的周期函数 $f(x)$ 满足收敛定理的条件,则它的傅里叶级数展开式为

$$f(x)=\frac{a_0}{2}+\sum_{n=1}^{\infty}a_n\cos\frac{n\pi x}{l}+b_n\sin\frac{n\pi x}{l}$$

其中系数的计算式为

$$a_n=\frac{1}{l}\int_{-l}^{l}f(x)\cos\frac{n\pi x}{l}\mathrm{d}x \quad n=0,1,2,\cdots$$

$$b_n=\frac{1}{l}\int_{-l}^{l}f(x)\sin\frac{n\pi x}{l}\mathrm{d}x \quad n=1,2,\cdots$$

如果 $f(x)$ 为奇函数,则有

$$f(x)=\sum_{n=1}^{\infty}b_n\sin\frac{n\pi x}{l}$$

其中系数 $$b_n=\frac{2}{l}\int_0^{l}f(x)\sin\frac{n\pi x}{l}\mathrm{d}x \quad n=1,2,\cdots$$

如果 $f(x)$ 为偶函数,则有

$$f(x)=\frac{a_0}{2}+\sum_{n=1}^{\infty}a_n\cos\frac{n\pi x}{l}$$

其中系数 $$a_n=\frac{2}{l}\int_0^{l}f(x)\cos\frac{n\pi x}{l}\mathrm{d}x \quad n=0,1,2,\cdots$$

证 做变量替换 $z=\frac{\pi x}{l}$，当 $x\in[-l,l]$ 时，$z\in[-\pi,\pi]$，函数 $f(x)$ 可重新表示成 $f(x)=f\left(\frac{zl}{\pi}\right)\triangleq F(z)$，从而 $F(z)$ 是周期为 2π 的周期函数且满足收敛定理的条件，因此，$F(z)$ 可以展开成傅里叶级数

$$F(z)=\frac{a_0}{2}+\sum_{n=1}^{\infty}a_n\cos nz+b_n\sin nz$$

其傅里叶系数的计算表达式为

$$a_n=\frac{1}{\pi}\int_{-\pi}^{\pi}F(z)\cdot\cos nz\mathrm{d}z\quad n=0,1,2,\cdots$$

$$b_n=\frac{1}{\pi}\int_{-\pi}^{\pi}F(z)\cdot\sin nz\mathrm{d}z\quad n=1,2,\cdots$$

由于 $z=\frac{\pi x}{l}$，$F(z)\equiv f(x)$，上式可分别改写成

$$f(x)=\frac{a_0}{2}+\sum_{n=1}^{\infty}a_n\cos\frac{n\pi x}{l}+b_n\sin\frac{n\pi x}{l}$$

$$\begin{aligned}a_n&=\frac{1}{\pi}\int_{-\pi}^{\pi}F(z)\cdot\cos nz\mathrm{d}z=\frac{1}{\pi}\int_{-l}^{l}f(x)\cdot\cos\frac{n\pi x}{l}\mathrm{d}\left(\frac{\pi x}{l}\right)\\&=\frac{1}{l}\int_{-l}^{l}f(x)\cdot\cos\frac{n\pi x}{l}\mathrm{d}x\\b_n&=\frac{1}{\pi}\int_{-\pi}^{\pi}F(z)\cdot\sin nz\mathrm{d}z=\frac{1}{\pi}\int_{-l}^{l}f(x)\cdot\sin\frac{n\pi x}{l}\mathrm{d}\left(\frac{\pi x}{l}\right)\\&=\frac{1}{l}\int_{-l}^{l}f(x)\cdot\sin\frac{n\pi x}{l}\mathrm{d}x\end{aligned}$$

类似地，可以证明定理的其余部分.

【例 11-41】 设 $f(x)$ 是周期为 4 的周期函数，它在$[-2,2)$上的表达式为

$$f(x)=\begin{cases}0,-2\leqslant x<0\\1,0\leqslant x<2\end{cases}$$

将它展开成傅里叶级数.

解 $f(x)$ 的图像如图 11-7-5 所示.

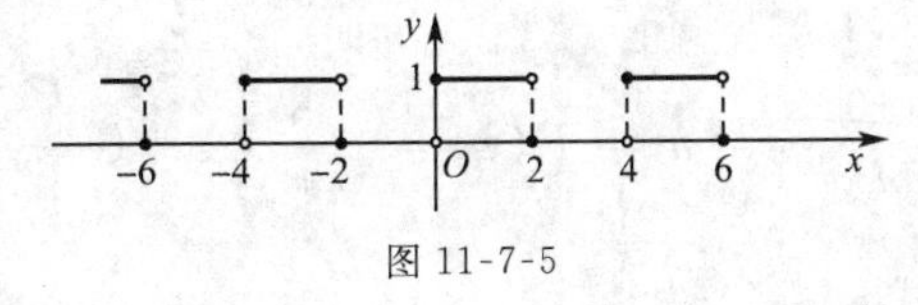

图 11-7-5

其傅里叶系数为

$$a_0=\frac{1}{2}\int_0^2\mathrm{d}x=1$$

$$a_n=\frac{1}{2}\int_0^2\cos\frac{n\pi x}{2}\mathrm{d}x=\frac{1}{2}\left[\frac{2}{n\pi}\sin\frac{n\pi x}{2}\right]\Bigg|_0^2=0$$

$$b_n=\frac{1}{2}\int_0^2\sin\frac{n\pi x}{2}\mathrm{d}x=\frac{1}{2}\left[-\frac{2}{n\pi}\cos\frac{n\pi x}{2}\right]\Bigg|_0^2=\frac{1}{n\pi}\cdot[1-(-1)^n]$$

据收敛定理,有

$$\frac{1}{2}+\sum_{n=1}^{\infty}\frac{1-(-1)^n}{n\pi}\cdot\sin\frac{n\pi x}{2}=\begin{cases}f(x) & x\neq\pm 2k \quad k=0,1,2,\cdots\\ \frac{1}{2} & x=2\pm k \quad k=0,1,2,\cdots\end{cases}$$

因此,$f(x)$ 的傅里叶展开式为

$$f(x)=\frac{1}{2}+\frac{2}{\pi}\left[\sin\frac{\pi x}{2}+\frac{1}{3}\sin\frac{3\pi x}{2}+\frac{1}{5}\sin\frac{5\pi x}{2}+\cdots\right]$$

这里,$-\infty<x<+\infty, x\neq\pm 2k, k=0,1,2,\cdots$

【例 11-42】 将函数 $f(x)=10-x \quad (5<x<15)$ 展开成傅里叶级数.

解 做变量替换 $z=\frac{\pi(x-10)}{5}$,当 $5<x<15$ 时,则 $-\pi<z<\pi$,而

$$f(x)=f\left(10+\frac{5}{\pi}\cdot z\right)=10-\left(10+\frac{5}{\pi}\cdot z\right)=-\frac{5}{\pi}\cdot z\xlongequal{\Delta}F(z)$$

将 $F(z)$ 以 2π 为周期进行周期延拓,可得到一个周期函数,其图像如图 11-7-6 所示.

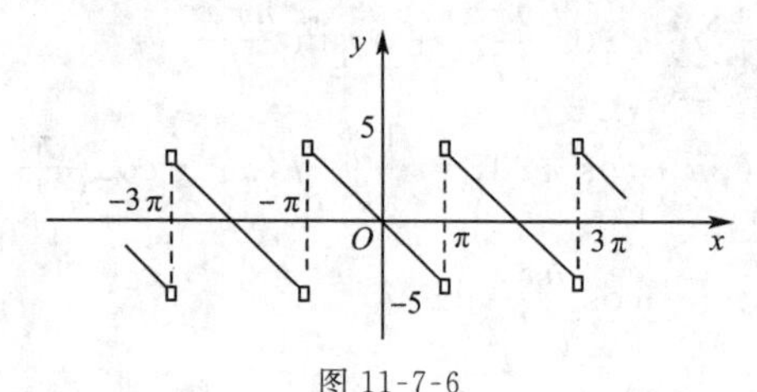

图 11-7-6

其傅里叶系数为

$$a_n=0$$

$$\begin{aligned}b_n&=\frac{2}{\pi}\int_0^{\pi}\left(-\frac{5}{\pi}\cdot z\right)\sin nz\,\mathrm{d}z=-\frac{10}{\pi^2}\int_0^{\pi}z\cdot\sin nz\,\mathrm{d}z\\&=-\frac{10}{\pi^2}\left[-\frac{1}{n}z\cos nz\Big|_0^{\pi}+\frac{1}{n}\int_0^{\pi}\cos nz\,\mathrm{d}z\right]\\&=(-1)^n\frac{10}{n\pi}\end{aligned}$$

显然,点 $z=(2k+1)\pi, k=0,\pm1,\pm2,\cdots$ 是函数的间断点,函数在其他点均连续,故 $F(z)$ 的傅里叶展开式为

$$\sum_{n=1}^{\infty}(-1)^n\frac{10}{n\pi}\cdot\sin nz=F(z)=-\frac{5}{\pi}\cdot z \quad (-\pi<z<\pi)$$

将 $z=\frac{\pi(x-10)}{5}$ 代入上式,得

$$\begin{aligned}10-x&=\sum_{n=1}^{\infty}(-1)^n\frac{10}{n\pi}\cdot\sin\frac{n\pi(x-10)}{5}\\&=\frac{10}{\pi}\sum_{n=1}^{\infty}\frac{(-1)^n}{n}\cdot\sin\frac{n\pi x}{5}(5<x<15)\end{aligned}$$

习题 11-7

1.把函数 $f(x)=\begin{cases}0, & -\pi<x<0 \\ 1, & 0\leqslant x<\pi\end{cases}$ 展开为傅里叶级数.

2.设函数 $f(x)$ 是周期为 2π 的周期函数,它在区间 $[-\pi,\pi]$ 上的表达式为 $f(x)=2x+1(x\in[-\pi,\pi])$,试将函数展开成傅里叶级数.

3.设函数 $f(x)$ 是周期为 2π 的周期函数,它在区间 $[-\pi,\pi]$ 上的表达式为 $f(x)=\begin{cases}x, & \text{当}-\pi\leqslant x<0, \\ 2x, & \text{当} 0\leqslant x<\pi,\end{cases}$ 试将函数展开成傅里叶级数.

4.设 $f(x)=\begin{cases}x, & \text{当}-\pi\leqslant x<0, \\ 0, & \text{当} 0\leqslant x<\pi,\end{cases}$ 把 $f(x)$ 展开成傅里叶级数.

5.将函数 $f(x)=1+x(0\leqslant x\leqslant\pi)$ 展开成余弦级数.

6.将函数 $f(x)=2x^2(0\leqslant x\leqslant\pi)$ 分别展开成正弦级数和余弦级数.

7.在区间 $\left(-\frac{\pi}{2},\frac{\pi}{2}\right)$ 内将 $f(x)=x\cos x$ 展开为傅里叶级数.

8.设周期函数在一个周期内的表达式为:$f(x)=1-x^2\left(-\frac{1}{2}\leqslant x<\frac{1}{2}\right)$,试将其展开为傅里叶级数.

9.设周期函数在一个周期内的表达式为:$f(x)=\begin{cases}2x+1, & \text{当}-3\leqslant x<0, \\ 1, & \text{当} 0\leqslant x<3,\end{cases}$ 试将其展开成傅里叶级数.

10.将函数 $f(x)=x-1(0\leqslant x\leqslant 2)$ 展开成周期为 4 的余弦级数.

总习题十一

一、概念复习

1.填空与选择题.

(1) 设级数 $\sum\limits_{n=1}^{\infty}a_n$,则 $\lim\limits_{n\to\infty}a_n=0$ 是级数收敛的________条件.

A.必要　　B.充分　　C.充分必要　　D.既非充分也非必要

(2) 等比级数 $\sum\limits_{n=1}^{\infty}aq^n$ 当且仅当________是收敛的.

(3) 若幂级数 $\sum\limits_{n=0}^{\infty}a_nx^n$ 的收敛半径是 R,则 $\sum\limits_{n=0}^{\infty}a_nx^{n+2}$ 的收敛半径是________.

A.R　　　B.R^2　　　C.$\sqrt{R}$　　　D.无法求得

(4) 设周期为 2π 的周期函数,在$[-\pi,\pi]$上的表达式为

$f(x)=\begin{cases} x^2, & 0\leqslant x<\pi, \\ x, & -\pi\leqslant x<0, \end{cases}$ 则 $f(x)$ 的傅里叶级数在 3π 处收敛到________.

(5) 幂级数 $\sum\limits_{n=0}^{\infty} a_n(x-1)^n$ 在 $x=-1$ 处收敛,则级数在 $x=2$ 处________.

A.收敛　　　B.发散　　　C.绝对收敛　　　D.无法断定

(6) 交错级数 $\sum\limits_{n=1}^{\infty}(-1)^{n-1}a^n$ 当________且________是收敛的.

2.是非题(回答时需说明理由).

(1) 若级数 $\sum\limits_{n=1}^{\infty}(a_n+b_n)$ 与级数 $\sum\limits_{n=1}^{\infty}a_n$ 都收敛,则级数 $\sum\limits_{n=1}^{\infty}b_n$ 也收敛.

(2) 若幂级数 $\sum\limits_{n=0}^{\infty}a_nx^n$ 的收敛半径是 R,则 $\sum\limits_{n=0}^{\infty}a_nx^{2n}$ 的收敛半径也是 R.

(3) 若级数 $\sum\limits_{n=1}^{\infty}a_n$ 绝对收敛,级数 $\sum\limits_{n=1}^{\infty}b_n$ 条件收敛,则级数 $\sum\limits_{n=1}^{\infty}(a_n+b_n)$ 绝对收敛.

(4) 若级数 $\sum\limits_{n=1}^{\infty}ka_n$ 收敛,则级数 $\sum\limits_{n=1}^{\infty}a_n$ 收敛.

(5) 若级数 $\sum\limits_{n=1}^{\infty}b_n$ 收敛,$a_n\leqslant b_n(n=1,2,\cdots)$,则级数 $\sum\limits_{n=1}^{\infty}a_n$ 收敛.

二、综合练习

1.求级数 $\sum\limits_{n=1}^{\infty}\dfrac{1}{\sqrt{n(n+1)}(\sqrt{n}+\sqrt{n+1})}$ 的和.

2.求级数 $\dfrac{1}{3}+\dfrac{3}{3^2}+\dfrac{5}{3^3}+\cdots+\dfrac{2n-1}{3^n}+\cdots$ 的和.

3.判断下列级数的收敛性.

(1) $\sum\limits_{n=1}^{\infty}\dfrac{1}{\sqrt{n^3+n}}$;　　(2) $\sum\limits_{n=1}^{\infty}\dfrac{n2^n}{3^n}$;　　(3) $\sum\limits_{n=1}^{\infty}\dfrac{2^n\cdot n!}{n^n}$;

(4) $\sum\limits_{n=1}^{\infty}n\tan\dfrac{\pi}{2^{n+1}}$;　　(5) $\sum\limits_{n=1}^{\infty}\dfrac{(n!)^2}{2n^2}$;　　(6) $\sum\limits_{n=1}^{\infty}\left(\dfrac{n}{3n-1}\right)^{2n}$.

4.证明 $\lim\limits_{n\to\infty}\dfrac{n^n}{(n!)^2}=0$.

5.判别下列级数的收敛性,若收敛,是条件收敛还是绝对收敛?

(1) $\sum\limits_{n=1}^{\infty}(-1)^{n+1}\dfrac{2^{n^2}}{n!}$;　　(2) $\sum\limits_{n=1}^{\infty}(-1)^{n+1}\dfrac{(n+1)^n}{2n^{n+1}}$;

(3) $\sum\limits_{n=1}^{\infty}\dfrac{1}{n^2}+(-1)^{n-1}\ln\dfrac{n+1}{n}$.

6.求下列幂级数的收敛区间.

(1) $\sum\limits_{n=1}^{\infty} \frac{n^2}{n!}x^n$； (2) $\sum\limits_{n=1}^{\infty} \frac{n}{2^n}x^{2n}$；

(3) $\sum\limits_{n=1}^{\infty} \frac{1}{n(n+1)}x^n$； (4) $\sum\limits_{n=1}^{\infty}(2^n+3^n)x^n$.

7.求下列幂级数的和函数.

(1) $\sum\limits_{n=1}^{\infty} \frac{x^{2n-1}}{2n-1}$； (2) $\sum\limits_{n=0}^{\infty} \frac{n^2+1}{2^n n!}x^n$.

8.求下列函数在所给点的泰勒级数.

(1) $\sin^2 x, x_0=0$； (2) $\frac{1}{x^2+3x+2}, x_0=-4$.

9.求级数 $\sum\limits_{n=1}^{\infty}(n+1)(x-1)^n$ 的和函数.

10.利用幂级数求数项级数 $\sum\limits_{n=0}^{\infty} \frac{1}{2^n} \cdot \frac{2n+1}{n!}$ 的和.

11.利用函数的幂级数展开式求 e 的近似值(精确到 0.00001).

12.利用被积函数的幂级数展开式求定积分 $\int_0^{0.5} \frac{1}{1+x^4}\mathrm{d}x$ 的近似值(误差不超过 0.0001).

13.在区间$(-\pi,\pi)$内将函数 $f(x)=\begin{cases} x, & -\pi<x<0 \\ 1, & x=0 \\ 2x, & 0<x<\pi \end{cases}$ 展开为傅里叶级数.

14.设 $f(x)$ 是周期为 2π 的函数，且 $f(x)=\begin{cases} 0, & -\pi \leqslant x<0 \\ \mathrm{e}^x, & 0 \leqslant x<\pi \end{cases}$，试将 $f(x)$ 展开为傅里叶级数.

15.设 $f(x)$ 是周期为4的周期函数，它在$(-2,2]$的表达式为 $f(x)=x^2-x$，将 x 展开成傅里叶级数.

参考答案

习题 7-1

1. (1) 球面；(2) 圆周.

2. 0.

3. $5\boldsymbol{a}-11\boldsymbol{b}+7\boldsymbol{c}$.

4. 略.

习题 7-2

1. A、B、C、D 依次为 Ⅵ 卦限、Ⅴ 卦限、Ⅷ 卦限、Ⅲ 卦限.

2. A、B、C、D 依次为 xOy 面上、yOz 面上、x 轴上、y 轴上.

3. $(-3,2,1)$；$(3,2,-1)$；$(-3,-2,-1)$；$(-3,-2,1)$；$(3,2,1)$；$(3,-2,-1)$；$(3,-2,1)$.

4. x 轴：$\sqrt{13}$；y 轴：5；z 轴：$\sqrt{20}$.

5. 是.

6. 0，-8.

7. $\left(\pm\frac{6}{11},\pm\frac{7}{11},\mp\frac{6}{11}\right)$.

8. (1)$\boldsymbol{a}$ 垂直 x 轴(或 $\boldsymbol{a}$ 平行于 yOz 面)；(2)$\boldsymbol{a}$ 平行 y 轴(或 $\boldsymbol{a}$ 垂直于 xOz 面)且与 y 轴正向一致.

9. 略.

10. $A(-2,3,0)$.

习题 7-3

1. (1)3，-18；(2)$(5,1,7)$，$(10,2,14)$；(3)$\theta=\arccos\frac{3}{2\sqrt{21}}$.

2. (1)$\left(\pm\frac{3}{\sqrt{17}},\mp\frac{2}{\sqrt{17}},\mp\frac{2}{\sqrt{17}}\right)$；(2) $\sqrt{17}$.

3. $\lambda=2\mu$.

4. 略.

5. $-\frac{3}{2}$.

6. (1) -2；(2) -1，5.

7. 略.

8. 略.

9. 在同一平面上.

10. 2.

习题 7-4

1. (1) 平行于 xOz 面；(2) 平行于 yOz 面；(3) 平行于 z 轴；(4) 通过 y 轴；(5) 平行于 x 轴；(6) 通过原点.

2. $3x-7y+5z+37=0$.

3. $2x+9y-6z-121=0$.

4. $x-3y-2z=0$.

5. $x+y-3z-4=0$.

6. (1) $x+3y$；(2) $z-3=0$；(3) $9y-z-2=0$.

7. $\frac{1}{3}$，$\frac{2}{3}$，$\frac{2}{3}$.

8. (1) $k=2$；(2) $k=1$；(3) $k=-\frac{7}{3}$；(4) $k=\pm 2$.

9. 1.

10. $\frac{\sqrt{3}}{6}$.

习题 7-5

1. $\frac{x-3}{4}=\frac{y+1}{1}=\frac{z-2}{3}$.

2. $\frac{x-3}{-4}=\frac{y+2}{2}=\frac{z-1}{1}$.

3. $\frac{x-1}{-2}=\frac{y-1}{1}=\frac{z-1}{3}$；$\begin{cases} x=1-2t \\ y=1+t \\ z=1+3t \end{cases}$.

4. $\frac{x-2}{2}=\frac{y+3}{3}=\frac{z-1}{1}$.

5. $\left(-\frac{5}{3}, \frac{2}{3}, \frac{2}{3}\right)$.

6. $\frac{x}{-2}=\frac{y-2}{3}=\frac{z-4}{1}$.

7. $\frac{x}{-3}=\frac{y-1}{1}=\frac{z-2}{2}$.

8. 略.

9. $\cos\theta=0$.

10. $\arcsin\dfrac{7}{3\sqrt{6}}$.

习题 7-6

1. (1) 直线、平面；(2) 抛物线、抛物柱面；(3) 双曲线、双曲柱面；(4) 椭圆、椭圆柱面.

2. (1)$x^2+y^2+z^2=9$；(2)$4x^2-9y^2+4z^2=36$；
   (3)$3x=y^2+z^2$；(4)$4(x^2+y^2)=(3z-1)^2$.

3. 略.

4. (1)xOy 面上的椭圆$\dfrac{x^2}{4}+\dfrac{y^2}{9}=1$绕 x 轴旋转一周而得；

   (2)xOy 面上的双曲线$x^2-\dfrac{y^2}{4}=1$绕 y 轴旋转一周而得.

5. (1)$\begin{cases}4\left(x^2-\dfrac{1}{2}\right)^2+2y^2=1\\ z=0\end{cases}$；(2)$\begin{cases}x^2+y^2=1\\ z=0\end{cases}$.

6. $\begin{cases}x=\dfrac{3}{\sqrt{2}}\cos\theta\\ y=\dfrac{3}{\sqrt{2}}\cos\theta\\ z=3\sin\theta\end{cases}$，$(0\leqslant\theta\leqslant2\pi)$.

7. xOy 面：$\begin{cases}x^2+y^2\leqslant4\\ z=0\end{cases}$；$yOz$ 面：$\begin{cases}y^2\leqslant z\leqslant4\\ x=0\end{cases}$；$xOz$ 面：$\begin{cases}x^2\leqslant z\leqslant4\\ y=0\end{cases}$.

8. 略.

总习题七

1. (1) 既有大小又有方向；(2) 大小；(3) 模为1；(4) 模为0；(5) 位置；(6) 平行，共面；(7) 大小相等、方向相同；(8) 方向相反；(9)$\boldsymbol{a}\perp\boldsymbol{b}$；(10)$\boldsymbol{a}\,/\!/\,\boldsymbol{b}$.

2. (1)B；(2)B；(3)A；(4)D；(5)B.

3. (1) 否；(2) 否；(3) 是；(4) 是；(5) 否；(6) 是.

4. $-\dfrac{3}{2}$.

5. $\lambda=40$.

6. $x+\sqrt{26}y+3z-3=0$ 或 $x-\sqrt{26}y+3z-3=0$.

7. $5x+7y+11z-8=0$.

8. $\frac{2x}{-2}=\frac{2y-3}{1}=\frac{2z-5}{3}$；$\begin{cases}x=-2t\\y=t+\frac{2}{3}\\z=3t+\frac{5}{2}\end{cases}$.

9. (−12，−4，18).

10. (−5，2，4).

11. xOy 面：$\begin{cases}\left(x-\frac{a}{2}\right)^2+y^2\leqslant\left(\frac{a}{2}\right)^2\\z=0\end{cases}$；$xOz$ 面：$\begin{cases}z^2+ax\leqslant a^2(z\geqslant 0,\ x\geqslant 0)\\y=0\end{cases}$.

12. $\begin{cases}(x-1)^2+y^2\leqslant 1\\z=0\end{cases}$.

13. 略.

习题 8-1

1. (1) $(xy)^2+(x+y)^2$；(2) $\frac{2xy}{x^2+y^2}$；

(3) $t^2\left(x^2+y^2-xy\tan\frac{x}{y}\right)$，即 $t^2f(x,\ y)$；(4) $\frac{x^2(1-y)}{1+y}$.

2. (1) $\{(x,\ y)\mid x^2+y^2\leqslant 1,\ x+y\neq 0\}$；(2) $\{(x,\ y)\mid y^2-2x+1>0\}$；

(3) $\{(x,\ y)\mid x\geqslant 0,\ x^2\geqslant y\geqslant 0\}$；(4) $\{(x,\ y)\mid y>x\geqslant 0,\ x^2+y^2<1\}$.

3. (1)1；(2)2；(3)0；(4) $-\frac{1}{4}$.

4. $(x+y)^{xy}+(xy)^{2x}$.

5. 略.

6. $\{(x,\ y)\mid y^2-2x=0\}$.

习题 8-2

1. (1) $\frac{\partial z}{\partial x}=3x^2y+6xy^2-y^3$，$\frac{\partial z}{\partial y}=x^3+6x^2y-3xy^2$；

(2) $\frac{\partial z}{\partial u}=\frac{u^2-v^2}{u^2v}$，$\frac{\partial z}{\partial v}=\frac{v^2-u^2}{uv^2}$；

(3) $\frac{\partial z}{\partial x}=\frac{1}{2x\sqrt{\ln(xy)}}$，$\frac{\partial z}{\partial y}=\frac{1}{2y\sqrt{\ln(xy)}}$；

(4) $\frac{\partial z}{\partial x}=-\frac{y}{x^2}\mathrm{e}^{\sin\frac{y}{x}}\cos\frac{y}{x}$，$\frac{\partial z}{\partial y}=\frac{\mathrm{e}^{\sin\frac{y}{x}}\cos\frac{y}{x}}{x}$；

(5) $\frac{\partial z}{\partial x}=\frac{2}{y}\csc\frac{2x}{y}$，$\frac{\partial z}{\partial y}=-\frac{2x}{y^2}\csc\frac{2x}{y}$；

(6) $\frac{\partial z}{\partial x}=y[\cos(xy)-\sin(2xy)]$，$\frac{\partial z}{\partial y}=x[\cos(xy)-\sin(2xy)]$；

(7) $\frac{\partial u}{\partial x}=\frac{z(x-y)^{z-1}}{1+(x-y)^{2z}}$，$\frac{\partial u}{\partial y}=-\frac{z(x-y)^{z-1}}{1+(x-y)^{2z}}$，$\frac{\partial u}{\partial z}=\frac{(x-y)^{z}\ln(x-y)}{1+(x-y)^{2z}}$；

(8) $\frac{\partial u}{\partial x}=\frac{y}{z}x^{\frac{y}{z}-1}$，$\frac{\partial u}{\partial y}=\frac{1}{z}x^{\frac{y}{z}}\ln x$，$\frac{\partial u}{\partial z}=-\frac{y}{z^2}x^{\frac{y}{z}}\ln x$.

2. 略.

3. $f_x(x,1)=1$.

4. $\frac{\pi}{4}$.

5. (1) $\frac{\partial^2 z}{\partial x^2}=12x^2-8y^2$，$\frac{\partial^2 z}{\partial y^2}=12y^2-8x^2$，$\frac{\partial^2 z}{\partial x\partial y}=-16xy$；

(2) $\frac{\partial^2 z}{\partial x^2}=2ye^y$，$\frac{\partial^2 z}{\partial y^2}=x^2(2+y)e^y$，$\frac{\partial^2 z}{\partial x\partial y}=2x(1+y)e^y$；

(3) $\frac{\partial^2 z}{\partial x^2}=\frac{2xy}{(x^2+y^2)^2}$，$\frac{\partial^2 z}{\partial y^2}=-\frac{2xy}{(x^2+y^2)^2}$，$\frac{\partial^2 z}{\partial x\partial y}=\frac{y^2-x^2}{(x^2+y^2)^2}$；

(4) $\frac{\partial^2 z}{\partial x^2}=y^x\cdot\ln^2 y$，$\frac{\partial^2 z}{\partial y^2}=x(x-1)y^{x-2}$，$\frac{\partial^2 z}{\partial x\partial y}=y^{x-1}(1+x\ln y)$.

6. $f_{xx}(0,0,1)=2$，$f_{xz}(1,0,2)=2$，$f_{yz}(0,-1,0)=0$，$f_{zzx}(2,0,1)=0$.

7. $\frac{\partial^3 z}{\partial x^2\partial y}=0$，$\frac{\partial^3 z}{\partial x\partial y^2}=-\frac{1}{y^2}$.

8. 略.

习题 8-3

1. (1) $\left(y+\frac{1}{y}\right)dx+x\left(1-\frac{1}{y^2}\right)dy$；(2) $-\frac{1}{x}e^{\frac{y}{x}}\left(\frac{y}{x}dx-dy\right)$；

(3) $-\frac{x}{(x^2+y^2)^{\frac{3}{2}}}(y\,dx-x\,dy)$；(4) $yzx^{yz-1}dx+zx^{yz}\ln x\,dy+yx^{yz}\ln x\,dz$；

(5) $\left(6xy+\frac{1}{y}\right)dx+\left(3x^2-\frac{x}{y^2}\right)dy$；

(6) $\cos(x\cos y)\cos y\,dx-x\sin y\cos(x\cos y)\,dy$；

(7) $\frac{x}{x^2+y^2}dx+\frac{y}{x^2+y^2}dy$；(8) $e^x\cos y\,dx-e^x\sin y\,dy$.

2. $\frac{1}{3}dx+\frac{2}{3}dy$.

3. $\Delta z=-0.119$，$dz=-0.125$.

4. $dz=0.25e$.

*5. 2.95.

*6. 55.3 cm^3.

习题 8-4

1. $\frac{dz}{dt}=-(e^t+e^{-t})$.

2. $\frac{dz}{dt}=e^{\sin t-2t^3}(\cos t-6t^2)$.

3. $\frac{dz}{dt}=\frac{3(1-4t^2)}{\sqrt{1-(3t-4t^3)^2}}$.

4. $\frac{\partial z}{\partial x}=\frac{2x}{y^2}\ln(3x-2y)+\frac{3x^2}{(3x-2y)y^2}$，$\frac{\partial z}{\partial y}=-\frac{2x^2}{y^3}\ln(3x-2y)-\frac{2x^2}{(3x-2y)y^2}$.

5. $\frac{\partial z}{\partial x}=4x$，$\frac{\partial z}{\partial y}=4y$.

6. $\frac{dz}{dx}=\frac{e^x(1+x)}{1+x^2e^{2x}}$.

7. $\frac{du}{dx}=\frac{e^{ax}}{a^2+1}(a^2\sin x+\sin x)$.

8. 略.

9. (1) $\frac{\partial u}{\partial x}=2xf'_1+yf'_2e^{xy}$，$\frac{\partial u}{\partial y}=-2yf'_1+xf'_2e^{xy}$；

(2) $\frac{\partial u}{\partial x}=\frac{1}{y}f'_1$，$\frac{\partial u}{\partial y}=-\frac{x}{y^2}f'_1+\frac{1}{z}f'_2$，$\frac{\partial u}{\partial z}=-\frac{y}{z^2}f'_2$；

(3) $\frac{\partial u}{\partial x}=f'_1+yf'_2+yzf'_3$，$\frac{\partial u}{\partial y}=xf'_2+xzf'_3$，$\frac{\partial u}{\partial z}=xyf'_3$.

10. 略.

11. 略.

12. $\frac{\partial^2 z}{\partial x^2}=2f'+4x^2f''$，$\frac{\partial^2 z}{\partial x\partial y}=4xyf''$.

13. (1) $\frac{\partial^2 z}{\partial x^2}=y^2f''_{11}$，$\frac{\partial^2 z}{\partial x\partial y}=f'_1+y(xf''_{11}+f''_{12})$，$\frac{\partial^2 z}{\partial y^2}=x^2f''_{11}+2xf''_{12}+f''_{22}$；

(2) $\frac{\partial^2 z}{\partial x^2}=f''_{11}+\frac{2}{y}f''_{12}+\frac{1}{y^2}f''_{22}$，$\frac{\partial^2 z}{\partial x\partial y}=-\frac{x}{y^2}\left(f''_{12}+\frac{1}{y}f''_{22}\right)-\frac{1}{y^2}f'_2$，

$\frac{\partial^2 z}{\partial y^2}=\frac{2x}{y^3}f'_2+\frac{x^2}{y^4}f''_{22}$；

(3) $\frac{\partial^2 z}{\partial x^2}=2yf'_2+y^4f''_{11}+4xy^3f''_{12}+4x^2y^2f''_{22}$，

$\frac{\partial^2 z}{\partial x\partial y}=2yf'_1+2xf'_2+2xy^3f''_{11}+5x^2y^2f''_{12}+2x^3yf''_{22}$，

$\frac{\partial^2 z}{\partial y^2}=2xf'_1+4x^2y^2f''_{11}+4x^3yf''_{12}+x^4f''_{22}$；

(4) $\frac{\partial^2 z}{\partial x^2}=e^{x+y}f'_3-\sin x f'_1+\cos^2 x f''_{11}+2e^{x+y}\cos x f''_{13}+e^{2(x+y)}f''_{33}$，

$$\frac{\partial^2 z}{\partial x \partial y}=e^{x+y}f'_3-\cos x\sin y f''_{12}+e^{x+y}\cos x f''_{13}-e^{x+y}\sin y f''_{32}+e^{2(x+y)}f''_{33},$$

$$\frac{\partial^2 z}{\partial y^2}=e^{x+y}f'_3-\cos y f'_2+\sin^2 y f''_{22}-2e^{x+y}\sin y f''_{23}+e^{2(x+y)}f''_{33}.$$

习题 8-5

1. (1) $\dfrac{y^2-e^x}{\cos y-2xy}$；(2) $-\dfrac{x+y}{y-x}$；(3) $\dfrac{2x+y}{e^y-x}$；(4) $\dfrac{y(x\ln y-y)}{x(y\ln x-x)}$.

2. (1) $\dfrac{\partial z}{\partial x}=\dfrac{yz-\sqrt{xyz}}{\sqrt{xyz}-xy}$，$\dfrac{\partial z}{\partial y}=\dfrac{xz-2\sqrt{xyz}}{\sqrt{xyz}-xy}$；

   (2) $\dfrac{\partial z}{\partial x}=\dfrac{z}{x+z}$，$\dfrac{\partial z}{\partial y}=\dfrac{z^2}{y(x+z)}$；

   (3) $\dfrac{\partial z}{\partial x}=\dfrac{2z}{3z^2-2x}$，$\dfrac{\partial z}{\partial y}=\dfrac{1}{2x-3z^2}$；

   (4) $\dfrac{\partial z}{\partial x}=-\dfrac{\cos(x+z)}{\cos(x+z)+\sin(y+z)}$，$\dfrac{\partial z}{\partial y}=-\dfrac{\sin(y+z)}{\cos(x+z)+\sin(y+z)}$.

3. (1) $\dfrac{\partial^2 z}{\partial x^2}=\dfrac{2y^2ze^z-y^2z^2e^z-2xy^3z}{(e^z-xy)^3}$；(2) $\dfrac{\partial^2 z}{\partial x\partial y}=\dfrac{z(z^4-2xyz^2-x^2y^2)}{(z^2-xy)^3}$；

   (3) $\dfrac{\partial^2 z}{\partial x^2}=-\dfrac{16xz}{(3z^2-2x)^3}$，$\dfrac{\partial^2 z}{\partial y^2}=-\dfrac{6z}{(3z^2-2x)^3}$.

4. 略.
5. 略.
6. 略.
7. (1) $\dfrac{dy}{dx}=-\dfrac{x(6z+1)}{2y(3z+1)}$，$\dfrac{dz}{dx}=\dfrac{x}{3z+1}$；

   (2) $\dfrac{dx}{dz}=\dfrac{z-y}{y-x}$，$\dfrac{dy}{dz}=\dfrac{x-z}{y-x}$；

(3) $\dfrac{\partial z}{\partial x}=\dfrac{2y-1}{1+3z^2-2y-4yz}$，$\dfrac{\partial z}{\partial y}=\dfrac{2z-3z^2}{1+3z^2-2y-4yz}$.

习题 8-6

1. 切线方程：$\dfrac{x-\left(\dfrac{\pi}{2}-1\right)}{1}=\dfrac{y-1}{1}=\dfrac{z-2\sqrt{2}}{\sqrt{2}}$；法平面方程：$x+y+\sqrt{2}z=\dfrac{\pi}{2}+4$.

2. 切线方程：$\dfrac{x-\dfrac{1}{2}}{\dfrac{1}{4}}=\dfrac{y-2}{-1}=\dfrac{z-1}{2}$；法平面方程：$\dfrac{1}{4}\left(x-\dfrac{1}{2}\right)-(y-2)+2(z-1)=0$.

3. 切线方程：$\dfrac{x-x_0}{1}=\dfrac{y-y_0}{\dfrac{m}{y_0}}=\dfrac{z-z_0}{-\dfrac{1}{2z_0}}$，

法平面方程：$(x-x_0)+\frac{m}{y_0}(y-y_0)-\frac{1}{2z_0}(z-z_0)=0$.

4. 切线方程：$\frac{x-1}{16}=\frac{y-1}{9}=\frac{z-1}{-1}$，法平面方程：$16x+9y-z-24=0$.

5. $M_1(-1,1,-1)$ 及 $M_2\left(-\frac{1}{3},\frac{1}{9},-\frac{1}{27}\right)$.

6. 切平面方程：$x+2y-4=0$，法线方程：$\begin{cases}\frac{x-2}{1}=\frac{y-1}{2}\\ z=0\end{cases}$.

7. 切平面方程：$ax_0x+by_0y+cz_0z=1$，法线方程：$\frac{x-x_0}{ax_0}=\frac{y-y_0}{by_0}=\frac{z-z_0}{cz_0}$.

8. 切平面方程：$6x+3y+2z-18=0$，法线方程：$\frac{x-1}{6}=\frac{y-2}{3}=\frac{z-3}{2}$.

9. 切平面方程：$x-y+2z=\pm\sqrt{\frac{11}{2}}$.

10. 点$(-3,-1,3)$，法线方程：$\frac{x+3}{1}=\frac{y+1}{3}=\frac{z-3}{1}$.

习题 8-7

1. $1+2\sqrt{3}$.
2. 5.
3. $\frac{1}{ab}\sqrt{2(a^2+b^2)}$.
4. $\frac{22}{\sqrt{14}}$.
5. $\frac{98}{13}$.
6. $\frac{6\sqrt{14}}{7}$.
7. $7x_0+y_0+z_0$.
8. $\mathbf{grad}\,f(0,0,0)=3\boldsymbol{i}-2\boldsymbol{j}-6\boldsymbol{k}$，$\mathbf{grad}\,f(1,1,1)=6\boldsymbol{i}+3\boldsymbol{j}$.

习题 8-8

1. 极大值：$f(2,-2)=8$.
2. 极大值：$f(3,2)=36$.
3. 极小值：$f\left(\frac{1}{2},-1\right)=-\frac{\mathrm{e}}{2}$.
4. 极大值：$z\left(\frac{1}{2},\frac{1}{2}\right)=\frac{1}{4}$.

5. 当两边都是$\dfrac{l}{\sqrt{2}}$时，可得周长最长.

6. 当长、宽都是$\sqrt[3]{2k}$，而高为$\dfrac{1}{2}\sqrt[3]{2k}$时，表面积最小.

7. $\left(\dfrac{8}{5}, \dfrac{16}{5}\right)$.

8. 当矩形的边长为$\dfrac{2p}{3}$及$\dfrac{p}{3}$时，绕短边旋转所得圆柱体的体积最大.

9. 长为$2\sqrt{10}$米，宽为$3\sqrt{10}$米时，所用材料费最省.

10. 当长、宽、高都为$2a/\sqrt{3}$时，可得最大的体积.

*11. 略.

总习题八

1. (1) 充分，必要；(2) 必要，充分；(3) 充分；(4) 充分.

2. $\{(x, y)\mid 0 < x^2+y^2 < 1, y^2 \leqslant 4x\}$, $\dfrac{\sqrt{2}}{\ln\dfrac{3}{4}}$.

3. (1)e；(2)0.

4. 极限不存在.

5. $f(x, y)$在$(0, 0)$点处连续.

6. $f_x(x, y)=\begin{cases}\dfrac{2xy^3}{(x^2+y^2)^2}, & x^2+y^2\neq 0\\ 0, & x^2+y^2=0\end{cases}$, $f_y(x, y)=\begin{cases}\dfrac{x^2(x^2-y^2)}{(x^2+y^2)^2}, & x^2+y^2\neq 0\\ 0, & x^2+y^2=0\end{cases}$.

7. (1) $\dfrac{\partial z}{\partial x}=\dfrac{1}{x+y^2}$, $\dfrac{\partial z}{\partial y}=\dfrac{2y}{x+y^2}$, $\dfrac{\partial^2 z}{\partial x^2}=-\dfrac{1}{(x+y^2)^2}$, $\dfrac{\partial^2 z}{\partial y^2}=\dfrac{2(x-y^2)}{(x+y^2)^2}$,

$\dfrac{\partial^2 z}{\partial x\partial y}=\dfrac{-2y}{(x+y^2)^2}$;

(2) $\dfrac{\partial z}{\partial x}=yx^{y-1}$, $\dfrac{\partial z}{\partial y}=x^y\ln x$, $\dfrac{\partial^2 z}{\partial x^2}=y(y-1)x^{y-2}$, $\dfrac{\partial^2 z}{\partial y^2}=x^y(\ln x)^2$,

$\dfrac{\partial^2 z}{\partial x\partial y}=x^{y-1}(1+y\ln x)$.

8. $x\mathrm{e}^{2y}f''_{uu}+\mathrm{e}^y f''_{uy}+x\mathrm{e}^y f''_{xu}+f''_{xy}+\mathrm{e}^y f'_u$.

9. $\dfrac{\partial z}{\partial x}=(v\cos v-u\sin v)\mathrm{e}^{-u}$, $\dfrac{\partial z}{\partial y}=(u\cos v+v\sin v)\mathrm{e}^{-u}$.

10. 略.

11. $\mathrm{d}z=-\dfrac{yx}{(x^2+y^2)^{\frac{3}{2}}}\mathrm{d}x+\dfrac{x^2}{(x^2+y^2)^{\frac{3}{2}}}\mathrm{d}y$.

12. $x^y y^z z^x\left[\left(\dfrac{y}{x}+\ln z\right)\mathrm{d}x+\left(\dfrac{z}{y}+\ln x\right)\mathrm{d}y+\left(\dfrac{x}{z}+\ln y\right)\mathrm{d}z\right]$.

13. 略.

14. $\dfrac{\partial z}{\partial x}=-\dfrac{x+yz\sqrt{x^2+y^2+z^2}}{z+xy\sqrt{x^2+y^2+z^2}}$，$\dfrac{\partial z}{\partial y}=-\dfrac{y+zx\sqrt{x^2+y^2+z^2}}{z+xy\sqrt{x^2+y^2+z^2}}$.

15. $\dfrac{\partial z}{\partial x}=\dfrac{z\dfrac{\partial F}{\partial u}}{x\dfrac{\partial F}{\partial u}+y\dfrac{\partial F}{\partial v}}$，$\dfrac{\partial z}{\partial y}=\dfrac{z\dfrac{\partial F}{\partial v}}{x\dfrac{\partial F}{\partial u}+y\dfrac{\partial F}{\partial v}}$，$u=\dfrac{x}{z}$，$v=\dfrac{y}{z}$.

16. $-\dfrac{3}{25}$.

17. 切平面方程：$x-y+2z=\pm\sqrt{\dfrac{11}{2}}$.

18. 切线方程为$\begin{cases}x=a\\az-by=0\end{cases}$，法平面方程为$ax+bz=0$.

19. 法线方程：$\dfrac{x+3}{1}=\dfrac{y+1}{3}=\dfrac{z-3}{1}$.

20. $\dfrac{\partial u}{\partial n}=2/\sqrt{\dfrac{x_0^2}{a^4}+\dfrac{y_0^2}{b^4}+\dfrac{z_0^2}{c^4}}$.

21. 方向导数 $y\cos\alpha+x\sin\alpha$，梯度$\{y,x\}$，最大方向导数$\sqrt{x^2+y^2}$，最小方向导数$-\sqrt{x^2+y^2}$.

*22. 当 $p_1=80$，$p_2=120$ 时，厂家所获得的总利润最大，最大总利润为：$L_{\max}=605$(元).

习题 9-1

1. 略.

2. (1)$\iint\limits_D(x+y)^2\mathrm{d}\sigma\geqslant\iint\limits_D(x+y)^3\mathrm{d}\sigma$；(2)$\iint\limits_D(x+y)^3\mathrm{d}\sigma\geqslant\iint\limits_D(x+y)^2\mathrm{d}\sigma$；

(3)$\iint\limits_D\ln(x+y)\mathrm{d}\sigma\geqslant\iint\limits_D[\ln(x+y)]^2\mathrm{d}\sigma$；(4)$\iint\limits_D[\ln(x+y)]^2\mathrm{d}\sigma\geqslant\iint\limits_D\ln(x+y)\mathrm{d}\sigma$.

3. (1)$0\leqslant I\leqslant 2$；(2)$0\leqslant I\leqslant\pi$；(3)$2\leqslant I\leqslant 8$；(4)$36\pi\leqslant I\leqslant 100\pi$.

4. C.

5. 略.

习题 9-2

1. (1) $\dfrac{8}{3}$；(2) $\dfrac{20}{3}$；(3)1；(4)$-\dfrac{3\pi}{2}$.

2. (1) $\dfrac{6}{55}$；(2) $\dfrac{64}{15}$；(3)$\mathrm{e}-\mathrm{e}^{-1}$；(4) $\dfrac{13}{6}$.

3. 略.

4. (1)$\int_0^4\mathrm{d}x\int_x^{2\sqrt{x}}f(x,y)\mathrm{d}y$ 或$\int_0^4\mathrm{d}y\int_{\frac{y^2}{4}}^{y}f(x,y)\mathrm{d}x$；

(2) $\int_{-r}^{r}\mathrm{d}x\int_{0}^{\sqrt{r^2-x^2}}f(x, y)\mathrm{d}y$ 或 $\int_{0}^{r}\mathrm{d}y\int_{-\sqrt{r^2-y^2}}^{\sqrt{r^2-y^2}}f(x, y)\mathrm{d}x$；

(3) $\int_{1}^{2}\mathrm{d}x\int_{\frac{1}{x}}^{x}f(x, y)\mathrm{d}y$ 或 $\int_{\frac{1}{2}}^{1}\mathrm{d}y\int_{\frac{1}{y}}^{2}f(x, y)\mathrm{d}x+\int_{1}^{2}\mathrm{d}y\int_{y}^{2}f(x, y)\mathrm{d}x$；

(4) $\int_{-1}^{1}\mathrm{d}x\int_{\sqrt{1-x^2}}^{\sqrt{4-x^2}}f(x, y)\mathrm{d}y+\int_{-1}^{1}\mathrm{d}x\int_{-\sqrt{4-x^2}}^{-\sqrt{1-x^2}}f(x, y)\mathrm{d}y+\int_{-2}^{-1}\mathrm{d}x\int_{-\sqrt{4-x^2}}^{\sqrt{4-x^2}}f(x, y)\mathrm{d}y+\int_{1}^{2}\mathrm{d}x\int_{-\sqrt{4-x^2}}^{\sqrt{4-x^2}}f(x, y)\mathrm{d}y$ 或 $\int_{1}^{2}\mathrm{d}y\int_{-\sqrt{4-y^2}}^{\sqrt{4-y^2}}f(x, y)\mathrm{d}x+\int_{-2}^{-1}\mathrm{d}y\int_{-\sqrt{4-y^2}}^{\sqrt{4-y^2}}f(x, y)\mathrm{d}x+\int_{-1}^{1}\mathrm{d}y\int_{-\sqrt{4-y^2}}^{-\sqrt{1-y^2}}f(x, y)\mathrm{d}x+\int_{-1}^{1}\mathrm{d}y\int_{\sqrt{1-y^2}}^{\sqrt{4-y^2}}f(x, y)\mathrm{d}x$

5. 略.

6. (1) $\int_{0}^{1}\mathrm{d}x\int_{x}^{1}f(x, y)\mathrm{d}y$；(2) $\int_{0}^{4}\mathrm{d}x\int_{\frac{x}{2}}^{\sqrt{x}}f(x, y)\mathrm{d}y$；(3) $\int_{-1}^{1}\mathrm{d}x\int_{0}^{\sqrt{1-x^2}}f(x, y)\mathrm{d}y$；

(4) $\int_{0}^{1}\mathrm{d}y\int_{2-y}^{1+\sqrt{1-y^2}}f(x, y)\mathrm{d}x$；(5) $\int_{0}^{1}\mathrm{d}y\int_{\mathrm{e}^y}^{\mathrm{e}}f(x, y)\mathrm{d}x$；

(6) $=\int_{-1}^{0}\mathrm{d}y\int_{-2\arcsin y}^{\pi}f(x, y)\mathrm{d}x+\int_{0}^{1}\mathrm{d}y\int_{\arcsin y}^{\pi-\arcsin y}f(x, y)\mathrm{d}x$

7. $\frac{4}{3}$.

8. $\frac{7}{2}$.

9. $\frac{17}{6}$.

10. 6π.

11. (1) $\int_{0}^{2\pi}\mathrm{d}\theta\int_{0}^{a}f(\rho\cos\theta, \rho\sin\theta)\rho\mathrm{d}\rho$；(2) $\int_{-\frac{\pi}{2}}^{\frac{\pi}{2}}\mathrm{d}\theta\int_{0}^{2\cos\theta}f(\rho\cos\theta, \rho\sin\theta)\rho\mathrm{d}\rho$；

(3) $\int_{0}^{2\pi}\mathrm{d}\theta\int_{a}^{b}f(\rho\cos\theta, \rho\sin\theta)\rho\mathrm{d}\rho$；(4) $\int_{0}^{\frac{\pi}{2}}\mathrm{d}\theta\int_{0}^{(\cos\theta+\sin\theta)^{-1}}f(\rho\cos\theta, \rho\sin\theta)\rho\mathrm{d}\rho$.

12. (1) $\int_{0}^{\frac{\pi}{4}}\mathrm{d}\theta\int_{0}^{\sec\theta}f(\rho\cos\theta, \rho\sin\theta)\rho\mathrm{d}\rho+\int_{\frac{\pi}{4}}^{\frac{\pi}{2}}\mathrm{d}\theta\int_{0}^{\csc\theta}f(\rho\cos\theta, \rho\sin\theta)\rho\mathrm{d}\rho$；

(2) $\int_{\frac{\pi}{4}}^{\frac{\pi}{3}}\mathrm{d}\theta\int_{0}^{2\sec\theta}f(\rho)\rho\mathrm{d}\rho$；

(3) $\int_{0}^{\frac{\pi}{2}}\mathrm{d}\theta\int_{(\cos\theta+\sin\theta)^{-1}}^{1}f(\rho\cos\theta, \rho\sin\theta)\rho\mathrm{d}\rho$；

(4) $\int_{0}^{\frac{\pi}{4}}\mathrm{d}\theta\int_{\sec\theta\tan\theta}^{\sec\theta}f(\rho\cos\theta, \rho\sin\theta)\rho\mathrm{d}\rho$.

13. (1) $\frac{3}{4}\pi a^4$；(2) $\frac{1}{6}a^3\left[\sqrt{2}+\ln(1+\sqrt{2})\right]$；(3) $\sqrt{2}-1$；(4) $\frac{1}{8}\pi a^4$.

14. (1) $\pi(\mathrm{e}^4-1)$；(2) $\frac{\pi}{4}(2\ln2-1)$；(3) $\frac{3}{64}\pi^3$.

15. (1) $\frac{9}{4}$；(2) $\frac{\pi}{8}(\pi-2)$；(3) $22a^4$；(4) $\frac{2}{3}\pi(b^3-a^3)$.

16. $\frac{a^4}{2}$.

17. $\frac{3}{32}\pi a^4$.

18. $\frac{2}{3}\pi(5\sqrt{5}-4)$.

习题 9-3

1. (1)$\int_0^1 dx\int_0^{1-x}dy\int_0^{xy}f(x, y, z)dz$；(2)$\int_{-1}^1 dx\int_{-\sqrt{1-x^2}}^{\sqrt{1-x^2}}dy\int_{x^2+y^2}^1 f(x, y, z)dz$；

(3)$\int_{-1}^1 dx\int_{-\sqrt{1-x^2}}^{\sqrt{1-x^2}}dy\int_{x^2+2y^2}^{2-x^2}f(x, y, z)dz$；(4)$\int_0^a dx\int_0^{b\sqrt{1-\frac{x^2}{a^2}}}dy\int_0^{\frac{xy}{c}}f(x, y, z)dz$.

2. 18.

3. 略.

4. $\frac{1}{364}$.

5. $\frac{1}{8}$.

6. $\frac{1}{48}$.

7. 0.

8. 2π.

9. (1) $\frac{7}{12}\pi$；(2) $\frac{16}{3}\pi$.

10. (1) $\frac{4}{5}\pi$；(2) $\frac{7}{6}\pi a^4$.

11. (1) $\frac{1}{8}$；(2) $\frac{\pi}{10}$；(3)8π.

12. (1) $\frac{32}{3}\pi$；(2)πa^3；(3) $\frac{\pi}{6}$；(4) $\frac{2}{3}\pi(5\sqrt{5}-4)$.

习题 9-4

1. (1) $\sqrt{7}\pi$；(2) $\frac{1}{2}\sqrt{a^2b^2+b^2c^2+c^2a^2}$；(3)$2a^2(\pi-2)$；(4) $\sqrt{2}\pi$.

2. $\overline{x}=\frac{2}{5}a$，$\overline{y}=\frac{2}{5}a$.

3. $\left(0, \frac{3}{2\pi}\right)$；$\frac{\pi}{10}$.

4. $k\pi R^4$(k 为比例系数).

5. $\left(0, 0, \frac{3}{4}\right)$.

6. $\left(\frac{5}{4}, 0\right)$.

总复习九

1. (1) $\frac{7}{8}+\arctan 2-\frac{\pi}{4}$；(2) $\frac{3}{2}+\cos 1+\sin 1-\cos 2-2\sin 2$；(3) $\frac{1016}{315}$；

(4) $\frac{1}{4}\ln 2-\frac{15}{256}$；(5) $\pi^2-\frac{40}{9}$；(6) $\frac{\pi}{4}R^4+9\pi R^2$.

2. (1) $\int_0^1 dy\int_{2-y}^{1+\sqrt{1-y^2}} f(x, y)dx$；(2) $\int_{-2}^0 dx\int_{2x+4}^{4-x^2} f(x, y)dy$；

(3) $\int_0^1 dy\int_{y^2}^{y} \frac{\sin y}{y}dx$；(4) $\int_0^2 dx\int_{\frac{1}{2}x}^{3-x} f(x, y)dy$.

3. $\frac{A^2}{2}$.

4. 略.

5. (1) $\frac{1}{6}a^3\left[\sqrt{2}+\ln(1+\sqrt{2})\right]$；(2) $14a^4$；(3) πR^3.

6. $\frac{3}{32}\pi a^4$.

7. $16R^2$.

8. $\int_{-1}^1 dx\int_{x^2}^1 dy\int_0^{x^2+y^2} f(x, y, z)dz$.

9. $\frac{1}{2}\left(\ln 2-\frac{5}{8}\right)$.

10. $\frac{\pi}{8}$.

11. $\frac{28}{45}$.

12. $\frac{1}{4}\pi h^4$.

13. $\frac{59}{480}\pi R^2$.

14. (1) $\left(0, 0, \frac{3}{4}\right)$；(2) $\left(0, 0, \frac{3(A^4-a^4)}{8(A^3-a^3)}\right)$.

15. $I=\frac{368}{105}\mu$.

习题 10-1

1. $2\pi a^2$.

2. $\sqrt{2}$.

3. $\dfrac{\sqrt{2}}{2}+\dfrac{1}{12}(5\sqrt{5}-1)$.

4. $2e^a-2+\dfrac{\pi}{4}ae^a$.

5. $\dfrac{\sqrt{3}}{2}(1-\dfrac{1}{e^2})$.

6. $R^3(a-\sin a\cos a)$.

习题 10-2

1. $-\dfrac{56}{15}$.

2. (1) $\dfrac{5}{3}$；(2) $\dfrac{8}{3}$；(3)2.

3. (1)1；(2)1；(3)1.

4. -13.

5. $\dfrac{19}{2}$.

6. $-\dfrac{2}{3}$.

7. $mg(y_0-y)$.

习题 10-3

1. 略.

2. (1)12；(2) $\dfrac{1}{12}\pi\ln2$；(3)$1+e\ln2-\dfrac{\pi}{4}$；(4)0；(5)8.

3. $\dfrac{\sin2}{4}-\dfrac{7}{6}$.

4. $e^{\pi a}\sin2a$.

5. $\dfrac{3}{8}\pi a^2$.

6. $-\dfrac{\pi}{2}a^2$.

习题 10-4

1. $-\dfrac{79}{5}$.

2. 证明略. (1) $\dfrac{5}{2}$；(2)236；(3)5.

3. 略.

习题 10-5

1. 当 Σ 是 xOy 面内的一个闭区域时，曲面积分 $\iint\limits_{\Sigma} f(x, y, z)\mathrm{d}S$ 与二重积分相同；对坐标的曲面积分 $\iint\limits_{\Sigma} R(x, y, z)\mathrm{d}x\mathrm{d}y$ 等于正负二重积分(由于侧的不同).

2. (1) $\frac{37}{10}\pi$；(2) $\frac{\pi}{2}(\sqrt{2}+1)$；(3) $3\sqrt{14}$；(4) $(\sqrt{3}-1)\left(\ln 2-\frac{1}{2}\right)$；(5) $a\pi(a^2-h^2)$.

3. (1) $-\frac{1}{2}a^4\pi$； (2) $\frac{3}{2}\pi$； (3) $\frac{1}{8}$.

4. (1) $-\frac{1}{3}\pi$；(2) $\frac{10\mathrm{e}-11}{6}$.

习题 10-6

1. (1) $3a^3$；(2) $\frac{5}{24}$；(3) $-\frac{\pi}{2}$；(4) -32π；(5) $-\frac{1}{2}\pi h^4$.

2. (1) $-\frac{13}{2}$；(2) 16.

总习题十

一、概念复习

1. (1) 不定向，小于；(2) 定向，L 的起点，L 的终点；(3) 不定向，$\iint\limits_{D_{xy}} f[x, y, z(x, y)]\mathrm{d}\sigma$；(4) 定向，$=(\pm)\iint\limits_{D_{xy}} R[x, y, z(x, y)]\mathrm{d}\sigma$，上为正、下为负；(5) 单连通，$\frac{\partial Q}{\partial x}=\frac{\partial P}{\partial y}$；(6) 边界，牛顿 - 莱布尼茨；(7) 0；(8) C.

2. (1) 错误，因为曲线 c 所围成的区域是单连通的；

(2) 错误，因为闭合区域包括原点；

(3) 正确，$x=0$，$\mathrm{d}x=0$，$y=0$，$\mathrm{d}y=0$；

(4) 错误，投影为一条曲线.

二、综合练习

1. $2a^2$.

2. $-2\pi a^2$.

3. πa^2.

4. 略.

5. 略.

6. $\dfrac{\sqrt{2}}{16}\pi$.

7. $2\pi\arctan\dfrac{H}{R}$.

8. $-\dfrac{1}{4}\pi h^4$.

9. $\dfrac{1}{2}$.

习题 11-1

1. (1)$u_n=(-1)^{n-1}\dfrac{n+1}{n}$；(2)$u_n=(-1)^n\dfrac{n+2}{n^2}$；(3)$u_n=\dfrac{1}{(1+n)\ln(1+n)}$；

(4)$u_n=(-1)^{n-1}\dfrac{a^{n+1}}{2n+1}$；　(5)$u_n=n^{(-1)^{n+1}}$.

2. (1) 发散；(2) 收敛于 $1-\sqrt{2}$；(3) 发散；(4) 收敛于$\dfrac{3}{4}$.

3. (1) 收敛；(2) 发散；(3) 发散；(4) 收敛；(5) 发散；(6) 收敛.

4. $\dfrac{1}{4}$.

习题 11-2

1. (1) 发散；(2) 收敛；(3) 发散；(4) 收敛；(5) 收敛；(6) 当 $a=1$ 时，发散；当 $0<a<1$ 时，收敛；当 $a>1$ 时，收敛.

2. (1) 发散；(2) 收敛；(3) 收敛；(4) 发散；(5) 收敛；(6) 收敛.

3. (1) 收敛；(2) 收敛；(3) 发散；(4) 收敛；(5) 发散；(6) 收敛.

4. 略.

习题 11-3

1. (1) 条件收敛；(2) 绝对收敛；(3) 绝对收敛；
(4) 条件收敛；(5) 绝对收敛；(6) 条件收敛的.

2. 条件收敛.

习题 11-4

1. (1)$[-1,1]$；(2)$[-3,3)$；(3)$(-1,1)$；(4)$(-\infty,+\infty)$；
(5)$\left[-\dfrac{1}{2},\dfrac{1}{2}\right]$；(6)$[-1,1)$；(7)$[1,3]$；(8)$(0,2]$.

2. (1) $\frac{1}{(1-x)^2}(-1<x<1)$；

(2) $S(x)=\begin{cases}-\frac{1}{x}\ln(2-x)+\frac{\ln 2}{x} & -2\leqslant x<0 \text{ 或 } 0<x<2 \\ \frac{1}{2}x=0\end{cases}$；

(3) $S(x)=\begin{cases}\frac{1}{x}[x+(1-x)\ln(1-x)], & 0<|x|<1 \\ 0, & x=0\end{cases}$；

(4) $\arctan x \quad -1\leqslant x\leqslant 1$.

3. $\frac{1}{2}\ln\frac{1+x}{1-x}(-1<x<1)$，$\sqrt{2}\ln(\sqrt{2}+1)$.

习题 11-5

1. (1) $\ln 3+\sum_{n=0}^{\infty}(-1)^n\frac{1}{(n+1)}(\frac{x}{3})^{n+1} \quad (-3<x\leqslant 3)$；

(2) $\sum_{n=0}^{\infty}\frac{(-1)^n x^{2n}}{4^{n+1}} \quad (-2<x<2)$；

(3) $\sum_{n=0}^{\infty}(-1)^n\frac{x^{2n}}{n!}$，$x\in(-\infty,+\infty)$；

(4) $\sum_{n=1}^{\infty}(-1)^{n+1}\frac{(2x)^{2n}}{2(2n)!} \quad (-\infty<x<\infty)$；

(5) $x+\sum_{n=1}^{\infty}(-1)^n\frac{2(2n)!}{(n!)^2}(\frac{x}{2})^{2n+1} \quad (-1<x<1)$；

(6) $\sum_{n=0}^{\infty}(\frac{1}{2^{n+1}}-\frac{1}{3^{n+1}})x^n \quad (-2<x<2)$.

2. (1) $\frac{1}{\ln 10}\sum_{n=1}^{\infty}(-1)^{n-1}\frac{(x-1)^n}{n}$，$0<x\leqslant 2$；

(2) $\sum_{n=0}^{\infty}(\frac{1}{2^{n+1}}-\frac{1}{3^{n+1}})(x+4)^n$，$x\in(-6,-2)$；

(3) $\sum_{n=0}^{\infty}\frac{(-1)^n}{4^{n+1}}(x-3)^n$，$-1<x<7$.

习题 11-6

1. (1)1.648；(2)1.0986；(3)0.48836；(4)0.9994.

2. 0.487.

3. 8.

4. ln2.

习题 11-7

1. $\frac{1}{2}+\frac{2}{\pi}\sum_{k=1}^{\infty}\frac{\sin(2k-1)x}{2k-1}=\begin{cases}f(x), & (-\pi, 0)\cup(0, \pi)\\ \frac{1}{2}, & x=0, \pm\pi\end{cases}$.

2. $(1+\pi^2)+12\sum_{n=1}^{\infty}\frac{(-1)^n}{n^2}\cos nx$，$x\in(-\infty, +\infty)$.

3. $\frac{\pi}{4}+\sum_{n=1}^{\infty}[-\frac{[1-(-1)^n]}{n^2\pi}\cos nx+\frac{3(-1)^{n+1}}{n}\sin nx]$ $(x\neq(2k+1)\pi, k\in\mathbf{Z})$.

4. $-\frac{\pi}{4}+\sum_{n=1}^{\infty}[\frac{[1-(-1)^n]}{n^2\pi}\cos nx+\frac{(-1)^{n-1}}{n}\sin nx]$，$x\neq(2n+1)\pi$，$n=0, \pm1, \cdots$

5. $\frac{\pi+2}{2}-\frac{4}{\pi}(\cos x+\frac{1}{3^2}\cos 3x+\frac{1}{5^2}\cos 5x+\cdots)(0\leqslant x\leqslant\pi)$.

6. 正弦级数：$\frac{4}{\pi}\sum_{n=1}^{\infty}\left[-\frac{2}{n^3}+(-1)^n(\frac{2}{n^3}-\frac{\pi^2}{n})\right]\sin nx$，$x\in[0, \pi)$；

余弦级数：$\frac{2}{3}\pi^2+8\sum_{n=1}^{\infty}\frac{(-1)^n}{n^2}\cos nx$，$x\in[0, \pi]$.

7. $\frac{16}{\pi}\sum_{n=1}^{\infty}\frac{(-1)^{n+1}n}{(4n^2-1)^2}\sin 2nx$，$x\in(-\frac{\pi}{2}, \frac{\pi}{2})$.

8. $\frac{11}{12}+\frac{1}{\pi^2}\sum_{n=1}^{\infty}\frac{(-1)^{n+1}}{n^2}\cos 2nx$，$x\in(-\infty, +\infty)$.

9. $-\frac{1}{4}+\sum_{n=1}^{\infty}\{\frac{6}{n^2\pi^2}[1-(-1)^n]\cos\frac{n\pi x}{3}+(-1)^{n-1}\frac{6}{n\pi}\sin\frac{n\pi x}{3}\}$，$x\neq 3(2n+1)$，$n=0, \pm1, \cdots$ 而在上述函数的间断点处，级数收敛于 -2.

10. $-\frac{8}{\pi^2}\sum_{k=1}^{\infty}\frac{1}{2k-1}\cos\frac{(2k-1)\pi x}{2}$，$x\in[0, 2]$.

总习题十一

一、概念复习

1. (1)A；(2) $|q|<1$；(3)A；(4)$\pi^2-\pi$；(5)C；(6)a_n 单调下降，$\lim_{n\to\infty}a_n=0$.

2. (1) 正确；(2) 错误；(3) 错误；(4) 错误；(5) 错误. 说明理由略.

二、综合练习

1. 1.

2. 1.

3. (1) 发散；(2) 收敛；(3) 收敛；(4) 收敛；(5) 发散；(6) 收敛.

4. 略.

5. (1) 发散；(2) 条件收敛；(3) 条件收敛.

6. (1)$(-\infty,\ \infty)$；(2)$(-\sqrt{2},\ \sqrt{2})$；(3)$(-1,\ 1)$；(4)$\left(-\dfrac{1}{3},\ \dfrac{1}{3}\right)$.

7. (1) $\dfrac{1}{2}\ln\dfrac{1+x}{1-x}(|x|<1)$；(2)$(\dfrac{x^2}{4}+\dfrac{x}{2}+1)e^{\frac{x}{2}}$，$-\infty<x<+\infty$.

8. (1) $\dfrac{1}{2}-\dfrac{1}{2}\sum\limits_{n=0}^{\infty}(-1)^n\dfrac{2^{2n}x^{2n}}{(2n)!}$；(2) $\sum\limits_{n=0}^{\infty}(\dfrac{1}{2^{n+1}}-\dfrac{1}{3^{n+1}})(x+4)^n$，$(-6,\ -2)$.

9. $\dfrac{1}{(2-x)^2}$.

10. $2e^{\frac{1}{2}}$.

11. 2.71828.

12. 0.4940.

13. $f(x)=\dfrac{\pi}{4}+\sum\limits_{n=1}^{\infty}[-\dfrac{[1-(-1)^n]}{n^2\pi}\cos nx+\dfrac{3(-1)^{n+1}}{n}\sin nx]$

$(x\in(-\pi,\ \pi),\ x\neq 0)$.

14. $\dfrac{e^{\pi}-1}{2\pi}+\dfrac{1}{\pi}\sum\limits_{n=1}^{\infty}\{\dfrac{(-1)^n e^{\pi}-1}{(n^2+1)}\cos nx+\dfrac{n[1-(-1)^n e^{\pi}]}{(n^2+1)}\sin nx\}$

$(x\in(-\infty,\ +\infty),\ x\neq k\pi,\ k\in Z)$.

15. $\begin{cases}\dfrac{4}{3}+\sum(-1)^n\left(\dfrac{16}{n^2\pi^2}\cos\dfrac{n\pi}{2}x+\dfrac{4}{n\pi}\sin\dfrac{n\pi}{2}x\right) & x\neq 4k+2\\ 4 & x=4k+2\end{cases}$.